科学技术学术著作丛书

天线损耗与噪声温度测量技术

秦顺友　著

西安电子科技大学出版社

内 容 简 介

本书是关于天线损耗和噪声温度测量技术与工程测量实践的专著,是作者在天线损耗和噪声温度测量技术领域研究成果的总结。主要内容包括插入损耗与噪声温度的基本概念、馈线插入损耗测量技术、馈源网络插入损耗测量技术、线天线损耗测量技术、反射面天线损耗测量技术、有源相控阵天线损耗测量技术、天线罩损耗测量技术、天线噪声温度测量技术、大气衰减与天空噪声温度的计算和天线损耗测量的误差分析。书中给出了大量的工程测量实例。本书通俗易懂,可操作性、适用性强。

本书可供从事天线设计、微波与天线测量和无线电计量等方面的工程技术人员参考,亦可供高等院校相关专业的教师、高年级学生和研究生阅读参考。

图书在版编目(CIP)数据

天线损耗与噪声温度测量技术 / 秦顺友著. -- 西安 :西安电子科技大学出版社,2024.8. -- ISBN 978-7-5606-7279-3

Ⅰ. TN82

中国国家版本馆 CIP 数据核字第 2024PC7014 号

策　　划　马乐惠
责任编辑　贾璐瑶　许青青
出版发行　西安电子科技大学出版社(西安市太白南路 2 号)
电　　话　(029)88202421　88201467　　　邮　　编　710071
网　　址　www.xduph.com　　　　　　电子邮箱　xdupfxb001@163.com
经　　销　新华书店
印刷单位　陕西天意印务有限责任公司
版　　次　2024 年 8 月第 1 版　2024 年 8 月第 1 次印刷
开　　本　787 毫米×1092 毫米　1/16　印张　19
字　　数　447 千字
定　　价　70.00 元

ISBN 978-7-5606-7279-3

XDUP 7581001-1

前　言

随着相控阵天线、射电天文天线、深空探测天线和微波遥感天线等技术的发展，精确测量天线损耗和噪声温度变得日益重要。目前出版的天线测量专著中几乎未涉及天线损耗的测量技术，对于天线噪声温度，特别是有源相控阵天线噪声温度测量亦涉及甚少。众所周知，天线损耗不仅降低了天线的功率增益，而且增加了系统噪声温度，降低了接收系统的灵敏度，天线损耗和有源相控阵天线噪声温度的测量对传统的天线测量技术提出了严峻的挑战。作者在三十余年的天线测量技术研究和工程实践中发现，天线馈源网络插入损耗测量的传统方法误差很大，精确测量天线馈源网络的小插入损耗一直是非常棘手的工程技术难题。近年来，有源相控阵天线技术发展很快，有源相控阵天线测量也面临新的挑战。因此，作者及其团队在天线损耗和噪声温度测量技术领域进行了深入研究和大量的工程实践，在波导器件小损耗测量、馈源网络小损耗测量、天线损耗测量、有源相控阵天线噪声温度测量和天线罩损耗测量等方面攻克了一个个技术难题，取得了丰硕的成果，获得了国家发明专利20余项，相关测量方法在天线工程测量实践中也获得了广泛的应用。

本书是关于天线损耗和噪声温度测量技术与工程实践的专著，是作者在天线损耗和噪声温度测量技术领域研究成果的总结。全书共分10章。

第1章：插入损耗与噪声温度的基本概念。本章简述了衰减和插入损耗的定义，介绍了馈线插入损耗、馈源网络插入损耗、天线插入损耗、天线罩传输损耗、频率选择面传输损耗与反射损耗和天线噪声温度的概念，给出了线天线损耗与辐射效率、反射面天线损耗与效率以及损耗与噪声温度的关系。

第2章：馈线插入损耗测量技术。本章介绍了同轴电缆和波导馈线插入损耗的传统测量方法，并给出了工程测量实例；提出了用矢量网络分析仪平滑技术和包络平均技术改善馈线小损耗测量精度的方法；推导了Y因子法测量波导馈线插入损耗的原理方程，对其测量误差进行了分析，并给出了工程测量实例。

第3章：馈源网络插入损耗测量技术。本章系统介绍了微波网络和馈源网络插入损耗测量方法，并给出了大量工程测量实例。微波网络插入损耗的测量方法包括固定短路器法、可变短路器法、冷负载噪声功率法和Y因子法；馈源网络插入损耗的测量方法包括短路法、增益方向性法、Y因子法、比较Y因子法和G/T值方向性法。

第4章：线天线损耗测量技术。本章系统介绍了线天线损耗测量方法，包括维勒帽法、增益方向性法、Y因子法和比较Y因子法。线天线工作频段一般为VHF/UHF频段，因此对该频段天线测试场地的选择进行了讨论。VHF/UHF频段受室外环境的电磁干扰影响严重，当天线与低噪声放大器连接后，干扰信号严重地影响了系统噪声功率的测量，使得Y因子法和比较Y因子法测量线天线损耗的应用受到限制。

第5章：反射面天线损耗测量技术。本章系统介绍了圆孔或线栅反射面漏失损耗的测量、面板反射损耗的测量、频率选择副反射面损耗的测量；给出了反射面天线损耗的测量方法，主要包括增益方向性法、Y 因子法、比较 Y 因子法和天线效率法；重点介绍了增益方向性法在反射面天线损耗测量中的具体应用，并给出了大型反射面天线损耗测量的工程实例。

第 6 章：有源相控阵天线损耗测量技术。本章介绍了有源发射相控阵天线和有源接收相控阵天线总损耗的测量方法。有源发射相控阵天线总损耗测量方法包括总增益方向性法和 EIRP 方向性法；有源接收相控阵天线总损耗测量方法包括总增益方向性法、增益方向性法和 Y 因子法。

第 7 章：天线罩损耗测量技术。本章介绍了天线罩样品插入损耗的测量方法、天线罩传输损耗的测量方法、介质天线罩传输损耗的评估测量方法、天线罩电阻损耗的测量方法以及射电源增益法测量大型固定天线罩传输损耗的新方法，并给出了 0.9 米动中通天线罩传输损耗和电阻损耗测量的工程实例。

第 8 章：天线噪声温度测量技术。本章介绍了无源天线、有源天线噪声温度测量方法和天线罩噪声温度的测量方法。无源天线噪声温度测量方法包括方向图积分法和 Y 因子法。方向图积分法是非常复杂的方法，常用于天线噪声温度的理论计算。Y 因子法是无源天线噪声温度测量的传统实用方法，因此本章详细介绍了 Y 因子法的测量原理和测量误差分析，并给出了工程测量实例。有源天线噪声温度测量方法包括方向图积分法、射电源 Y 因子法和经典 Y 因子法。射电源 Y 因子法是有源天线噪声温度测量行之有效的方法。

第 9 章：大气衰减与天空噪声温度的计算。本章先依据国际电信联盟的 ITU-R P.676-9 建议，给出了大气衰减的计算模型，计算了标准大气条件、不同仰角下的大气衰减曲线，分析了大气衰减的传播规律；然后讨论了大气参数对大气衰减的影响；最后给出了天空噪声温度的计算模型，分析计算了不同仰角的天空噪声温度，给出了标准大气条件下天顶方向的晴空噪声温度曲线。

第 10 章：天线损耗测量的误差分析。本章以天线损耗测量通用方法，即增益方向性法、Y 因子法和比较 Y 因子法为例，介绍了天线损耗测量误差的分析计算方法。

作者在完成书稿的过程中，阅读了大量的文献，这些文献主要涉及天线辐射效率测量、馈源网络损耗测量、天线噪声温度测量、辐射计定标测量、金属反射率测量、射电望远镜接收机的校准和天线罩测量等。如果没有这些研究成果，本书是不可能成书的。在此对这些文献的作者表示感谢。

本书的撰写得到了中国电子科技集团公司第五十四研究所天线伺服专业部领导和同事们的大力支持和帮助，在此向他们表示感谢。书中有些测量实例来源于实际的天线工程，并得到了张文静、陈辉、张立军、王进凯、李光和马剑南等同事的支持和帮助，在此向他们表示诚挚的感谢。

天线损耗和噪声温度测量技术博大精深，还有很多问题需要进一步研究。鉴于作者的知识水平和能力有限，加之写作时间仓促，书中难免存在疏漏和不足之处，敬请读者批评指正。

秦顺友

2023 年 10 月

目　　录

第 1 章

插入损耗与噪声温度的基本概念

1.1 概　述

插入损耗和噪声温度是天线的两个重要性能指标。众所周知，天线是发射或接收电磁波的部件，可为发射机或接收机与传播无线电波的介质提供所需要的耦合。天线在实现能量转换的过程中存在能量耗散，这种耗散就是天线损耗。图 1-1 为发射机和接收机之间传输损耗示意图。图 1-1 中发射机和接收机之间的传输损耗包括发射天线损耗、传输损耗（如自由空间传播损耗、大气衰减和雨衰）、极化损耗和接收天线损耗等。

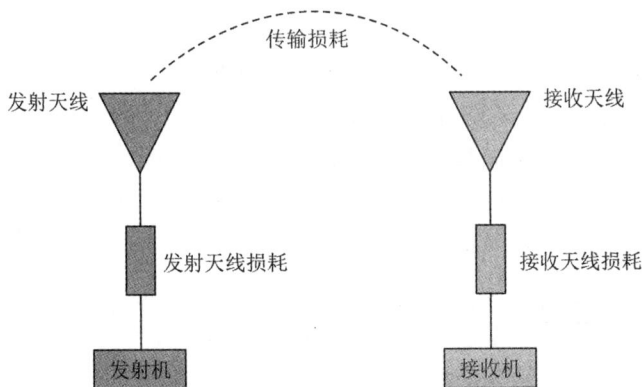

图 1-1　发射机和接收机之间传输损耗示意图

由天线收发互易原理可知：同一副天线且工作在同一频率下，不管是用作发射还是用作接收，天线的电性能是完全相同的，故在分析或测量天线电参数时，只需对天线发射或接收的任一状态进行分析或测量。

噪声是与噪声源相关联的随机过程。天线在接收无线电信号的同时，也接收来自天线周围环境的噪声信号，如地面热辐射噪声、太阳噪声、大气衰减噪声和微波宇宙背景噪声等；另外，天线本身的欧姆损耗也会产生热噪声。天线的噪声特性用噪声温度表示。天线噪声温度会影响接收系统的灵敏度。

本章从衰减和插入损耗的定义出发，系统介绍天线损耗和噪声温度的基本概念及其相互关系，同时也介绍与天线系统相关的馈线、天线罩（radome）和频率选择面（FSS）等部件插入损耗的概念。

1.2　衰减与插入损耗的定义

1.2.1　衰减的定义

在一个信号源和负载均与传输线匹配的无反射系统中，微波网络插入前在负载上得到的功率与微波网络插入后在同一负载上得到的功率之比，称为微波网络的衰减（用 A 表示）。图 1-2 为衰减定义的示意图。

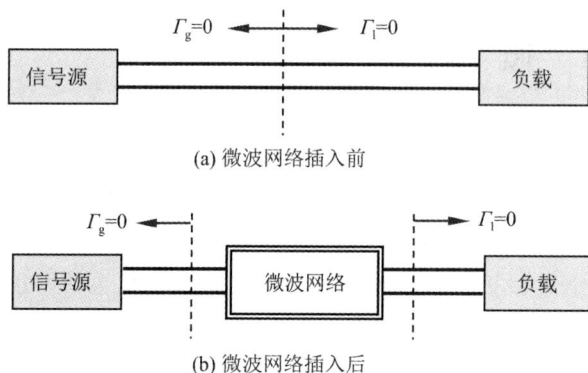

(a) 微波网络插入前

(b) 微波网络插入后

图 1-2　衰减定义的示意图

图 1-2 中，Γ_g 为信号源的反射系数，Γ_1 为负载的反射系数。由衰减的定义可知：衰减与给定系统中信号源和负载的阻抗无关，其值表征了微波网络本身的特性。衰减值不会因系统不同而有所改变。保证衰减值唯一性的基本条件是 $\Gamma_g = \Gamma_1 = 0$，但这在实际工程应用中是很难实现的。

1.2.2　插入损耗的定义

在一个由任意的信号源和负载组成的传输系统中（存在反射，$\Gamma_g \neq 0$，$\Gamma_1 \neq 0$），微波网络插入前在负载上得到的功率与微波网络插入后在同一负载上得到的功率之比，称为微波网络的插入损耗，用 IL 表示。图 1-3 为插入损耗定义的示意图。

由插入损耗的定义可知：插入损耗与给定系统的信号源和负载的阻抗有关，其值是大于1的数值但不具有唯一性。同一微波网络在不同的 Γ_g 和 Γ_1 系统中，会有不同的插入损耗值，故抽象谈论某一微波网络的插入损耗是没有意义的。

在实际工程测量中，很难达到匹配条件，微波频段则更加困难，真正得到的仍是在不匹配条件下测量的插入损耗值。从这个意义上讲，插入损耗的概念具有实用价值。从实际微波网络中测量插入损耗，考虑失配误差，就可以确定衰减的大小。反射的存在使得插入

(a) 微波网络插入前

(b) 微波网络插入后

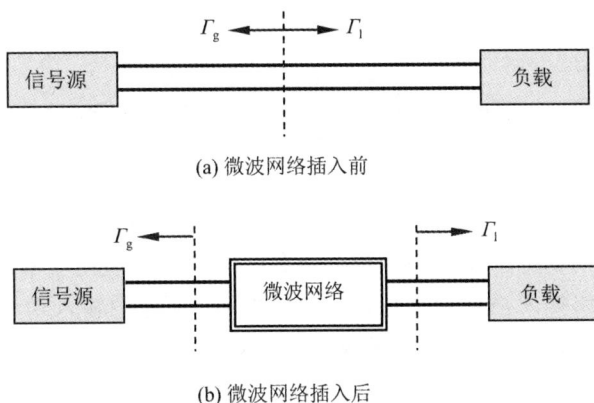

图 1-3　插入损耗定义的示意图

损耗测量中常出现增益的现象，这也是失配误差造成的影响。

　　在实际天线系统中，发射机或接收机不可能和天线完全匹配，但是对发射机、接收机和天线本身均有电压驻波比要求，因此用插入损耗表征信号传输的能量损失，更有实际意义。本书描述的损耗测量均为插入损耗测量，由于不匹配造成的误差可作为测量误差进行分析处理。

1.3　馈线插入损耗的定义

　　常用的天线馈线有矩形波导传输线、同轴电缆传输线、椭圆波导传输线和微带线等。天线馈线的输入功率与输出功率之比，称为馈线的插入损耗。图 1-4 为天线馈线插入损耗定义的示意图。馈线插入损耗一般包括馈线金属导体热损耗和介质损耗。

图 1-4　天线馈线插入损耗定义的示意图

天线馈线插入损耗 $\mathrm{IL_F}$ 可表示为

$$\mathrm{IL_F} = \frac{P_{\mathrm{in}}}{P_{\mathrm{out}}} \tag{1-1}$$

1.4　馈源网络插入损耗的定义

　　馈源网络一般由微波网络和馈源喇叭组成。馈源网络的插入损耗定义为馈源网络的输入功率与辐射功率之比。图 1-5 为馈源网络插入损耗定义的示意图。馈源网络插入损耗可表示为

$$\mathrm{IL_{FN}} = \frac{P_{\mathrm{in}}}{P_{\mathrm{rad}}} \tag{1-2}$$

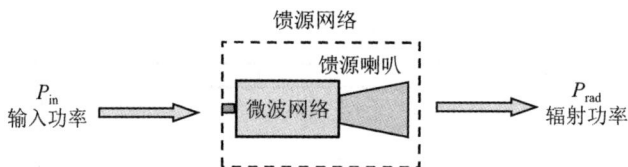

图 1-5　馈源网络插入损耗定义的示意图

　　馈源网络的辐射功率等于输入功率减去馈源网络的插入损耗功率，或者说馈源网络的输入功率等于馈源网络插入损耗功率与辐射功率之和。这里的输入功率为馈源网络输入净功率，不包括阻抗失配的反射功率。馈源网络常用于反射面天线的馈源，单独使用时，馈源网络实质上就是一个喇叭天线系统。馈源网络插入损耗包括微波网络插入损耗和馈源喇叭插入损耗。

1.5　天线插入损耗

1.5.1　天线插入损耗的定义

　　天线插入损耗即天线的输入功率与天线的辐射功率之比。图 1-6 为天线插入损耗定义的示意图。天线插入损耗可表示为

$$\mathrm{IL_{ant}} = \frac{P_{\mathrm{in}}}{P_{\mathrm{rad}}} \tag{1-3}$$

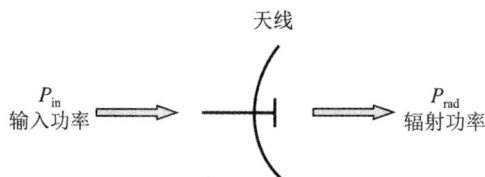

图 1-6　天线插入损耗定义的示意图

　　天线输入功率等于辐射功率和损耗功率之和。这里的输入功率是指天线输入的净功率（或者隐含了阻抗匹配条件），而损耗功率一般由天线金属导体欧姆损耗、介质损耗和馈电损耗组成。由天线的互易原理可知，同一天线在同一频率使用情况下，不管是作为发射天线还是接收天线，其电性能是完全相同的。

　　对式(1-3)进行适当变换可得

$$\mathrm{IL_{ant}} = \frac{P(\theta, \phi)/P_{\mathrm{rad}}/4\pi}{P(\theta, \phi)/P_{\mathrm{in}}/4\pi} \tag{1-4}$$

式中，$P(\theta, \phi)$ 为天线在 (θ, ϕ) 方向上的辐射强度（单位立体角内的辐射强度，实际上就是天线的功率方向图函数）。

　　由天线理论可知：当辐射功率相同时，把天线在 (θ, ϕ) 方向上的辐射强度 $P(\theta, \phi)$ 与理想点源辐射强度之比，定义为天线的方向性增益，可表示为

$$D = \frac{P(\theta, \phi)}{P_{\text{rad}}/4\pi} \qquad (1-5)$$

当输入功率相同时，把天线在 (θ, ϕ) 方向上的辐射强度 $P(\theta, \phi)$ 与理想点源输入功率之比，定义为天线的功率增益，可表示为

$$G = \frac{P(\theta, \phi)}{P_{\text{in}}/4\pi} \qquad (1-6)$$

将式(1-5)和式(1-6)代入式(1-4)可得

$$\text{IL}_{\text{ant}} = \frac{D}{G} \qquad (1-7)$$

式(1-7)的物理意义是：天线插入损耗也可定义为在确定方向上天线方向性增益与功率增益的比值，式(1-7)可用分贝值表示为

$$\text{IL}_{\text{ant}} = D - G \qquad (1-8)$$

式(1-8)的物理意义是：用分贝值表示的天线插入损耗等于天线的方向性增益减去天线的功率增益，它适合于任何形式、任何类型的天线，是天线插入损耗测量的理论基础。

若已知或测量天线的功率方向图为 $P(\theta, \phi)$，就能按下式计算天线的方向性增益（或称为天线的方向性系数）：

$$D(\theta, \phi) = \frac{4\pi P(\theta, \phi)}{\int_0^\pi \int_0^{2\pi} P(\theta, \phi)\sin\theta \mathrm{d}\theta \mathrm{d}\phi} \qquad (1-9)$$

在实际工程应用中，若不特别说明，天线的方向性增益通常指 $\theta = 0°$、$\phi = 0°$ 方向上的最大方向性增益，用 D 表示，则式(1-9)可表示为

$$D = \frac{4\pi P_{\text{max}}}{\int_0^\pi \int_0^{2\pi} P(\theta, \phi)\sin\theta \mathrm{d}\theta \mathrm{d}\phi} \qquad (1-10)$$

式中，P_{max} 是天线最大辐射强度。式(1-10)的分子分母同除 P_{max} 可得用天线归一化功率方向图函数表示的天线方向性增益：

$$D = \frac{4\pi}{\int_0^\pi \int_0^{2\pi} p(\theta, \phi)\sin\theta \mathrm{d}\theta \mathrm{d}\phi} \qquad (1-11)$$

式中，$p(\theta, \phi)$ 为天线的归一化功率方向图函数。

1.5.2　线天线插入损耗与辐射效率的关系

由线天线理论可知：线天线的辐射效率定义为天线的辐射功率与天线的输入功率之比，可表示为

$$\eta_{\text{rad}} = \frac{P_{\text{rad}}}{P_{\text{in}}} \qquad (1-12)$$

式中：

η_{rad}——天线的辐射效率；

P_{rad}——天线的辐射功率；

P_{in}——天线的输入功率。

式(1-12)是假设天线阻抗匹配，其实质就是天线的辐射效率。线天线系统中功率损耗

主要是金属导体的热损耗、介质损耗和馈电网络损耗等。由线天线插入损耗和线天线辐射效率定义可知：天线的插入损耗实质上就是天线辐射效率 η_{rad} 的倒数，即

$$\text{IL}_{\text{ant}} = \frac{1}{\eta_{\text{rad}}} \tag{1-13}$$

1.5.3 口径天线插入损耗与效率的关系

口径天线的效率定义为天线有效口径面积与天线物理口径面积之比，可表示为

$$\eta_{\text{ant}} = \frac{A_{\text{e}}}{A_{\text{p}}} \tag{1-14}$$

式中：

η_{ant}——口径天线的效率；

A_{e}——口径天线的有效面积；

A_p——口径天线的物理面积。

由面天线理论可知：口径天线增益与效率的关系为

$$G = \frac{4\pi A_{\text{e}}}{\lambda^2} = \frac{4\pi A_{\text{p}}}{\lambda^2}\eta_{\text{ant}} = D_{\max}\eta_{\text{ant}} \tag{1-15}$$

$$D_{\max} = \frac{4\pi A_{\text{p}}}{\lambda^2} \tag{1-16}$$

式中：

λ——天线的工作波长；

$D_{\max}$——口径天线的最大方向性增益。

口径天线增益 G 和方向性增益 D 之间的关系为

$$G = D\eta_{\text{rad}} \tag{1-17}$$

式中，η_{rad} 为口径天线的辐射效率。

由式（1-15）和式（1-16）可求得口径天线插入损耗与效率的关系：

$$\text{IL}_{\text{ant}} = \frac{1}{\eta_{\text{rad}}} = \frac{\lambda^2 D}{4\pi A_{\text{p}}\eta_{\text{ant}}} \tag{1-18}$$

图 1-7 为口径天线相关参数（物理面积、有效面积、增益、方向性增益、损耗和效率）的相互关系示意图。

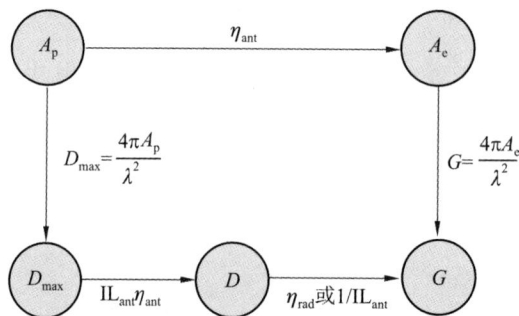

图 1-7   口径天线相关参数的相互关系示意图

辐射效率是口径天线效率的一部分。口径天线的效率可表示为

$$\eta_{ant} = \eta_{rad}\,\eta_{aperture}\,\eta_{spillover}\,\eta_{rms}\,\eta_{cross}\,\eta_{block}\,\eta_{phase}\,\eta_{mismatch} \tag{1-19}$$

式中：

η_{ant}——天线的总效率；

η_{rad}——天线的辐射效率；

$\eta_{aperture}$——天线口面利用效率；

$\eta_{spillover}$——天线的截获效率，也称溢出效率；

η_{rms}——天线表面的公差效率；

η_{cross}——天线的交叉极化效率；

η_{block}——天线口径的遮挡效率；

η_{phase}——天线馈源的相位误差效率；

$\eta_{mismatch}$——天线的阻抗失配效率。

显然，口径天线的各种效率因子中，辐射效率与插入损耗有关。天线辐射效率表征了天线耗散损耗，天线辐射效率的倒数即天线的插入损耗。口径天线的插入损耗与效率的关系为

$$IL_{ant} = \frac{\eta_{aperture}\,\eta_{spillover}\,\eta_{rms}\,\eta_{cross}\,\eta_{block}\,\eta_{phase}\,\eta_{mismatch}}{\eta_{ant}} \tag{1-20}$$

将式（1-15）的天线效率代入式（1-20）可得

$$IL_{ant} = \frac{4\pi A_p}{G\lambda^2}\,\eta_{aperture}\,\eta_{spillover}\,\eta_{rms}\,\eta_{cross}\,\eta_{block}\,\eta_{phase}\,\eta_{mismatch} \tag{1-21}$$

1.6　天线罩传输损耗的定义

天线罩是放置在天线上的覆盖物或结构，用于保护天线免受其物理环境的影响。天线罩在电性能上具有良好的电磁波穿透特性，在机械性能上能经受外部恶劣环境的作用。损耗是天线罩的重要性能指标之一，在天线罩系统中，天线罩的传输损耗就是天线系统损耗的一部分。天线罩损耗不仅会降低天线的功率增益，其电阻性损耗也会增加系统的噪声温度，从而降低天线接收系统的灵敏度。

天线罩的传输损耗即天线在无天线罩时，天线接收的信号功率与有天线罩时接收的信号功率之比。图 1-8 为天线罩传输损耗定义的示意图。

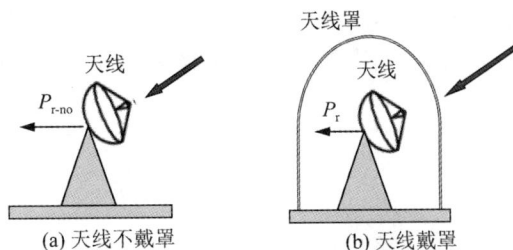

图 1-8　天线罩传输损耗定义示意图

天线罩传输损耗可表示为

$$TL_{radome} = \frac{P_{r\text{-}no}}{P_r} \qquad (1-22)$$

式中：

TL_{radome}——天线罩的传输损耗；

P_r——有天线罩时天线接收的信号功率；

$P_{r\text{-}no}$——无天线罩时天线接收的信号功率。

目前常用的天线罩有夹层天线罩、介质天线罩、金属空间框架天线罩和介质空间框架天线罩。对于介质天线罩和夹层天线罩，其传输损耗包括介质损耗和反射损耗；而金属空间框架天线罩和介质空间框架天线罩的传输损耗除介质损耗和反射损耗外，还包括框架的遮挡损耗和散射损耗。

1.7　频率选择面传输损耗和反射损耗的定义

在多频共用反射面天线系统中，频率选择面常用作副反射面，实现多频共用。频率选择面是一种周期阵列结构，由无源谐振单元（金属贴片或孔径）按一定的排列方式构成。频率选择面的周期性结构与电磁波的相互作用使其具有频率选择特性，当入射波频率在贴片或孔径单元的谐振频率点附近时，频率选择面表现出对入射波全反射（贴片型）或全透射（孔径型）特性。在多频段天线系统中，用频率选择面作反射面天线的副面，可实现天线多频段工作。

电磁波在给定波长和极化条件下，通过频率选择面的入射场总能量与透射场总能量之比，称为传输损耗，可表示为

$$TL = \frac{|E_i|^2}{|E_t|^2} \qquad (1-23)$$

式中：

TL——频率选择面的传输损耗；

E_i——电磁波入射场的总能量；

E_t——电磁波透射场的总能量。

电磁波在给定波长和极化条件下，通过频率选择面的入射场总能量与散射场总能量之比，称为反射损耗，可表示为

$$RL = \frac{|E_i|^2}{|E_s|^2} \qquad (1-24)$$

式中：

RL——频率选择面的反射损耗；

E_s——电磁波散射场的总能量。

1.8　天线噪声温度

1.8.1　天线噪声温度的概念及组成

天线会从周围环境接收到噪声功率，因此通常用噪声温度来度量一个系统产生的噪声功率。假设无耗天线包含在温度为 T_a 的环境中，天线终端的输出噪声功率 $N=kBT_a$（k 为玻尔兹曼常数；B 为噪声带宽；T_a 为天线等效噪声温度）与温度相同的电阻 R 产生的噪声功率相同，则称 T_a 为天线噪声温度。图 1-9 为天线噪声温度定义的示意图。

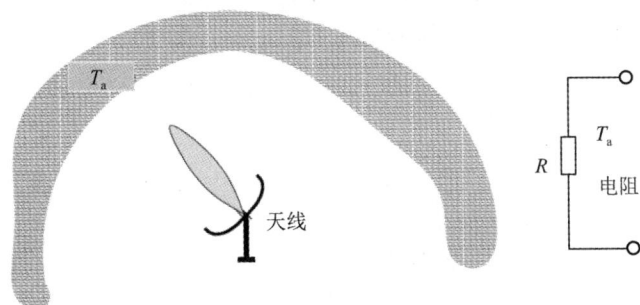

图 1-9　天线噪声温度定义的示意图

实际上，天线本身是有欧姆损耗的。通常把天线损耗产生的热噪声称为内部噪声。内部噪声主要包括天线传输损耗和欧姆损耗等产生的热噪声。外部噪声则是由天线所处环境中的噪声源产生的噪声，如大气衰减噪声、太阳噪声、宇宙背景噪声和地面热辐射噪声等。图 1-10 为天线噪声温度组成示意图。天空噪声温度由大气衰减噪声、太阳噪声和宇宙背景噪声等组成；地面噪声由天线旁瓣和后瓣接收地面辐射引起的噪声，由于天线辐射方向图的旁瓣特性，此影响随天线的仰角而略有变化；损耗噪声是由天线损耗引起的热噪声。

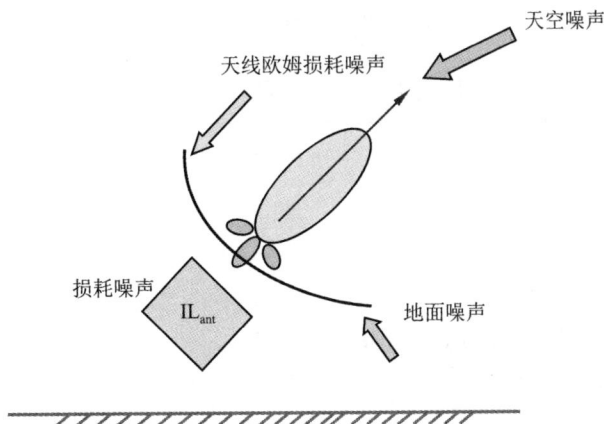

图 1-10　天线噪声温度组成示意图

1.8.2 天线噪声温度的计算

由天线理论可知，在球坐标系中，天线噪声温度 T_a 可用下式进行计算：

$$T_a = \frac{\int_0^{2\pi} \int_0^{\pi} \left[P_c(\theta, \phi) T_{bc}(\theta, \phi) + P_x(\theta, \phi) T_{bx}(\theta, \phi) \right] \sin\theta \mathrm{d}\theta \mathrm{d}\phi}{\int_0^{2\pi} \int_0^{\pi} \left[P_c(\theta, \phi) + P_x(\theta, \phi) \right] \sin\theta \mathrm{d}\theta \mathrm{d}\phi} \qquad (1-25)$$

式中：

$P_c(\theta, \phi)$——天线主极化功率方向图；

$P_x(\theta, \phi)$——天线交叉极化功率方向图；

$T_{bc}(\theta, \phi)$——天线主极化方向背景噪声温度分布函数；

$T_{bx}(\theta, \phi)$——天线交叉极化方向背景噪声温度分布函数。

众所周知，天线交叉极化相对于主极化来说是很小的，由此引起的噪声温度可忽略不计，因此式(1-25)可进一步简化为

$$T_a = \frac{\int_0^{2\pi} \int_0^{\pi} P(\theta, \phi) T_{bc}(\theta, \phi) \sin\theta \mathrm{d}\theta \mathrm{d}\phi}{\int_0^{2\pi} \int_0^{\pi} P(\theta, \phi) \sin\theta \mathrm{d}\theta \mathrm{d}\phi} \qquad (1-26)$$

如果天线为圆口径对称的，则式(1-26)可进一步简化为

$$T_a = \frac{\int_0^{\pi} P(\theta) T_{bc}(\theta) \sin\theta \mathrm{d}\theta}{\int_0^{\pi} P(\theta) \sin\theta \mathrm{d}\theta} \qquad (1-27)$$

式(1-27)为天线噪声温度计算的基本公式，该计算结果不包括天线损耗所产生的噪声温度，是由天空噪声和地面噪声引起的。式(1-27)还可表示为

$$T_a = T_{a\text{-}sky} + T_{a\text{-}ground} \qquad (1-28)$$

$$T_{a\text{-}sky} = \frac{\int_0^{\pi/2} P(\theta) T_{sky}(\theta) \sin\theta \mathrm{d}\theta}{\int_0^{\pi} P(\theta) \sin\theta \mathrm{d}\theta}, \quad 0 \leqslant \theta < \frac{\pi}{2} \qquad (1-29)$$

$$T_{a\text{-}ground} = \frac{\int_{\pi/2}^{\pi} P(\theta) \left\{ |\Gamma_d|^2 T_{sky}(\theta) + \left[1 - |\Gamma_d|^2 T_{ground}(\theta) \right] \right\} \sin\theta \mathrm{d}\theta}{\int_0^{\pi} P(\theta) \sin\theta \mathrm{d}\theta}, \frac{\pi}{2} \leqslant \theta \leqslant \pi$$

$$(1-30)$$

式中：

$T_{a\text{-}sky}$——天空噪声温度；

$T_{sky}(\theta)$——天空噪声温度分布函数；

$T_{a\text{-}ground}$——地面噪声温度；

Γ_d——地面反射系数；

$T_{ground}(\theta)$——地面噪声温度分布函数。

由式(1-28)、式(1-29)和式(1-30)可知：只要知道天空和地面噪声温度分布函数以

及天线的功率方向图，就可精确计算天线噪声温度，但计算结果为天线的外部噪声温度，不包括天线损耗产生的噪声温度。

1.9　插入损耗与噪声温度的关系

1.9.1　两端口网络插入损耗与噪声温度的关系

图 1-11 为任意有耗两端口网络的示意图。

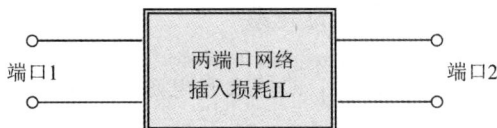

图 1-11　任意有耗两端口网络的示意图

已知用正分贝值表示的两端口网络的插入损耗为 $\mathrm{IL_{dB}}$，则精确的插入损耗因子 IL（IL≥1）可通过下式计算：

$$\mathrm{IL} = 10^{\mathrm{IL_{dB}}/10} \tag{1-31}$$

如果用分贝值表示的插入损耗 $\mathrm{IL_{dB}} \leqslant 0.1\ \mathrm{dB}$，则可使用以下近似关系式：

$$\mathrm{IL} \approx 1 + 0.23\mathrm{IL_{dB}} \tag{1-32}$$

$$\mathrm{IL}^{-1} \approx 1 - 0.23\mathrm{IL_{dB}} \tag{1-33}$$

假定两端口网络匹配，则插入损耗和耗散损耗相同。两端口网络的物理温度为 T_0，单位为 K，则计算有耗两端口网络噪声温度的精确公式为

$$T_{\mathrm{loss}} = \left(1 - \frac{1}{\mathrm{IL}}\right) T_0 \tag{1-34}$$

图 1-12 给出了两端口网络物理温度 $T_0 = 290\ \mathrm{K}$ 时插入损耗与噪声温度的精确计算结果。

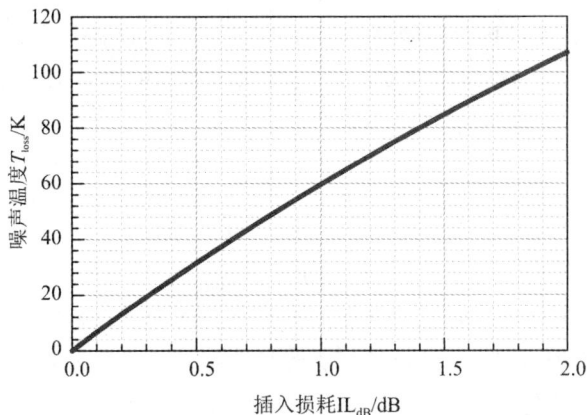

图 1-12　插入损耗和噪声温度的关系

在低损耗应用系统中，当网络或器件的损耗小于或等于 0.1 dB 时，由式(1-33)和式(1-34)可导出基于损耗计算噪声温度的近似计算公式：

$$T_{loss} \approx 0.23 IL_{dB} T_0 \qquad (1-35)$$

例如两端口网络的插入损耗为 0.05 dB，物理温度为 290 K，则由式(1-34)精确计算的噪声温度为

$$T_{loss} = \left[\left(1 - \frac{1}{10^{0.05/10}} \right) \times 290 \right] \text{K} = 3.320 \text{ K}$$

由式(1-35)近似计算的噪声温度为

$$T_{loss} \approx (0.23 \times 0.05 \times 290) \text{ K} = 3.335 \text{ K}$$

1.9.2　天线插入损耗与噪声温度的关系

实际上，天线本身是一个损耗网络，即使没有电磁波入射，天线自身也会引入少量的噪声功率。天线可以等效为两端口有耗网络，如图 1-13 所示。

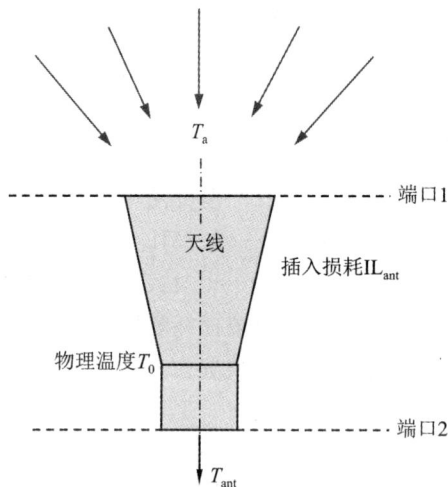

图 1-13　天线等效为有耗两端口网络的示意图

图 1-13 中，T_a 为天线接收周围环境的噪声温度，IL_{ant} 为天线的插入损耗，T_0 为天线的物理温度，则天线系统的噪声温度 T_{ant} 与天线插入损耗的关系为

$$T_{ant} = \frac{T_a}{IL_{ant}} + \left(1 - \frac{1}{IL_{ant}} \right) T_0 \qquad (1-36)$$

由式(1-36)可得天线插入损耗为

$$IL_{ant} = \frac{T_0 - T_a}{T_0 - T_{ant}} \qquad (1-37)$$

式(1-37)表征了天线插入损耗与噪声温度的物理关系。只要知道天线接收外部噪声温度 T_a 和天线输出噪声温度 T_{ant}，就可计算天线插入损耗。该方程就是利用噪声温度法测量天线插入损耗的理论基础。

参 考 文 献

[1] 李镇远，张伦. 微波衰减测量[M]. 人民邮电出版社，1981.

[2] 史晓飞. 浅析微波测量中的插入损耗与衰减[J]. 硅谷，2011，4(10)：164.

[3] The concept of transmission loss for radio links：ITU-R P. 341 – 6[S]. 2016.

[4] 周朝栋，王元坤，周良明. 线天线理论与工程[M]. 西安：西安电子科技大学出版社，1988.

[5] STUTZMAN W L，THIELE G A. 天线理论与设计[M]. 朱守正，安同一，译. 2 版. 北京：人民邮电出版社，2006.

[6] BEN A M. 频率选择表面理论与设计[M]. 候新宇，译. 北京：科学出版社，2009.

[7] KRAUS J D，MARHEFKA R J. 天线[M]. 章文勋，译. 3 版. 北京：电子工业出版社，2006.

[8] 秦顺友. 频谱分析仪的原理、操作与应用[M]. 西安：西安电子科技大学出版社，2014.

[9] KOSTOV K S，KYYRÄ J J. Insertion loss in terms of four-port network parameters[J]. Science Measurement & Technology，2009，3(3)：208 – 216.

[10] van CAPPELLEN W. Efficiency and sensitivity definitions for reflector antennas in radio-astronomy [EB/OL]. [2023 – 09 – 12]. http://ael. chungbuk. ac. kr/ael/ref/radio _ astronomy/TuesdayCappellen. pdf.

[11] OTOSHI T Y. Noise temperature theory and applications for deep space communications antenna systems[M]. Washington：Artech House，2008.

[12] 毛乃宏，俱新德. 天线测量手册[M]. 北京：国防工业出版社，1987.

[13] CARVER K R，COOPER W K. Antenna and radome loss measurements for MFMR and PMIS with appendix on MFMR/PMIS computer programs[R]. NASA technical memorandum 141871，1975.

第 2 章

馈线插入损耗测量技术

2.1 概　　述

天线馈线又称射频(RF)传输线，是天线与接收机和发射机之间的射频连线，主要任务是把发射机发出的电磁能量反馈给天线，再由天线辐射到指定空间，或者把从天线接收到的射频信号送往接收机进行信号处理。常用的微波传输线有同轴传输线(工程中通常称为同轴电缆)、矩形波导传输线和椭圆波导传输线等。图 2-1 为常用的不同连接头的射频同轴电缆，图 2-2 为常用的波导传输线。常用的波导传输线有矩形波导、矩形软波导和椭圆波导(也叫波纹波导)。任何馈线均有损耗，馈线插入损耗是输入到馈线的电磁能量与经过馈线传输后输出的电磁能量之比，常用分贝值表示。本章简述天线馈线插入损耗的传统测量方法，重点介绍波导馈线小损耗测量的新方法，主要包括冷负载噪声功率法、冷热负载 Y 因子法和天空背景噪声 Y 因子法。

图 2-1　常用的不同连接头的同轴电缆

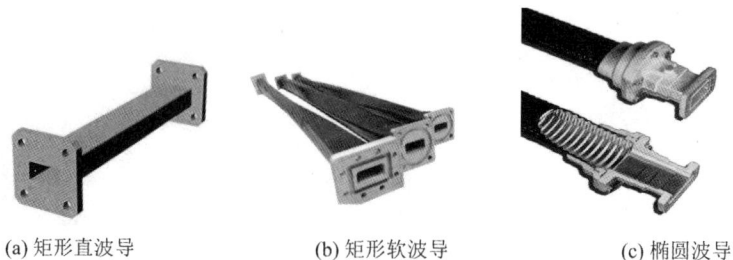

(a) 矩形直波导　　　　　　(b) 矩形软波导　　　　　　(c) 椭圆波导

图 2-2　常用的波导传输线

2.2　同轴电缆的插入损耗测量

同轴电缆的插入损耗测量通常采用功率比法，即通过测量待测同轴电缆的输入功率和输出功率，计算待测同轴电缆插入损耗。测量信号功率的仪器常用频谱分析仪和网络分析仪，故又称为频谱分析仪法、矢量网络分析仪法和标量网络分析仪法。

2.2.1　频谱分析仪法

图 2-3 为频谱分析仪法测量同轴电缆插入损耗的原理框图。

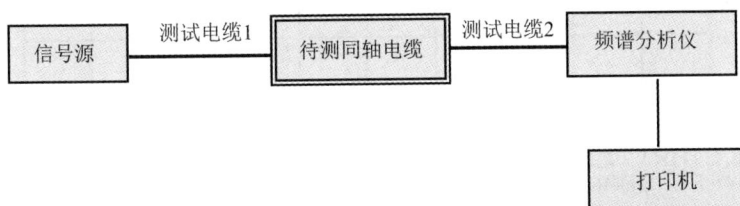

图 2-3　频谱分析仪法测量同轴电缆插入损耗的原理框图

利用频谱分析仪测量同轴电缆插入损耗的方法是：首先，在不接待测同轴电缆的情况下，将测试电缆 1 和测试电缆 2 直接连接，用频谱分析仪测量出信号源输出经测试电缆传输的输出功率，记为 P_1；然后，在测试电缆 1 和测试电缆 2 之间接入待测同轴电缆，并保持信号源的输出功率和频率不变；最后，用频谱分析仪测量出信号源经测试电缆和待测同轴电缆的输出功率，记为 P_2。待测同轴电缆的插入损耗 IL_{CC} 为

$$IL_{CC} = P_1 - P_2 \tag{2-1}$$

用点频法测量同轴电缆插入损耗的原理同样适用于同轴电缆插入损耗的扫频测量。扫频法测量插入损耗的方法与点频法类似，但要求信号源具有扫频功能，并按要求发射扫频信号。首先，在不接待测同轴电缆的情况下，将扫频信号经测试电缆直接接入频谱分析仪的射频输入端口，合理设置频谱分析仪的状态参数，用频谱分析仪的最大保持功能，直接测量出信号源的扫频输出响应，记为 $P_1(f)$，并存储在频谱分析仪的存储器里。然后，接上待测同轴电缆，保持信号源和频谱分析仪的设置参数不变，运用频谱分析仪的最大保持功能，测量出信号源经测试电缆和待测同轴电缆的输出响应曲线，记为 $P_2(f)$，并存储在频谱分析仪的存储器里。最后，利用频谱分析仪的码刻和码刻 Δ 功能直接读出不同频率点的插入损耗 $IL_{CC}(f)$，可表示为

$$IL_{CC}(f) = P_1(f) - P_2(f) \tag{2-2}$$

下面以某工程应用的 Ku 波段 5 米射频同轴电缆为例，利用频谱分析仪法测量该射频同轴电缆的插入损耗。图 2-4 为 Ku 波段 5 米射频同轴电缆插入损耗的测量结果。表 2-1 给出了 Ku 波段 5 米射频同轴电缆典型频率的插入损耗测量结果。

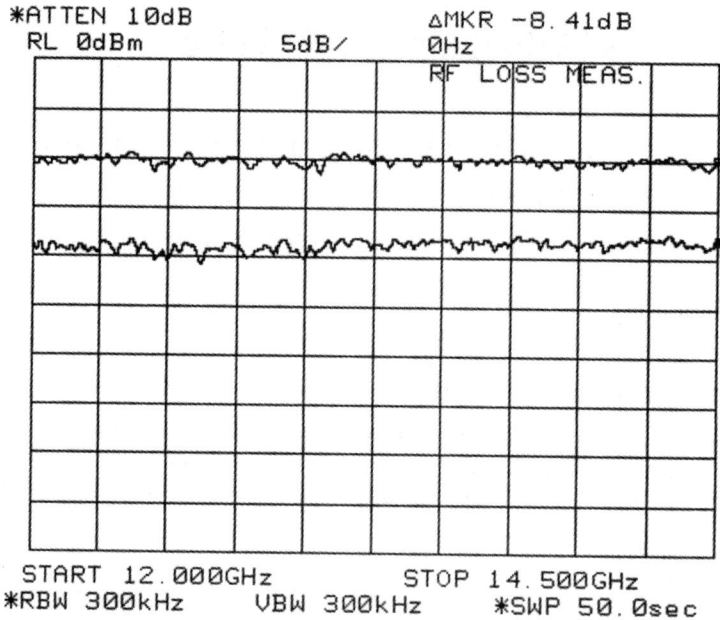

图 2-4　Ku 波段 5 米射频同轴电缆插入损耗的测量结果

表 2-1　Ku 波段 5 米射频同轴电缆典型频率的插入损耗测量结果

测量频率/GHz	插入损耗/dB	测量频率/GHz	插入损耗/dB
12.0	8.42	13.5	8.25
12.5	9.75	14.0	7.91
13.0	9.00	14.5	8.41

2.2.2　矢量网络分析仪法

图 2-5 为矢量网络分析仪测量同轴电缆插入损耗的原理框图。

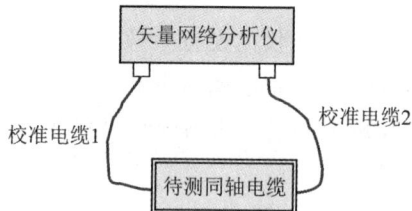

图 2-5　矢量网络分析仪测量同轴电缆插入损耗的原理框图

　　利用矢量网络分析仪测量同轴电缆插入损耗的方法是：首先，按照图 2-5 所示的原理框图建立测量系统，在不接待测同轴电缆的情况下，将矢量网络分析仪的校准电缆 1 和矢量网络分析仪的校准电缆 2 用同轴连接器直接连接，合理设置矢量网络分析仪的状态参数，如起始频率、停止频率、测量参数(损耗测量选择散射参数 S_{21} 等)，对矢量网络分析仪进行直通校准。然后，将矢量网络分析仪的校准电缆 1 与待测同轴电缆的一端连接，校准电缆 2 与待测同轴电缆的另一端连接，则矢量网络分析仪可直接测量出用分贝值表示的同轴电缆散射参数 S_{21}。待测同轴电缆的插入损耗为

$$\mathrm{IL_{CC}} = -S_{21} \qquad\qquad (2-3)$$

下面以某工程应用的 C 波段甚小口径天线地球站(VSAT)下行射频同轴电缆插入损耗测量为例，说明用矢量网络分析仪法测量同轴电缆插入损耗的方法。电缆长度为 5 米，工作频段为 3.4～4.2 GHz。测量所用矢量网络分析仪的型号为 AV3629，工作频率范围为 45 MHz～40 GHz。图 2-6 为同轴电缆插入损耗测量的装置图。图 2-7 为同轴电缆 S_{21} 参数的测量结果，由测量的参数 S_{21} 可确定同轴电缆的插入损耗。由测量曲线可知：典型频率 3.4 GHz、3.8 GHz 和 4.2 GHz 的同轴电缆插入损耗分别为 2.401 dB、2.619 dB 和 2.854 dB。

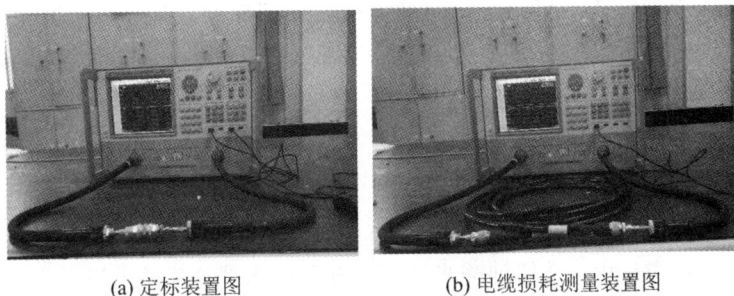

(a) 定标装置图　　　　　　　　(b) 电缆损耗测量装置图

图 2-6　同轴电缆插入损耗的测量装置图

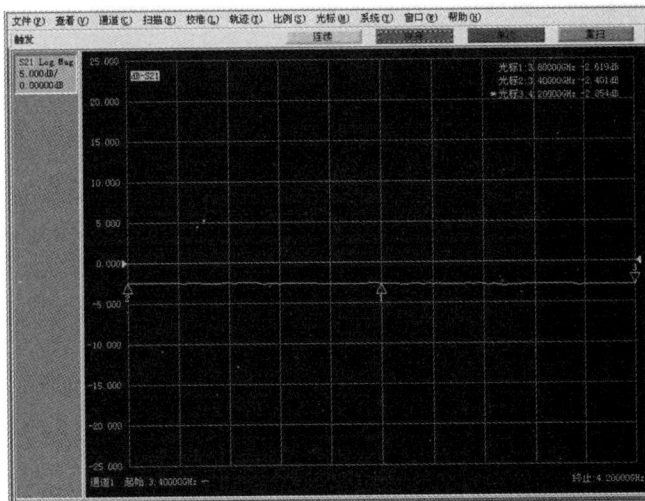

图 2-7　C 波段 5 米同轴电缆插入损耗的测量结果

2.2.3　标量网络分析仪法

图 2-8 为利用标量网络分析仪法测量同轴电缆插入损耗的原理框图。

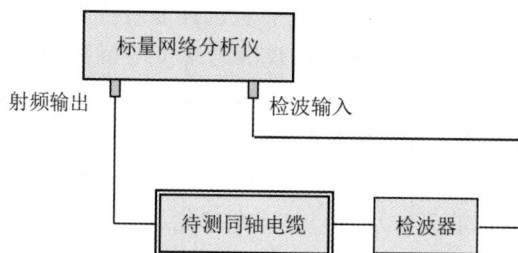

图 2-8　标量网络分析仪法测量同轴电缆插入损耗的原理框图

利用标量网络分析仪法测量同轴电缆插入损耗的方法是：首先，按照图 2-8 所示的原理框图建立测量系统，在不接待测同轴电缆的情况下，将标量网络分析仪的射频输出直接与检波器连接，合理设置标量网络分析仪的状态参数，如起始频率、停止频率、选择传输测量等，对标量网络分析仪进行直通定标校准；然后，将标量网络分析仪的射频输出与待测同轴电缆的一端连接，检波器与待测同轴电缆的另一端连接，保持标量网络分析仪状态参数不变，则标量网络分析仪可直接测量出同轴电缆的插入损耗。该测量值相对定标是负值，故测量的同轴电缆插入损耗取正值。

2.2.4　高插入损耗测量方法的改进

同轴电缆插入损耗测量的传统方法有频谱分析仪法、矢量网络分析仪法和标量网络分析仪法。在实际工程应用中，常遇到毫米波频段长同轴电缆，其插入损耗很大。如果同轴电缆的插入损耗在 70 dB 以上，采用传统的测量方法时，系统动态范围很难满足测量要求。改善测量系统的动态范围通常有两种途径：一是提高系统输出功率，如使用高功率放大器（HPA）；二是提高系统接收机检测小信号的能力，如采用宽带放大器。

下面以频谱分析仪加宽带放大器为例，说明高插入损耗的测量方法。图 2-9 为频谱分析仪法测量高插入损耗的原理框图。要求测量所用宽带放大器的增益已进行精确标定，且要求放大器增益稳定性高，从而提高系统的测量精度。宽带放大器输入接口与同轴电缆接口匹配，可直接连接。

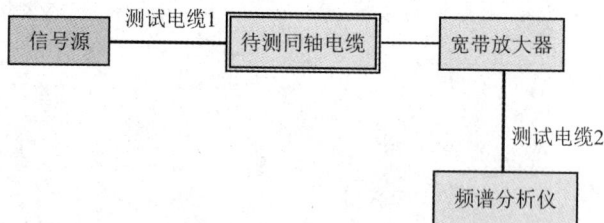

图 2-9　频谱分析仪法测量高插入损耗的原理框图

利用频谱分析仪法测量同轴电缆高插入损耗的方法是：首先，按照图 2-9 所示的原理框图建立测量系统，在不接待测同轴电缆和宽带放大器的情况下，将测试电缆 1 和测试电缆 2 直接连接，用频谱分析仪测量出信号源经测试电缆传输的输出功率，记为 P_1；然后，将测试电缆 1 接待测同轴电缆的输入端口，测试电缆输出端口接宽带放大器，宽带放大器的输出与频谱分析仪用测试电缆 2 连接；最后，保持信号源的输出频率和功率不变，用频谱分析仪测量出信号源经测试电缆、待测同轴电缆和宽带放大器放大后的输出功率，记为

P_2，则用分贝值表示的待测同轴电缆的插入损耗 IL_{CC} 为

$$IL_{CC} = P_1 - P_2 + G_{amp}$$

（2 - 4）

式中，G_{amp} 为宽带放大器增益，单位为 dB。

2.3　波导馈线的插入损耗测量

　　常用的波导馈线有矩形波导馈线、椭圆波导馈线、圆波导馈线和波纹波导馈线等。无论是椭圆波导馈线，还是圆波导馈线，其两端一般通过方圆过渡转换成标准的矩形波导端口，以便于实际工程应用。波导馈线插入损耗的测量方法均是一样的，因此，本节以矩形波导馈线插入损耗测量为例，介绍波导馈线插入损耗的测量方法。波导馈线插入损耗测量方法主要包括功率比法、短路法、双定向耦合器法、冷负载噪声功率法、冷热负载 Y 因子法和晴空背景 Y 因子法。

2.3.1　矩形波导馈线插入损耗的计算

　　矩形波导损耗小，常用作地面站天线的发射馈线。由矩形波导尺寸、波导金属的电导率等可计算其单位长度的损耗。图 2 - 10 为矩形波导结构示意图。

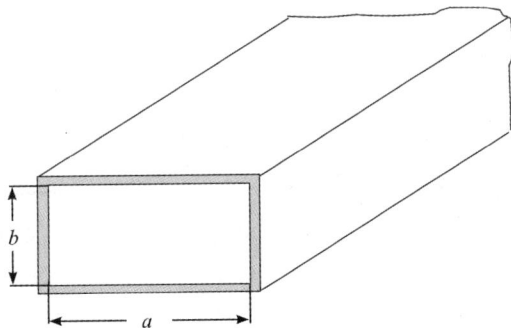

图 2 - 10　矩形波导结构示意图

　　图 2 - 10 中，a 为矩形波导宽边的内尺寸，b 为矩形波导窄边的内尺寸。矩形波导传输主模 TE_{10}，且波导管内介质为空气时，其插入损耗计算公式为

$$IL_{wd} = \frac{8.686 R_s}{120 \pi b} \frac{1 + \frac{2b}{a}\left(\frac{\lambda}{2a}\right)^2}{\sqrt{1 - \left(\frac{\lambda}{2a}\right)^2}}$$

（2 - 5）

式中：

　　IL_{wd}——矩形波导每米长度的插入损耗，单位为 dB/m；

　　λ——工作波长，单位为 mm；

　　R_s——波导金属导体的表面电阻，单位为 Ω。

　　将常用金属导体的表面电阻值代入式(2 - 5)，可得到矩形波导传播 TE_{10} 模的插入损耗计算的简化公式：

$$IL_{wd} = \frac{0.07286K\sqrt{f}}{b} \frac{1 + \frac{2b}{a}\left(\frac{\lambda}{2a}\right)^2}{\sqrt{1 - \left(\frac{\lambda}{2a}\right)^2}} \qquad (2-6)$$

式中：

　　K——常数(银波导 $K=2.52$，铜波导 $K=2.6$，铝波导 $K=3.26$，黄铜波导 $K=5.01$)；

　　f——工作频率，单位为 GHz。

　　表 2-2 给出了卫星通信地面站天线常用的矩形波导馈线的技术参数。矩形波导馈线一般为铝波导，内表面镀银。图 2-11 为 BJ-58 和 BJ-70 矩形波导馈线主模工作每米的插入损耗曲线，图 2-12 为 BJ-120 矩形波导馈线主模工作每米的插入损耗曲线，图 2-13 为 BJ-320 矩形波导馈线主模工作每米的插入损耗曲线。

表 2-2　卫星通信地面站天线常用矩形波导馈线的技术参数

波导型号	工作频率/GHz	截止频率/GHz	$a \times b$/(mm×mm)
BJ-58	4.64～7.05	3.713	40.386×20.193
BJ-70	5.38～7.17	4.304	34.849×15.799
BJ-120	9.84～15.00	7.874	19.050×9.525
BJ-320	26.30～40.00	21.061	7.122×3.556

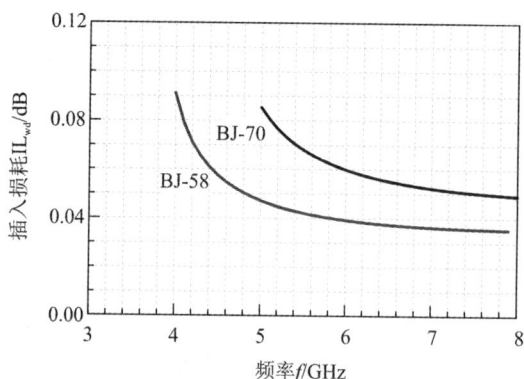

图 2-11　BJ-58 和 BJ-70 矩形波导馈线主模工作每米的插入损耗曲线

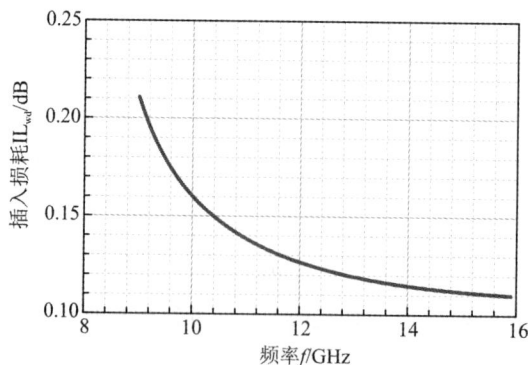

图 2-12　BJ-120 矩形波导馈线主模工作每米的插入损耗曲线

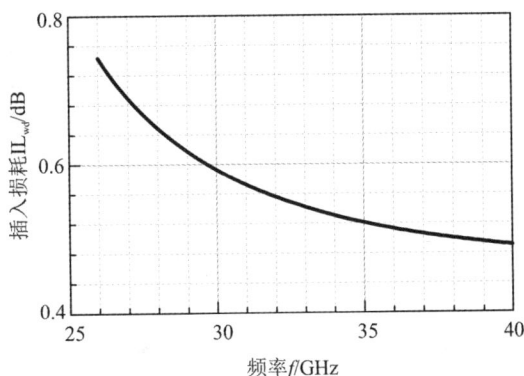

图 2-13　BJ-320 矩形波导馈线主模工作每米的插入损耗曲线

2.3.2　功率比法

1. 频谱分析仪法

功率比法测量波导馈线插入损耗是一种传统方法，其测量方法与同轴电缆插入损耗测量方法相同。图 2-14 为频谱分析仪法测量波导馈线插入损耗的原理框图。图中波导隔离器的作用是抑制多重反射，提高波导小损耗的测量精度。

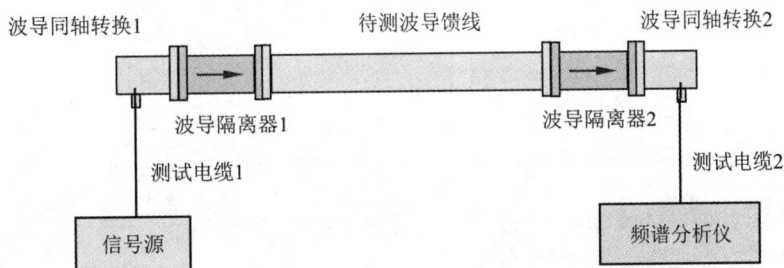

图 2-14　频谱分析仪法测量波导馈线插入损耗的原理框图

频谱分析仪法测量波导馈线插入损耗的方法是：首先，按照图 2-14 所示的原理框图建立测量系统，在不接待测波导馈线的情况下，将波导隔离器 1 与波导隔离器 2 对接，用频谱分析仪直接测量信号源经测试电缆 1→波导同轴转换 1→波导隔离器 1→波导隔离器 2→波导同轴转换 2→测试电缆 2 的输出功率，记为 P_1；然后，在波导隔离器 1 与波导隔离器 2 之间接入待测波导馈线；最后，保持信号源的输出频率和功率不变，用频谱分析仪测量信号源经过测试电缆 1→波导同轴转换 1→波导隔离器 1→待测波导馈线→波导隔离器 2→波导同轴转换 2→测试电缆 2 的输出功率，记为 P_2。待测波导馈线的插入损耗 $\mathrm{IL_{wd}}$ 为

$$\mathrm{IL_{wd}} = P_1 - P_2 \tag{2-7}$$

2. 矢量网络分析仪法

图 2-15 为矢量网络分析仪法测量波导馈线插入损耗的原理框图。

矢量网络分析仪法测量波导馈线插入损耗的方法是：首先，按照图 2-15 所示的原理框图建立测量系统，在不接待测波导馈线的情况下，将波导隔离器 1 与波导隔离器 2 对接，

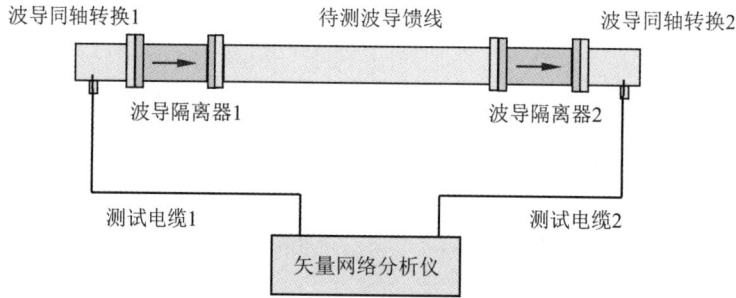

图 2-15　矢量网络分析仪法测量波导馈线插入损耗的原理框图

对矢量网络分析仪进行直通校准定标；然后，在波导隔离器 1 与波导隔离器 2 之间接入待测波导馈线；最后，保持矢量网络分析仪的状态参数不变，用矢量网络分析仪直接测量出波导馈线的散射参数 S_{21}，则用分贝值表示的波导馈线的插入损耗为

$$\text{IL}_{\text{wd}} = -S_{21} \qquad\qquad (2-8)$$

下面以 0.5 米 BJ-320 矩形波导插入损耗测量为例，说明用矢量网络分析仪法测量波导馈线插入损耗的方法（测量中无 BJ-320 的波导隔离器）。测量所用矢量网络分析仪的型号为 AV3629，其工作频率范围为 45 MHz～40 GHz。图 2-16 为 BJ-320 波导馈线插入损耗测量的实际装置图。

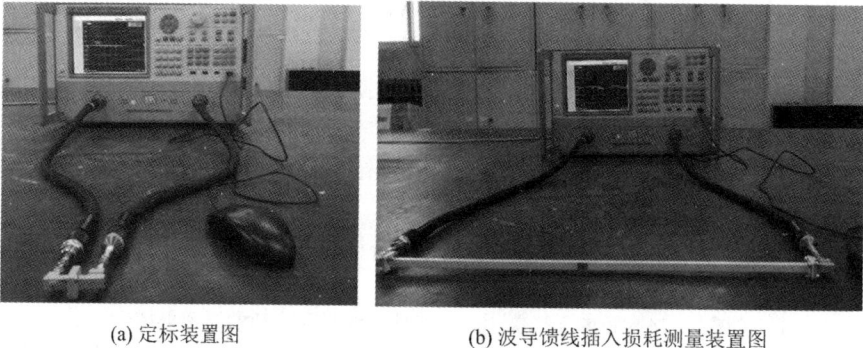

(a) 定标装置图　　　　　　　　　(b) 波导馈线插入损耗测量装置图

图 2-16　BJ-320 波导馈线插入损耗测量的实际装置图

图 2-17 为 0.5 米 BJ-320 波导馈线插入损耗测量结果（矢量网络分析仪平滑功能关闭，即处于 OFF 状态）。图 2-18 为 0.5 米 BJ-320 波导馈线插入损耗测量结果与理论计算结果。由测量结果可知：在整个频段内，测量的插入损耗波动很大，测量误差较大。图 2-17 中光标读出频率为 30 GHz、32 GHz 和 34 GHz 的插入损耗分别为 0.377 dB（理论 0.297 dB）、0.355 dB（理论 0.278 dB）和 0.274 dB（0.266 dB），同理论计算结果比较其误差分别为 −0.080 dB、−0.077 dB 和 −0.008 dB。由图 2-18 可知：在测量频段内，波导插入损耗甚至出现负值，显然测量结果的可信度不高。如频率为 33.34 GHz 时，损耗为 −0.085 dB（理论 0.269 dB），测量的最大正误差为 0.354 dB；频率为 32.02 GHz 时，测量的波导损耗最大为 0.601 dB（理论 0.278 dB），最大负误差为 −0.323 dB。由此可见，最大测量误差与损耗真值相当，其测量误差是非常大的，主要原因是多重反射。在源端口和接收机端口加波导隔离器，可抑制多重反射的影响，提高插入损耗的测量精度。

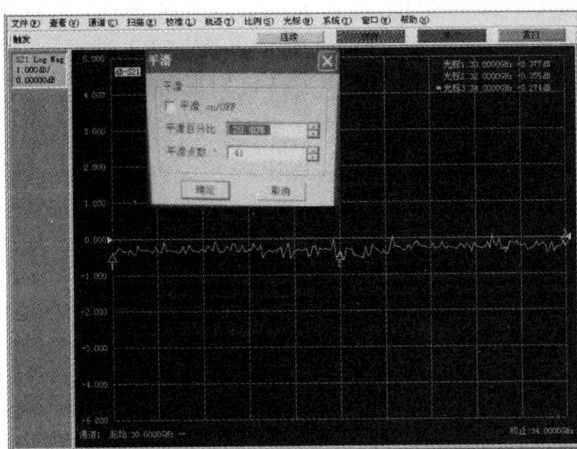

图 2-17　0.5 米 BJ-320 波导馈线插入损耗的测量结果（无平滑）

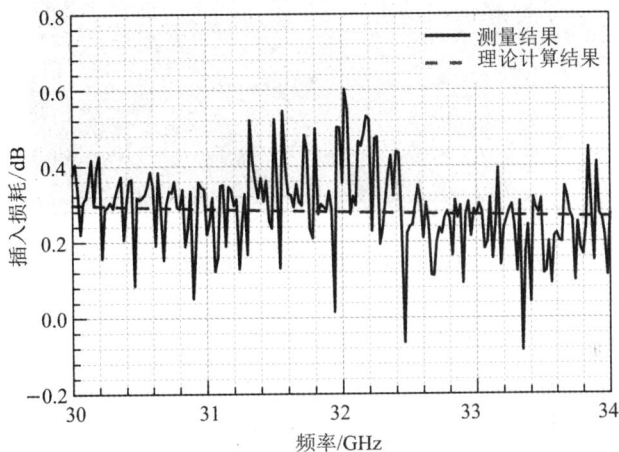

图 2-18　BJ-320 波导馈线插入损耗的测量与理论计算结果（无平滑）

　　显然图 2-18 所测量的波导馈线插入损耗误差很大，因此，要对测量数据进行处理，以获得较高测量精度。通常可采用两种途径实现，一是包络平均技术，二是矢量网络分析仪的平滑功能。包络平均技术就是利用测量结果的曲线，绘出测量曲线极大值包络和极小值包络，求出包络的平均值作为待测波导馈线的插入损耗，一般通过数据的后处理实现，比较复杂。下面重点介绍利用矢量网络分析仪的平滑功能改善测量精度的方法。

　　利用矢量网络分析仪的平滑功能，可减少波动引起的测量误差，提高测量精度。矢量网络分析仪的平滑功能是在所显示轨迹的一部分上对有效格式化数据进行平均。利用当前扫描的几个邻近数据点的移动平均值，对于每个频率点及其相关联的窗口，平滑算法通常使用相邻数据来寻找中点。然而，在测量轨迹线的开始和结束点，算法执行向前看和向后看操作，这为平滑函数在扫描的开始和结束提供了相同数量的点。矢量网络分析仪的平滑口径是扫描范围的百分比，目前矢量网络分析仪最大平滑口径可达 20% 或 25%。平滑的目的是找到数据的中间值，进而降低宽带测量中相对较小的峰峰波动。但是对于高谐振器件或其他测量曲线变化较大的设备进行平滑测量会带来测量误差。对于波导馈线插入损耗测量,其在工作频段内变化不大,故可采用矢量网络分析仪的平滑功能来提高测量精度。

图 2-19 为利用矢量网络分析仪的平滑功能处理后的 0.5 米 BJ-320 波导馈线插入损耗的测量结果。图 2-20 为平滑测量结果与理论计算结果。图 2-19 中光标读出频率30 GHz、32 GHz 和 34 GHz 的插入损耗分别为 0.320 dB(理论 0.297 dB)、0.363 dB(理论 0.278 dB)和 0.248 dB(0.266 dB),同理论计算结果比较其误差分别为 -0.023 dB、-0.085 dB 和 0.018 dB。由图 2-20 可知:在测量频段内,最大绝对误差为 0.088 dB。显然利用矢量网络分析仪平滑功能大大提高了波导馈线插入损耗的测量精度。

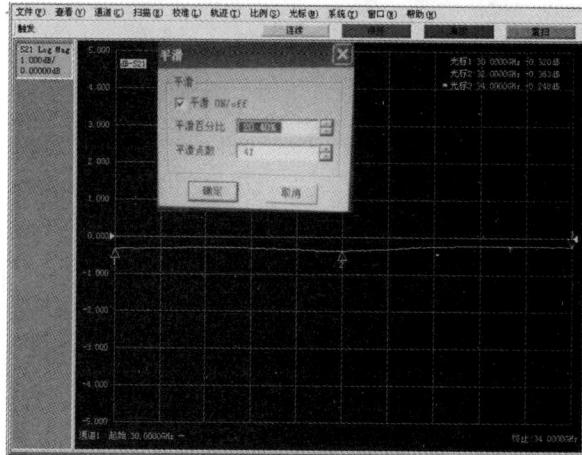

图 2-19　0.5 米 BJ-320 波导馈线插入损耗的测量结果(平滑口径为 20.4%)

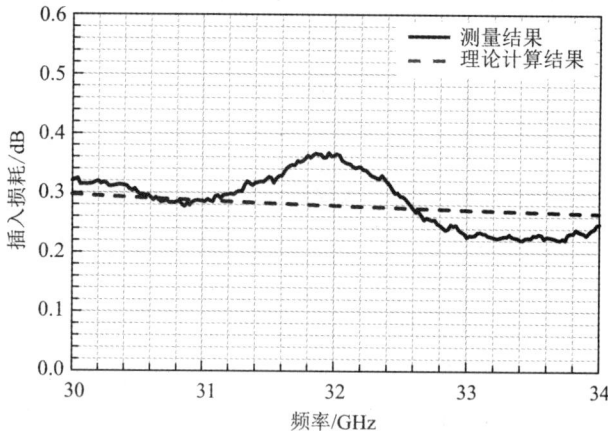

图 2-20　BJ-320 波导馈线插入损耗的测量与理论计算结果(平滑)

3. 标量网络分析仪法

图 2-21 为标量网络分析仪法测量波导馈线插入损耗的原理框图。

标量网络分析仪法测量波导馈线插入损耗的方法是:首先,按照图 2-21 所示的原理框图建立测量系统,在不接待测波导馈线的情况下,将波导隔离器 1 与波导隔离器 2 对接,合理设置标量网络分析仪的状态参数,如信号源的输出功率、起始频率和停止频率等,对标量网络分析仪进行直通传输校准定标;然后,在波导隔离器 1 与波导隔离器 2 之间接入

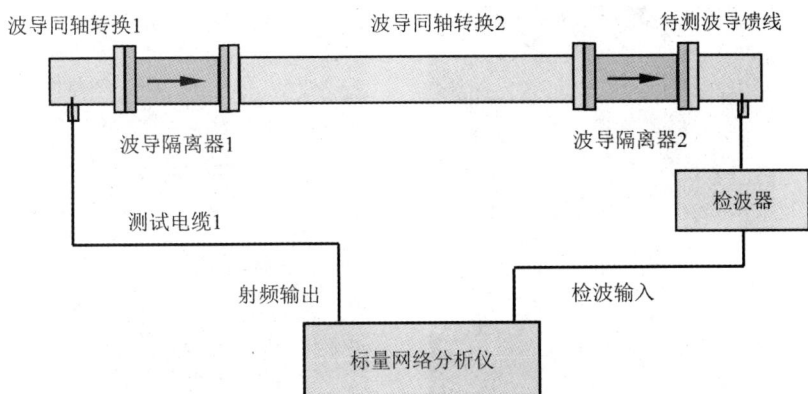

图 2-21　标量网络分析仪法测量波导馈线插入损耗的原理框图

待测波导馈线；最后，保持标量网络分析仪的状态参数不变，则标量网络分析仪可直接测量出波导馈线的插入损耗。

下面以 S 波段 8.54 米天气雷达前馈抛物面天线波导馈线为例，给出了波导馈线设计方案和波导馈线插入损耗的测量结果。雷达波导馈线的工作频段为 2.7 ～3.0 GHz，插入损耗要求小于或等于 1 dB。图 2-22 为雷达波导馈线设计的总体方案示意图。整个波导馈线由 BJ-32 矩形直波导、扭波导、弯波导、软波导和波导旋转关节组成。矩形波导馈线总长度为 14.452 m，馈线包含了 17 个波导连接法兰、2 个波导旋转关节、1 段 BJ-32 矩形软波导。图 2-23 为 S 波段 8.54 米天气雷达天线波导馈线安装后的实际装置图。图 2-24 为波导馈线插入损耗的测量结果。测量所用的标量网络分析仪的型号为 ANRIASU 54147A。测量结果表明：在 2.7～3 GHz 频段内，8.54 米天气雷达天线馈线的插入损耗 $IL_{wd} \leqslant$ 0.85 dB，满足天线馈线的总体设计要求。

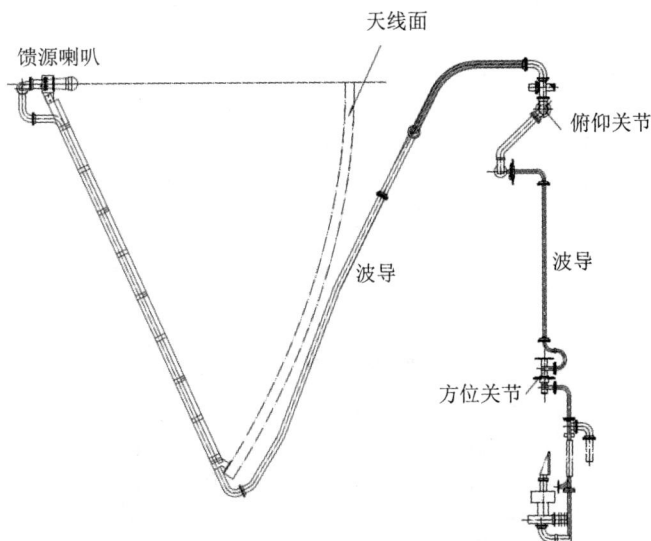

图 2-22　天气雷达 8.54 米前馈抛物面天线波导馈线的总体设计方案

(a) 馈线的前面　　　　　　　　　(b) 馈线的背面

图 2-23　S 波段 8.54 米天气雷达天线波导馈线安装后的实际装置图

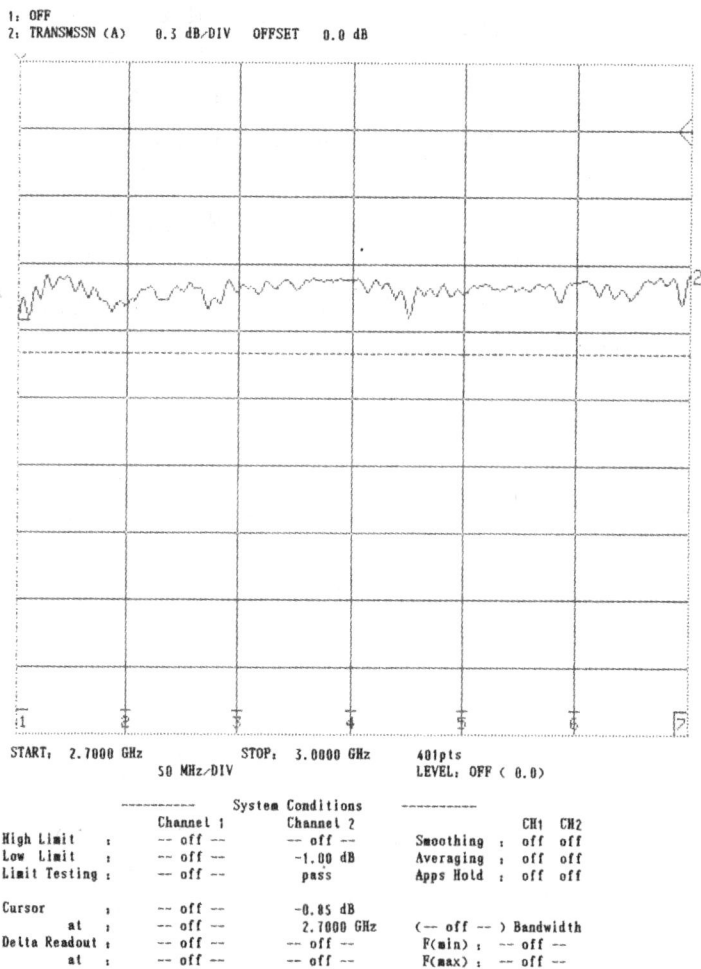

```
1: OFF
2: TRANSMSSN (A)    0.3 dB/DIV    OFFSET    0.0 dB
```

```
START: 2.7000 GHz          STOP: 3.0000 GHz      401pts
             50 MHz/DIV                  LEVEL: OFF ( 0.0)

                    ------- System Conditions -------
                    Channel 1       Channel 2                CH1  CH2
High Limit     :    -- off --       -- off --    Smoothing :  off  off
Low  Limit     :    -- off --       -1.00 dB     Averaging :  off  off
Limit Testing  :    -- off --       pass         Apps Hold :  off  off

Cursor         :    -- off --       -0.85 dB
         at    :    -- off --       2.7000 GHz   (-- off --) Bandwidth
Delta Readout  :    -- off --       -- off --    F(min)  : -- off --
         at    :    -- off --       -- off --    F(max)  : -- off --
```

图 2-24　S 波段 8.54 米天气雷达天线波导馈线插入损耗的测量结果

2.3.3　短路法

短路法测量波导馈线插入损耗的方法是：利用波导定向耦合器和短路器，在有无待测波导馈线情况下，输出端口短路，分别测量反射信号的功率，由此计算待测波导馈线的插入损耗。测量常用仪器为频谱分析仪和矢量网络分析仪，故又称作频谱分析仪短路法和矢量网络分析仪短路法。

1. 频谱分析仪短路法

图 2-25 为频谱分析仪短路法测量波导馈线插入损耗的原理框图。图中，隔离器的作用是抑制源反射对测量的影响，改善测量精度。

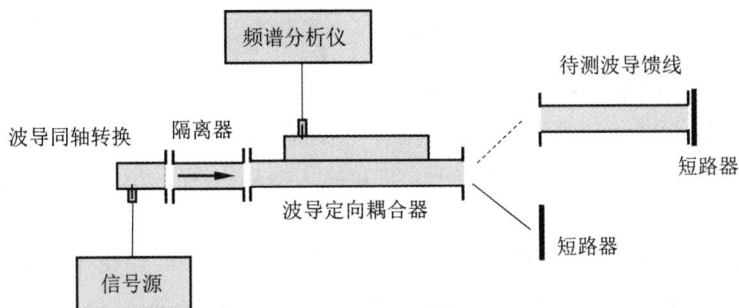

图 2-25　频谱分析仪短路法测量波导馈线插入损耗的原理框图

频谱分析仪短路法测量波导馈线插入损耗的方法是：首先，按照图 2-25 所示的原理框图建立测量系统，在波导定向耦合器的输出端口接短路器，对系统进行短路定标，用频谱分析仪测量定向耦合器耦合的反射信号功率，记为 P_d；然后，去掉短路器，在波导定向耦合器输出端口接待测波导馈线，待测波导馈线输出端口接短路器；最后，用频谱分析仪测量定向耦合器耦合的反射信号功率，记为 P_m。用分贝值表示的待测波导馈线的插入损耗为

$$\mathrm{IL_{wd}} = \frac{P_d - P_m}{2} \tag{2-9}$$

式(2-9)除以 2 的原因是：信号源输出的射频信号，先通过待测波导馈线传输，信号损耗一次；然后通过待测波导馈线短路全反射后，再次通过待测波导馈线，反射信号又损耗一次，故用两次测量结果的差除以 2 得到待测波导馈线的插入损耗。测量中忽略了短路器表面的反射损耗。

2. 矢量网络分析仪短路法

图 2-26 为矢量网络分析仪短路法测量波导馈线插入损耗的原理框图。

矢量网络分析仪短路法测量波导馈线插入损耗的方法是：首先，按照图 2-26 所示的原理框图建立测量系统，将矢量网络分析仪源输出端口接波导定向耦合器输入端，矢量网络分析仪接收端口接定向耦合器的耦合端口，在波导定向耦合器输出端口接短路器；然后，合理设置矢量网络分析仪的状态参数，如起始频率、停止频率、格式（对数幅度）和测量参数（选择 S_{21} 等），对系统进行回路校准定标，此时矢量网络分析测量的散射参数 S_{21} 为 0 dB；最后，去掉短路器，在波导定向耦合器输出端口接待测波导馈线，待测波导馈线输出端口接短路器，保持矢量网络分析仪的状态参数不变，用矢量网络分析仪测量波导馈线的散射参

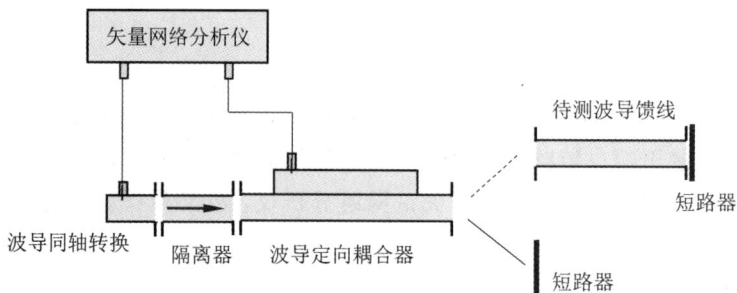

图 2-26　矢量网络分析仪短路法测量波导馈线插入损耗的原理框图

数 S_{21}，则待测波导馈线的插入损耗为

$$\mathrm{IL}_{\mathrm{wd}} = -\frac{S_{21}}{2} \qquad (2-10)$$

图 2-27 为矢量网络分析仪短路法测量 0.5 米 BJ-320 波导馈线插入损耗的实际装置图。图 2-28 为 BJ-320 波导馈线散射参数 S_{21} 的测量结果（无平滑）。图 2-29 给出了波导馈线插入损耗的测量结果。测量结果表明：波导插入损耗出现了负值，显然是不合理的；在整个频段内，测量的插入损耗波动很大，其结果无法评估波导馈线的插入损耗，主要原因是测量系统存在多重反射（实际测量中无波导隔离器）。图 2-30 给出了矢量网络分析仪平滑百分比为 25% 的测量结果，处理后获得的波导馈线插入损耗如图 2-31 所示。可以发现，平滑后测量结果仍存在较大误差，但在测量误差允许范围内，这表明利用平滑技术可对测量结果进行正确评估。

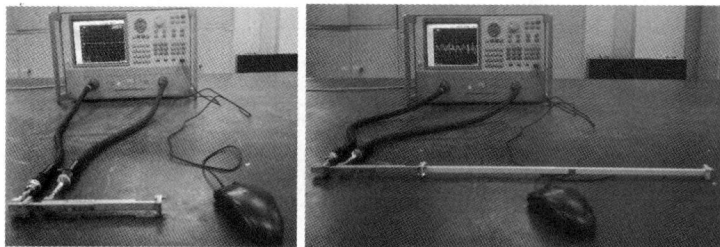

(a) 定标装置图　　　　　　(b) 波导馈线插入损耗测量装置图

图 2-27　矢量网络分析仪短路法测量 BJ-320 波导馈线插入损耗的实际装置图

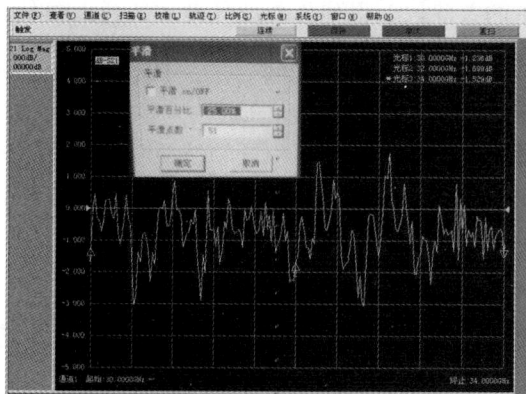

图 2-28　0.5 米 BJ-320 波导馈线 S_{21} 的测量结果（无平滑，双向损耗）

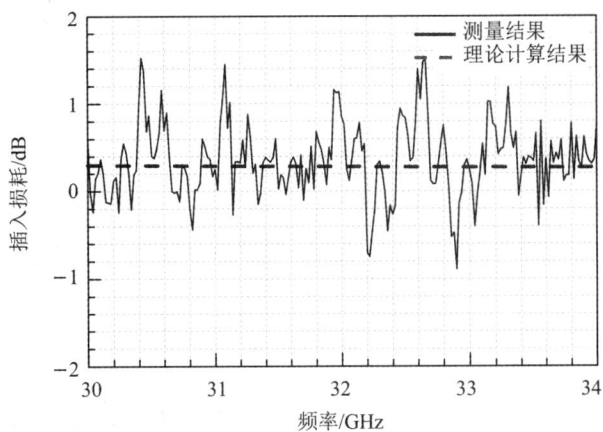

图 2 - 29　0.5 米 BJ-320 波导馈线插入损耗的测量结果（无平滑）

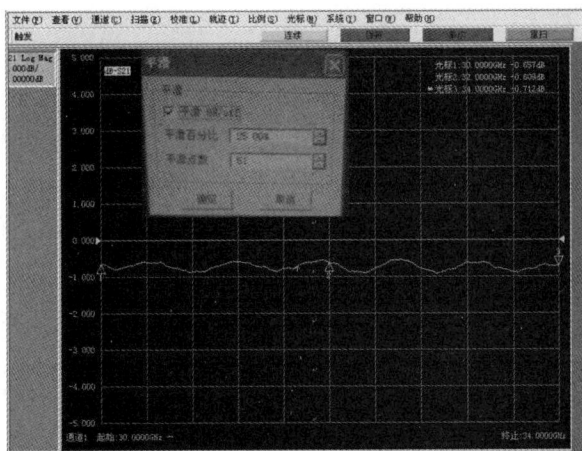

图 2 - 30　0.5 米 BJ-320 波导馈线 S_{21} 的测量结果（平滑，双向损耗）

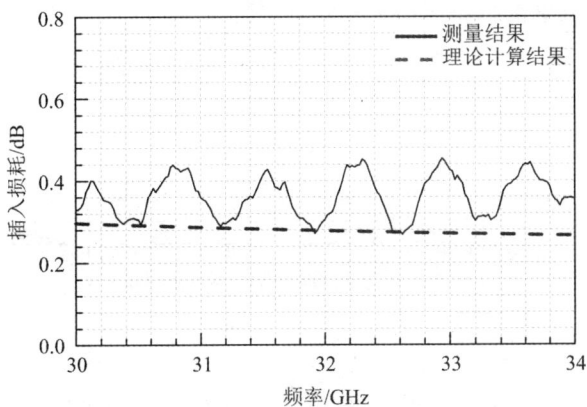

图 2 - 31　0.5 米 BJ-320 波导馈线插入损耗的测量结果（平滑）

2.3.4 双定向耦合器法

1. 测量方法

双定向耦合器法是波导器件小损耗测量的传统方法，该方法可精确测量波导器件的小损耗。图 2-32 为双定向耦合器法测量波导馈线插入损耗的原理框图。

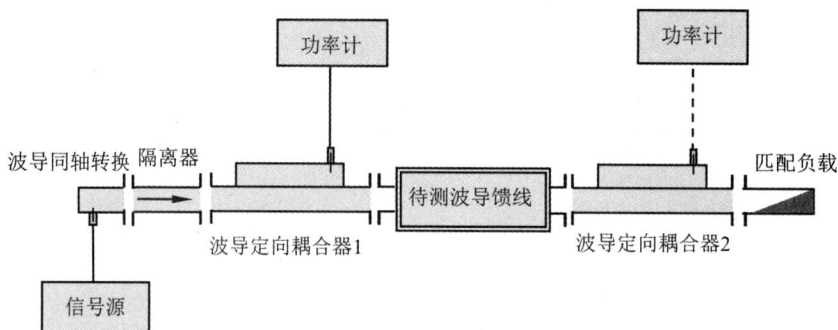

图 2-32 双定向耦合器法测量波导馈线插入损耗的原理框图

用双定向耦合器法测量波导馈线插入损耗的方法是：首先，按照图 2-32 所示的原理框图建立测量系统，在不接待测波导馈线的情况下，将两个定向耦合器直接对接，如图 2-33 所示；然后，用功率计在波导定向耦合器 1 和波导定向耦合器 2 的耦合端口分别测量耦合信号功率，分别表示为 P_{01} 和 P_{02}，则波导定向耦合器 2 的损耗为

$$L_{dir} = P_{01} - P_{02} + C_1 - C_2 \qquad (2-11)$$

式中：

L_{dir}——定向耦合器 2 的损耗，单位为 dB；

P_{01}——定向耦合器 1 的耦合功率，单位为 dBm；

P_{02}——定向耦合器 2 的耦合功率，单位为 dBm；

C_1——定向耦合器 1 的耦合系数，单位为 dB；

C_2——定向耦合器 2 的耦合系数，单位为 dB。

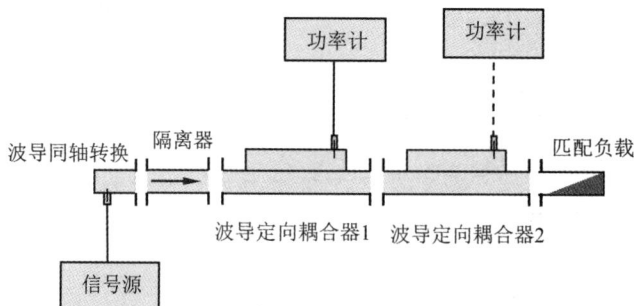

图 2-33 双定向耦合器法的系统校准测量原理框图

完成系统校准测量后，在波导定向耦合器 1 和波导定向耦合器 2 之间接入待测波导馈线，保持信号的输出频率和功率不变，用功率计分别在波导定向耦合器 1 和波导定向耦合器 2 的耦合口测量信号功率，分别记为 P_1 和 P_2，则用分贝值表示的待测波导馈线插入损耗为

$$IL_{wd} = (P_1 - P_2) - (P_{01} - P_{02}) \qquad (2-12)$$

双定向耦合器法的测量仪器也可采用频谱分析仪，原理框图如图 2-34 所示，其测量原理与采用功率计的双定向耦合器法是一样的，这里不再重复，只是在计算待测波导馈线的输入和输出功率时，应考虑射频测试电缆的损耗。

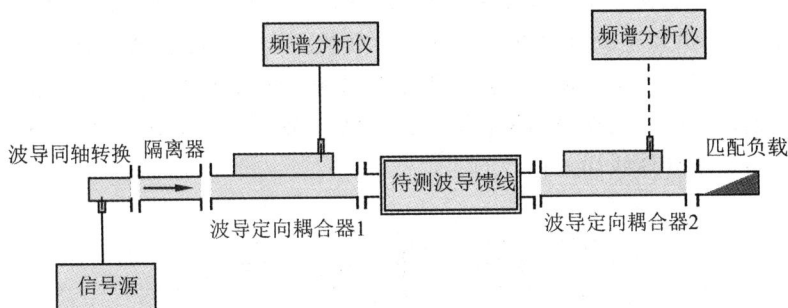

图 2-34　频谱分析仪双定向耦合器法测量波导馈线插入损耗的原理框图

2. 双定向耦合器法测量波导馈线插入损耗的工程应用

双定向耦合器法不仅可用来测量波导馈线的插入损耗，在卫星通信地面站系统中也获得了广泛的应用，具体体现在两个方面：一是能实时监测卫星通信地面站高功率放大器的输出功率及其稳定性；二是可在线测量卫星通信地球站高功率放大器的输出功率和天线发射净功率。其实质是在线测量地球站上行波导馈线的插入损耗。

图 2-35 为某 C 波段 13 米卫星通信地球站发射波导馈线示意图。该工程项目的高功率放大器的最大输出功率为 400 W，在天线馈源网络输入端口和发射波导馈线输出端口之间安装了一个十字波导定向耦合器。在高功率放大器的耦合端口可实时测量高功率放大器的输出功率，在十字波导定向耦合器的耦合端口可测量天线发射功率，其实质是测量发射波导馈线的插入损耗。该设计是非常重要的，不仅能测量和监测地球站上行发射功率，而且能实时监测波导馈线的插入损耗，及时发现波导馈线的工作状态，为地球站上行系统的故障检测、维修提供了技术上的保障。

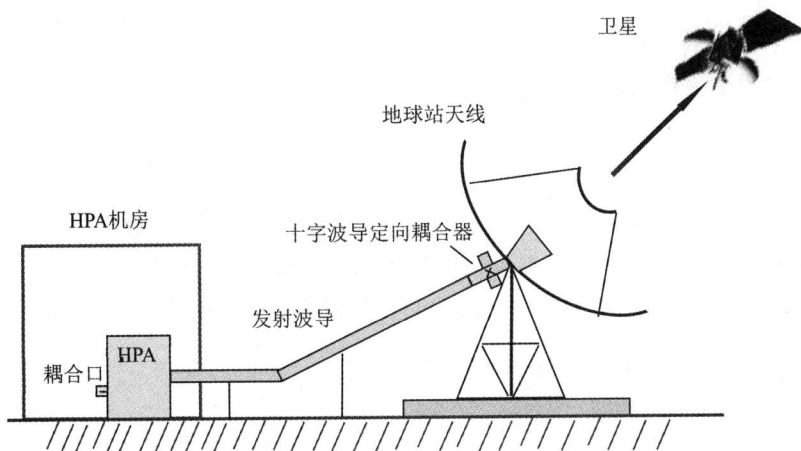

图 2-35　C 波段 13 米卫星通信地球站发射波导馈线示意图

2.3.5　冷负载噪声功率法

1. 测量方法

冷负载噪声功率法测量矩形波导馈线插入损耗的方法是：波导馈线一端输入标准的冷负载噪声(常用的冷负载有液氮冷负载和液氦冷负载，其噪声温度精确已知)，波导馈线的输出接低噪声放大器(LNA)，低噪声放大器的增益和噪声温度精确已知或标定，用频谱分析仪测量系统输出的归一化噪声功率，从而计算波导馈线插入损耗。图 2-36 为冷负载噪声功率法测量矩形波导馈线插入损耗的原理框图。

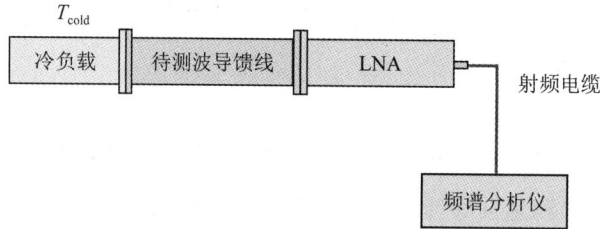

图 2-36　冷负载噪声功率法测量矩形波导馈线插入损耗的原理框图

图 2-36 中，T_{cold} 表示冷负载的噪声温度，冷负载与待测波导馈线直接连接，低噪声放大器与待测波导馈线也是用波导法兰直接连接，低噪声放大器和频谱分析仪由射频测试电缆连接。

当待测波导馈线输入端接冷负载时，频谱分析仪测量的系统输出噪声功率 N 为

$$N = kBG_{LNA}\left[\frac{T_{cold}}{IL_{wd}L_{RF}} + \frac{(IL_{wd}-1)T_0}{IL_{wd}L_{RF}} + \frac{T_{LNA}}{L_{RF}} + \frac{(L_{RF}-1)T_0}{G_{LNA}L_{RF}}\right] \quad (2-13)$$

式中：

k——玻尔兹曼常数，$k = 1.38 \times 10^{-23}$ J/K；

B——系统的噪声带宽；

G_{LNA}——低噪声放大器的增益；

IL_{wd}——待测波导馈线的插入损耗；

L_{RF}——射频电缆损耗；

T_0——测量环境的物理温度；

T_{LNA}——低噪声放大器的噪声温度。

式(2-13)中等号右侧的第一项为冷负载产生的噪声功率，第二项为待测波导馈线产生的噪声功率，第三项为低噪声放大器产生的噪声功率，第四项为射频电缆产生的噪声功率。

现代频谱分析仪可直接测量系统输出的归一化噪声功率，则式(2-13)可表示为

$$N_0 = -198.6 + G_{LNA} - L_{RF} + 10 \times \lg\left[\frac{T_{cold}}{IL_{wd}} + \left(1 - \frac{1}{IL_{wd}}\right)T_0 + T_{LNA} + \frac{(L_{RF}-1)T_0}{G_{LNA}}\right]$$

$$(2-14)$$

式中，N_0 为测量的归一化噪声功率，单位为 dBm/Hz。

由式(2-14)求出待测波导馈线的插入损耗为

$$\mathrm{IL_{wd}} = 10 \times \lg \left[\frac{T_{\mathrm{cold}} - T_0}{10^{(N_0 + 198.6 - G_{\mathrm{LNA}} + L_{\mathrm{RF}})/10} - T_{\mathrm{LNA}} - T_0 \left(1 + \frac{10^{L_{\mathrm{RF}}/10} - 1}{10^{G_{\mathrm{LNA}}/10}} \right)} \right] \quad (2-15)$$

式(2-15)就是利用冷负载噪声功率法测量波导馈线插入损耗的精确公式。在实际工程测量中，由于低噪声放大器为高增益、低噪声放大器，因此可将式(2-15)近似简化为

$$\mathrm{IL_{wd}} \approx 10 \times \lg \left[\frac{T_{\mathrm{cold}} - T_0}{10^{(N_0 + 198.6 - G_{\mathrm{LNA}} + L_{\mathrm{RF}})/10} - T_{\mathrm{LNA}} - T_0} \right] \quad (2-16)$$

由式(2-16)可知，影响矩形波导馈线插入损耗测量精度的误差因素有噪声功率测量误差、低噪声放大器的增益测量误差、低噪声放大器的噪声温度校准误差、射频电缆损耗的校准误差、冷负载噪声温度的校准误差和环境温度的测量误差等。另外，当测量的噪声功率接近频谱分析仪的本底噪声时，频谱分析仪的本底噪声也会对测量的噪声功率产生影响。下面简单介绍频谱分析仪本底噪声对噪声功率测量的影响。用频谱分析仪测量系统噪声功率时，频谱分析仪的射频输入衰减必须设置为 0 dB，否则会引起较大的噪声功率测量误差。

2. 本底噪声对噪声功率测量的影响

前面讨论了通过测量系统输出噪声功率确定波导馈线的插入损耗方法。利用频谱分析仪测量噪声功率时，首先，保证待测噪声功率必须大于频谱分析仪的本底噪声，否则无法进行测量；其次，当测量的噪声功率（一般大于 20 dB 以上）远大于频谱分析仪本底噪声功率时，频谱分析仪内部噪声对测量的噪声功率影响很小，可以忽略不计；当测量噪声功率接近频谱分析仪的本底噪声功率时，存在测量误差，应考虑频谱分析仪内部噪声对测量噪声功率的影响。

假设频谱分析仪的本底噪声功率为 N_{floor}，测量的噪声功率为 N_{m}，则修正后的噪声功率（或称为实际噪声功率）N_{act} 为

$$N_{\mathrm{act}} = N_{\mathrm{m}} - \mathrm{CF} \quad (2-17)$$

式中，CF 为噪声修正因子。噪声修正因子由下式计算：

$$\mathrm{CF} = \mathrm{NR} - 10 \times \lg \left[10^{\mathrm{NR}/10} - 1 \right] \quad (2-18)$$

式中，NR 为噪声功率比，它等于频谱分析仪测量的噪声功率减去频谱分析仪的本底噪声功率，可表示为

$$\mathrm{NR} = N_{\mathrm{m}} - N_{\mathrm{floor}} \quad (2-19)$$

由式(2-19)可知：只要知道频谱分析仪的本底噪声功率和测量噪声功率，就可确定噪声功率比 NR。由式(2-18)可计算修正因子，用测量的噪声功率减去修正因子，就可获得实际噪声功率。表 2-3 给出了噪声误差修正因子的计算结果，图 2-37 为计算的修正因子曲线。计算结果表明：当被测噪声功率比频谱分析仪的本底噪声功率高 10 dB 时，由本底噪声引起的测量误差为 0.46 dB；当被测噪声功率比频谱分析仪的本底噪声高 20 dB 时，测量误差为 0.04 dB，可忽略不计。例如：频谱分析仪的本底噪声为 -100 dBm，测量的噪声功率为 -95 dBm，则测量的噪声功率比 NR 等于 5 dB，修正因子为 1.65 dB，实际的噪声功率为

$$-95.0\ \mathrm{dBm} - 1.65\ \mathrm{dB} = -96.65\ \mathrm{dBm}$$

　　后续章节很多地方会遇到用频谱分析仪测量噪声功率的问题，当测量的噪声功率高于频谱分析仪的本底噪声20 dB以上时，可忽略频谱分析仪本底噪声的影响，否则应考虑频谱分析仪本底噪声对噪声功率测量的影响，以提高测量精度。

表2-3　频谱分析仪本底噪声
引起的测量误差　dB

噪声功率比 NR	噪声修正因子 CF
20	0.04
15	0.14
10	0.46
9	0.58
8	0.75
7	0.97
6	1.26
5	1.65
4	2.20
3	3.02
2	4.33
1	6.87

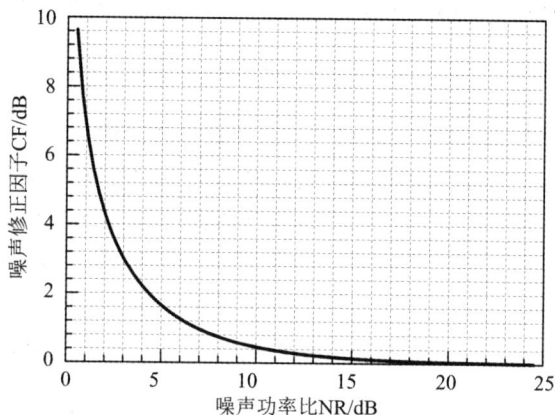

图2-37　噪声功率测量的噪声修正因子曲线

2.3.6　冷热负载Y因子法

1. 测量方法

　　冷热负载Y因子法测量波导馈线插入损耗的方法是：在有无波导馈线情况下，测量系统输入端依次接冷、热负载时系统输出的噪声功率之比（Y因子），由测量的Y因子计算波导馈线的插入损耗。该方法特别适合波导馈线小损耗测量，通过选择合适的冷负载，也可实现中等损耗的测量。实际工程测量中，热负载一般用常温负载代替。

　　图2-38为冷热负载Y因子法测量波导馈线插入损耗的原理框图。其中，T_0为常温负载的噪声温度，T_{cold}为冷负载的噪声温度（如液氮冷负载的噪声温度为77.4 K），IL_{wd}为待测波导馈线的插入损耗，T_{LNA}为低噪声放大器的噪声温度，常温负载、冷负载、待测波导馈线和低噪声放大器的接口均为波导接口、连接均为直接连接。

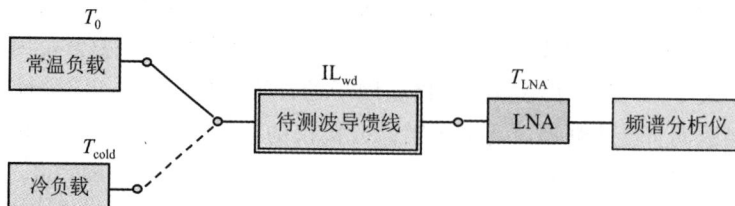

图2-38　冷热负载Y因子法测量波导馈线插入损耗的原理框图

　　如图2-38所示，在不接待测波导馈线情况下，低噪声放大器输入端接常温负载，频谱

分析仪测量的系统输出噪声功率为

$$N_{hot} = k(T_0 + T_{LNA})BG_{LNA} \qquad (2-20)$$

式中：

　　k——玻尔兹曼常数；

　　B——系统的噪声带宽；

　　G_{LNA}——低噪声放大器的增益。

去掉常温负载，将低噪声放大器输入端接冷负载，则频谱分析仪测量的系统输出噪声功率为

$$N_{cold} = k(T_{cold} + T_{LNA})BG_{LNA} \qquad (2-21)$$

由 Y 因子定义可知，定标 Y 因子为

$$Y_D = \frac{N_{hot}}{N_{cold}} = \frac{T_0 + T_{LNA}}{T_{cold} + T_{LNA}} \qquad (2-22)$$

按照图 2-38 接上待测波导馈线，当波导馈线输入端口依次接常温负载和冷负载时，用频谱分析仪得到测量的 Y 因子为

$$Y_M = \frac{T_0 + T_{LNA}}{T'_{cold} + T_{LNA}} \qquad (2-23)$$

$$T'_{cold} = \frac{T_{cold}}{IL_{wd}} + \left(1 - \frac{1}{IL_{wd}}\right)T_0 \qquad (2-24)$$

联立式(2-22)、式(2-23)和式(2-24)，化简可得

$$IL_{wd} = \frac{Y_M(Y_D - 1)}{Y_D(Y_M - 1)} \qquad (2-25)$$

在实际工程测量中，频谱分析仪测量的 Y 因子通常用分贝值表示，则待测波导馈线的插入损耗为

$$IL_{wd} = Y_M - Y_D + 10 \times \lg\left(\frac{10^{Y_D/10} - 1}{10^{Y_M/10} - 1}\right) \qquad (2-26)$$

式(2-25)和式(2-26)就是利用冷热负载 Y 因子法测量波导馈线插入损耗的原理公式，但式(2-25)是用 Y 因子真值进行计算，式(2-26)是用 Y 因子的分贝值进行计算。

从式(2-25)和式(2-26)可以看出，利用冷热负载 Y 因子法测量波导馈线插入损耗具有如下特点：

(1) 待测波导馈线的插入损耗只和定标 Y 因子和测量 Y 因子有关，不需要知道常温负载的噪声温度、冷负载的噪声温度和低噪声放大器的噪声温度，只要进行两次 Y 因子测量就行，因此测量非常简单方便，便于实际工程测量应用。需要指出的是，常温负载的噪声温度稳定性、冷负载噪声温度的稳定性以及低噪声放大器的稳定性，均会引起 Y 因子的测量误差，从而引起待测波导馈线插入损耗的测量误差。

(2) 当待测波导馈线插入损耗很大时，冷负载近似为一个常温负载，此时无法确定待测波导馈线的插入损耗。从式(2-24)可以看出，当 $IL_{wd} \gg 1$ dB 时，$T'_{cold} \approx T_0$，与待测波导馈线的插入损耗 IL_{wd} 无关，也就谈不上测量插入损耗。实践证明：利用液氮作为标准的冷负载，可精确测量 10 dB 以下的损耗值，当待测波导馈线的插入损耗为 10 dB 时，测量 Y 因子近似等于 1.06。如果选择比液氮更低的标准冷负载，如液氦冷负载，测量的损耗更大

些。冷热负载 Y 因子法不仅可测量波导器件的小损耗，也可测量长波导馈线的插入损耗。

需要说明的是，这里只论述波导馈线的插入损耗测量，对于常用的矩形波导元器件，如波导移相器、波导衰减器、波导滤波器、波导定向耦合器、双工器、极化器、功分器、合成器和阻抗变换器等，均可用冷热负载 Y 因子法测量矩形波导元器件的插入损耗。

2. 测量误差分析

由式(2-25)可知：波导馈线插入损耗的测量误差主要由定标 Y 因子 Y_D 和测量 Y 因子 Y_M 的测量误差确定。依据误差传递公式，可得到波导馈线插入损耗 IL_{wd} 测量的相对误差：

$$\frac{\Delta IL_{wd}}{IL_{wd}} = \frac{-1}{Y_M - 1} \cdot \frac{\Delta Y_M}{Y_M} + \frac{1}{Y_D - 1} \cdot \frac{\Delta Y_D}{Y_D} \qquad (2-27)$$

式中：

$\dfrac{\Delta IL_{wd}}{IL_{wd}}$——测量波导馈线损耗的相对误差；

$\dfrac{\Delta Y_D}{Y_D}$——定标 Y 因子测量的相对误差；

$\dfrac{\Delta Y_M}{Y_M}$——测量 Y 因子的相对误差。

在实际工程测量中，冷负载常为液氮冷负载，显然由常温负载和标准冷负载确定的定标 Y 因子通常大于 3 dB。由式(2-25)可知，当测量 Y 因子 $Y_M \to 1$ dB 时，$1/(Y_M-1) \to \infty$，其测量误差急剧增加。当 $Y_M > 2$ dB 时，产生的测量误差会迅速下降。

例如：当 $\Delta Y_D = \Delta Y_M = \pm 0.05$ dB，$Y_M = 3.5$ dB，$Y_D = 4.0$ dB 时，由式(2-25)计算出待测波导馈线的插入损耗为 0.37 dB，由式(2-27)计算出用分贝值表示的波导馈线插入损耗的相对误差为

$$\frac{\Delta IL_{wd}}{IL_{wd}} = \pm 0.007 \text{ dB}$$

当 $\Delta Y_D = \Delta Y_M = \pm 0.1$ dB，$Y_M = 3.5$ dB，$Y_D = 4.0$ dB 时，由式(2-27)计算出用分贝值表示的波导馈线插入损耗的相对误差为

$$\frac{\Delta IL_{wd}}{IL_{wd}} = \pm 0.015 \text{ dB}$$

由上述分析可知，利用冷热负载 Y 因子法测量波导馈线插入损耗的精度取决于 Y 因子测量精度。利用频谱分析仪测量噪声功率方法确定 Y 因子时的测量精度可达 ± 0.1 dB，因此利用 Y 因子法测量波导馈线插入损耗可获得较高的测量精度。Y 因子法测量波导馈线插入损耗具有高精度的另一原因是 Y 因子为两个噪声功率之比，可以消除两个噪声功率测量共有的公共误差项。

3. 工程测量实例

下面以 BJ-40 铜波导馈线插入损耗测量为例，说明冷热负载 Y 因子法测量波导馈线插入损耗的方法。待测波导主要技术参数如下：

波导的内尺寸 $a \times b$：58.20 mm × 29.10 mm。

波导主模工作频率：3.22～4.90 GHz。

波导的截止频率：2.577 GHz。

表 2-4 给出了频率为 4 GHz 时波导馈线插入损耗的测量结果。可以看出，在误差允许范围内，利用冷热负载 Y 因子法测量的波导馈线插入损耗与理论计算结果的吻合度较好。

表 2-4　BJ-40 铜波导馈线插入损耗的测量结果（频率为 4 GHz）

波导馈线长度/m	Y_D/dB	Y_M/dB	波导损耗/dB	
			理论计算	测量结果
1	3.733	3.668	0.0464	0.0484
2	3.732	3.610	0.0928	0.0919

2.3.7　晴空背景噪声 Y 因子法

晴空背景噪声 Y 因子法是冷热负载 Y 因子法的一种演绎，用天顶方向的晴空噪声替代冷热负载 Y 因子法中的冷负载噪声，从而实现波导馈线插入损耗的测量。

1. 测量原理和方法

图 2-39 为以天空亮温度作为冷噪声源，用 Y 因子法测量矩形波导馈线插入损耗的原理框图。测量中要求低噪声放大器增益高，噪声温度低，且输入端口为标准波导接口；标准增益喇叭为角锥喇叭，接口为标准的波导接口；待测波导器件的输入端口和输出端口均为波导接口。标准增益喇叭、低噪声放大器和待测波导器件连接均是标准的波导接口连接，这样可有效减少多重反射对测量结果的影响。常温负载可采用微波吸波材料置于标准增益喇叭的口面，对系统进行定标测量。注意使用微波吸波材料作为常温负载时，微波吸波材料的尺寸应大于标准增益喇叭的口面尺寸。

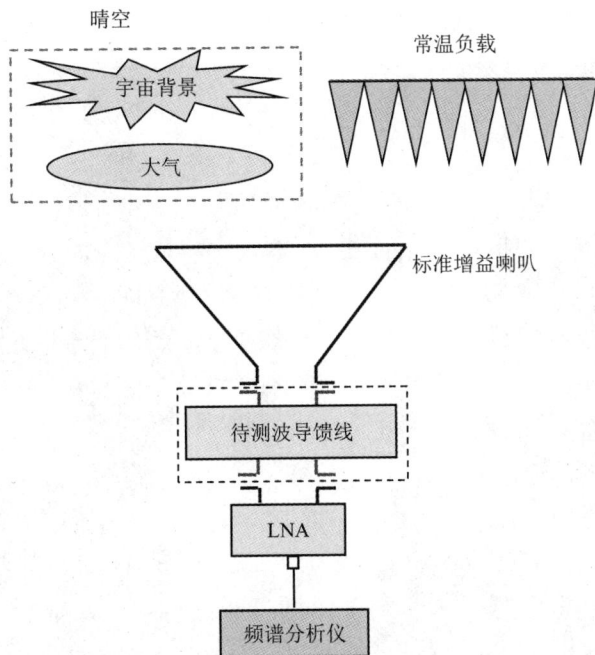

图 2-39　天空背景噪声 Y 因子法测量波导馈线插入损耗的原理框图

晴空背景噪声 Y 因子法测量波导馈线插入损耗的方法是：首先，在不接待测波导馈线的情况下，低噪声放大器直接与标准增益喇叭连接，在标准增益喇叭口置常温负载和指向天顶方向的晴空时，用频谱分析仪分别测量出相应的噪声功率，由测量的噪声确定定标 Y 因子，用 Y_D 表示；然后，在标准增益喇叭和低噪声放大器之间接上待测波导馈线，用频谱分析仪测量标准增益喇叭口置常温负载和指向晴空天顶方向时噪声功率之比，获得测量 Y 因子，用 Y_M 表示。由定标 Y 因子和测量 Y 因子，计算待测波导馈线的插入损耗：

$$\mathrm{IL}_{wd} = \frac{Y_M(Y_D - 1)}{Y_D(Y_M - 1)} \tag{2-28}$$

2. 工程测量实例

下面以 0.5 米长 BJ-320 波导馈线插入损耗测量为例，说明晴空背景噪声 Y 因子法测量波导馈线插入损耗的方法。图 2-40 为 0.5 米待测 BJ-320 波导馈线的实物图，波导为铝波导，其内表面镀银。BJ-320 波导馈线的截止频率为 21.061 GHz，内尺寸 $a \times b = 7.122 \text{ mm} \times 3.556 \text{ mm}$。

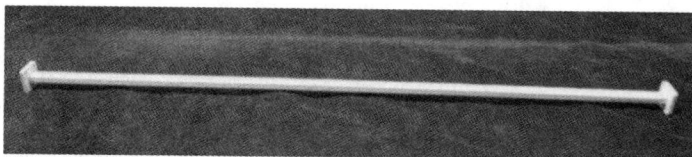

图 2-40 0.5 米待测 BJ-320 波导馈线的实物图

图 2-41 为天空背景噪声 Y 因子法测试系统的定标测试装置图。测试系统由微波吸波材料、标准增益喇叭、BJ-320 波导馈线、低噪声放大器、测试电缆和频谱分析仪组成。图 2-42 为标准增益喇叭指向天顶晴空方向的装置图。

图 2-41 天空背景噪声 Y 因子法测试系统的定标装置图

(a) 标准喇叭指向天顶晴空时   (b) 标准喇叭接BJ-320波导馈线指向天顶晴空时

图 2-42 标准增益喇叭指向天顶晴空方向的装置图

图 2-43 为 Y 因子的测量结果。图 2-44 为 0.5 米长 BJ-320 波导馈线的插入损耗测量结果。测量结果和理论计算结果比较可知：当测量频率为 31.2 GHz 时，测量的波导馈线插入损耗为 0.251 dB，测量误差为 -0.033 dB；当测量频率为 33 GHz 时，测量的波导损耗为 0.305 dB，测量误差为 0.034 dB。由此可见：在测量误差允许的范围内，测量结果同理论计算结果的吻合度很好。

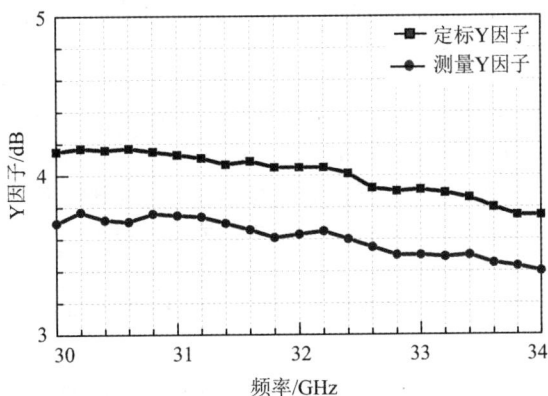

图 2-43 Y 因子的测量结果

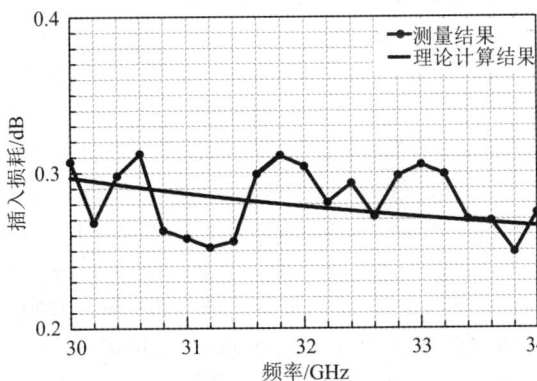

图 2-44 0.5 米 BJ-320 矩形波导馈线插入损耗的测量和理论计算结果

参 考 文 献

[1] 佛拉金 A 3，雷日柯夫 E B. 天线和馈线参数测量[M]. 陈益邻，来妙林，陈文炳，等，译. 北京：人民邮电出版社，1965.

[2] 廖承恩，陈达章. 微波技术基础[M]. 北京：国防工业出版社，1979.

[3] 秦顺友，许德森. 卫星通信地面站天线工程测量技术[M]. 北京：人民邮电出版社，2006.

[4] 张德斌，周志鹏，朱兆麒. 雷达馈线技术[M]. 北京：电子工业出版社，2010.

[5] 戴葵，陈晖. 基站天线馈线系统测试方法[J]. 国外电子测量技术，1998(4)：12 - 15.

[6] JARGON J A, WILLIAMS D F. A method for improving high-insertion-loss measurements with a vector network analyzer[C]//2017 89th ARFTG Microwave Measurement Conference（ARFTG）. Honolulu, HI, USA, 2017：1 - 4.

[7] GHOSH B. Study of the variation of power loss with frequency along a rectangular waveguide for TE_{10} mode due to conductor attenuation[J]. International Journal of Emerging Trends in Electrical and Electronics (IJETEE), 2013, 1(3)：5 - 7.

[8] LIU J, ZHANG G H, YANG C T, et al. Attenuation measurement system in the frequency range of 140 GHz-220 GHz[C]//2012 5th Global Symposium on Millimeter Waves. Harbin, China, 2012：339 - 342.

[9] COURT R A. Microwave loss measurement[J]. Electronics Letters, 1973, 9(12)：278 - 279.

[10] STELZRIED C T, OTOSHI T Y. Radiometric evaluation of antenna-feed component losses[J]. IEEE Transactions on Instrumentation and Measurement, 2007, 18(3)：172 - 183.

[11] 李强. 用矢量网络分析仪测量天馈线系统[J]. 内蒙古广播与电视技术，2009，26(4)：76 - 77.

[12] 国家军用标准-总装备部. 雷达馈线分系统性能测试方法：GJB 3090—1997[S]. 北京：中国标准出版社，1997.

[13] 王进凯，秦顺友，杜晓恒. S 波段气象雷达天线馈线设计与测量[J]. 河北省科学院学报，2015，32(1)：13 - 18，46.

[14] STIL I, FONTANA A L, LEFRANC B, et al. Loss of WR10 waveguide across 70 - 116 GHz[C]//22nd International Symposium on Space Terahertz Technology, April 2 - 4. Tokyo, Japan, 2012：1 - 3.

[15] PERANGIN-ANGIN W K, WIDARTA A. Development of RF attenuation measurement standard using VNA[C]//2014 Asia-Pacific Microwave Conference. Sendai, Japan, 2014：898 - 900.

[16] 秦顺友，陈奇波. 地球站波导馈线小衰减测量的一种新方法[J]. 电子测量与仪器学报，1994，8(4)：8 - 11，16.

[17] 秦顺友，杨群辉. 波导小衰减分析及测量的一种简易方法[J]. 无线电工程，1997，27(4)：25 - 27.

[18] CHEN Y W, ISHII T K. Error in insertion loss measurement due to multiple reflections[J]. IEEE Transactions on Instrumentation and Measurement, 1984, 33(2)：134 - 136.

[19] DAYWITT W C. Determining adapter efficiency by envelope averaging swept frequency reflection data[J]. IEEE Transactions on Microwave Theory and Techniques, 1990, 38(11)：1748 - 1752.

[20] MARINI S, MATTES M, GIMENO B, et al. Advanced analysis of propagation losses in rectangular waveguide structures using perturbation of boundary conditions[C]// 2011 International Microwave Workshop Series on Millimeter Wave Integration Technologies. Sitges, Spain. 2011：117 - 120.

[21] STELZRIED C T, PETTY S M. Microwave insertion loss test Set（correspondence）[J]. IEEE

Transactions on Microwave Theory and Techniques，1964，12(4)：475 - 477.

[22] BOMER R P. A computer controlled attenuation measurement system for TE_{01}-mode circular waveguide from 32 to 110 GHz[J]. IEEE Transactions on Instrumentation & Measurement，1974，23(4)：386 - 389.

[23] 秦顺友，张文静，陈辉，等. 一种测量矩形波导元器件损耗的方法：CN107202929B[P]. 2019 -05 - 07.

[24] 秦顺友. 噪声温度法测量微波波导器件小衰减的进一步研究[J]. 电子学报，1998，26(3)：106 - 108.

[25] OTOSHI T Y. Determination of the dissipative loss of a two-port network from noise temperature measurements[C]//TDA progress report，November 15. Pasadena，California，1992：42 - 111.

[26] STELZRIED C T. Precision microwave waveguide loss calibrations[J]. IEEE Transactions on Instrumentation and Measurement，1970，19(1)：23 - 25.

[27] HILL D A, HAWORTH D P. Accurate measurement of low signal-to-noise ratios using a superheterodyne spectrum analyzer[J]. IEEE Transactions on Instrumentation and Measurement，1990，39(2)：432 - 435.

[28] GUO W H, BYRNE D, LU Q Y, et al. Waveguide loss measurement using the reflection spectrum[J]. IEEE Photonics Technology Letters，2008，20(16)：1423 - 1425.

第 3 章

馈源网络插入损耗测量技术

3.1 概　述

　　馈源网络插入损耗是地面站天线的重要性能指标之一，其性能好坏直接影响地面站天线增益，也会影响地面站接收系统的灵敏度。天线馈源网络一般由微波网络和馈源喇叭组成：微波网络通常由正交模耦合器、双工器、滤波器、魔 T 和移相器等微波器件组成；常用的馈源喇叭是波纹喇叭。图 3-1 为 Ka 波段天线馈源网络，图中所示的微波网络是比较复杂的。双工器或方圆过渡是最简单的微波网络，如图 3-2 所示。

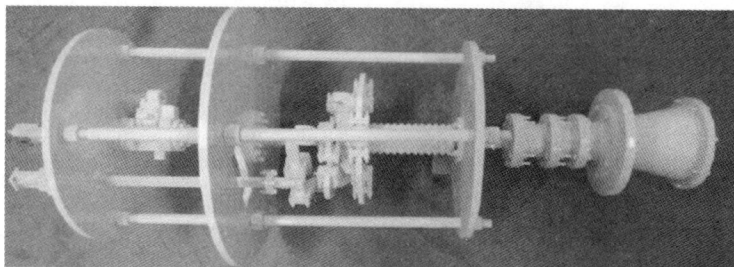

(a) 馈源网络

(b) 微波网络

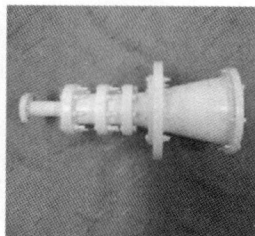

(c) 波纹喇叭

图 3-1　Ka 波段天线馈源网络

　　馈源网络插入损耗的测量常用传统的短路法，但传统方法是去掉馈源网络的馈源喇

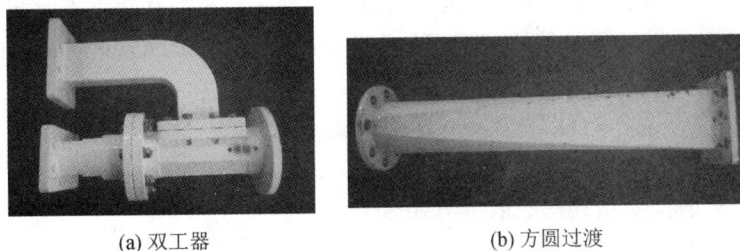

(a) 双工器　　　　　　　　　　　(b) 方圆过渡

图 3-2　简单的微波网络

叭，将馈源网络等效成一个两端口网络进行测量，测量结果忽略了馈源网络的馈源喇叭损耗。实际上，天线馈源网络是一个单端口器件，其损耗包括微波网络损耗和馈源喇叭损耗，因此测量馈源网络的整体损耗更具有实际意义。微波网络是天线研制过程中重要的微波器件，因此本章简单介绍了传统的微波网络插入损耗测量方法以及微波网络插入损耗测量的新技术，重点论述了将微波网络和馈源喇叭安装在一起后整体馈源网络插入损耗的测量方法，并给出了一些工程测量实例。

3.2　微波网络的插入损耗测量

微波网络实际上是一个两端口微波器件，第 2 章介绍的波导馈线也是两端口微波器件，因此两者的插入损耗测量方法具有共性。馈源网络的端口通常一个是圆波导端口，另一个是矩形波导端口，因此不是所有矩形波导馈线插入损耗测量方法均适用于微波网络的插入损耗测量，如矩形波导馈线插入损耗测量的功率比法、双定向耦合器法等。

3.2.1　固定短路器法

1. 线极化微波网络的插入损耗测量

图 3-3 为用频谱分析仪测量线极化微波网络插入损耗的原理框图，图中隔离器的作用是抑制源反射对测量的影响。

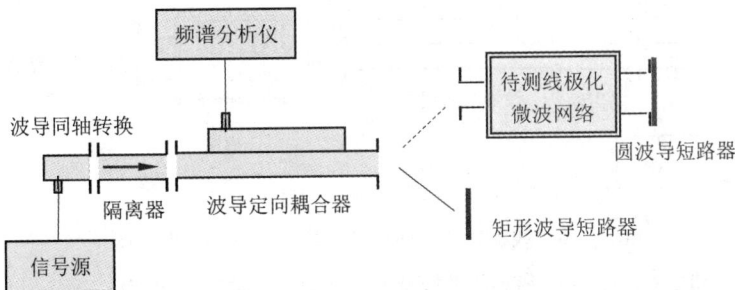

图 3-3　频谱分析仪测量线极化微波网络插入损耗的原理框图

　　根据图 3-3 所示的原理框图,在波导定向耦合器输出端口接矩形波导短路器,对系统进行短路定标测量。定标测量的原理框图如图 3-4 所示。用频谱分析仪在定向耦合器耦合端口测量的反射信号耦合功率 P_d 为

$$P_d = P_{out} - L_{TX} - L_{wdc} - L_{gl} - 2L_{dir} - C - L_{RX} \qquad (3-1)$$

式中:

　　P_{out}——信号源的输出功率,单位为 dBm;

　　L_{TX}——信号源与波导同轴转换之间的射频电缆损耗,单位为 dB;

　　L_{wdc}——波导同轴转换器的损耗,单位为 dB;

　　L_{gl}——波导隔离器的损耗,单位为 dB;

　　L_{dir}——波导定向耦合器的损耗,单位为 dB;

　　C——波导定向耦合器的耦合系数,单位为 dB;

　　L_{RX}——定向耦合器耦合端口与频谱分析仪之间的射频电缆损耗,单位为 dB。

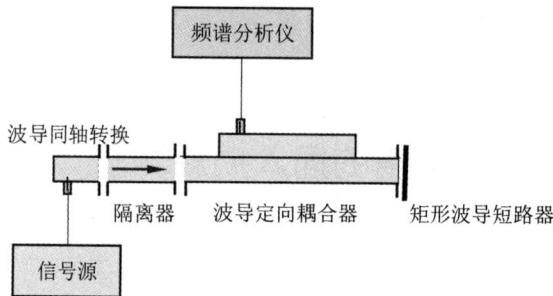

图 3-4　系统短路定标测量的原理框图

　　去掉矩形波导短路器,在波导定向耦合器输出端口接待测线极化微波网络,微波网络的另一端口接圆波导短路器,如图 3-5 所示。保持信号源的输出功率和频率不变,同理用频谱分析仪在定向耦合器的耦合端口测量微波网络短路后反射信号的耦合功率 P_m 为

$$P_m = P_{out} - L_{TX} - L_{wdc} - L_{gl} - 2L_{dir} - 2IL_{LPWN} - C - L_{RX} \qquad (3-2)$$

式中,IL_{LPWN} 为待测线极化微波网络的插入损耗。

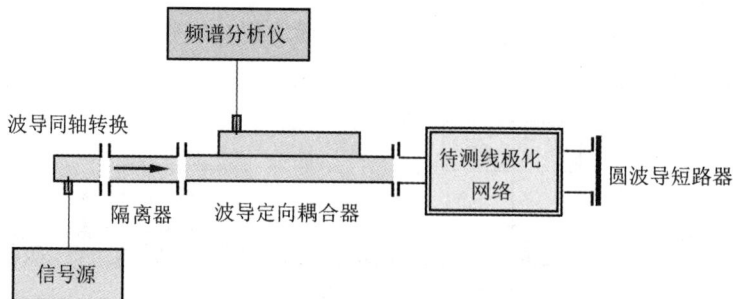

图 3-5　线极化微波网络插入损耗测量的原理框图

　　由式(3-1)和式(3-2)可得待测线极化微波网络的插入损耗为

$$IL_{LPWN} = \frac{P_d - P_m}{2} \qquad (3-3)$$

　　实验室常用矢量网络分析仪代替信号源和频谱分析仪的方案，不仅测量简单方便，还可直接得到测量结果。图 3 - 6 为矢量网络分析仪测量线极化微波网络插入损耗的原理框图。

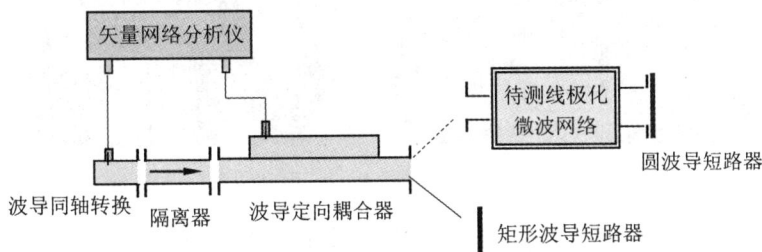

图 3 - 6　矢量网络分析仪测量线极化微波网络插入损耗的原理框图

　　用矢量网络分析仪测量线极化微波网络插入损耗的方法是：首先，按照图 3 - 6 所示的原理框图建立测量系统，将矢量网络分析仪源输出端口接波导定向耦合器的输入端，矢量网络分析仪输入端口接定向耦合器的耦合端口，在波导定向耦合器输出端口接矩形波导短路器；然后，合理设置矢量网络分析仪的状态参数，如起始频率、停止频率、测量参数（选择 S_{21}）和测量格式（对数幅度）等，对系统进行直通定标校准，则矢量网络分析仪测量的散射参数 S_{21} 为 0 dB 的校准线；最后，去掉矩形波导短路器，在波导定向耦合器输出端口接待测线极化微波网络，待测线极化微波网络输出端口接圆波导短路器。保持矢量网络分析仪的状态参数不变，同理用矢量网络分析仪测量微波网络短路时系统的散射参数 S_{21}，则用分贝值表示的待测线极化微波网络插入损耗为

$$IL_{LPWN} = -\frac{S_{21}}{2} \qquad (3-4)$$

　　下面以 X 波段微波网络接收频段插入损耗测量为例，说明用矢量网络分析仪测量线极化微波网络插入损耗的方法。图 3 - 7 为线极化 X 波段收发馈源网络，它由双工器、阻收滤波器、阻发滤波器和 BJ-84 波导弯头组成。发射为水平极化，工作频段为 7.9～8.4 GHz；接收为垂直极化，工作频段为 7.25～7.75 GHz。图 3 - 8 为 X 波段微波网络插入损耗测量系统装置图，图 3 - 9 为测量的 X 波段微波网络的散射参数 S_{21}（测量结果为微波网络双程损耗）。

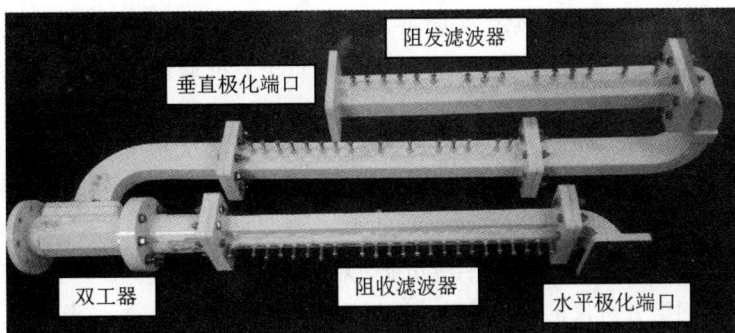

图 3 - 7　线极化 X 波段收发馈源微波网络

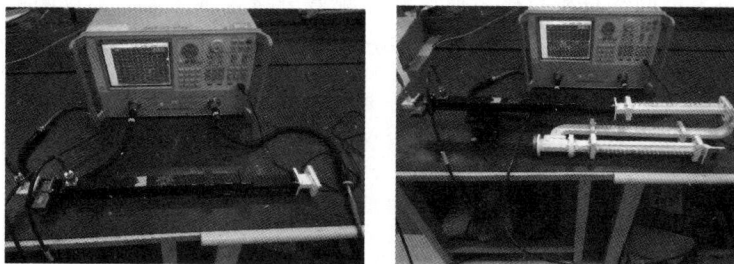

(a) 定标装置图　　　　　　　　　　　　　(b) 测量装置图

图 3-8　X 波段微波网络插入损耗测量系统装置图

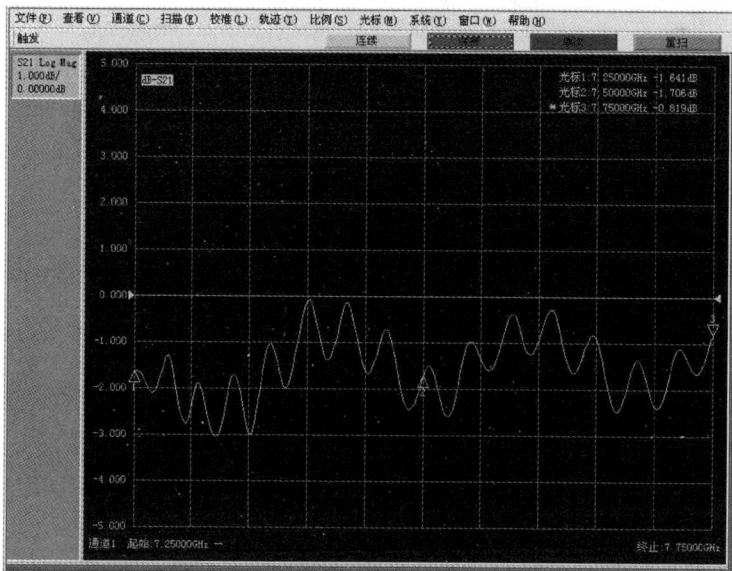

图 3-9　X 波段微波网络散射参数 S_{21} 的测量结果(无平滑)

由图 3-9 所测的曲线可知：测量的散射参数 S_{21} 波动很大，最大值为 -0.09 dB(频率为 7.403 GHz，微波网络的插入损耗为 0.045 dB)，最小值为 -3.03 dB(频率为 7.32 GHz，微波网络的插入损耗为 1.515 dB)，用此结果表征微波网络插入损耗时存在很大误差，也不切合实际。产生这种结果的主要原因是微波网络短路引起的多重反射。固定短路器法无法精确测量微波网络的插入损耗，因此在实际工程测量中，可通过两种途径对测量结果进行处理，进而评估微波网络的插入损耗。

途径一是依据测量的散射参数 S_{21} 曲线，作出包络的极大值和极小值曲线，用极大值和极小值的算术平均值作为测量的散射参数 S_{21}，其结果除 2 即为待测微波网络的插入损耗。

途径二是利用矢量网络分析仪的平滑功能，对测量结果进行处理。对于图 3-9 所示的测量结果，打开矢量网络分析仪的平滑功能，设置平滑百分比为 25%、平滑点数为 51，可获得图 3-10 中 X 波段微波网络的散射参数 S_{21} 测量结果。由图 3-10 可得，频率为 7.25 GHz、7.50 GHz 和 7.75 GHz 时，微波网络的插入损耗分别为 0.991 dB、0.792 dB 和 0.805 dB，与理论分析结果基本吻合。图 3-11 为 X 波段微波网络插入损耗的测量结果。

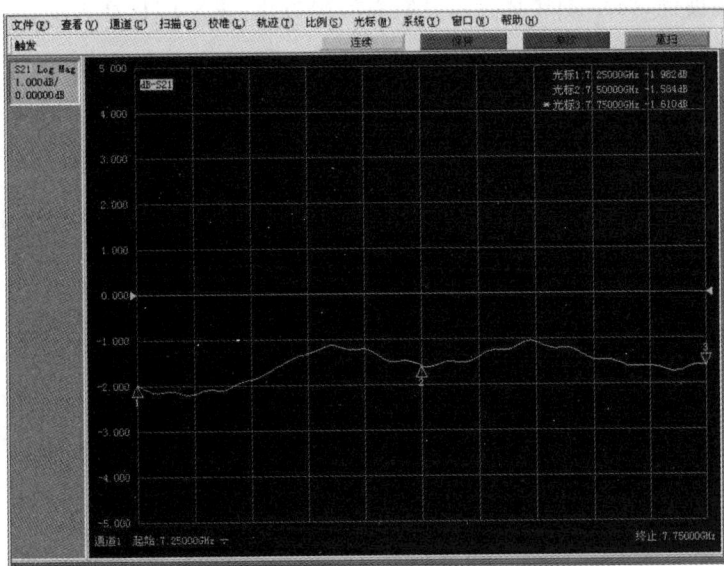

图 3-10　X 波段网络散射参数 S_{21} 的测量结果(平滑百分比 25%)

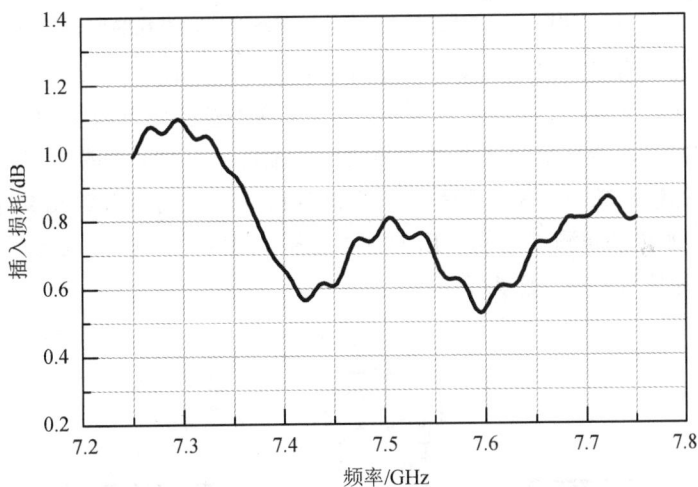

图 3-11　X 波段微波网络接收频段插入损耗的测量结果

2. 圆极化微波网络的插入损耗测量

　　固定短路法测量圆极化微波网络的插入损耗时，只能测量频谱复用的圆极化微波网络，即微波网络发射或接收均有一个左旋圆极化端口和一个右旋圆极化端口。微波网络端口短路全反射会改变圆极化波的极化旋向，如从微波网络左旋圆极化端口输入信号，通过微波网络输出端口短路后，其反射信号会变成右旋圆极化，信号由网络的右旋圆极化端口输出，这样可测量微波网络的双程插入损耗，其结果除 2 可得微波网络的插入损耗。对于单端口的圆极化微波网络，可通过调整移相器，使网络工作于线极化情况下，按照线极化微波网络插入损耗的测量方法进行测量。

　　图 3-12 为用频谱分析仪测量圆极化微波网络插入损耗的原理框图。其中：TX-LHCP

表示发射左旋圆极化，TX-RHCP 表示发射右旋圆极化；RX-LHCP 表示接收左旋圆极化，RX-RHCP 表示接收右旋圆极化。

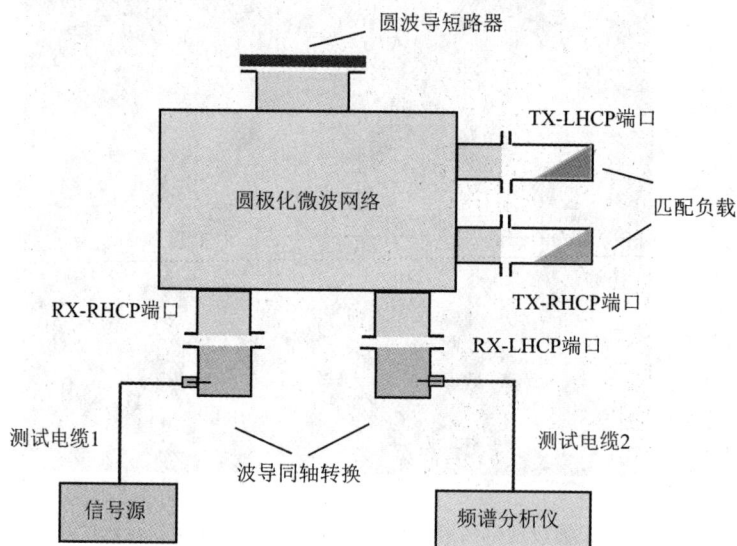

图 3-12　用频谱分析仪测量圆极化微波网络插入损耗的原理框图

　　频谱复用微波网络插入损耗测量的方法是：首先，按照图 3-12 所示的原理框图建立测量系统，系统加电预热，使仪器正常工作；然后，在不接待测圆极化微波网络情况下，将测试电缆 1 的波导同轴转换和测试电缆 2 的波导同轴转换对接，如图 3-13 所示；最后，按照要求设置信号源输出功率和测试频率，用频谱分析仪测量信号源输出功率通过测试电缆 1、对接的波导同轴转换和测试电缆 2 后的输出功率，记为 P_d。改变测试频率，分别测量出不同频率点的定标信号功率，记为 $P_\mathrm{d}(f)$。

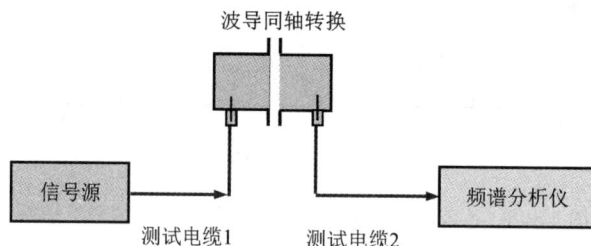

图 3-13　系统定标测量原理框图

　　关闭信号源的射频输出开关，将测试电缆 1 的波导同轴转换与 RX-RHCP 端口连接，将测试电缆 2 的波导同轴转换与 RX-LHCP 端口连接。打开信号源的射频输出开关，保持信号源射频输出功率和频率等参数不变，则信号源的射频输出，由 RX-RHCP 端口输入；经过待测微波网络(网络输出端口有短路器进行全反射)，其反射波为左旋圆极化，则反射的左旋圆极化波由微波网络左旋圆极化端口接收，此时频谱分析仪测量的反射信号功率为 P_m。改变信号源的频率，同理测量其他频率点的信号功率，记为 $P_\mathrm{m}(f)$。

　　计算待测微波网络的插入损耗时，假设待测微波网络的左旋圆极化通道与右旋圆极化通道的插入损耗近似相等，则待测圆极化微波网络的插入损耗 $\mathrm{IL}_{\mathrm{CPWN}}(f)$ 为

$$IL_{CPWN}(f) = \frac{P_d(f) - P_m(f)}{2} \qquad (3-5)$$

需要说明的是：前面讨论的测量方法是点频测量法，若信号源为扫频信号源，该测量方法同样适用。

图 3-14 为用矢量网络分析仪测量圆极化微波网络插入损耗的原理框图。

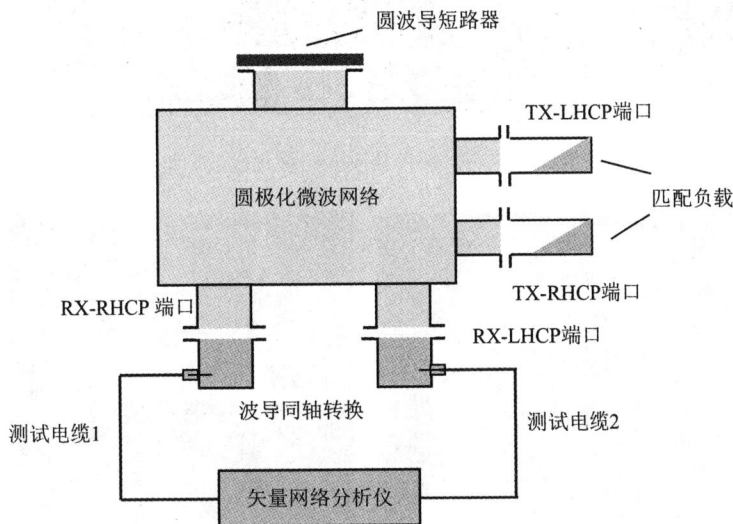

图 3-14　用矢量网络分析仪测量圆极化网络插入损耗的原理框图

用矢量网络分析仪测量圆极化微波网络插入损耗的基本思想是测量网络的散射参数 S_{21}，由此确定待测微波网络的插入损耗。首先，按照图 3-14 所示的原理框图建立测量系统，在不接待测圆极化微波网络情况下，将测试电缆 1 的波导同轴转换和测试电缆 2 的波导同轴转换对接；然后，合理设置矢量网络分析仪的状态参数，如起始频率、停止频率和测量参数（选择 S_{21}）等，对矢量网络分析仪进行直通定标校准，则矢量网络分析仪测量的散射参数 S_{21} 为 0 dB；最后，按照图 3-14 所示的原理框图，连接待测圆极化微波网络，网络输出端口接圆波导短路器，保持矢量网络分析仪的状态参数不变，用矢量网络分析仪测量网络回路的散射参数 S_{21}，则圆极化微波网络的插入损耗为

$$IL_{CPWN} = \frac{-S_{21}}{2} \qquad (3-6)$$

下面以某工程 Ka 波段接收双圆极化微波网络为例，说明短路法测量圆极化微波网络插入损耗的方法。图 3-15 为 Ka 波段接收双圆极化微波网络。微波网络由圆波导、移相器和正交膜耦合器等组成。微波网络的工作频段为 17.7～21.2 GHz，极化方式为双圆极化，即接收左旋圆极化端口和右旋圆极化端口。图 3-16 为馈源网络插入损耗测量的装置图。图 3-17 为测量的 Ka 波段圆极化网络的散射参数 S_{21}（无平滑）。

显然，直接利用测量的 Ka 波段圆极化网络散射参数 S_{21} 确定网络的插入损耗，存在较大的测量误差。一般可采用曲线极大值和极小值平均的方法，对测量数据进行处理，以便获得网络的插入损耗；也可利用矢量网络分析仪的平滑功能，对图 3-17 的结果进行平滑处理，处理结果如图 3-18 所示。

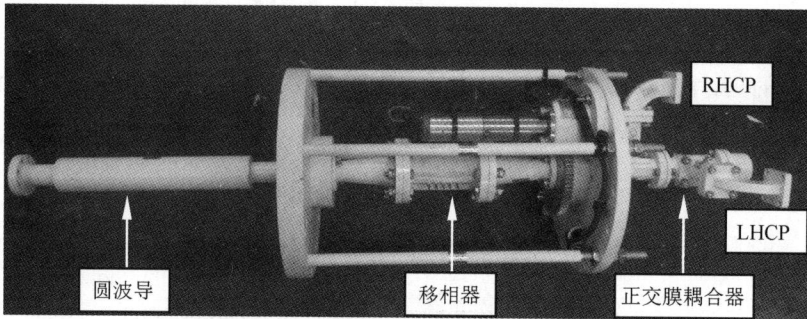

图 3-15　Ka 波段接收双圆极化微波网络

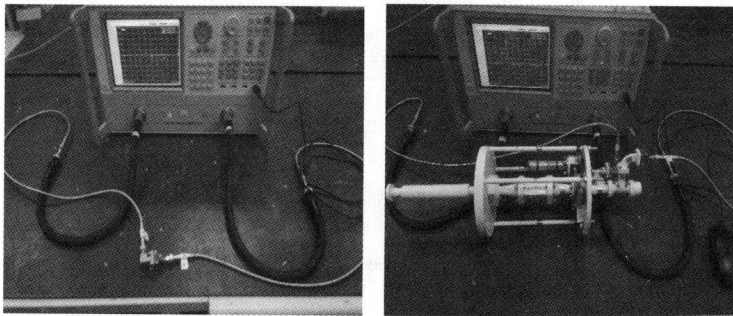

(a) 定标测量装置　　　　　　　　(b) 微波网络插入损耗的测量装置

图 3-16　Ka 波段接收圆极化微波网络插入损耗的测量装置图

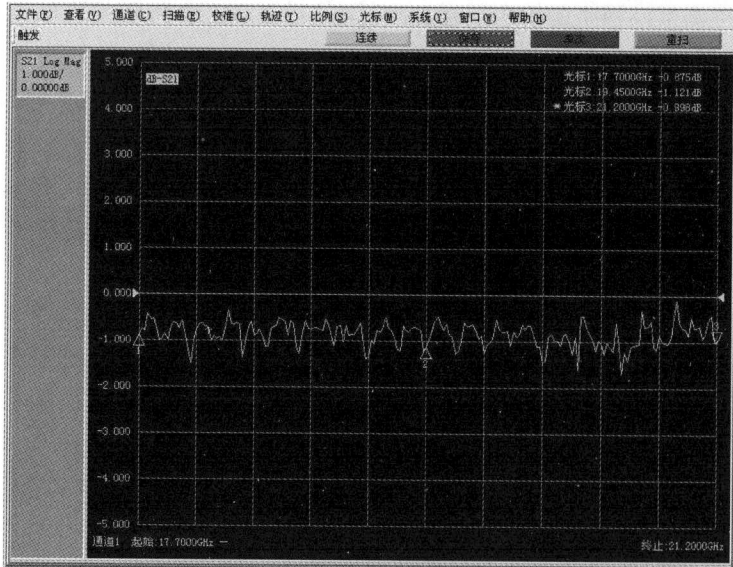

图 3-17　Ka 波段圆极化微波网络的散射参数 S_{21} 测量结果(无平滑)

图 3-18 中的光标 1、2、3 分别对应标定的高、中、低三个频率点的 S_{21} 值,三个频率点对应微波网络的插入损耗如表 3-1 所示。图 3-19 为 Ka 波段接收圆极化微波网络插入损耗的测量结果。可以发现,测量结果同理论估算值基本吻合。

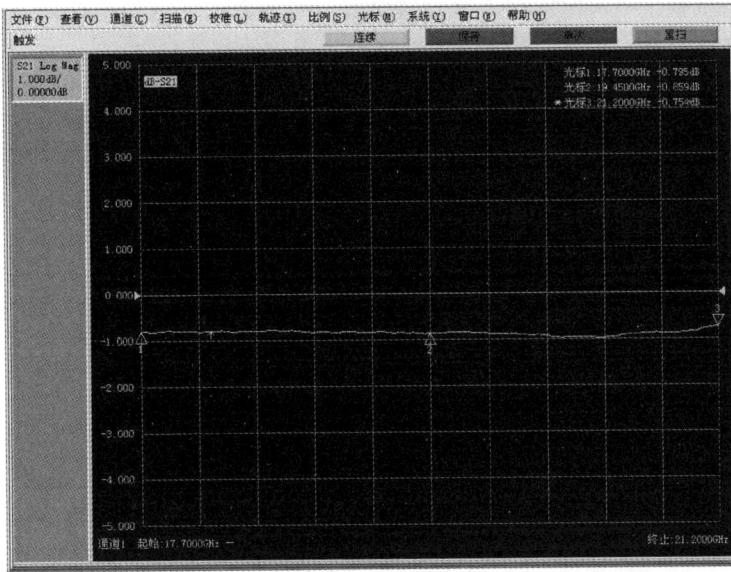

图 3-18　Ka 波段圆极化微波网络的散射参数 S_{21} 测量结果(平滑)

表 3-1　Ka 波段网络典型频率点插入损耗的测量结果

测量频率/GHz	S_{21} 的测量结果/dB	插入损耗的测量结果/dB
17.70	-0.759	0.380
19.45	-0.859	0.430
21.20	-0.754	0.377

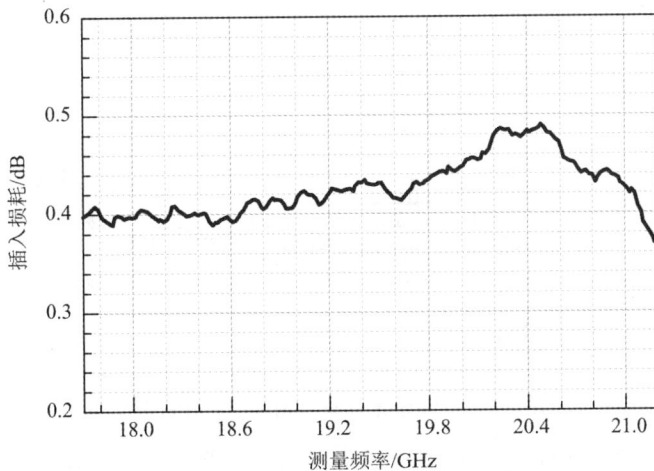

图 3-19　Ka 波段接收圆极化微波网络插入损耗的测量结果(平滑)

3.2.2　可变短路器法

微波网络短路时,多重反射会降低微波网络插入损耗的测量精度。一般利用可变短路器，通过测量短路器在不同位置时微波网络反射信号的最大值或最小值以及算术平均的方法，确定微波网络的插入损耗，提高微波网络插入损耗的测量精度。

1. 线极化微波网络的插入损耗测量

图 3-20 为使用信号源和频谱分析仪时可变短路器法测量线极化微波网络插入损耗的原理框图。

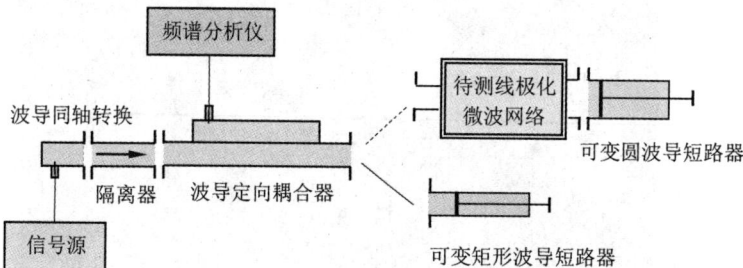

图 3-20　可变短路法测量线极化微波网络插入损耗的原理框图

首先，对测量系统的波导同轴转换、隔离器和波导定向耦合器的插入损耗进行校准测量。图 3-21 为系统定标校准测量的原理框图。然后，在不接待测线极化微波网络情况下，将波导定向耦合器的输出口直接与可变矩形波导短路器连接，信号源发射一个单载波信号，经隔离器和定向耦合器后，在定向耦合器输出端口全反射，用频谱分析仪在定向耦合器的耦合端口测量反射信号的耦合输出。最后，改变可变矩形波导短路器的位置，用频谱分析仪的最大保持功能，记录测量曲线；用频谱分析仪的码刻功能测量耦合反射信号功率的最大值和最小值，分别用 $P_{0\max}$ 和 $P_{0\min}$ 表示，则频谱分析仪测量的平均耦合反射信号功率 P_D 为

$$P_D = \frac{P_{0\max} + P_{0\min}}{2} \tag{3-7}$$

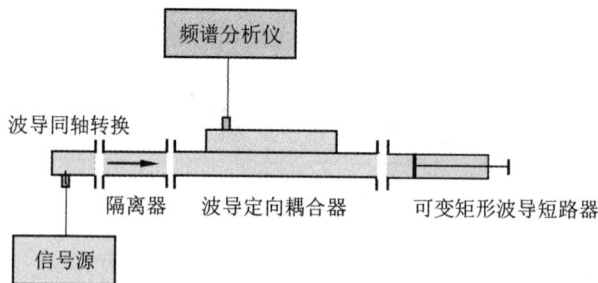

图 3-21　系统定标校准测量的原理框图

去掉可变矩形波导短路器，在波导定向耦合器输出端口接待测线极化微波网络，网络输出端口接可变圆波导短路器。图 3-22 为去掉可变矩形波导短路器后可变短路法测量线极化微波网络插入损耗的原理框图，保持信号源输出频率和功率等参数不变，改变可变圆波导短路器位置，用频谱分析仪的最大保持功能记录测试曲线，用频谱分析仪的码刻功能测量耦合反射信号功率的最大值和最小值，分别用 $P_{\max}$ 和 $P_{\min}$ 表示，则频谱分析仪测量的耦合反射信号的平均功率 P_M 为

$$P_M = \frac{P_{max} + P_{min}}{2} \tag{3-8}$$

用分贝值表示的待测线极化微波网络的插入损耗 IL_{LPWN} 为

$$IL_{LPWN} = \frac{P_D - P_M}{2} \tag{3-9}$$

将式(3-7)和式(3-8)代入式(3-9)，得到可变短路器法测量线极化微波网络插入损耗的原理公式：

$$IL_{LPWN} = \frac{(P_{0max} + P_{0min}) - (P_{max} + P_{min})}{4} \tag{3-10}$$

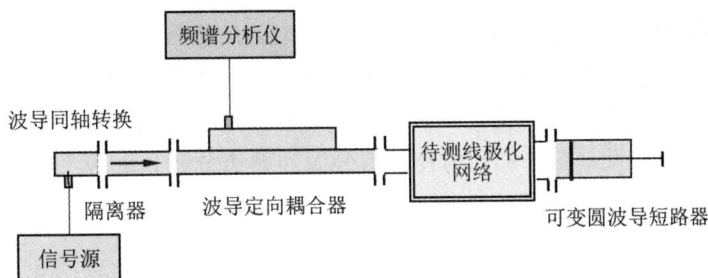

图 3-22　可变短路器法测量线极化微波网络插入损耗的原理框图(去掉可变矩形波导短路器)

在实验室，常用矢量网络分析仪代替使用信号源和频谱分析仪的方案，不仅简单方便，而且测量结果更直观。图 3-23 为基于矢量网络分析仪的可变短路器法测量线极化微波网络插入损耗的原理框图。

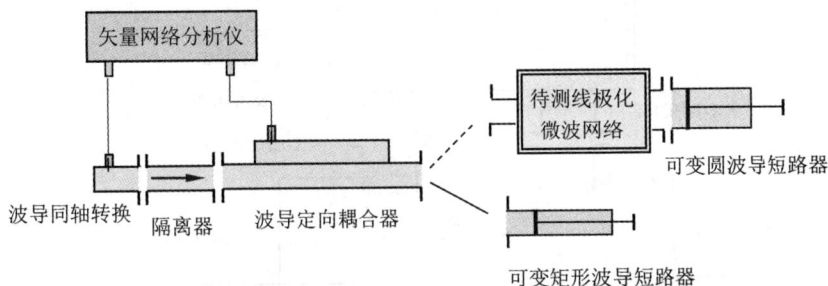

图 3-23　基于矢量网络分析仪的可变短路器法测量线极化微波网络插入损耗的原理框图

基于矢量网络分析仪的可变短路器法测量线极化微波网络插入损耗的方法是：首先，按照图 3-23 所示的原理框图建立测量系统，将矢量网络分析仪输出端口接波导定向耦合器输入端，矢量网络分析仪输入端口接定向耦合器的耦合端口，在波导定向耦合器输出端口接可变矩形波导短路器；然后，合理设置矢量网络分析仪的状态参数，改变可变矩形波导短路器位置，用矢量网络分析仪测量耦合反射信号的最大值和最小值，取最大值和最小值的平均值为测量系统损耗零值；最后，去掉矩形波导短路器，在波导定向耦合器输出端口接待测线极化微波网络，待测线极化微波网络输出端口接圆波导短路器，改变可变圆波导短路器的位置，用矢量网络分析仪测量耦合反射信号的最大值和最小值，取最大值和最小值的平均值为测量系统损耗总值，用测量系统损耗总值减去测量系统损耗零值的一半即为待测线极化微波网络的插入损耗。

在实际工程测量中，波导短路器和波导定向耦合器具有良好的匹配，在不接待测线极化网络的情况下，波导定向耦合器的输出端口直接与可变矩形波导短路器连接，不调整短路器位置，用矢量网络分析仪直接对系统进行定标归一化；在接入待测微波网络时，通过调整可变短路器的位置，用矢量网络分析仪测量出耦合反射信号的最大 S_{21} 和最小 S_{21}，分别用 $S_{21\text{max}}$ 和 $S_{21\text{min}}$ 表示，则待测线极化微波网络的插入损耗为

$$\text{IL}_{\text{LPWN}} = -\frac{S_{21\text{max}} + S_{21\text{min}}}{4} \tag{3-11}$$

2. 圆极化微波网络的插入损耗测量

可变短路器法测量圆极化微波网络的插入损耗时，只能测量频谱复用的圆极化微波网络，即微波网络发射或接收均有一个左旋圆极化端口和一个右旋圆极化端口。微波网络输出端口短路全反射，改变了圆极化波的极化旋向，如入射信号为左旋圆极化，短路后其反射信号变成了右旋圆极化。图 3-24 为使用信号源和频谱分析仪时可变短路器法测量圆极化微波网络插入损耗的原理框图。

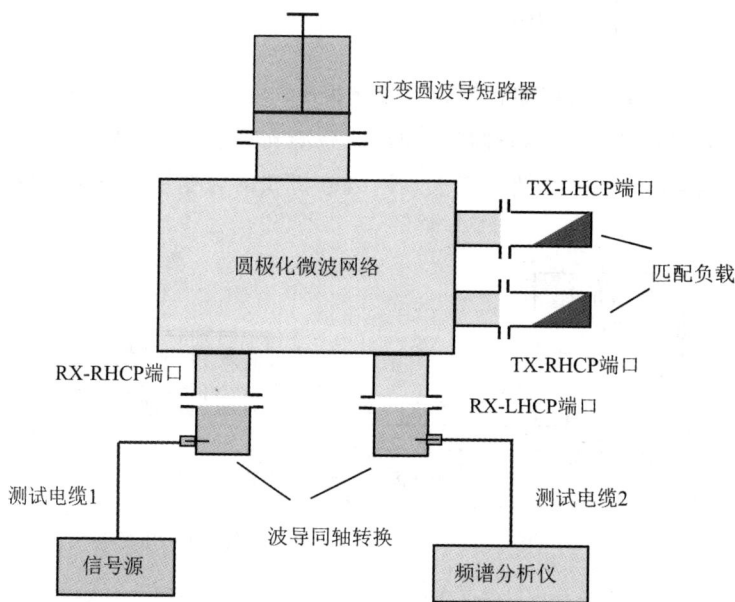

图 3-24　可变短路器法测量圆极化微波网络插入损耗的原理框图

基于信号源和频谱分析仪，可变短路器法测量频谱复用圆极化微波网络插入损耗的方法如下：

首先，按照图 3-24 所示的原理框图建立测量系统，系统加电预热，使测量系统仪器设备正常工作；在不接待测圆极化微波网络情况下，将测试电缆 1 的波导同轴转换和测试电缆 2 的波导同轴转换对接，如图 3-25 所示。按照要求设置信号源输出功率和测试频率，用频谱分析仪测量信号源输出功率通过测试电缆 1、对接的波导同轴转换和测试电缆 2 后的输出功率，记为 P_d。

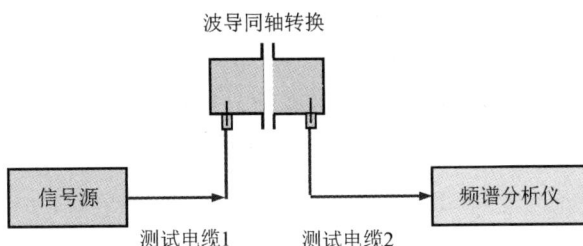

图 3－25　系统定标测量原理框图

　　然后，关闭信号源的射频输出开关，按照图 3－24 所示的原理框图，将测试电缆 1 的波导同轴转换与微波网络的接收右旋圆极化端口连接，将测试电缆 2 的波导同轴转换与微波网络的接收左旋圆极化端口连接。打开信号源的射频输出开关，保持信号源的射频输出频率和功率不变，则信号源的输出由微波网络接收右旋圆极化端口输入，经过微波网络，在待测网络输出端口由可变短路器全反射，其反射波为左旋圆极化，则反射的左旋圆极化波由微波网络的左旋圆极化端口接收。改变可变圆波导短路器的位置，用频谱分析仪的最大保持功能记录测量曲线，用频谱分析仪的码刻功能测量信号功率的最大值和最小值，分别用 P_{max} 和 P_{min} 表示，并将测量曲线存储在频谱分析仪的内存储器里。

　　最后，计算待测微波网络的插入损耗。假设待测微波网络的左旋圆极化通道与右旋圆极化通道的插入损耗近似相等，则用分贝值表示的待测圆极化微波网络插入损耗 IL_{CPWN} 为

$$IL_{CPWN} = \frac{P_d - (P_{max} + P_{min})/2}{2} \qquad (3-12)$$

　　图 3－26 为基于矢量网络分析仪的可变短路器法测量圆极化微波网络插入损耗的原理框图。

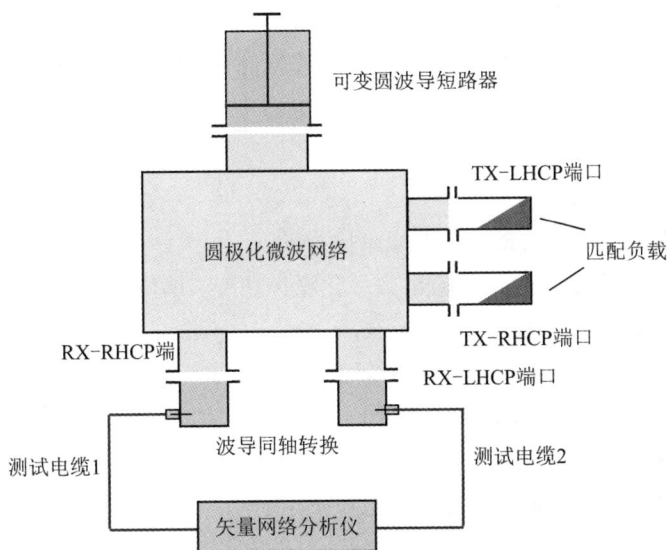

图 3－26　基于矢量网络分析仪的可变短路器法测量圆极化微波网络插入损耗的原理框图

　　用矢量网络分析仪测量圆极化微波网络插入损耗的方法是：首先，按照图 3－26 所示的原理框图建立测量系统；然后，在不接待测圆极化微波网络情况下，将测试电缆 1 的波

导同轴转换和测试电缆 2 的波导同轴转换对接，对矢量网络分析仪进行直通定标，则矢量网络分析仪的显示器显示 0 dB 校准线；最后，按图 3-26 连接待测圆极化微波网络，改变可变短路器位置，用矢量网络分析仪测量反射信号的最大散射参数 S_{21} 和最小散射参数 S_{21}，分别用 $S_{21\max}$ 和 $S_{21\min}$ 表示，则待测圆极化微波网络的插入损耗为

$$\mathrm{IL_{CPWN}} = -\frac{S_{21\max} + S_{21\min}}{4} \tag{3-13}$$

3.2.3 冷负载噪声功率法

冷负载噪声功率法测量微波网络的插入损耗原理同冷负载噪声功率法测量波导馈线插入损耗是一样的，测量的原理公式推导见 2.3.5 小节。不同之处是波导馈线插入损耗测量常用的冷负载为矩形波导冷负载，微波网络插入损耗测量常用圆波导冷负载。图 3-27 为冷负载噪声功率法测量微波网络插入损耗的原理框图。

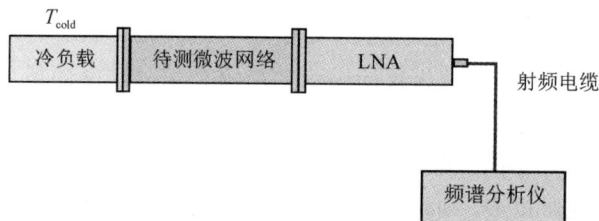

图 3-27 冷负载噪声功率法测量微波网络插入损耗的原理框图

冷负载噪声功率法测量微波网络插入损耗的方法是：按照图 3-27 所示的原理框图建立测量系统，依据微波网络的工作频率，合理设置频谱分析仪的状态参数（注意：用频谱分析仪测量噪声功率时，其射频输入衰减设置为 0 dB），用频谱分析仪测量系统输出的归一化噪声功率为 N_0（单位为 dBm/Hz），则用下式计算待测微波网络的插入损耗：

$$\mathrm{IL_{WN}} = 10 \times \lg\left[\frac{T_{\mathrm{cold}} - T_0}{10^{(N_0 + 198.6 - G_{\mathrm{LNA}} + L_{\mathrm{RF}})/10} - T_{\mathrm{LNA}} - T_0}\right] \tag{3-14}$$

式中：

$\mathrm{IL_{WN}}$——待测微波网络的插入损耗，单位为 dB；

N_0——频谱分析仪测量的系统输出归一化噪声功率，单位为 dBm/Hz；

T_{cold}——冷负载的噪声温度，单位为 K；

G_{LNA}——低噪声放大器的增益，单位为 dB；

L_{RF}——射频测试电缆损耗，单位为 dB；

T_0——测量环境的物理温度，单位为 K；

T_{LNA}——低噪声放大器的噪声温度，单位为 K。

3.2.4 冷热负载 Y 因子法

冷热负载 Y 因子法测量微波网络插入损耗的原理同冷热负载法测量波导馈线插入损耗是一样的，详见 2.3.6 小节。不同之处在于微波网络插入损耗测量中，定标 Y 因子测量时，

冷热负载常为矩形波导冷热负载；测量 Y 因子时，冷热负载常为圆波导冷热负载。

图 3-28 为定标 Y 因子的测量原理框图。

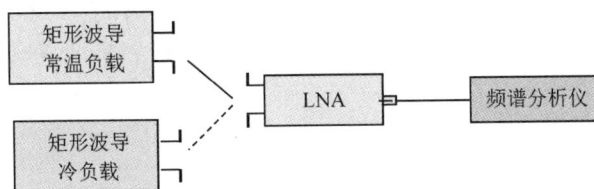

图 3-28　定标 Y 因子的测量原理框图

定标 Y 因子的测量原理是：按照图 3-28 所示原理框图建立定标测量系统，用频谱分析仪测量低噪声放大器输入端依次接矩形波导常温负载和冷负载时系统输出的噪声功率，分别用 N_{hot} 和 N_{cold} 表示，则定标 Y 因子为

$$Y_D = 10^{(N_{hot} - N_{cold})/10} \qquad (3-15)$$

完成定标 Y 因子测量后，将测量系统接入待测网络，测量 Y 因子。图 3-29 为测量 Y 因子的测量原理框图。

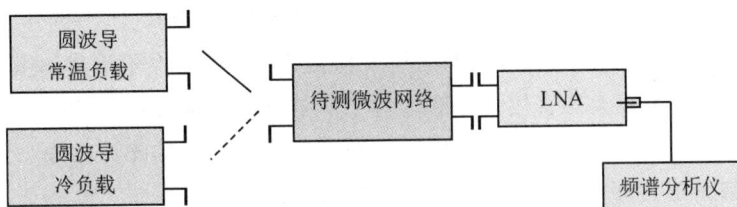

图 3-29　测量 Y 因子的测量原理框图

测量 Y 因子的测量原理是：按照图 3-29 所示原理框图建立测量系统，用频谱分析仪测量待测微波网络输入端口依次接圆波导常温负载和冷负载的噪声功率，分别用 N'_{hot} 和 N'_{cold} 表示，则测量 Y 因子为

$$Y_M = 10^{(N'_{hot} - N'_{cold})/10} \qquad (3-16)$$

由定标 Y_D 因子和测量 Y_M 因子，用下式计算待测微波网络的插入损耗：

$$IL_{WN} = \frac{Y_M(Y_D - 1)}{Y_D(Y_M - 1)} \qquad (3-17)$$

3.2.5　晴空背景噪声 Y 因子法

1. 测量方法

晴空背景噪声 Y 因子法测量微波网络插入损耗的方法与 2.3.7 小节中波导馈线插入损耗测量的方法相同，不同的是波导馈线插入损耗测量采用标准增益喇叭，而微波网络输出口常为圆波导接口，若仍采用标准增益喇叭，需要加一个方圆过渡。工程测量中，常忽略方圆过渡损耗的影响，但在高精度测量中，应考虑方圆过渡损耗的影响。图 3-30 为晴空背景噪声 Y 因子法测量微波网络插入损耗的原理框图。

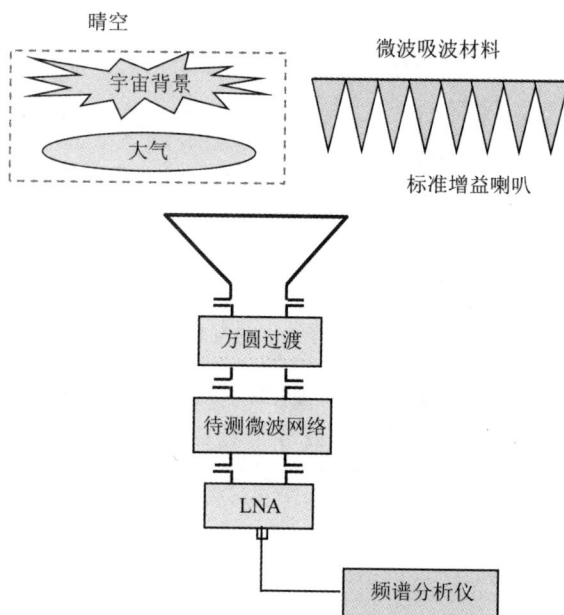

图 3-30　晴空背景噪声 Y 因子法测量微波网络插入损耗的原理框图

晴空背景噪声 Y 因子法测量微波网络插入损耗的方法是：在不接待测微波网络和方圆过渡的情况下，低噪声放大器直接与标准增益喇叭连接，在标准增益喇叭口置微波吸波材料和指向天顶方向的晴空时，用频谱分析仪分别测量系统输出的噪声功率，分别用 N_{hot} 和 N_{sky} 表示，则定标 Y 因子为

$$Y_D = 10^{(N_{hot}-N_{sky})/10} \qquad (3-18)$$

完成定标 Y 因子测量后，在标准增益喇叭和低噪声放大器之间接上待测微波网络和方圆过渡，在标准增益喇叭口置微波吸波材料和指向天顶方向的晴空时，用频谱分析仪分别测量系统输出的噪声功率，分别用 N'_{hot} 和 N'_{sky} 表示，则测量 Y 因子为

$$Y_M = 10^{(N'_{hot}-N'_{sky})/10} \qquad (3-19)$$

由定标 Y_D 因子和测量 Y_M 因子用下式计算待测微波网络的插入损耗：

$$IL_{WN} = \frac{Y_M(Y_D-1)}{Y_D(Y_M-1)} \qquad (3-20)$$

式(3-20)就是晴空背景噪声 Y 因子法测量微波网络插入损耗的原理公式。只需要测量两次 Y 因子，不需要计算天空噪声温度，即可确定微波网络插入损耗。该方法非常简单方便，但其测量结果中包含了方圆过渡的损耗，在高精度测量中，应该扣除方圆过渡的损耗。

2. 工程测量实例

下面以某工程应用的 L 波段微波网络为例，说明晴空背景噪声 Y 因子法测量微波网络插入损耗的方法。微波网络的工作频率范围为 1.25～1.75 GHz，工作方式为双线极化。图 3-31 为微波网络插入损耗测量的现场实验装置图，其中，图 3-31(a)为标准增益喇叭指向晴空天顶方向的实验装置图，图 3-31(b)为标准增益喇叭加微波网络指向晴空天顶方向的实验装置图。测量系统由 L 波段标准增益喇叭、方圆过渡、待测微波网络、L 波段低噪声放大器、射频测试电缆和 Agilent 8563EC 频谱分析仪组成。微波网络的输出为同轴接口，接波导同轴转换，相应的损耗包括同轴转换损耗。低噪声放大器采用同轴低噪声放大器。另外，L 波段标准增益喇叭口很大，若采用微波吸波材料作为常温定标负载，需要定制较大的微波吸波材料，故在实际工程测量中，可使用同轴负载直接对低噪声放大器进行定标测量。图 3-32 为定标 Y 因子的测量噪声功率曲线，图 3-33 为测量 Y 因子的噪声功率曲线。

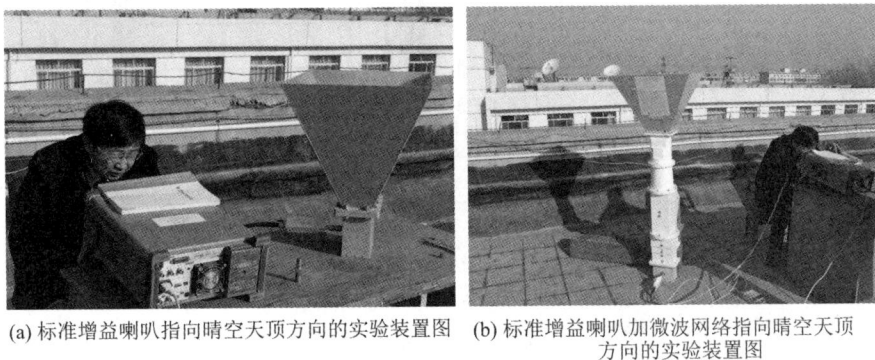

(a) 标准增益喇叭指向晴空天顶方向的实验装置图　　(b) 标准增益喇叭加微波网络指向晴空天顶方向的实验装置图

图 3-31　L 波段微波网络插入损耗测量的现场实验装置图

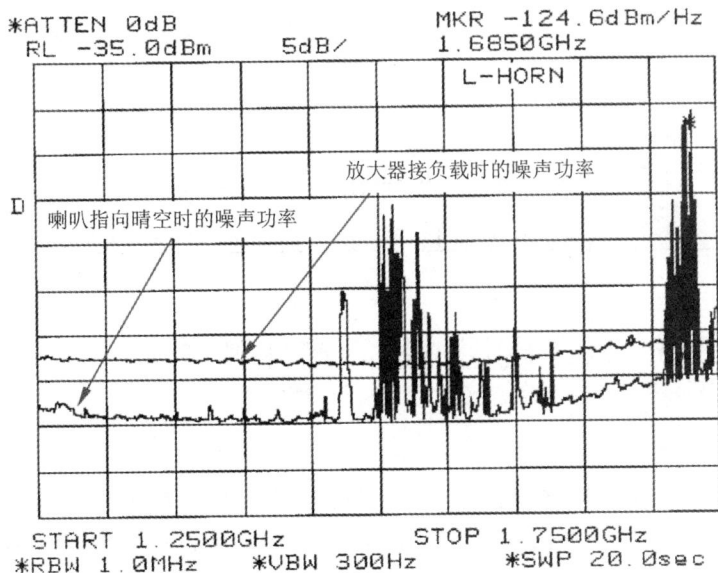

图 3-32　定标 Y 因子的测量噪声功率曲线

　　由喇叭指向天顶晴空的噪声功率曲线可知，L 波段内存在很多电磁干扰信号，特别是 1.45 GHz 频率以上，干扰信号抬高了噪声功率，因此 1.45 GHz 频率以上的测量数据无法评估微波网络的插入损耗。由图 3-32 和图 3-33 测量的噪声功率曲线确定定标 Y 因子和测量 Y 因子，利用式(3-20)计算待测微波网络的插入损耗。表 3-2 给出了低频点微波网络插入损耗的测量结果(含方圆过渡损耗)，表中的噪声功率均为归一化噪声功率，利用 Agilent 8563EC 频谱分析仪的码刻噪声功能可直接测量噪声功率。

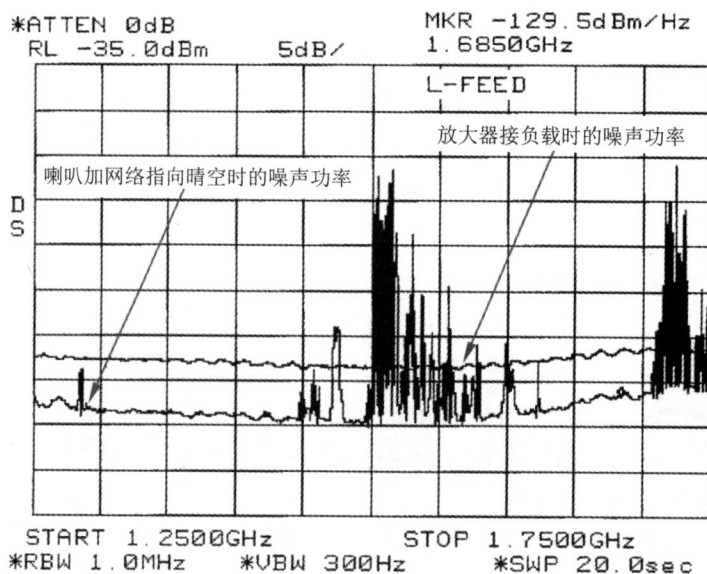

图 3-33　测量 Y 因子的噪声功率曲线

表 3-2　L 波段网络插入损耗的测量结果(含方圆过渡)

测量频率/GHz	噪声功率测量结果/(dBm·Hz^{-1})			Y_D/dB	Y_M/dB	插入损耗/dB
	负载	喇叭	喇叭网络			
1.25	-125.3	-131.0	-130.7	5.8	5.4	0.116
1.31	-125.7	-132.0	-131.4	6.3	5.7	0.202
1.36	-125.8	-132.3	-131.7	6.5	5.9	0.190
1.43	-126.2	-132.4	-132.0	6.2	5.8	0.134

3.3　馈源网络的插入损耗测量

本节主要讨论将微波网络和馈源喇叭组装在一起,整个馈源网络插入损耗的测量方法,包括短路法、增益方向性法、Y 因子法、比较 Y 因子法和 G/T 值方向性法。

3.3.1　短路法

短路器法测量馈源网络插入损耗的原理与短路法测量微波网络插入损耗的原理是一样的,只是测量馈源网络的插入损耗时,短路器在馈源喇叭口对整个馈源网络进行短路,通过测量反射信号确定馈源网络的插入损耗。测量仪器常用频谱分析仪或矢量网络分析仪,在实验室用矢量网络分析仪测量更简单方便。

1. 线极化馈源网络的插入损耗测量

图 3-34 为用频谱分析仪测量线极化馈源网络插入损耗的原理框图。

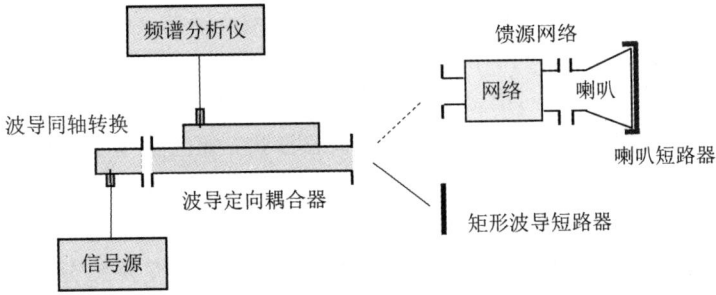

图 3-34　频谱分析仪测量线极化馈源网络插入损耗的原理框图

在不接待测馈源网络的情况下，波导定向耦合器输出端口直接与矩形波导短路器连接，对系统进行短路定标测量，用频谱分析仪在定向耦合器的耦合端口测量的短路反射信号的耦合功率 P_d 为

$$P_d = P_{out} - L_{TX} - L_{wdc} - 2L_{dir} - C - L_{RX} \qquad (3-21)$$

式中：

P_d——频谱分析仪测量的信号功率，单位为 dBm；

P_{out}——信号源的输出功率，单位为 dBm；

L_{TX}——信号源与波导同轴转换之间的射频电缆损耗，单位为 dB；

L_{wdc}——波导同轴转换器的损耗，单位为 dB；

L_{dir}——波导定向耦合器的损耗，单位为 dB；

C——波导定向耦合器的耦合系数，单位为 dB；

L_{RX}——定向耦合器耦合端口与频谱分析仪之间的射频电缆损耗，单位为 dB。

去掉定向耦合器输出端口的矩形波导短路器，在波导定向耦合器输出端口接待测线极化馈源网络，在馈源喇叭口接喇叭短路器，保持信号源的输出功率和频率不变，用频谱分析仪在定向耦合器的耦合端口测量喇叭短路反射信号的耦合功率 P_m，可表示为

$$P_m = P_{out} - L_{TX} - L_{wdc} - 2L_{dir} - 2IL_{LPFN} - C - L_{RX} \qquad (3-22)$$

式中，IL_{LPFN} 为待测线极化馈源网络的插入损耗。

由式(3-21)和式(3-22)可得待测线极化馈源网络的插入损耗：

$$IL_{LPFN} = \frac{P_d - P_m}{2} \qquad (3-23)$$

在实验室，用矢量网络分析仪代替信号源和频谱分析仪，测量更简单方便，图 3-35 为矢量网络分析仪测量线极化馈源网络插入损耗的原理框图。

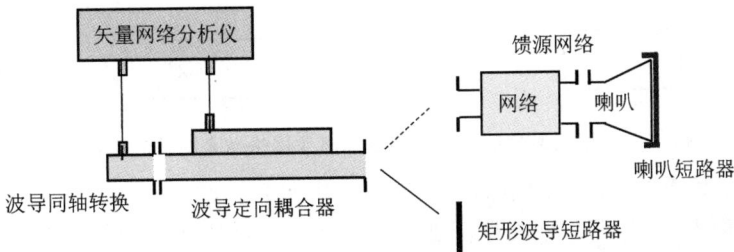

图 3-35　矢量网络分析仪测量线极化馈源网络插入损耗的原理框图

用矢量网络分析仪测量线极化馈源网络插入损耗的方法是：首先按照图 3 - 35 所示的原理框图建立测量系统，将矢量网络分析仪的源输出端口接波导定向耦合器的输入端口，矢量网络分析仪接收端口接定向耦合器的耦合端口；然后，在波导定向耦合器输出端口接矩形波导短路器，合理设置矢量网络分析仪的状态参数，如起始频率、停止频率、格式（选择对数幅度）和测量参数（选择 S_{21}）等，对系统进行直通定标，则矢量网络分析仪测量的散射参数 S_{21} 为 0 dB；最后，去掉矩形波导短路器，在波导定向耦合器输出端口接待测线极化馈源网络，待测线极化馈源网络输出端口接喇叭短路器，则矢量网络分析仪测量的喇叭短路的反射信号散射参数为 S_{21}，待测线极化馈源网络的插入损耗为

$$\mathrm{IL}_{\mathrm{LPFN}} = -\frac{S_{21}}{2} \qquad (3-24)$$

2. 圆极化馈源网络的插入损耗测量

短路法测量圆极化馈源网络的插入损耗时，只能测量频谱复用的圆极化馈源网络，即馈源网络发射或接收端均有一个左旋圆极化端口和一个右旋圆极化端口。馈源网络的喇叭口短路全反射改变了圆极化波的极化旋向，如入射信号为左旋圆极化，喇叭口短路后其反射信号变成了右旋圆极化。对于单端口的圆极化馈源网络，通过调整移相器，可使馈源网络在线极化情况下进行测量工作。

图 3 - 36 为用频谱分析仪测量圆极化馈源网络插入损耗的原理框图。

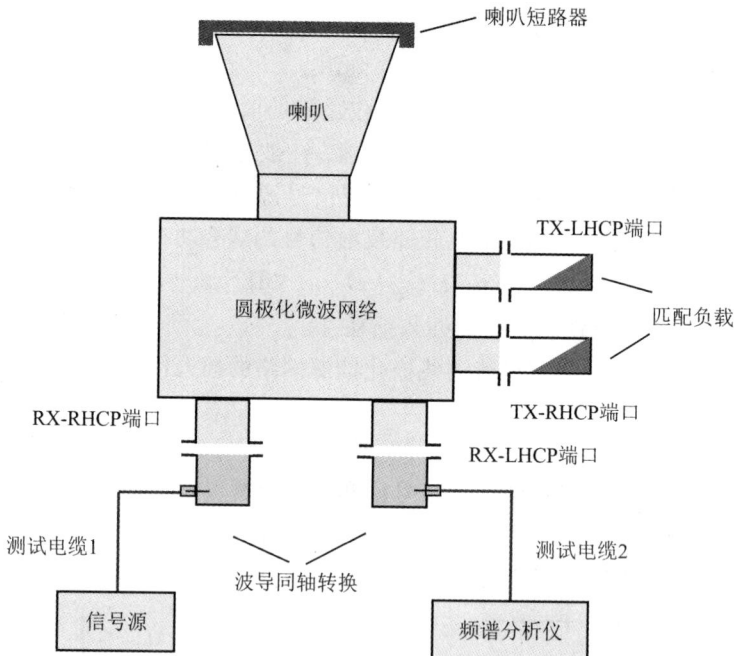

图 3 - 36　用频谱分析仪测量圆极化馈源网络插入损耗的原理框图

短路法测量频谱复用馈源网络插入损耗的方法如下：

首先，按照图 3 - 36 所示原理框图建立测量系统，系统加电预热，使仪器设备正常工作；在不接待测圆极化馈源网络情况下，将测试电缆 1 的波导同轴转换和测试电缆 2 的波导同轴转换直接对接，按照要求设置信号源输出功率和测试频率，用频谱分析仪测量信号

源输出功率通过测试电缆 1、对接的波导同轴转换和测试电缆 2 后的输出功率，记为 P_d；改变测量频率，分别测量出不同频率点的定标信号功率，记为 $P_d(f)$，并将测量曲线存储在频谱分析仪的存储器里。

　　然后，关闭信号源的射频输出开关，按照图 3-36 将测试电缆 1 的波导同轴转换与接收右旋圆极化端口连接，将测试电缆 2 的波导同轴转换与接收左旋圆极化端口连接。打开信号源的射频输出开关，保持信号源的射频输出功率和频率不变，则信号源的输出由 RX-RHCP 端口输入，经过测试馈源网络，在待测的馈源喇叭口面，由喇叭短路器全反射，其反射波为左旋圆极化，则反射的左旋圆极化波经馈源喇叭和微波网络由接收左旋圆极化端口接收，此时频谱分析仪测量的信号功率为 P_m；改变信号源的频率，同理测量不同频率点的信号功率 $P_m(f)$，并将测量曲线存储在频谱分析仪的存储器里。

　　最后，计算待测馈源网络的插入损耗。假设待测馈源网络的左旋圆极化通道与右旋圆极化通道插入损耗近似相等，则圆极化待测馈源网络不同频率点的插入损耗 $\mathrm{IL}_{CPFN}(f)$ 为

$$\mathrm{IL}_{CPFN}(f) = \frac{P_d(f) - P_m(f)}{2} \qquad (3-25)$$

　　需要说明的是：前面讨论的测量方法是用点频法测量馈源网络的插入损耗，同理，也可利用扫频信号源测量馈源网络的插入损耗（扫频法）。

　　图 3-37 为矢量网络分析仪测量圆极化馈源网络损耗的原理框图。

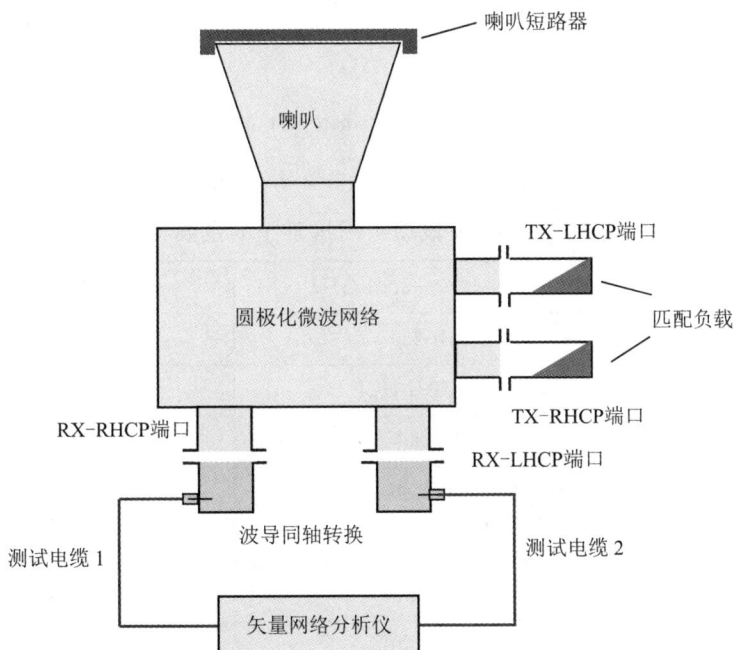

图 3-37　用矢量网络分析仪测量圆极化馈源网络插入损耗的原理框图

　　用矢量网络分析仪测量圆极化馈源网络插入损耗的方法是：首先，按照图 3-37 所示的原理框图建立测量系统，将测试电缆 1 的波导同轴转换和测试电缆 2 的波导同轴转换对接；然后，合理设置矢量网络分析仪的状态参数，如起始频率、停止频率和测量参数（选择 S_{21}）等，对矢量网络分析仪进行直通定标校准，则矢量网络分析仪测量的散射参数 S_{21} 为

0 dB；最后，按照图 3-37 所示的原理框图，连接待测圆极化馈源网络，喇叭口接短路器，保持矢量网络分析仪的状态参数不变，用矢量网络分析仪测量馈源网络回路的散射参数 S_{21}，则待测圆极化馈源网络的插入损耗为

$$\mathrm{IL}_{\mathrm{CPFN}} = \frac{-S_{21}}{2} \qquad (3-26)$$

3. 工程测量实例

下面给出了澳大利亚 CSISRO ICT 中心的 Ka 波段圆极化馈源网络测量报告的结果，以说明短路法测量圆极化馈源网络插入损耗的原理和数据处理方法。

图 3-38 为 Ka 波段馈源网络系统，表 3-3 为 Ka 波段馈源网络系统的主要特性。

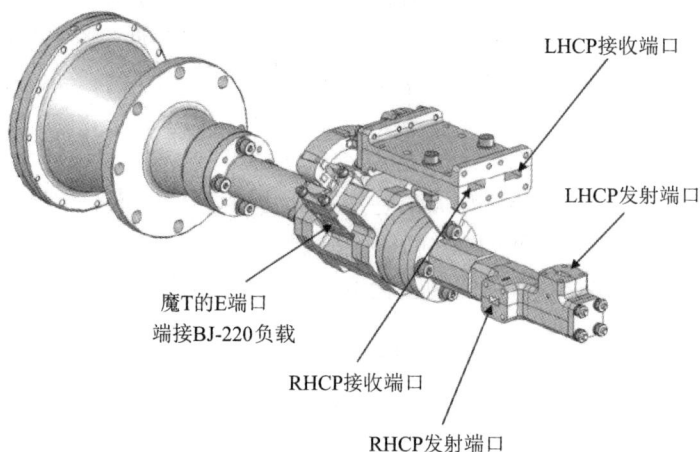

图 3-38　Ka 波段馈源网络系统

表 3-3　Ka 波段馈源网络系统的主要特性

工作频段	RX：19.2～20.2 GHz	TX：29.0～30.0 GHz
波导法兰	BJ-220	BJ-320
极化	RHCP/LHCP	RHCP/LHCP
10 dB 波束宽度	～30°	～25°
轴比	1.0 dB	1.0 dB
电压驻波比	1.3：1	1.3：1
插入损耗	～0.8 dB	～0.8 dB
端口隔离	＞15 dB	＞20 dB
收发隔离	＞70 dB	

这里只给出馈源网络插入损耗的测量结果。测量方法是：在 Ka 波段喇叭口放置短路器，在每个频段进行双向插入损耗测量，所测得反射信号的一半，即为馈源发射和接收频段的单向损耗。图 3-39 为接收频段馈源网络插入损耗的测量结果，图 3-40 为发射频段馈源网络插入损耗的测量结果。由于测量曲线有奇异振荡点，故测量数据不宜采用矢量网络分

析仪的平滑功能进行处理，可先去掉奇异点，再采用包络平均技术对测量结果进行评估。

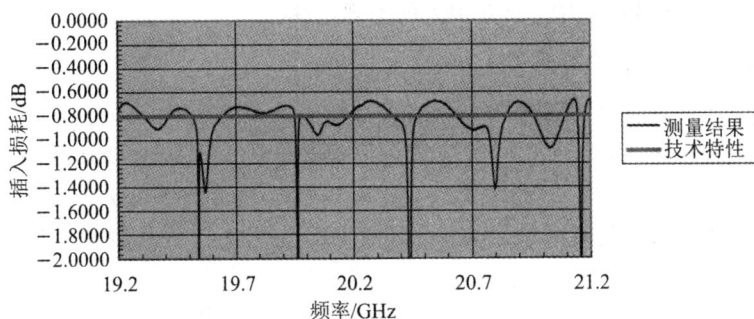

图 3-39　接收频段馈源网络插入损耗的测量结果

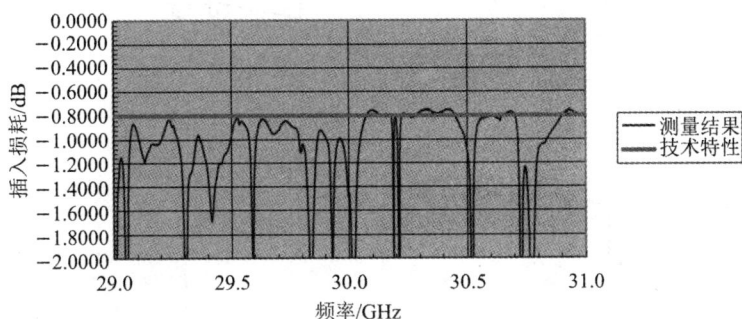

图 3-40　发射频段馈源网络插入损耗的测量结果

从图 3-39 和图 3-40 的测量结果可以看出：插入损耗测量曲线波动很大，这主要是馈源喇叭短路后，多重反射引起的。那么用这种曲线如何对馈源网络的插入损耗进行评估呢？报告给出的结论是：在发射和接收频段，馈源网络的插入损耗峰值包络小于 1.0 dB，以此评估馈源网络的插入损耗。

3.3.2　增益方向性法

1. 测量方法

增益方向性法测量馈源网络插入损耗的方法是：首先，利用经典增益测量方法测量出馈源网络的功率增益；然后，由实测馈源方向图或理论计算馈源喇叭方向图，通过数值积分的方法求出馈源网络的方向性增益；最后，用馈源网络的方向性增益减去功率增益获得馈源网络的插入损耗，可表示为

$$IL_{FN} = D_{FN} - G_{FN} \tag{3-27}$$

式中：

IL_{FN}——馈源网络的插入损耗；

D_{FN}——馈源网络的方向性增益；

G_{FN}——馈源网络的功率增益。

式(3-27)是增益方向性法测量馈源网络插入损耗的理论基础。实质上，馈源网络也是一个小天线系统，因此式(3-27)也是天线插入损耗测量的理论基础，适用于不同类型天线插入损耗的测量，但是由于需要单独测量天线功率增益和天线方向性增益，其测量精度由增

益测量精度和方向性测量精度决定，如一般工程测量中，天线增益测量精度约为±0.3 dB，因此增益方向性法在小损耗测量中，具有很大的不确定性。

2. 馈源网络功率增益的测量

增益是天线最重要的电性能参数之一，因此精确测量天线增益是非常重要的。天线功率增益的测量方法有很多，如两相同天线法、三天线法、比较法（远场比较法、近场比较法和紧缩场比较法）、射电源法、链路计算法、波束宽度法和近场测量法等。微波暗室远场比较法是馈源网络功率增益测量的常用方法。图 3-41 为远场比较法测量馈源网络功率增益的原理框图。

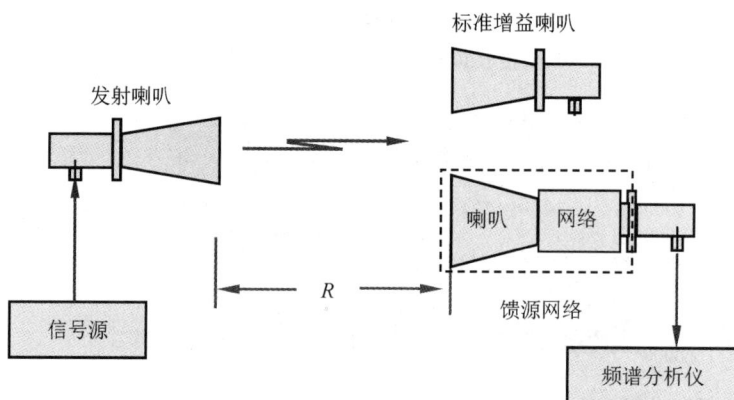

图 3-41　远场比较法测量馈源网络功率增益的原理框图

图 3-41 中 R 为发射喇叭与待测馈源网络之间的距离，R 应满足天线远场测试距离条件，即 $R \geqslant 2D_a^2/\lambda$。其中 D_a 为待测馈源喇叭的口径，λ 为工作波长。按照图 3-41 所示的原理框图建立测量系统，将待测馈源网络与发射喇叭对准，在极化匹配无阻抗失配条件下，频谱分析仪测量的信号功率最大。由功率传输方程得到频谱分析仪测量的信号功率为

$$P_{RX} = \left(\frac{\lambda}{4\pi R}\right)^2 \frac{P_T G_T G_{FN}}{L_{TX} L_{RX}} \tag{3-28}$$

式中：

　　P_{RX}——馈源网络接收的信号功率；

　　P_T——信号源的输出功率；

　　G_T——发射喇叭的功率增益；

　　G_{FN}——待测馈源网络的功率增益；

　　L_{TX}——发射电缆的射频损耗；

　　L_{RX}——接收电缆的射频损耗。

将频谱分析仪的测试电缆与标准增益喇叭连接，保持收发天线之间的测试距离不变，发射喇叭与标准增益喇叭对准，且发射喇叭与标准喇叭极化匹配无阻抗失配条件下，频谱分析仪接收的信号功率最大，用频谱分析仪测量的信号功率为

$$P_{RS} = \left(\frac{\lambda}{4\pi R}\right)^2 \frac{P_T G_T G_{SGH}}{L_{TX} L_{RX}} \tag{3-29}$$

式中：

　　P_{RS}——标准喇叭接收的信号功率；

G_{SGH}——标准增益喇叭的功率增益。

由式(3-28)和式(3-29)可求得用分贝值表示的馈源网络功率增益：

$$G_{FN} = G_{SGH} + P_{RX} - P_{RS} \qquad (3-30)$$

式(3-30)是比较法测量功率增益的经典原理公式。在实际工程测量中，发射喇叭和标准喇叭一般为线极化，待测馈源网络系统可工作于线极化或圆极化情况下。当待测馈源网络为圆极化时，测量时应考虑极化失配的影响，假设待测馈源网络系统的轴比为 AR(单位为 dB)，则比较法测量圆极化馈源网络的增益公式为

$$G_{FN} = G_{SGH} + P_{RX} - P_{RS} + CF_{CP} \qquad (3-31)$$

式中，CF_{CP} 为极化损失修正因子，可表示为

$$CF_{CP} = 10 \times \lg\left(1 + 10^{\frac{-AR}{10}}\right) \qquad (3-32)$$

3. 馈源网络方向性增益的测量

馈源网络的方向性增益是由其方向图，通过数值积分的方法计算的。馈源喇叭的方向图一般通过测量或理论计算确定。馈源喇叭方向图测量的常用方法有远场法、近场法和紧缩场法，其测量原理和方法可参考相关天线测量技术。由测量馈源喇叭 E 面方向图 $F_E(\theta)$ 和 H 面方向图 $F_H(\theta)$，通过数值积分的方法计算馈源喇叭的 E 面方向性增益 D_E 和 H 面方向性增益 D_H，可表示为

$$D_E = \frac{4}{\displaystyle\int_{-\pi}^{\pi} |F_E(\theta)|^2 \sin(|\theta|)\,d\theta} \qquad (3-33)$$

$$D_H = \frac{4}{\displaystyle\int_{-\pi}^{\pi} |F_H(\theta)|^2 \sin(|\theta|)\,d\theta} \qquad (3-34)$$

由式(3-33)和式(3-34)计算得到馈源喇叭的 E 面方向性增益 D_E 和 H 面方向性增益 D_H，取二者平均值得馈源喇叭的方向性增益，用分贝值表示为

$$D_{FN} = \frac{10 \times \lg D_E + 10 \times \lg D_H}{2} \qquad (3-35)$$

4. 馈源网络插入损耗的计算

由测量的馈源网络功率增益和方向性增益，用下式计算馈源网络的插入损耗：

$$IL_{FN} = D_{FN} - G_{FN} \qquad (3-36)$$

将式(3-30)代入式(3-36)，可得比较方向性法测量馈源网络插入损耗的原理公式：

$$IL_{FN} = D_{FN} - G_{SGH} - P_{RX} + P_{RS} \qquad (3-37)$$

圆极化馈源网络插入损耗测量应考虑轴比对测量结果的影响。比较方向性法测量圆极化馈源网络插入损耗的原理公式为

$$IL_{FN} = D_{FN} - G_{SGH} - P_{RX} + P_{RS} - 10 \times \lg\left(1 + 10^{\frac{-AR}{10}}\right) \qquad (3-38)$$

5. 失配对馈源网络插入损耗测量的影响

式(3-37)和式(3-38)均为阻抗匹配条件下，增益方向性法测量馈源网络插入损耗的原理公式，实际上，完全匹配是不存在的。待测馈源网络和标准增益喇叭的失配必将引起

馈源网络插入损耗的测量误差。由微波失配理论可知：当待测馈源喇叭和发射喇叭对准时，收发天线之间的总失配因子 M_x 为

$$M_x = \frac{(1-|\varGamma_g|^2)(1-|\varGamma_x|^2)(1-|\varGamma_t|^2)(1-|\varGamma_r|^2)}{(|1-\varGamma_g\varGamma_x|)(|1-\varGamma_t\varGamma_r|)} \qquad (3-39)$$

式中：

　　$\varGamma_g$——信号源的反射系数；

　　$\varGamma_x$——待测馈源网络的反射系数；

　　$\varGamma_t$——发射喇叭的反射系数；

　　$\varGamma_r$——频谱分析仪的反射系数。

在实际工程测量中，为了减小阻抗失配误差对馈源网络插入损耗测量的影响，常在信号源的输出端和频谱分析仪的输入端接隔离器，这样 $\varGamma_g \approx \varGamma_r \approx 0$，则式(3-39)可进一步简化为

$$M_x = (1-|\varGamma_x|^2)(1-|\varGamma_t|^2) \qquad (3-40)$$

已知标准增益喇叭的反射系数为 $\varGamma_s$，当待测馈源网络换成标准增益喇叭时，同理可得收发天线之间的总失配因子 M_s 为

$$M_s = (1-|\varGamma_s|^2)(1-|\varGamma_t|^2) \qquad (3-41)$$

失配引起的馈源网络插入损耗测量误差为

$$\Delta\mathrm{IL}_{FN} = 10 \times \lg \frac{(1-|\varGamma_x|^2)}{(1-|\varGamma_s|^2)} \qquad (3-42)$$

已知反射系数 $\varGamma$ 和电压驻波比 VSWR 的关系为

$$|\varGamma| = \frac{\mathrm{VSWR}-1}{\mathrm{VSWR}+1} \qquad (3-43)$$

将式(3-43)代入式(3-42)可得

$$\Delta\mathrm{IL}_m = 10 \times \lg \frac{\mathrm{VSWR}_x(\mathrm{VSWR}_s+1)^2}{\mathrm{VSWR}_s(\mathrm{VSWR}_x+1)^2} \qquad (3-44)$$

式中：

　　VSWR_x——待测馈源网络的电压驻波比；

　　VSWR_s——标准增益喇叭的电压驻波比。

图3-42给出了标准增益喇叭电压驻波比分别为 1.1、1.2、1.3、1.4 和 1.5 时，馈源网络插入损耗测量误差与待测馈源网络电压驻波比的关系曲线。计算结果表明：当标准增

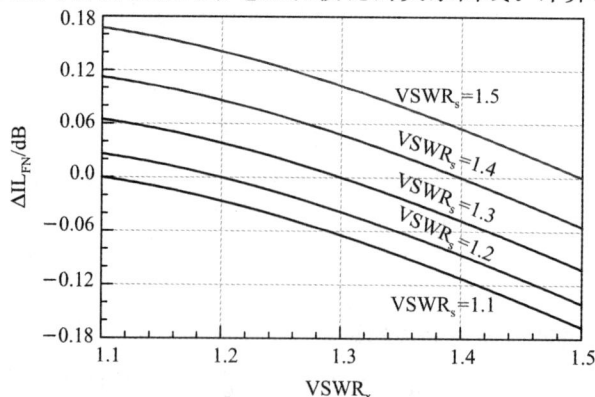

图3-42　阻抗失配引起的馈源网络插入损耗测量误差

益喇叭电压驻波比与待测馈源网络电压驻波比相等时，失配引起的馈源网络插入损耗测量误差等于 0 dB；当标准增益喇叭电压驻波比大于待测馈源网络的电压驻波比时，失配引起的插入损耗测量误差大于 0 dB；当标准增益喇叭电压驻波比小于待测馈源网络电压驻波比时，失配引起的插入损耗测量误差小于 0 dB。在馈源网络小损耗高精度测量中，应考虑阻抗失配误差对测量结果的影响。

6. 工程测量实例

下面以某工程应用的 Ka 波段馈源网络插入损耗测量为例，说明增益方向性法测量馈源网络插入损耗的方法。图 3-43 为 Ka 波段待测馈源网络的装置图。

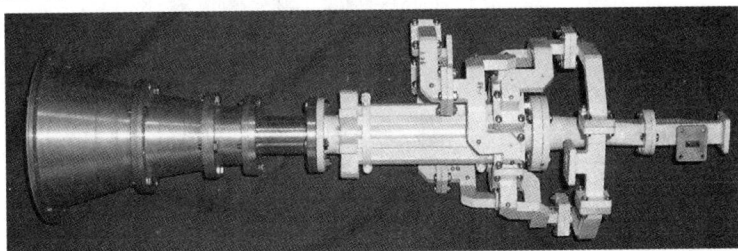

图 3-43　Ka 波段待测馈源网络的装置图

Ka 波段馈源网络的主要技术要求如下：

发射工作频段：$30.0\sim31.0$ GHz　　发射极化：左旋圆极化

接收工作频段：$20.2\sim21.2$ GHz　　接收极化：右旋圆极化

电压驻波比：$\leqslant1.25$　　　　　　插入损耗：$\leqslant1$ dB

表 3-4 为 Ka 波段馈源网络插入损耗的测量结果。标准增益喇叭的电压驻波比小于或等于 1.2，由阻抗失配引起的最大插入损耗测量误差为 -0.018 dB，可忽略不计。表 3-4 的测量结果表明：在测量误差允许的范围内，测量结果满足馈源网络插入损耗的技术要求，从而验证了用增益方向性法测量馈源网络插入损耗的可行性。

表 3-4　Ka 波段馈源网络插入损耗的测量结果

f/GHz	G_{SGH}/dBi	D_{FN}/dBi	AR/dB	P_{RX}/dBm	P_{RS}/dBm	IL_{FN}/dB
20.2	24.48	22.25	0.36	-32.11	-26.34	0.71
20.6	24.61	22.38	0.43	-31.16	-25.32	0.81
21.2	24.80	22.58	0.35	-32.15	-26.19	0.90
30.0	23.99	24.79	0.23	-36.89	-34.00	0.79
30.5	24.07	24.91	0.41	-35.21	-32.18	1.06
31.0	24.15	24.99	0.32	-45.30	-42.38	0.91

3.3.3　Y 因子法

Y 因子法测量馈源网络插入损耗的基本原理是：通过测量待测馈源网络喇叭口依次置冷热负载时，系统输出的噪声功率之比，确定馈源网络的噪声温度，由噪声温度与损耗的关系求出馈源网络的插入损耗。Y 因子法可细分为冷热负载 Y 因子法和晴空背景噪声 Y 因子法。

1. 冷热负载 Y 因子法

冷热负载 Y 因子法就是在待测馈源网络系统的喇叭口分别放置热负载（通常采用常温吸波材料作为热负载，也叫常温负载）和冷负载（用浸泡在液氮中的吸波材料作为冷负载），测量出系统噪声功率之比，进而确定馈源网络插入损耗的方法。

图 3 - 44 为冷热负载 Y 因子法测量馈源网络插入损耗的原理框图。图中：低噪声放大器的噪声特性精确已知；冷负载为浸泡在液氮或液氦中的微波吸波材料，其噪声温度已精确标定。

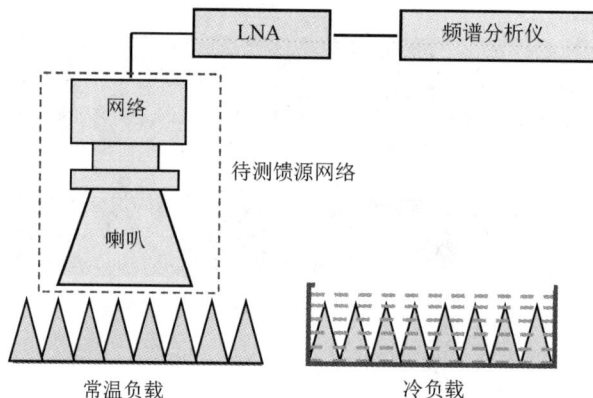

图 3 - 44　冷热负载 Y 因子法测量馈源网络插入损耗的原理框图

由图 3 - 44 可知，当待测馈源网络的喇叭口放置常温负载时，频谱分析仪测量的系统输出噪声功率 N_{hot} 为

$$N_{\text{hot}} = k(T_0 + T_{\text{LNA}})BG_{\text{LNA}} \tag{3-45}$$

当待测馈源网络的喇叭口放置冷负载时，频谱分析仪测量的系统输出噪声功率 N_{cold} 为

$$N_{\text{cold}} = k(T'_{\text{cold}} + T_{\text{LNA}})BG_{\text{LNA}} \tag{3-46}$$

式中：

k——玻尔兹曼常数；

T_0——常温负载的噪声温度；

T_{LNA}——低噪声放大器的噪声温度；

B——测试系统的噪声带宽；

G_{LNA}——低噪声放大器的增益；

T'_{cold}——冷负载通过馈源网络输出的噪声温度。

由 Y 因子定义可知

$$Y = \frac{N_{\text{hot}}}{N_{\text{cold}}} = \frac{T_0 + T_{\text{LNA}}}{T'_{\text{cold}} + T_{\text{LNA}}} \tag{3-47}$$

由式（3 - 47）可得

$$T'_{\text{cold}} = \frac{T_0 + T_{\text{LNA}}}{Y} - T_{\text{LNA}} \tag{3-48}$$

由损耗和噪声温度的关系可得

$$T'_{\text{cold}} = \frac{T_{\text{cold}}}{\text{IL}_{\text{FN}}} + \left(1 - \frac{1}{\text{IL}_{\text{FN}}}\right)T_0 \tag{3-49}$$

式中，$\mathrm{IL_{FN}}$ 为馈源网络的插入损耗。

由式(3-49)可求得天线馈源网络的插入损耗为

$$\mathrm{IL_{FN}} = \frac{T_0 - T_{\mathrm{cold}}}{T_0 - T'_{\mathrm{cold}}} \tag{3-50}$$

式(3-50)就是冷热负载 Y 因子法测量馈源网络插入损耗的原理公式。常温负载的噪声温度 T_0 和冷负载的噪声温度 T_{cold} 已知，只要用 Y 因子法测量出馈源网络的输出噪声温度 T'_{cold}，就可计算馈源网络的插入损耗。

将测量的 T'_{cold} 代入式(3-50)可得

$$\mathrm{IL_{FN}} = \frac{Y(T_0 - T_{\mathrm{cold}})}{(Y-1)(T_0 + T_{\mathrm{LNA}})} \tag{3-51}$$

在实际工程测量中，馈源网络插入损耗常用分贝值表示，即

$$\mathrm{IL_{FN}} = 10 \times \lg\left[\frac{Y(T_0 - T_{\mathrm{cold}})}{(Y-1)(T_0 + T_{\mathrm{LNA}})}\right] \tag{3-52}$$

式(3-52)就是冷热负载 Y 因子法测量馈源网络系统插入损耗的最终原理公式。只要测量出 Y 因子、环境温度，以及已知的冷负载和低噪声放大器的噪声温度，即可确定馈源网络的插入损耗。

2. 晴空背景噪声 Y 因子法

由图 3-44 的冷热负载 Y 因子法测量馈源网络插入损耗的原理框图可知：将馈源网络喇叭口朝下指向冷负载，实现起来比较困难；如果将馈源网络喇叭口朝上，冷负载直接置于喇叭口上，则存在盛装冷负载容器损耗的问题，从而影响馈源网络插入损耗的测量精度。

基于上述原因，我们通过对冷热负载 Y 因子法测量馈源网络插入损耗进一步研究，提出了利用晴空背景的噪声替代冷热负载 Y 因子法中的冷负载，实现馈源网络插入损耗的测量，图 3-45 为测量原理框图。

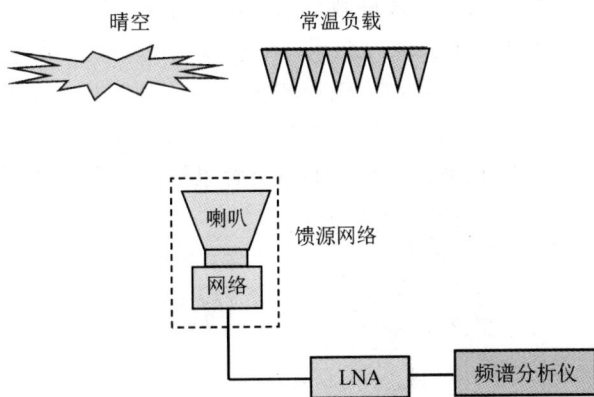

图 3-45　晴空背景噪声 Y 因子法测量馈源网络插入损耗的原理框图

晴空背景噪声 Y 因子法测量馈源网络插入损耗的方法是：首先，按照图 3-45 所示的原理框图建立测量系统；然后，在馈源网络喇叭口置常温负载，用频谱分析仪测量系统定标噪声功率，用 N_{load} 表示，单位为 dBm；最后，去掉常温负载，待测馈源网络喇叭指向天顶方向的晴空，同理用频谱分析仪测量系统输出噪声功率，用 N_{sky} 表示，单位为 dBm，则测量的 Y 因子为

$$Y = 10^{(N_{\text{load}} - N_{\text{sky}})/10} \tag{3-53}$$

由测量的 Y 因子，利用下式计算馈源网络的插入损耗：

$$\text{IL}_{\text{FN}} = 10 \times \lg\left[\frac{Y(T_0 - T_{\text{sky}})}{(Y-1)(T_0 + T_{\text{LNA}})}\right] \tag{3-54}$$

式中，T_{sky} 为晴空天顶方向的噪声温度。

式(3-54)为晴空背景噪声 Y 因子法测量馈源网络插入损耗的原理公式。天空噪声由宇宙背景噪声和大气衰减计算得到，显然该方法忽略了地面噪声的影响。对于低旁瓣波纹喇叭，如馈源方向图 90°以后旁瓣包络均优于－30 dB，可忽略地面噪声的贡献；否则应考虑地面噪声的影响。

在实际工程测量中，为了提高晴空背景噪声 Y 因子法测量馈源网络插入损耗的精度，可利用金属屏蔽斗来屏蔽地面噪声的影响。图 3-46 为改进的晴空背景噪声 Y 因子法测量馈源网络插入损耗的原理框图。

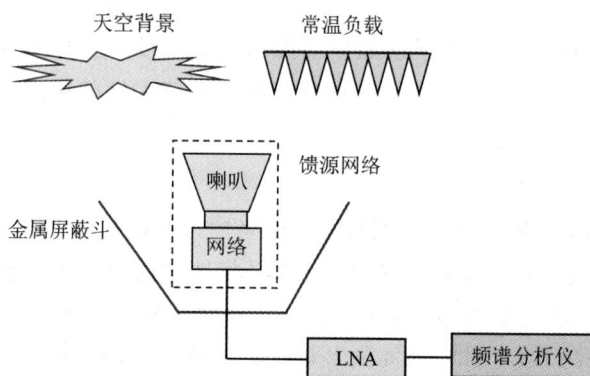

图 3-46　改进的晴空背景噪声 Y 因子法测量馈源网络损耗的原理框图

图 3-46 中，金属屏蔽斗的作用是屏蔽地面噪声的影响。反射面天线一般由天线座架、主反射面、馈源网络、副反射面及其支撑组成。在反射面天线安装现场，副反射面及其支撑没有安装之前，主反射面可作为屏蔽体，馈源网络指向天顶方向，以天空背景噪声作为冷负载，常温微波吸波材料作为热负载，利用 Y 因子法可实现反射面天线馈源网络插入损耗的现场测量。图 3-47 为用反射面作屏蔽体的晴空背景噪声 Y 因子法测量馈源网络损耗的原理框图。

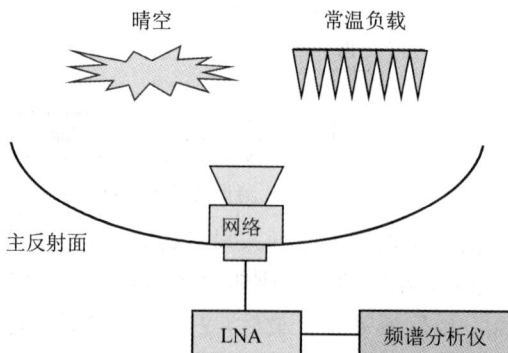

图 3-47　双反射面天线馈源网络损耗现场测量的原理框图

3. 工程测量实例

下面以一个 X 波段馈源网络(馈源为波纹喇叭,网络是一个简单的方圆过渡)为例,说明冷热负载 Y 因子法测量馈源网络插入损耗的方法。图 3-48 为 X 波段馈源网络插入损耗测量的实际装置图。

(a) 馈源网络   (b) 冷负载

图 3-48 X 波段馈源网络插入损耗测量的实际装置图

图 3-48(a)为 X 波段馈源网络测量系统,桌上的微波吸波材料用作常温负载;图 3-48(b)为冷负载,冷负载为泡沫塑料箱内放置的微波吸波材料,用液氮浸泡。在 X 波段喇叭口依次置常温负载和冷负载,用频谱分析仪测量系统输出的噪声功率之比,由测量的 Y 因子、天空噪声温度和冷负载噪声温度,用式(3-54)计算馈源网络的插入损耗。图 3-49 为 X 波段馈源网络插入损耗的测量结果。

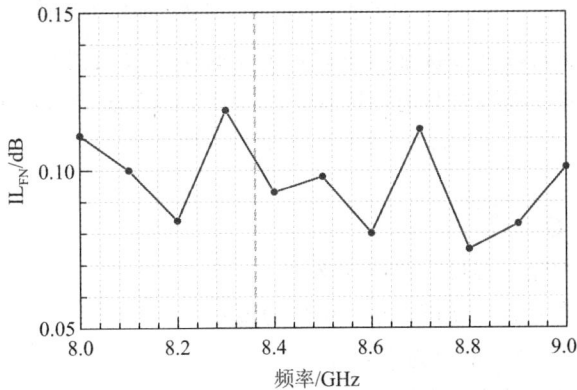

图 3-49 X 波段馈源网络插入损耗的测量结果

3.3.4　比较 Y 因子法

前一节讨论了 Y 因子法测量馈源网络系统插入损耗的方法。在此基础上，我们提出了比较 Y 因子法测量技术。比较 Y 因子法测量馈源网络系统插入损耗的基本思想是：通过测量待测馈源网络系统的 Y 因子与标准增益喇叭的 Y 因子，确定馈源网络系统的插入损耗。

1. 测量方法

图 3-50 为比较 Y 因子法测量馈源网络插入损耗的原理框图。原理框图中给出的常温负载有两种：一种是微波吸波材料，可置于喇叭口对系统进行定标；另一种是波导匹配负载，可直接与低噪声放大器连接，对系统进行定标。实际工程测量中，可依据实际情况合理选择。对于低频段馈源网络，馈源喇叭和标准喇叭的口径较大，选择大的微波吸波材料作常温负载不方便，可选用波导匹配负载作为常温负载；反之，对于高频段馈源网络，馈源喇叭和标准喇叭的口径较小，可用微波吸波材料作常温负载，操作更简单方便。

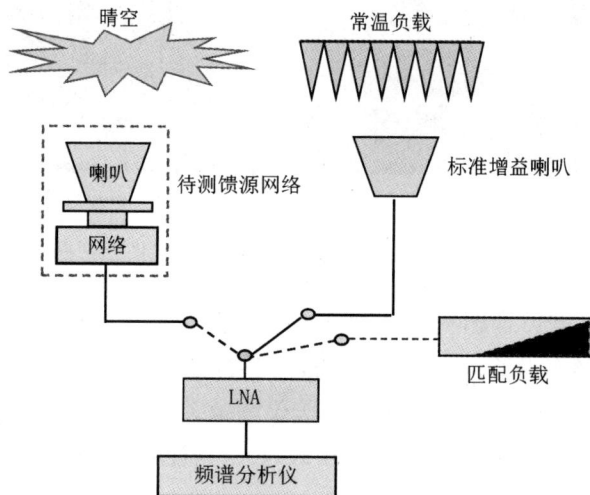

图 3-50　比较 Y 因子法测量馈源网络插入损耗的原理框图

当低噪声放大器输入端直接接常温负载，或者低噪声放大器与标准增益喇叭连接，且标准增益喇叭口放置微波吸波材料时，频谱分析仪测量的系统输出噪声功率 N_{load} 为

$$N_{\text{load}} = k(T_0 + T_{\text{LNA}}) B G_{\text{LNA}} \tag{3-55}$$

式中：

k——玻尔兹曼常数；

T_0——常温负载的噪声温度，单位为 K；

T_{LNA}——低噪声放大器的噪声温度，单位为 K；

B——系统的噪声带宽，单位为 Hz；

G_{LNA}——低噪声放大器的功率增益。

当低噪声放大器与标准增益喇叭连接，且标准增益喇叭指向天顶方向的晴空时，频谱分析仪测量的系统输出噪声功率 N_{horn} 为

$$N_{\text{horn}} = k(T_{\text{SGH}} + T_{\text{LNA}}) B G_{\text{LNA}} \tag{3-56}$$

式中，T_{SGH} 为标准增益喇叭的噪声温度。

由 Y 因子的定义可知，定标 Y 因子为

$$Y_{SGH} = \frac{N_{load}}{N_{horn}} = \frac{T_0 + T_{LNA}}{T_{SGH} + T_{LNA}} \qquad (3-57)$$

由式(3-57)求得天顶方向标准增益喇叭的噪声温度为

$$T_{SGH} = \frac{T_0 + T_{LNA}}{Y_{SGH}} - T_{LNA} \qquad (3-58)$$

标准增益喇叭的噪声温度与标准增益喇叭插入损耗的关系为

$$T_{SGH} = \frac{T_{horn}}{IL_{horn}} + \left(1 - \frac{1}{IL_{horn}}\right) T_0 \qquad (3-59)$$

式中：

T_{horn}——标准增益喇叭的外部噪声温度，单位为 K；

IL_{horn}——标准增益喇叭的插入损耗。

标准喇叭的外部噪声温度由喇叭功率方向图 $P_{SGH}(\theta, \phi)$ 和环境亮温度分布 $T_B(\theta, \phi)$ 计算得到：

$$T_{horn} = \frac{\int_0^{2\pi} \int_0^{\pi} P_{SGH}(\theta, \phi) T_B(\theta, \phi) \sin\theta \, d\theta \, d\phi}{\int_0^{2\pi} \int_0^{\pi} P_{SGH}(\theta, \phi) \sin\theta \, d\theta \, d\phi} \qquad (3-60)$$

当低噪声放大器与待测馈源网络连接，且待测馈源网络指向天顶方向的晴空时，频谱分析仪测量的系统输出噪声功率 N_{FN} 为

$$N_{FN} = k(T_{FN} + T_{LNA}) BG_{LNA} \qquad (3-61)$$

式中，T_{FN} 为待测馈源网络的噪声温度。

由 Y 因子定义可得，测量的 Y 因子为

$$Y_{FN} = \frac{N_{load}}{N_{FN}} = \frac{T_0 + T_{LNA}}{T_{FN} + T_{LNA}} \qquad (3-62)$$

由式(3-62)求得馈源网络的噪声温度为

$$T_{FN} = \frac{T_0 + T_{LNA}}{Y_{FN}} - T_{LNA} \qquad (3-63)$$

待测馈源网络的噪声温度与插入损耗的关系为

$$T_{FN} = \frac{T_{feed}}{IL_{FN}} + \left(1 - \frac{1}{IL_{FN}}\right) T_0 \qquad (3-64)$$

式中：

T_{feed}——待测馈源网络的外部噪声温度，单位为 K；

IL_{FN}——待测馈源网络的插入损耗。

馈源网络的外部噪声温度由喇叭功率方向图 $P_{FN}(\theta, \phi)$ 和环境亮温度分布 $T_B(\theta, \phi)$ 计算：

$$T_{feed} = \frac{\int_0^{2\pi} \int_0^{\pi} P_{FN}(\theta, \phi) T_B(\theta, \phi) \sin\theta \, d\theta \, d\phi}{\int_0^{2\pi} \int_0^{\pi} P_{FN}(\theta, \phi) \sin\theta \, d\theta \, d\phi} \qquad (3-65)$$

联立式(3-58)、式(3-59)、式(3-63)、式(3-64)得到待测馈源网络的插入损耗为

$$IL_{FN} = \frac{Y_{FN}(T_{feed} - T_{horn})}{(T_0 + T_{LNA})(1 - Y_{FN})} + IL_{SGH}\frac{Y_{FN}(Y_{SGH} - 1)}{Y_{SGH}(Y_{FN} - 1)} \tag{3-66}$$

式(3-66)就是比较 Y 因子法测量馈源网络插入损耗的原理公式。其中,环境噪声温度 T_0 通过测量得到,低噪放大器噪声温度 T_{LNA} 已知,标准喇叭损耗、外部噪声温度以及馈源网络的外部噪声温度均可通过理论计算获得,因此只要测量出待测馈源网络的 Y_{FN} 和标准增益喇叭的 Y_{SGH},利用式(3-66)即可确定馈源网络的插入损耗。

显然,利用该方法测量馈源网络插入损耗是很复杂的,在实际工程测量中,可选择合适的标准增益喇叭,使其方向性增益与待测馈源网络的方向性增益相当,或者采用金属屏蔽斗屏蔽地面噪声的贡献(如图3-51所示),这样确保标准增益喇叭和馈源网络只接收天顶方向的天空噪声温度,忽略地面噪声温度的影响。另外,对于低旁瓣波纹喇叭,地面噪声温度的贡献很小,可忽略不计。标准增益喇叭本身的欧姆损耗通常很小,实际工程测量中可忽略不计。因此式(3-66)可近似为

$$IL_{FN} \approx \frac{Y_{FN}(Y_{SGH} - 1)}{Y_{SGH}(Y_{FN} - 1)} \tag{3-67}$$

由式(3-67)可知:只要测量标准增益喇叭和待测馈源网络的 Y 因子,就可确定馈源网络的插入损耗,该方法简单方便,非常适合工程测量。

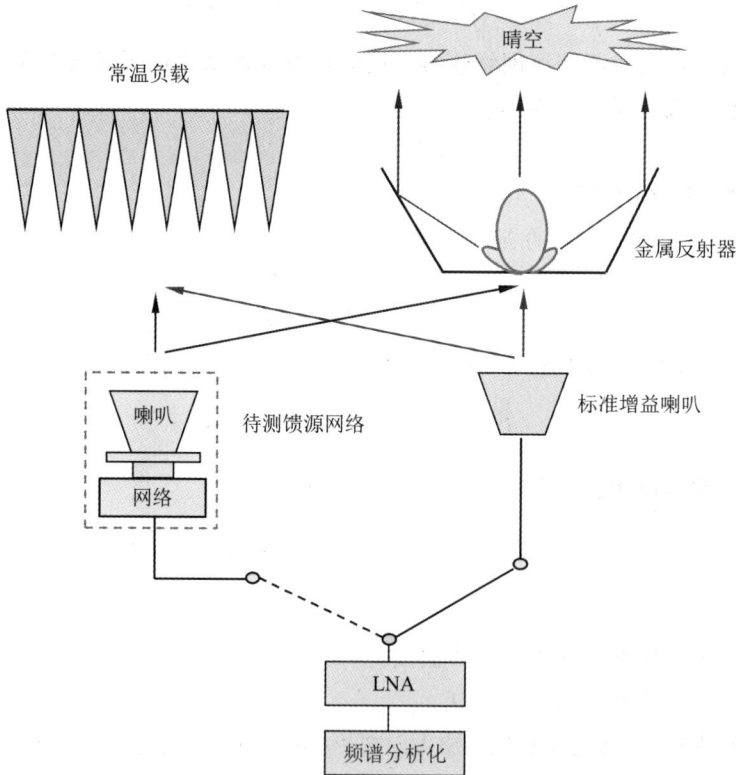

图 3-51　改进的比较 Y 因子法测量馈源网络插入损耗的原理框图

2. 工程测量实例

下面以 65 米射电望远镜 Ku 波段馈源网络插入损耗测量为例，说明比较 Y 因子法测量馈源网络插入损耗的方法。图 3-52 为 Ku 波段馈源网络插入损耗的测量装置图。图 3-52(a) 为待测馈源网络指向天顶晴空方向的示意图，其中，馈源喇叭为波纹喇叭，网络为简单双工器；图 3-52(b) 为标准增益喇叭校准测量装置图，其中，标准喇叭口微波吸波材料用作常温定标负载，对测量系统进行校准测试，获得低噪声放大器输入常温负载的噪声功率曲线。表 3-5 给出了典型频率馈源网络插入损耗的测量结果。测量结果表明：在频段 12.0～15.5 GHz 内，馈源网络插入损耗满足工程小于或等于 0.25 dB 的设计要求。

(a) 待测馈源网络指向天顶晴空   (b) 标准增益喇叭定标

图 3-52 65 米射电望远镜 Ku 波段馈源网络插入损耗的测量装置图

表 3-5 65 米射电望远镜 Ku 波段馈源网络插入损耗的测量结果

频率/GHz	Y_{SGH}/dB	Y_{FN}/dB	馈源网络损耗 IL_{FN}/dB	
			技术要求	测量结果
12.00	4.66	4.50		0.086
12.70	4.83	4.58		0.128
13.40	5.00	4.66		0.167
14.10	5.42	5.08	≤0.25	0.145
14.45	5.00	4.58		0.209
14.80	5.09	4.75		0.162
15.50	5.17	4.83		0.157

3.3.5 G/T 值方向性法

G/T 值方向性法测量馈源网络插入损耗的基本思想是：在微波暗室环境中，首先，利用远场载噪比法测量馈源网络系统的 G/T 值；然后，利用传统方法测量馈源网络方向图，利用数值积分计算馈源网络的方向性增益；最后，由测量的馈源网络 G/T 值和方向性增益确定馈源网络的插入损耗。图 3-53 为 G/T 值方向性法测量馈源网络插入损耗的原理框图。

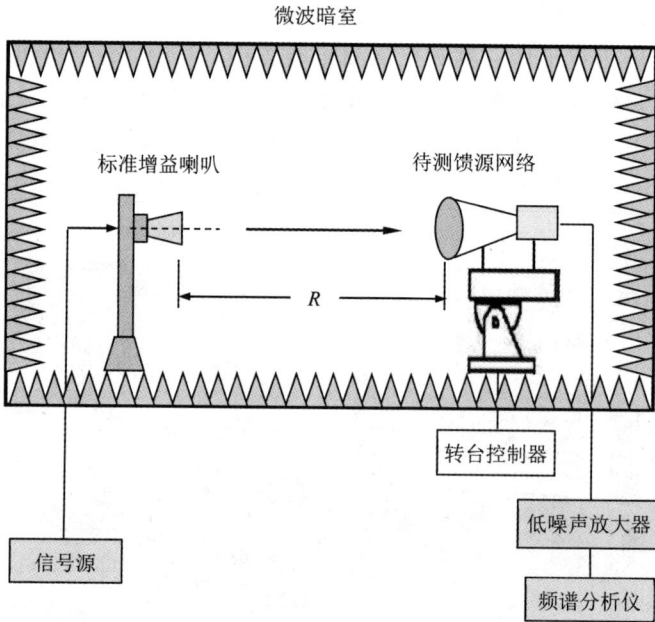

图 3-53 G/T 值方向性法测量馈源网络插入损耗的原理框图

图 3-53 中，R 为标准增益喇叭和待测馈源网络之间的距离，R 应满足天线远场测试距离条件。按照图 3-53 的原理框图建立测量系统，标准增益喇叭与待测馈源网络对准，且极化匹配时，由功率传输方程可得频谱分析仪测量的载波功率 C 为

$$C = \frac{P_T G_{SGH} G_{FN} G_{LNA}}{L_P L_{RF}} \qquad (3-68)$$

式中：

C——频谱分析仪测量的载波功率；

P_T——标准增益喇叭天线的发射净功率；

G_{SGH}——标准增益喇叭的增益；

G_{FN}——待测馈源网络的功率增益；

G_{LNA}——低噪声放大器的功率增益；

L_P——自由空间的传播损耗；

L_{RF}——低噪声放大器与频谱分析仪之间的射频电缆损耗。

关闭信号源的射频输出，将待测馈源网络的方位旋转 $90°$，指向微波暗室的侧墙，用频谱分析仪测量系统输出的归一化噪声功率 N_0 为

$$N_0 = \frac{k T G_{LNA}}{L_{RF}} \qquad (3-69)$$

式中：

k——玻尔兹曼常数；

T——馈源网络的系统噪声温度。

由式(3 - 68)式(3 - 69)可得馈源网络系统的 G/T 值为

$$\frac{G}{T} = \frac{C}{N_0} \frac{k L_{\mathrm{P}}}{P_{\mathrm{T}} G_{\mathrm{SGH}}} \tag{3 - 70}$$

在微波暗室完成馈源网络的 G/T 值测量后，采用传统的远场法测量馈源网络的 $\pm 180°$ 方向图，利用数值积分法确定馈源网络的方向性增益 D。

在微波暗室环境中，馈源网络的系统噪声温度等于微波暗室的环境噪声温度和低噪声放大器的噪声温度之和，可表示为

$$T = T_0 + T_{\mathrm{LNA}} \tag{3 - 71}$$

式中：

T_0——微波暗室的环境噪声温度；

T_{LNA}——低噪声放大器的噪声温度。

G/T 值可表示为

$$\frac{G}{T} = \frac{D}{\mathrm{IL}_{\mathrm{FN}}(T_0 + T_{\mathrm{LNA}})} \tag{3 - 72}$$

由式(3 - 72)可得馈源网络的插入损耗为

$$\mathrm{IL}_{\mathrm{FN}} = \left(\frac{G}{T}\right)^{-1} \frac{D}{(T_0 + T_{\mathrm{LNA}})} \tag{3 - 73}$$

式(3 - 73)就是微波暗室 G/T 值方向性法测量馈源网络插入损耗的原理公式，只要测量出馈源网络在微波暗室的 G/T 值和方向性增益，即可确定馈源网络的插入损耗。

参 考 文 献

[1] 魏文元，宫德明，陈必森. 天线原理[M]. 北京：国防工业出版社，1985.

[2] 王锦清，虞林峰，赵融冰，等. TM 65 m 射电望远镜低频段系统噪声温度测试和分析[J]. 天文学报，2015，56(1)：63 - 76.

[3] 戴晴，黄纪军，莫锦军. 现代微波与天线测量技术[M]. 北京：电子工业出版社，2008.

[4] STELZRIED C T, OTOSHI T Y. Radiometric evaluation of antenna-feed component losses [J]. IEEE Transactions on Instrumentation and Measurement，2007，18(3)：172 - 183.

[5] STELZRIED C T, PETTY S M. Microwave insertion loss test set (correspondence)[J]. IEEE Transactions on Microwave Theory and Techniques，1964，12(4)：475 - 477.

[6] 柯树人. 用滑动短路器法测量馈源的衰减[J]. 测控与通信，2006(3)：12 - 13，39.

[7] 樊良海. 微波器件小衰减的测量[J]. 测控与通信，2007(4)：6 - 7，11.

[8] BARKER S, DAVIS I, Smart K. Ka-band satellite earth terminal antenna feed system：measurement report：ICT 07/250[R]. Australia：Wireless Technologies Laboratory CSIRO ICT Centre，2007.

[9] CHAMBERLAIN N, CHEN J, HODGES R, et al. Accurate insertion loss measurements of the Juno patch array antennas [C]//2010 IEEE International Symposium on Phased Array Systems and Technology. Waltham，MA，USA，2010：152 - 156.

[10] 李红卫，杨世华. 测量微波元件低插入损耗的一种方法[J]. 通信与测控，2005(4)：1 - 4，11.

[11] DAYWITT W C, COUNAS G. Measuring adapter efficiency using a sliding short circuit[J]. IEEE

Transactions on Microwave Theory and Techniques，1990，38(3)：231－237.

[12] BUCHHOLZ F I，SCHUBERT D，STUMPE D. Precise determination of the power transmission coefficient of low-loss passive linear two-ports by RF noise power and RF attenuation measurement techniques[C]//Proceedings of Conference on Precision Electromagnetic Measurements Digest. Boulder, CO，USA，1994：484－485.

[13] 秦顺友，张文静. 天线馈源网络插入损耗测量新方法[J]. 测试技术学报，2016，30(4)：336－340.

[14] BURGOS S，PIVNENKO S，BREINBJERG O，et al. Standard gain horn calibration：pattern integration technique versus three antenna technique[C]//The Second European Conference on Antennas and Propagation. London：IET，2007：1－6.

[15] 秦顺友，杨可忠，陈辉. 不同极化天线增益测量技术[J]. 电子测量与仪器学报，2003，17(1)：7－11.

[16] QIN S Y，ZHANG W J，DU B，et al. A new method of measuring insertion loss for antenna feed network[C]//2010 International Conference on Microwave and Millimeter Wave Technology. Chengdu，China，2010：1074－1076.

[17] PRZESMYCKI R，WNUK M，NOWOSIELSKI L，et al. Antenna gain measurement by comparative method using an anechoic chamber[C]//Progress in electromagnetics research symposium 2012（PIERS 2012 Moscow），19－23 August 2012. Moscow，Russia，2012：1424－1428.

[18] MAYHEW-RIDGERS G，van JAARSVELD P A，ODENDAAL J W，et al. Accurate gain measurements for large antennas using modified gain-transfer method[J]. IEEE Antennas and Wireless Propagation Letters，2014，13：369－371.

[19] CHEN Y，SUN Z W，WANG X M，et al. Low noise temperature measurement methods in radio astronomy[C]//2010 2nd International Conference on Education Technology and Computer. Shanghai，China，2010：189－191.

[20] 王凯，陈卯蒸，李笑飞，等. Ku 波段接收机噪声温度测试及分析[J]. 电子机械工程，2018，34(6)：13－16，21

[21] 秦顺友，杜彪，邹火儿，等. 一种测量波纹喇叭损耗的方法：CN105116261B[P]. 2017－11－14.

[22] DIMITRY F. About using the cosmic microwave background in noise figure measurement applications[EB/OL]. [2023－09－12]. https：//moonbouncers. org/Orebro2019/UA3AVR_NF%20measurements&Radio%20Astronomy_Orebro2019. pdf.

[23] FIXSEN D J. The temperature of the cosmic microwave background[J]. The Astrophysical Journal，2009，707：916－920.

[24] LAMBERT K M，RUDDUCK R C. Calculation and verification of antenna temperature for Earth-based reflector antennas[J]. Radio Science，1992，27(1)：23－30.

[25] ERIKSSON H，SVENSSON B，MAGNUSSON P. Gain calibration uncertainties for standard gain horn calibration at a compact antenna test range[C]//Proceedings of the 5th European Conference on Antennas and Propagation（EUCAP）. Rome，Italy，2011：3746－3750.

[26] 秦顺友，张文静，杜彪，等. 一种测量馈源网络插入损耗的方法：CN102255678B[P]. 2014－04－23.

[27] 秦顺友，陈辉. 一种测量双反射面天线馈源网络损耗的方法：CN113206711A[P]. 2021－08－03.

[28] 秦顺友，刘小勇. 天线馈源网络系统插入损耗测量方法[J]. 无线电工程，2022，52(8)：1291－1299.

第 4 章

线天线损耗测量技术

4.1 概　述

众所周知，天线是发射或接收电磁波的部件，可为发射机或接收机与传播无线电波的介质提供所需要的耦合，任何依靠无线电波来完成任务的系统或设备均离不开天线。按照天线的主要结构形式分类，天线可分为线天线（天线辐射体由截面半径远小于波长的金属导线构成）和面天线（天线主要结构呈面状，如反射面天线、喇叭天线等）。由线天线理论和工程可知：单极天线、对称振子天线、交叉振子天线、阵列天线、环形天线、螺旋天线、双锥天线、引向天线、菱形天线和对数周期天线等均属于线天线范畴。图 4 - 1 为常见的线天线示意图。

线天线通常工作于 VHF/UHF 频段，具有低增益、宽波束特性。线天线损耗是天线的重要性能指标之一，它通常包括馈电损耗、天线导体热损耗和介质损耗等，是天线辐射效率的度量指标。理论分析和计算天线损耗是很难的，因此天线损耗通常是通过测量获得的。本章主要讨论线天线损耗的测量方法，包括维勒帽法、增益方向性法、Y 因子法（细分为天线噪声温度 Y 因子法和晴空背景噪声 Y 因子法）和比较 Y 因子法。这些方法是天线损耗测量的通用方法，不仅适用于线天线损耗测量，还适用于微带天线损耗测量、贴片天线损耗测量和平面天线损耗测量等。

线天线通常工作在 VHF/UHF 频段，该频段空间电磁环境干扰很严重，天线接低噪声放大器后，干扰信号严重影响系统的噪声输出功率，使得 Y 因子法和比较 Y 因子法无法实现天线损耗的精确测量，甚至无法测量，除非寻求干净的电磁环境。本章介绍的线天线损耗测量的增益方向法、Y 因子法和比较 Y 因子法，是天线损耗测量的通用方法，但应用于不同类型的天线，存在着具体的差别。例如增益方向性法可用于任何天线损耗的测量，其中增益的测量方法很多，如两相同天线法、链路计算法、比较法（包括远场比较法、近场比较法和紧缩场比较法）、三天线法和射电源法等，依据不同的天线类型，如何选择最佳增益测量方法，是获得良好测量精度的关键。

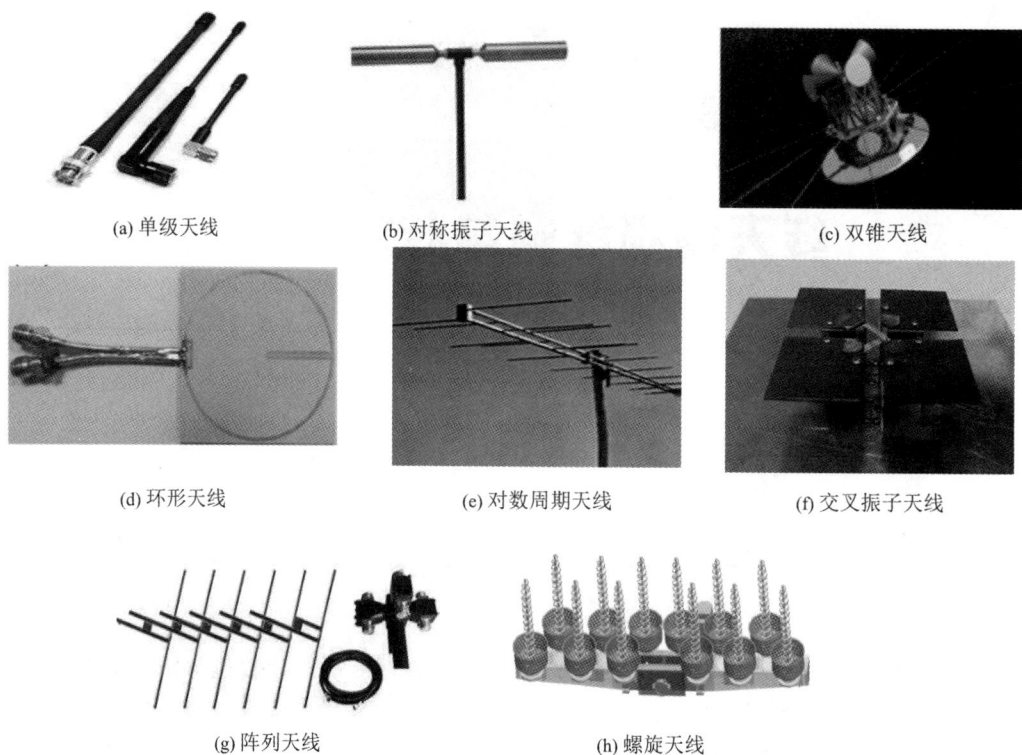

(a) 单级天线

(b) 对称振子天线

(c) 双锥天线

(d) 环形天线

(e) 对数周期天线

(f) 交叉振子天线

(g) 阵列天线

(h) 螺旋天线

图 4-1　常见的线天线示意图

4.2　维勒帽法

维勒帽法是 Wheeler 提出的一种测量电小天线辐射效率的方法。电小天线指的是天线电尺寸小于天线工作波长。维勒帽法的基本思想是在天线戴帽和不戴帽情况下,测量待测天线的输入阻抗或反射系数,确定天线的辐射效率。该方法简单、方便且测量精度高。维勒帽法适合物理尺寸较小的线天线损耗测量,对于尺寸较大的天线,要求的维勒帽尺寸也较大,实现起来比较困难。另外,该方法不仅适合线天线的损耗测量,也适用于超宽带(UWB)天线、微带天线、印刷天线以及小阵列天线等的损耗测量。

4.2.1　线天线损耗测量的原理

把线天线损耗建模为一个与辐射电阻串联的电阻,如图 4-2 所示。该模型不包括电抗,因此这里隐含着一个假设,即测量必须在谐振时进行。图 4-2 中,R_S 为源电阻,I_{in} 为天线输入电流,P_{ref} 为天线的反射功率,R_{LOSS} 为天线的损耗电阻,P_{in} 为天线的输入功率,S_{11} 为散射参数,R_{RAD} 为天线的辐射电阻。

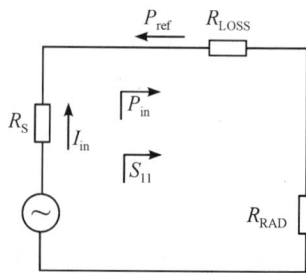

图 4-2　线天线损耗测量的模型

由天线损耗定义可得

$$\text{IL}_{\text{ant}} = \frac{P_{\text{in}}}{P_{\text{RAD}}} \tag{4-1}$$

式中，P_{RAD} 为天线的辐射功率。

在理想情况下，当天线没有扰动，且极化匹配时，输入电阻代表天线的耗散损耗，等于辐射电阻和损耗电阻之和，可表示为

$$R_{\text{in}} = R_{\text{LOSS}} + R_{\text{RAD}} \tag{4-2}$$

天线的输入功率为

$$P_{\text{in}} = \frac{1}{2} R_{\text{in}} |I_{\text{in}}|^2 \tag{4-3}$$

将式(4-2)代入式(4-3)可得

$$P_{\text{in}} = \frac{1}{2} (R_{\text{LOSS}} + R_{\text{RAD}}) |I_{\text{in}}|^2 = P_{\text{LOSS}} + P_{\text{RAD}} \tag{4-4}$$

$$P_{\text{LOSS}} = \frac{1}{2} R_{\text{LOSS}} |I_{\text{in}}|^2 \tag{4-5}$$

$$P_{\text{RAD}} = \frac{1}{2} R_{\text{RAD}} |I_{\text{in}}|^2 \tag{4-6}$$

将式(4-4)、式(4-5)和式(4-6)代入式(4-1)可得

$$\text{IL}_{\text{ant}} = \frac{P_{\text{in}}}{P_{\text{RAD}}} = \frac{P_{\text{LOSS}} + P_{\text{RAD}}}{P_{\text{RAD}}} = \frac{R_{\text{LOSS}} + R_{\text{RAD}}}{R_{\text{RAD}}} \tag{4-7}$$

式(4-7)就是维勒帽法测量线天线损耗的原理公式。只要测量出天线辐射功率和损耗功率或辐射电阻和损耗电阻，就可确定天线损耗。

4.2.2　短线天线损耗测量

对于短线天线(天线尺寸 $L < \lambda/10$，L 为线天线的最大尺寸)，与测量系统的 50 Ω 源电阻相比，其辐射电阻通常很小。如理想的短单极子的辐射电阻为

$$R_{\text{RAD}} = 160\pi^2 \left(\frac{L}{\lambda}\right)^2, \quad L \ll \lambda \tag{4-8}$$

例如一个 $\lambda/20$ 波长的单极子，适合安装在半球维勒帽下，表现出大约 4 Ω 的辐射电阻。在 R_{RAD} 如此小的情况下，无论维勒帽是否到位或移除，电阻 R_{LOSS} 中损失的功率大致相同，即辐射电阻 R_{RAD} 为零或有限值。对于短线天线的损耗测量，可采用半球形帽法，如图4-3所示。

由图 4-3 可知：利用半球维勒帽法测量短线天线的损耗时，半球维勒帽的半径要求等于 $\lambda/2\pi$，且天线位于地平面上。由天线测量理论可知：当天线电尺寸 $L/\lambda < 1$(电小天线)时，只存在电抗近场区和辐射远场区，没有辐射近场区。电抗近场区与辐射远场区的边界距离为 $\lambda/2\pi$，超过这个边界距离，辐射远场区的辐射场逐渐占主导地位。

图 4-4 为半球维勒帽法测量短线天线损耗的原理框图。

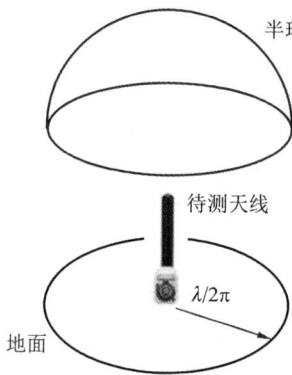

图 4-3　半球维勒帽法的测量原理　　图 4-4　半球维勒帽法测量短线天线损耗的原理图

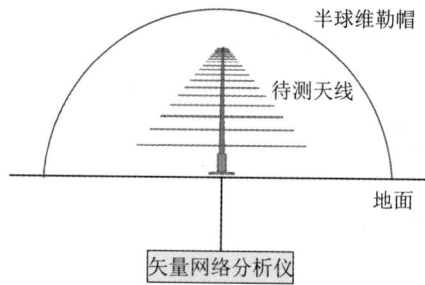

维勒帽法测量短线天线损耗的方法是：按照图 4-4 所示的原理框图建立测量系统，给系统加电预热，同时对矢量网络分析仪进行短路、开路和负载校准，以消除系统误差和测试电缆的影响，这一步在精确测量中是非常重要的。

完成矢量网络分析仪校准后，将测试电缆与待测天线连接，并给待测天线戴上维勒帽，此时天线辐射电阻为零，利用矢量网络分析仪测量天线的反射系数，则天线的损耗功率为

$$P_{LOSS} = (1 - |S_{11cap}|^2) P_{avail} \tag{4-9}$$

式中：

S_{11cap}——待测天线戴帽情况下的反射系数；

P_{avail}——待测天线的有效输入功率。

去掉维勒帽，辐射电阻是天线辐射到自由空间的电阻，同理用矢量网络分析仪测量天线的反射系数，则

$$P_{RAD} + P_{LOSS} = (1 - |S_{11free}|^2) P_{avail} \tag{4-10}$$

式中，S_{11free} 为待测天线不戴帽指向自由空间时的反射系数。

将式（4-9）和式（4-10）代入式（4-7），求得待测天线的损耗为

$$IL_{ant} = \frac{P_{LOSS} + P_{RAD}}{P_{RAD}} = \frac{1 - |S_{11free}|^2}{|S_{11cap}|^2 - |S_{11free}|^2} \tag{4-11}$$

用分贝值表示的待测天线损耗为

$$IL_{ant} = 10 \times \lg\left(\frac{1 - |S_{11free}|^2}{|S_{11cap}|^2 - |S_{11free}|^2}\right) \tag{4-12}$$

由式（4-12）可知：只要测量出天线戴帽和不戴帽情况下的反射系数，不需要辐射电阻 R_{RAD} 和损耗电阻 R_{LOSS}，就可确定天线损耗。但要注意的是，测量必须在谐振时进行，因为损耗的模型是基于 S_{11} 值的测量。该方法适合小辐射电阻和高效率的天线损耗测量。

例如，对于 $\lambda/20$ 波长的单极子，天线戴帽和不戴帽时测量的反射系数分别为

$$S_{11cap} = -0.966 \quad \text{和} \quad S_{11free} = -0.823$$

由式（4-12）计算得到天线损耗为 1.01 dB。

4.2.3　中等长度的线天线损耗测量

中等长度的线天线指的是电尺寸在 $0.1 < L/\lambda < 1$ 范围的天线。天线变长时，它的辐射

电阻会增加，且戴帽和不戴帽的恒定功率损耗的假设不成立；另外，随着天线长度的增加，受球形或半球形维勒帽半径的限制，无法安装待测天线，如 $\lambda/4$ 波长的单极天线。在这种情况下，可利用圆柱形维勒帽测量天线损耗，圆柱体的半径等于 $\lambda/2\pi$，如图 4-5 所示。

众所周知，现代矢量网络分析仪可以在测量反射系数时，直接显示被测器件的阻抗。因此可以利用测量天线辐射电阻 R_{RAD} 和损耗电阻 R_{LOSS} 的方法确定天线损耗。天线损耗与辐射电阻和损耗电阻的关系为

$$\text{IL}_{\text{ant}} = \frac{R_{\text{LOSS}} + R_{\text{RAD}}}{R_{\text{RAD}}} \qquad (4-13)$$

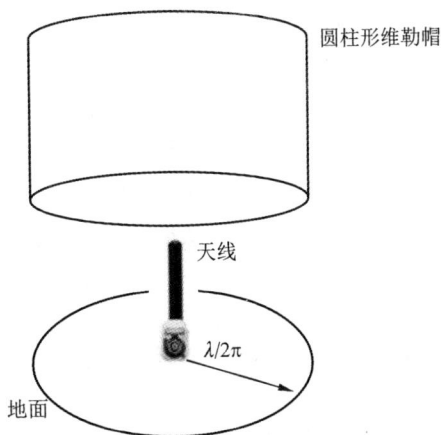

图 4-5　圆柱形维勒帽法测量线天线损耗的原理图

这里的关键是假设损耗电阻 R_{LOSS} 在天线戴帽和不戴帽的情况下保持不变。当待测天线戴帽后，其辐射电阻为零，反射系数为 $S_{11\text{cap}}$，则

$$S_{11\text{cap}} = \frac{R_{\text{LOSS}} - R_{\text{S}}}{R_{\text{LOSS}} + R_{\text{S}}} \qquad (4-14)$$

去掉维勒帽后，天线的辐射电阻是天线辐射到自由空间的电阻，天线反射系数 $S_{11\text{free}}$ 为

$$S_{11\text{free}} = \frac{(R_{\text{RAD}} + R_{\text{LOSS}}) - R_{\text{S}}}{(R_{\text{RAD}} + R_{\text{LOSS}}) + R_{\text{S}}} \qquad (4-15)$$

由式(4-14)和式(4-15)可得

$$\frac{R_{\text{LOSS}}}{R_{\text{S}}} = \frac{1 + S_{11\text{cap}}}{1 - S_{11\text{cap}}} \qquad (4-16)$$

$$\frac{R_{\text{RAD}} + R_{\text{LOSS}}}{R_{\text{S}}} = \frac{1 + S_{11\text{free}}}{1 - S_{11\text{free}}} \qquad (4-17)$$

则待测天线的损耗为

$$\text{IL}_{\text{ant}} = \frac{R_{\text{LOSS}} + R_{\text{RAD}}}{R_{\text{RAD}}} = \frac{\left(\dfrac{1 + S_{11\text{free}}}{1 - S_{11\text{free}}}\right)}{\left(\dfrac{1 + S_{11\text{free}}}{1 - S_{11\text{free}}}\right) - \left(\dfrac{1 + S_{11\text{cap}}}{1 - S_{11\text{cap}}}\right)} \qquad (4-18)$$

对式(4-18)进行化简可得

$$\text{IL}_{\text{ant}} = \frac{(1 + S_{11\text{free}})(1 - S_{11\text{cap}})}{2(S_{11\text{free}} - S_{11\text{cap}})} \qquad (4-19)$$

式(4-19)就是维勒帽法测量中等长度线天线损耗的原理公式，同样适用于短线天线损耗测量，且精度更高。注意在计算天线损耗时，应保留测量的 S_{11} 参数的符号。如上一小节测量的 $\lambda/20$ 波长单极子，用式(4-19)计算的天线损耗为 0.85 dB。

4.2.4　UWB 维勒帽法

维勒帽法提供了一种方便、合理、准确测量电小天线效率的方法，但也存在很多局限性，如传统的维勒帽法适合窄带电小天线损耗测量，实际上，维勒帽法仅在天线谐振频率下有效；它假设天线可以模拟成 RLC 电路，损耗电阻与辐射电阻串联出现，输入功率等于辐射功率加损耗功率，忽略了失配损耗。为了克服传统维勒帽法的局限性，在 2001 年，Schantz 提出了一种新的基于维勒帽的方法，该方法适用于 UWB 天线，也被称为 UWB 维勒帽法。使用该方法时，被测量的天线仍放置在一个球形或圆柱形腔体内，但半径 R 不再是精确的 $\lambda/2\pi$，而是 $R \geqslant \lambda/2\pi$。对于这样的尺寸，天线在腔体内自由辐射，在腔体发生的反射返回到天线后，该天线根据其辐射效率和输入阻抗等再次辐射。后来，Huynh 在 Schantz 的研究基础上，利用散射参数，忽略壳体结构散射，并考虑其反射，推导出 UWB 维勒帽法测量辐射效率的原理公式：

$$\eta_{\text{rad}} = \sqrt{\frac{|S_{11\text{cap}}|^2 - |S_{11\text{free}}|^2}{1 - 2|S_{11\text{free}}|^2 + |S_{11\text{cap}}|^2\,|S_{11\text{free}}|^2}} \tag{4-20}$$

由天线辐射效率与天线损耗的关系，可得 UWB 维勒帽法测量天线损耗的原理公式：

$$\text{IL}_{\text{ant}} = \sqrt{\frac{1 - 2|S_{11\text{free}}|^2 + |S_{11\text{cap}}|^2\,|S_{11\text{free}}|^2}{|S_{11\text{cap}}|^2 - |S_{11\text{free}}|^2}} \tag{4-21}$$

由式(4-21)可知：只要测量出天线在自由空间和 UWB 维勒帽内的反射系数，就可确定天线损耗。UWB 维勒帽法测试平台对于窄带天线测量也是有用且精确的。

FUR G. L. 报道了半波长共面缝隙天线效率的测量结果。由天线理论可知：半波长共面缝隙天线总效率由失配效率和辐射效率组成。由测量的天线电压驻波比，可确定天线失配效率，天线总效率扣除失配效率可得到天线辐射效率，辐射效率的倒数就是天线的损耗。图 4-6 为待测的半波长共面缝隙天线。天线由三个平面铜带组成，一个中小导体和两个横向接地层，没有底部接地层，天线辐射缝隙长度约 115 mm，相当于工作频率为 900 MHz 的半波长缝隙天线。图 4-7 为测试所用的球形维勒帽，球的半径为 150 mm。图 4-8 给出

图 4-6　半波长共面缝隙天线

了天线总效率测量结果。天线总效率 η_{tot} 与天线辐射效率 η_{rad} 的关系为

$$\eta_{tot} = \eta_{rad}\left(1 - \left|S_{11free}\right|^2\right) \tag{4-22}$$

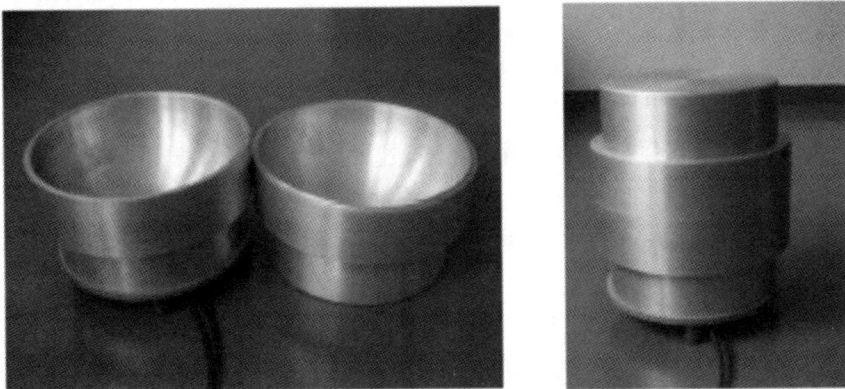

图 4 - 7　UWB 维勒帽（球半径 $R = 150$ mm）

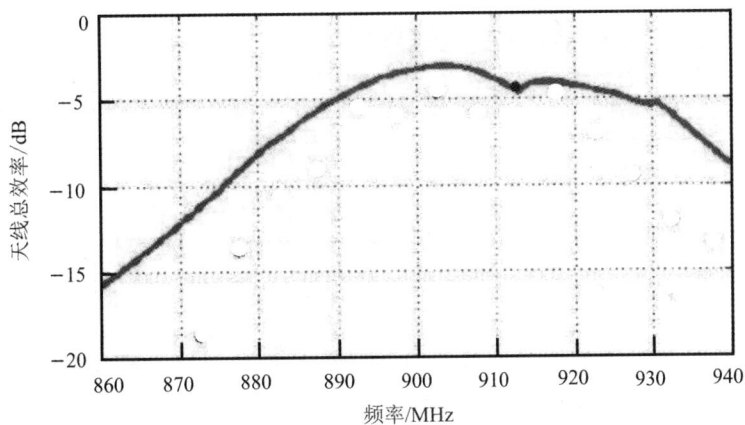

图 4 - 8　半波长共面缝隙天线总效率与频率的关系

4.3　增益方向性法

4.3.1　天线损耗测量的原理和方法

增益方向性法是测量天线损耗的经典方法，该方法适用于任何天线的损耗测量。其基本原理是，通过测量天线功率增益和方向性增益，利用下式计算天线损耗：

$$IL_{ant} = \frac{D}{G} \tag{4-23}$$

用分贝值可表示为

$$IL_{ant} = D - G \tag{4-24}$$

由式(4-24)可知：只要测量出天线的功率增益和方向性增益，就可确定天线损耗。由天线测量理论可知，天线增益是天线重要的性能参数之一，常用的天线增益测量方法有链路计算法、两相同天线法、三天线法、比较法、射电源法、波束宽度法、近场法和紧缩场法等；天线的方向性增益是通过测量天线空间方向图获得的，常用的方法有远场法、近场法和紧缩场法。对于常用的天线，如半波振子天线、螺旋天线、对数周期天线、波纹喇叭天线和角锥喇叭天线等，其方向性增益也可通过理论计算的方向图进行数值计算。

增益方向性法是天线损耗常用的测量方法，它适用于任何天线损耗的测量，但是功率增益和方向性增益采用两个独立的方式确定，不能消除两个量所共有的测量误差。目前增益方向性法的测量精度大约为 ± 0.3 dB，因此该方法对小损耗天线测量存在很大的不确定性。

线天线通常工作于 VHF/UHF 频段，VHF 频段为 $30 \sim 300$ MHz，UHF 频段为 300 MHz~ 3 GHz。VHF/UHF 频段的天线通常具有增益低、波束宽等特性。低频天线性能的精确测量是很困难的，因此如何选择最合适的 VHF/UHF 频段天线测试场完成天线功率增益和方向性增益等参数的测量是非常重要的。

4.3.2　VHF/UHF 频段天线测试场的选择

一般天线损耗常用的测量方法有远场测量方法、近场测量方法和紧缩场测量方法，相应的天线测试场有远场测试场、近场测试场和紧缩场测试场，如图 4-9 所示。

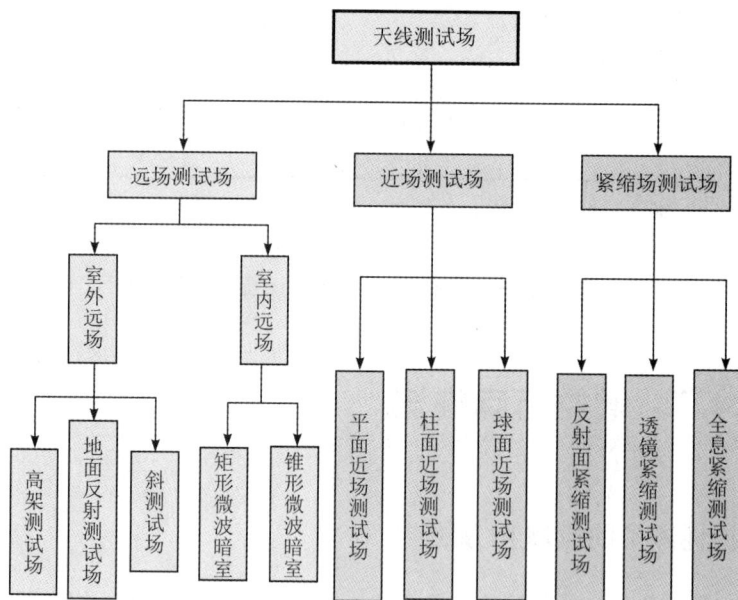

图 4-9　常见的天线测试场

1. 远场测试场

远场测试场是天线损耗测量常用的测试场地，远场测量方法也是天线损耗经典的测试方法。图 4-10 为远场测量的原理简图。

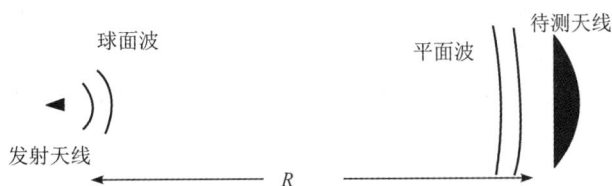

图 4 - 10　远场测量的原理简图

图 4 - 10 中，R 为远场测试距离。对于电小天线（天线的最大线尺寸 $L < \lambda$），其远场测试距离条件为

$$R \geqslant 10\lambda \tag{4-25}$$

在实际工程测量中，电小天线远场测试距离条件往往不易满足，如果对测试精度的要求一般，远场测试距离 R 大于或等于 3 至 5 个波长即可。

当待测天线的口径 $D_a \geqslant \lambda$ 时，天线远场测试距离条件为

$$R \geqslant \frac{2D_a^2}{\lambda} \tag{4-26}$$

远场测试场又可分为室外远场测试场和室内远场测试场。室外远场测试场可细分为高架测试场、地面反射测试场和斜测试场。对于 VHF/UHF 频段，选择高架测试场测量天线的电性能参数，是一种简单方便的理想测试场，很容易实现 VHF/UHF 频段的频率覆盖。但是利用室外高架测试场测量 VHF/UHF 频段天线损耗也存在局限性，主要表现在地面和环境的多重反射会影响测量精度；另外，VHF/UHF 频段的电磁环境干扰信号很多，也会影响测量精度。

室内远场测试场可细分为矩形微波暗室和锥形微波暗室，如图 4 - 11 所示。

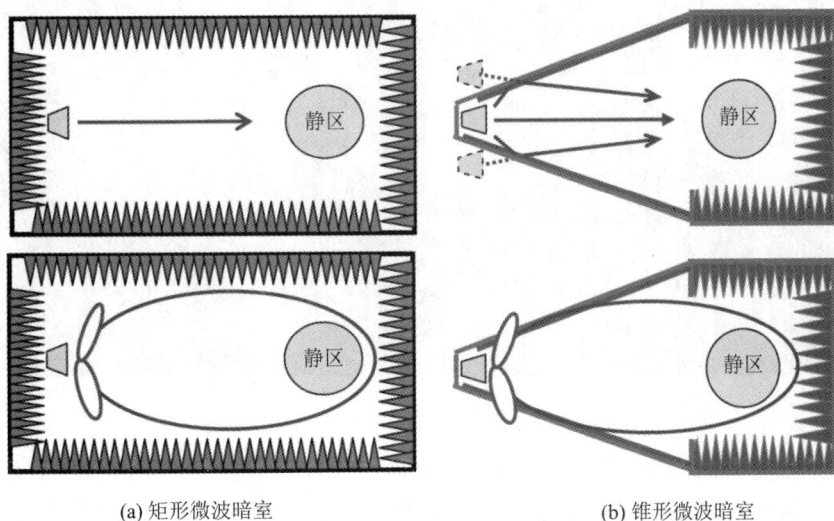

(a) 矩形微波暗室　　　　　　　　　　　　(b) 锥形微波暗室

图 4 - 11　室内微波暗室远场测试场

微波暗室又称为无反射室或吸波暗室，它是以吸波材料作衬底的房间，吸收入射到墙壁上的大部分电磁能量，较好的模拟自由空间测试条件。微波暗室的作用是防止外来电磁

波的干扰，使测试环境不受外界电磁环境的影响，同时防止测试信号向外界辐射形成干扰源，污染电磁环境，对其他电子设备造成干扰。

由图 4-11 可以看出：矩形微波暗室由源天线直接照射测试区形成平面波，是一个室内等高自由空间测试场，其测试方法同室外远场测试场；在 VHF/UHF 频段，特别是 1 GHz 以下频段，矩形微波暗室静区反射电平很差，无法满足天线测试精度的要求，因此在矩形微波暗室下很难精确测量 VHF/UHF 频段 1 GHz 以下（特别是 500 MHz 以下）频率的天线性能。

锥形微波暗室由源天线及锥端镜像形成源天线阵照射测试静区，形成准平面波，是一个室内地面反射测试场，即锥形暗室仍然是远场测试场，但不是自由空间场。待测天线（AUT）的照射是通过吸波材料的一些反射波来完成的，如果设计得当，反射波和从喇叭传播的直射波叠加，在待测天线上会产生良好的幅度锥削，并提供类似于自由空间相位分布的相位变化。这一点很重要，因为任何基于功率传输方程测量增益的方法，如三天线法或两相同天线法，都不能在锥形暗室远场中应用，锥形暗室的增益测量通常采用比较法。锥形暗室的重要特征之一是暗室反射电平主要取决于端墙的吸波材料，且电磁波垂直入射，这样可获得良好的暗室静区性能。锥形暗室比较适合工作于 200 MHz～3 GHz 频段的 VHF/UHF 天线测试，对锥形暗室吸波材料进行定制和特殊处理，也可以实现 200 MHz 以下的天线测量，如目前国内建立的锥形远场微波暗室频率低至 100 MHz。图 4-12 为一个实际的锥形微波暗室。

图 4-12　锥形微波暗室示意图

总之，室外高架测试场可用于 VHF/UHF 频段天线性能测量，且能覆盖整个频段，但地面反射、环境电磁干扰不可避免地会影响测量结果；另外，室外远场测量往往受远场测试距离的限制。矩形微波暗室远场不适合测量 VHF/UHF 频段 1 GHz 以下的天线，而锥形微波暗室是 VHF/UHF 频段天线性能测量的理想测试场，且测量不受环境的影响。

2．近场测试场

天线近场测量指的是用一个性能已知的探头在天线辐射近场区域内，采集待测天线近场区的幅度和相位数据，通过严格的数学变换计算出天线的远场区特性。天线近场测量系统通常建在微波暗室内，测试环境的温度和湿度可以得到很好的控制，大气的影响相对较小。依据近场测量探头扫描面的不同，近场测量又可分为平面、柱面和球面近场测量，对应的原理示意图分别如图 4－13(a)、图 4－13(b)和图 4－13(c)所示。

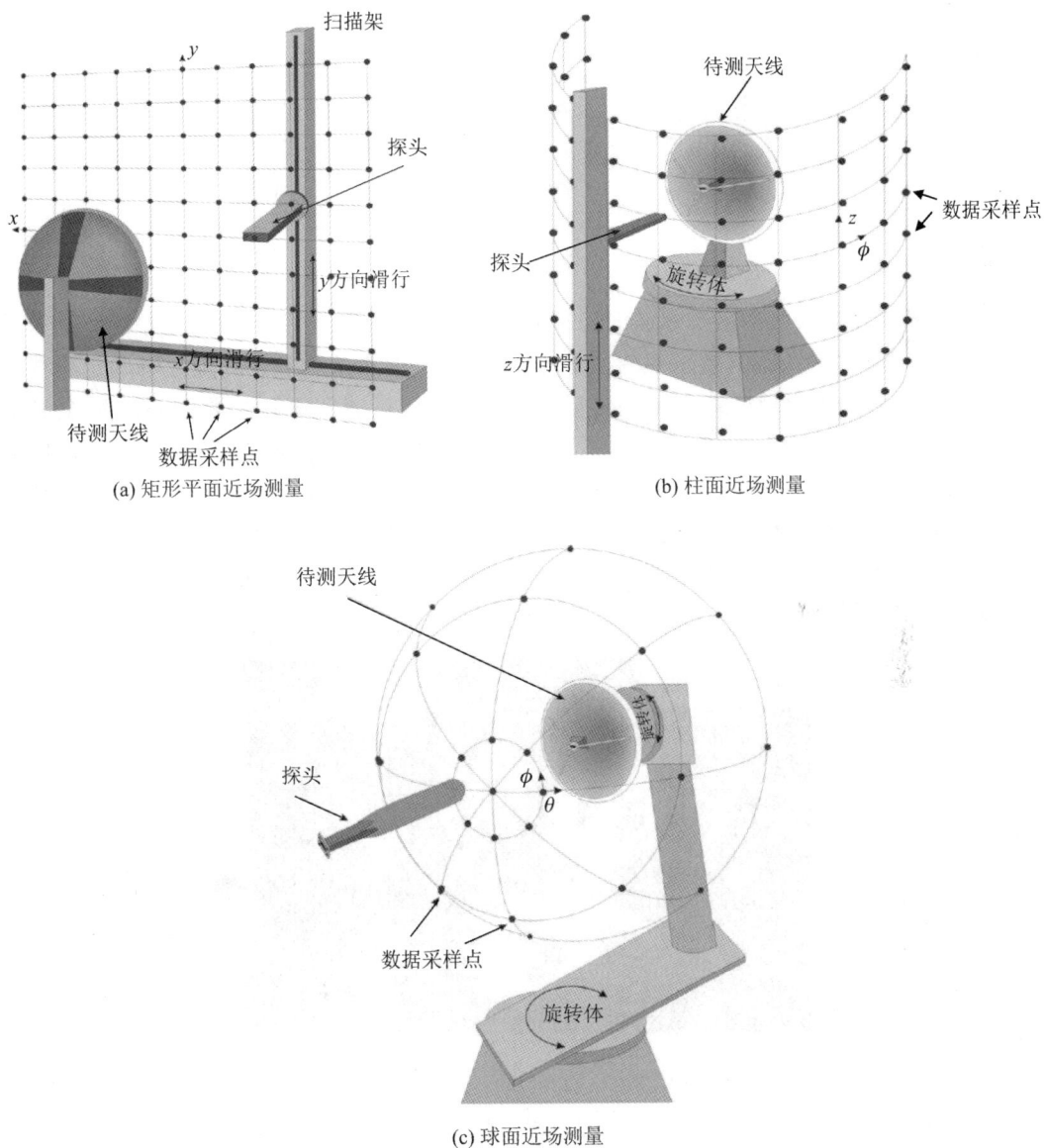

(a) 矩形平面近场测量

(b) 柱面近场测量

(c) 球面近场测量

图 4－13　近场测量原理示意图

由近场测量理论可知：矩形平面近场测量的数据采样间隔为

$$\begin{cases} \Delta x \leqslant \dfrac{\lambda}{2} \\[2mm] \Delta y \leqslant \dfrac{\lambda}{2} \end{cases} \tag{4-27}$$

柱面近场测量的数据采样间隔为

$$\begin{cases} \Delta z \leqslant \dfrac{\lambda}{2} \\[2mm] \Delta \phi \leqslant \dfrac{\lambda}{2a} \end{cases} \tag{4-28}$$

式中，a 为包围待测天线的最小柱面半径。

球面近场测量的数据采样间隔为

$$\begin{cases} \Delta \theta \leqslant \dfrac{\lambda}{2a} \\[2mm] \Delta \phi \leqslant \dfrac{\lambda}{2a} \end{cases} \tag{4-29}$$

式中，a 为包围待测天线的最小球面半径。

VHF/UHF 频段天线具有增益低、波束宽的特点，非常适合利用球面近场确定天线特性。通过调研国内外测量厂商及相关文献、资料可知：目前球面近场测量系统完全满足 VHF/UHF 频段天线测量的需要，但在 VHF 频段的低频处，特别是 200 MHz 以下的频率，微波暗室的反射电平很差，无法完成对天线性能的准确测量，必须采取特殊的处理技术来减少或抑制吸波材料、待测天线转台和探头反射的影响，以改善测量精度，如时域滤波技术。法国 SATIMO 公司研制出用于球面近场测量的 VHF 频段双极化近场探头，其频率覆盖范围为 50～400 MHz，如图 4-14 所示。

图 4-14　SATIMO 公司的 VHF 频段双极化近场探头

据文献报道，位于图卢兹的法国国家空间研究中心（Centre National D′Etudes Spatiales，CNES)建立了 50 MHz～200 GHz 的天线近场测量系统，如图 4-15 所示。该系统采用了紧缩场测量系统和单探头球面近场测量系统共享微波暗室的方案。400 MHz 以上频率采用紧缩场配置，400 MHz 以下频率采用近场配置。对于 200 MHz 以下频率，因吸波材料性能较差，该系统采用了时域滤波技术，有效减少和抑制了紧缩场反射器、测量转台、暗室墙壁反射对测量结果的影响。

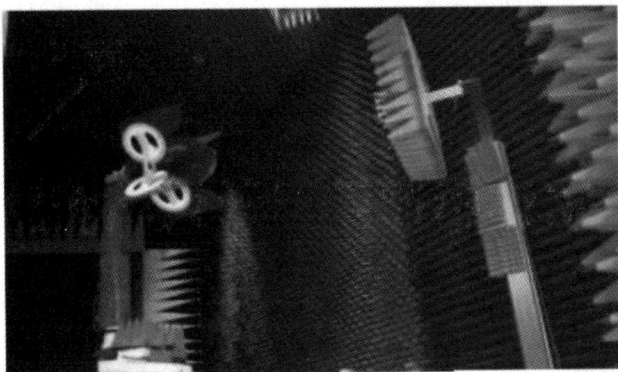

图 4 - 15　法国国家空间研究中心紧缩场内的近场测量系统

　　另外，多探头球面近场测量系统在基站天线、手机天线、导航天线测量中获得了良好的应用。据国内外文献报道，位于法国奥伯瓦埃（Aubevoye）的雷诺中心的多探头半球近场测量系统，工作带宽为 70 MHz～6 GHz，如图 4 - 16 所示。该系统中的微波暗室采用了非常大的微波吸波材料，以确保低频测量的准确性。

图 4 - 16　法国雷诺中心的多探头半球近场测量系统

　　综上所述，无论是单探头球面近场测量系统，还是多探头球面近场测量系统，都能实现 VHF/UHF 频段的天线性能测量，其优点是测量环境可控，可测量天线的空间方向图；缺点是建立球面近场测量系统非常昂贵。

3. 紧缩场测试场

　　紧缩场测试场是在近距离内，利用一种校正单元将馈源喇叭辐射的球面波变为平面波的测试设备。图 4 - 17 为紧缩场的工作原理示意图。紧缩场产生的平面波区域称为紧缩场的静区，待测天线安装在紧缩场的静区内。紧缩场可直接对待测天线的方向图、天线增益和交叉极化等远场电性能参数进行测量。紧缩场可建立在微波暗室内，测量方法同传统的远场测量一样简单方便。在紧缩场的静区内，一般要求紧缩场幅度起伏小于 ±0.5 dB，相位起伏小于 ±5°。根据紧缩场采用的校正单元，可将紧缩场细分为反射面紧缩场、透镜紧缩场和全息紧缩场，目前应用最广泛的是反射面紧缩场。

反射面紧缩场的校正单元是反射面，它是利用馈源发射球面波，通过一个或多个反射面形成平面波。依据反射面的多少，可将反射面紧缩场分为单反射面紧缩场、双反射面紧缩场和三反射面紧缩场。图 4-18 为单反射面紧缩场的原理示意图。

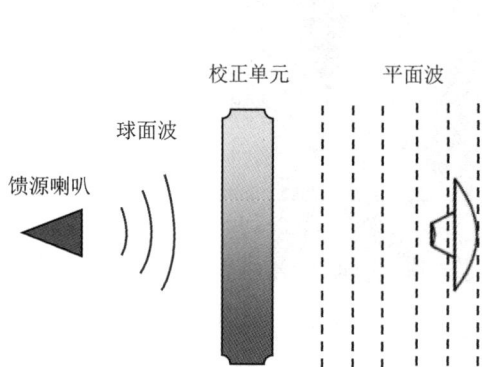

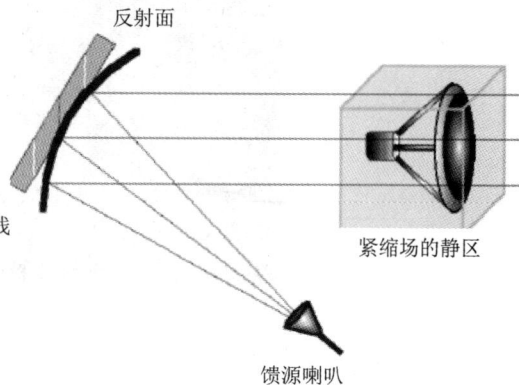

图 4-17　紧缩场的工作原理示意图　　　　图 4-18　单反射面紧缩场的原理示意图

反射面紧缩场的工作频带一般很宽，紧缩场反射面的表面精度决定其上限工作频率，紧缩场反射面的边缘绕射决定了其下限工作频率。在频率低于 1 GHz 时，通常不使用紧缩场反射器。因为低频反射器本身必须是电大尺寸，所以在频率低于 1 GHz 时，反射器的物理尺寸开始变得非常大，必须对反射器的边缘进行特殊设计，以降低边缘绕射的影响。紧缩场反射面常用锯齿状边缘或卷曲边缘来减少绕射，改善静区性能。常见紧缩场系统的反射面边缘形状如图 4-19 所示。

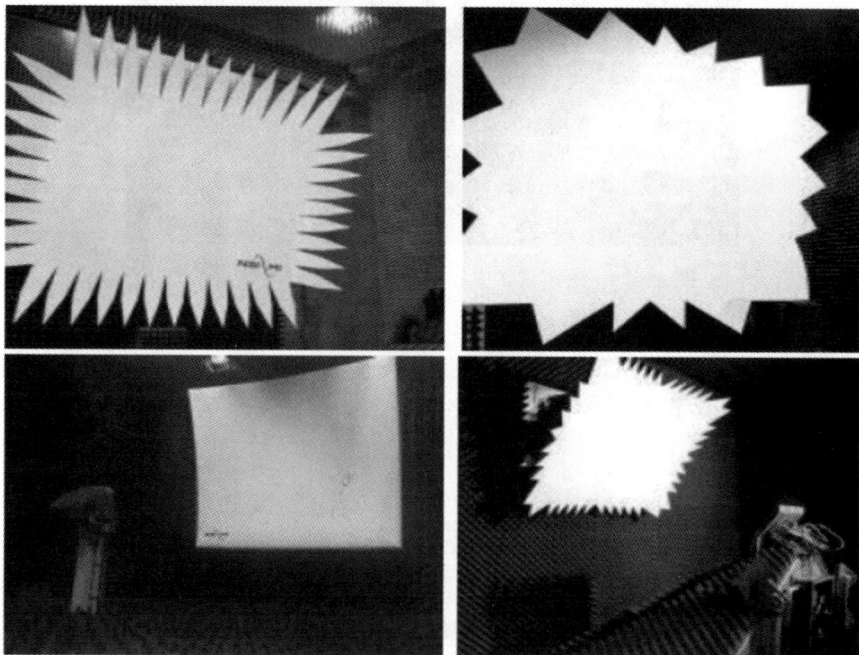

图 4-19　常见紧缩场系统的反射面

通过国内外紧缩场厂商了解到，目前紧缩场设计频率低至 300 MHz。例如：德国

Astrium 公司主导的产品为单反射面和双反射面紧缩场，静区尺寸覆盖 1～30 m，频率覆盖范围为 300 MHz～500 GHz；Astrium 公司的 SCR 240/120 单反射面紧缩场系统，其工作频率可覆盖 300 MHz～500 GHz。

综上所述，目前紧缩场测试场不适合 300 MHz 以下的 VHF 频段天线性能测量，对于 300 MHz 以上的天线可选择紧缩场测试场。

4.3.3　线天线增益测量

从上一节论述的 VHF/UHF 频段天线测试场选择方法可知，远场测试是天线测量的经典方法，简单方便。天线增益的测量方法很多，对于线天线的增益测量，适合采用两相同天线法和比较法。下面简单介绍这两种方法的原理，并提出通过距离扫描法改善天线增益的测量精度。

图 4-20 为两相同天线法测量天线增益的原理框图。

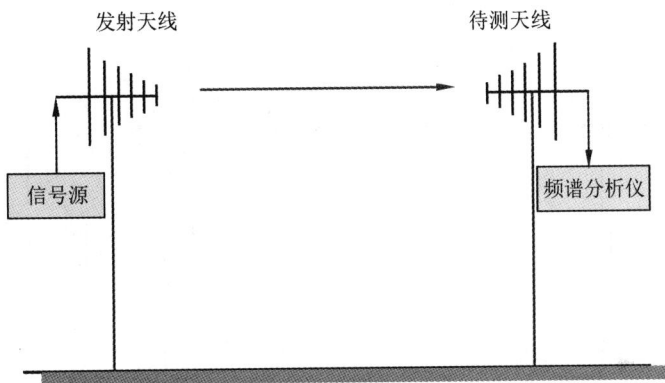

图 4-20　两相同天线法测量天线增益的原理框图

两相同天线法测量天线增益的方法是：首先，按照图 4-20 所示的原理框图建立测量系统；然后，确保发射天线和接收天线之间的距离满足远场测试距离条件，且极化匹配，最大方向对准，信号源的发射功率精确已知；最后，用频谱分析仪测量待测天线的接收功率，利用自由空间的功率传输方程确定待测天线增益。

在自由空间且满足远场测试距离条件时，发射天线的发射功率和待测天线的接收功率满足功率传输方程，即

$$P_{mea} = \left(\frac{\lambda}{4\pi R}\right)^2 \frac{P_{out} G_{TX} G_{RX}}{L_{TX} L_{RX}} \tag{4-30}$$

式中：

P_{mea}——待测天线接收的信号功率；

λ——工作波长；

R——发射天线和待测天线之间的距离；

P_{out}——信号源的输出功率；

G_{TX}——发射天线的增益；

G_{RX}——待测天线的增益；

L_{TX}——信号源与发射天线之间的射频电缆损耗；

L_{RX}——待测天线与频谱分析仪之间的射频电缆损耗。

在实际工程测量中，频谱分析仪常工作于对数模式，则式(4-30)可表示为

$$P_{mea} = P_{out} - L_{TX} + G_{TX} - L_P + G_{RX} - L_{RX} \tag{4-31}$$

$$L_P = 20 \times \lg\left(\frac{4\pi R}{\lambda}\right) \tag{4-32}$$

式中，L_P 为自由空间的传播损耗。

如果发射天线和待测天线相同，则发射天线增益等于待测天线增益，用 G 表示，由式(4-31)可得两相同天线法测量天线增益的公式：

$$G = \frac{P_{mea} - P_{out} + L_{TX} + L_{RX} + L_P}{2} \tag{4-33}$$

由式(4-33)可知：两相同天线法测量天线增益时，只需要测量出射频电缆的损耗、信号源的发射功率以及收发天线之间距离，就可确定待测天线增益。

比较法也是天线增益常用的测量方法，图 4-21 为比较法测量天线增益的原理框图。

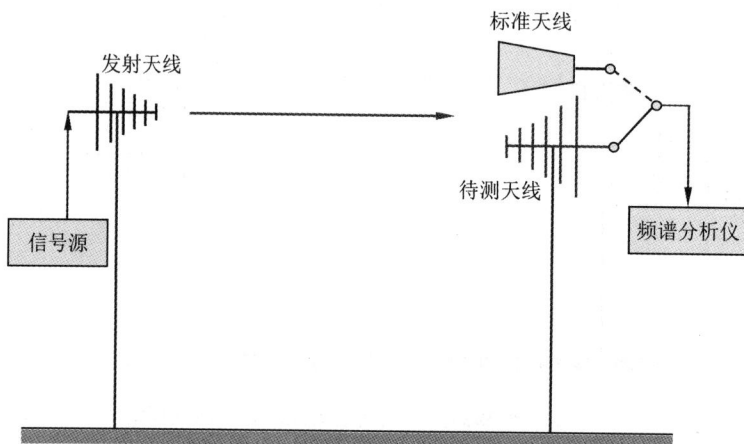

图 4-21 比较法测量天线增益的原理框图

远场比较法测量天线增益的方法是：首先，按照图 4-21 所示的原理框图建立测量系统，确保发射天线和待测天线之间的距离满足远场测试距离条件，调整发射天线，使其与待测天线对准，且极化匹配，此时频谱分析仪测量的待测天线接收的信号功率为 P_{RX}；然后，去掉待测天线，将待测天线换成标准天线，保持信号源输出功率和测试距离不变，调整发射天线，使其与标准天线对准，且极化匹配；最后，用频谱分析仪测量标准天线接收的信号功率 P_{RS}，则待测天线的增益 G_{RX} 为

$$G_{RX} = G_S + P_{RX} - P_{RS} \tag{4-34}$$

式中，G_S 为标准天线增益，其大小精确已知。

用比较法测量天线增益中，当待测天线工作于 1 GHz 频率以上时，常用标准增益喇叭作为标准天线；当待测天线工作于 1 GHz 频率以下时，常用对数周期天线作为标准天线。

在室外远场天线增益测量中，无论采用什么方法，地面反射是不可避免的。由于线天线具有增益低、波束宽的特点，地面反射的影响是很大的，可通过距离扫描法测量天线在不同距离下的增益，由测量的增益距离曲线极大值和极小值的算术平均值确定天线增益，以减少地面反射的影响，改善增益测量的精度。

图 4-22 为距离扫描法测量天线增益的原理框图。

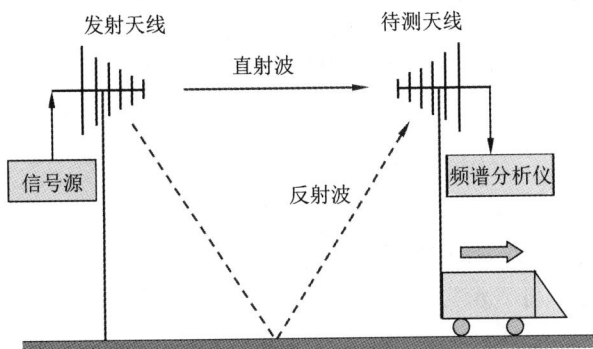

图 4-22　距离扫描法测量天线增益的原理框图

距离扫描法测量天线增益的方法是：改变发射天线和待测天线之间的距离 R（R 始终满足远场测试距离条件），利用两相同天线法或比较法测量天线增益。当存在地面反射时，所测量的天线增益随着距离变化是振荡波动的，天线增益随测试距离变化的曲线如图 4-23 所示。

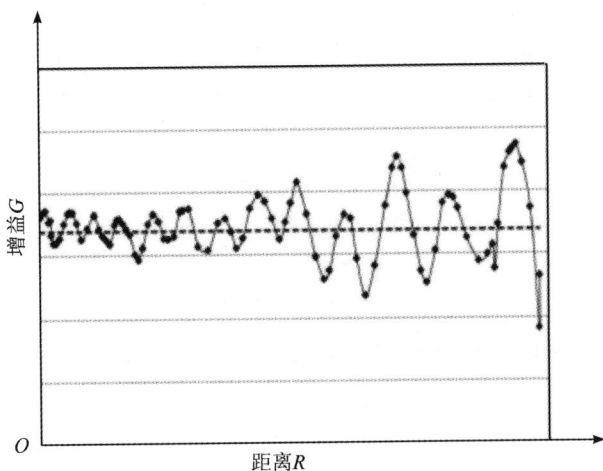

图 4-23　天线增益 G 随测试距离 R 变化的曲线

由天线增益随测试距离变化的曲线可得天线增益的极大值和极小值。将测量的天线增益极大值分别表示为 G_{max1}，G_{max2}，$\cdots$，G_{maxN}，极小值分别表示为 G_{min1}，G_{min2}，$\cdots$，G_{minN}。考虑地面反射的影响，可将待测天线增益表示为

$$G = 10 \times \lg\left(\frac{G_{max} + G_{min}}{2}\right) \tag{4-35}$$

$$G_{max} = \frac{10^{\frac{G_{max1}}{10}} + 10^{\frac{G_{max2}}{10}} + \cdots + 10^{\frac{G_{maxN}}{10}}}{N} \tag{4-36}$$

$$G_{min} = \frac{10^{\frac{G_{min1}}{10}} + 10^{\frac{G_{min2}}{10}} + \cdots + 10^{\frac{G_{minN}}{10}}}{N} \tag{4-37}$$

4.3.4 线天线方向性增益测量

由天线理论可知：若已知天线场强方向图的归一化函数 $F(\theta, \phi)$，则天线的方向性增益为

$$D(\theta, \phi) = \frac{4\pi F^2(\theta, \phi)}{\int_0^{2\pi}\int_0^{\pi} F^2(\theta, \phi)\sin\theta d\theta d\phi} \tag{4-38}$$

式（4-38）为天线任意方向的方向性。通常情况下，若不说明，则天线方向性增益指的是天线最大方向性增益，可表示为

$$D = \frac{4\pi}{\int_0^{2\pi}\int_0^{\pi} F^2(\theta, \phi)\sin\theta d\theta d\phi} \tag{4-39}$$

由此可见，只要知道了天线归一化方向图函数 $F(\theta, \phi)$，对整个球面上的方向图进行数值积分，就可确定天线方向性增益。众所周知，除了几何形状简单的天线外，一般很难精确找到天线方向图函数的解析表达式，因此天线方向图通常通过测量获得。常规远场和紧缩场在整个球面上连续测量天线方向图也是很困难的，近场测量可获得天线空间方向图。从方向性增益测量来说，近场测量方法是比较理想的测量方法。

在实际工程测量中，通常测量天线两个主平面的方向图，即 E 面方向图和 H 面方向图，由此可确定天线 E 面方向性增益和 H 面方向性增益：

$$D_{\text{E}} = \frac{2}{\int_0^{\pi} F_{\text{E}}^2(\theta)\sin\theta d\theta} \tag{4-40}$$

$$D_{\text{H}} = \frac{2}{\int_0^{\pi} F_{\text{H}}^2(\theta)\sin\theta d\theta} \tag{4-41}$$

在线天线方向图测量中，测量的角度范围通常为 $\pm 180°$，则式（4-40）和式（4-41）可变为

$$D_{\text{E}} = \frac{4}{\int_{-\pi}^{\pi} F_{\text{E}}^2(\theta)\sin\theta d\theta} \tag{4-42}$$

$$D_{\text{H}} = \frac{4}{\int_{-\pi}^{\pi} F_{\text{H}}^2(\theta)\sin\theta d\theta} \tag{4-43}$$

通过测量天线两个主平面的方向图 $F_{\text{E}}(\theta)$ 和 $F_{\text{H}}(\theta)$，利用数值积分法很容易计算 D_{E} 和 D_{H}，则用分贝值表示的天线方向性增益由下式确定：

$$D = \frac{10 \times \lg D_{\text{E}} + 10 \times \lg D_{\text{H}}}{2} \tag{4-44}$$

由此可见：只要测量出天线方向图，就可确定天线方向性增益。由测量的天线功率增益和方向性增益，即可确定天线损耗。

4.3.5 工程测量实例

下面以某工程应用 $30 \sim 225\ \text{MHz}$ 宽带对数周期天线为例，给出了典型频率天线损耗的测

量结果。图 4-24 为待测对数周期天线。天线水平方向长度为 2500 mm，高度为 3000 mm，宽度为 100 mm。

图 4-24　30～225 MHz 宽带对数周期天线

　　采用两相同天线法测量天线增益，用方向图积分法确定天线的方向性增益。表 4-1 为典型频率天线损耗的测量结果。

表 4-1　宽带对数周期天线典型频率天线损耗的测量结果

测量频率/MHz	天线增益/dBi	方向性增益/dBi	天线损耗/dB
30	0.8	2.4	1.6
70	4.2	5.2	1.0
110	5.6	6.5	0.9
170	6.0	6.7	0.7
225	6.4	7.2	0.8

　　从表 4-1 中的测量结果可知：低频 30 MHz 测量结果同其他频率相差很大，其误差主要原因是测量在两个楼顶之间进行，距离约 40 m，当频率为 30 MHz 时，其波长为 10 m，测量场地不满足远场测试距离条件，且测量环境受多重反射的影响较大。从天线本身的损耗分析，其损耗由一个 N 型头损耗、2.5 m 馈电电缆损耗、振子欧姆损耗和涂层损耗组成，其损耗在 0.8 dB 左右是合理的。30 MHz 频率的测量结果可作为粗大误差进行处理。

4.4　Y 因子法

4.4.1　测量方法

　　Y 因子法也称噪声温度法，利用 Y 因子法测量天线损耗的方法是：通过测量低噪声放大器接常温负载和待测天线时的噪声功率之比，计算出天线的噪声温度，再依据天线损耗和噪声温度的关系确定天线损耗。图 4 - 25 为 Y 因子法测量线天线损耗的原理框图。

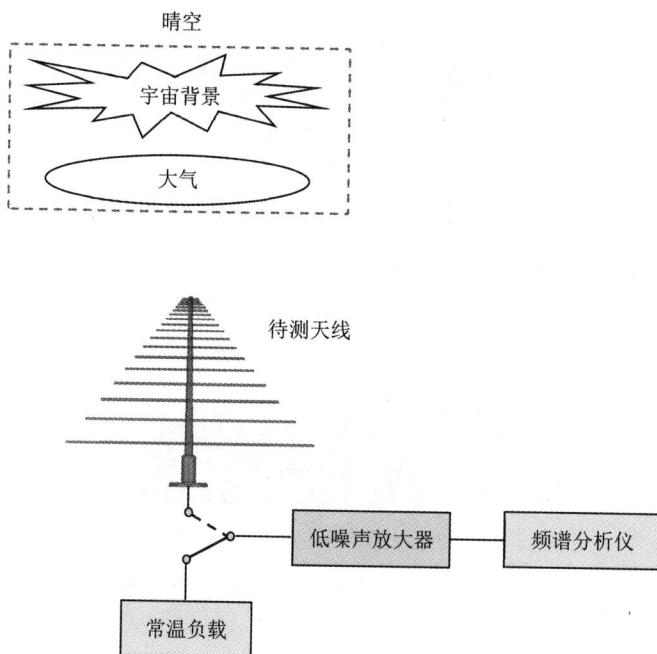

图 4 - 25   Y 因子法测量线天线损耗的原理框图

由图 4 - 25 可以发现，当低噪声放大器直接与常温负载连接时，频谱分析仪测量的系统输出噪声功率为

$$N_{load} = k(T_0 + T_{LNA})BG_{LNA} \qquad (4-45)$$

式中：

N_{load}——低噪声放大器输入端接常温负载时频谱分析仪测量的噪声功率；

k——玻尔兹曼常数；

T_0——常温负载的噪声温度；

T_{LNA}——低噪声放大器的噪声温度；

B——测量系统的噪声带宽；

G_{LNA}——低噪声放大器的增益。

去掉常温负载，将低噪声放大器直接与待测天线连接，且待测天线指向晴空天顶方向，频谱分析仪测量的系统输出噪声功率为

$$N_{ant} = k(T_A + T_{LNA})BG_{LNA} \qquad (4-46)$$

式中：

N_{ant}——低噪声放大器与待测天线连接时频谱分析仪测量的噪声功率；

T_A——待测天线的噪声温度。

由 Y 因子定义可得

$$Y = \frac{N_{load}}{N_{ant}} = \frac{T_0 + T_{LNA}}{T_A + T_{LNA}} \qquad (4-47)$$

由式(4 - 47)可求出天线噪声温度：

$$T_A = \frac{T_0 + T_{LNA}}{Y} - T_{LNA} \tag{4-48}$$

由天线理论可知，若天线的外部噪声温度为 T_a，天线损耗为 IL_{ant}，则天线系统噪声温度与损耗的关系为

$$T_A = \frac{T_a}{IL_{ant}} + \left(1 - \frac{1}{IL_{ant}}\right) T_0 \tag{4-49}$$

联立式(4-48)和式(4-49)，可求出待测天线损耗：

$$IL_{ant} = \frac{Y(T_0 - T_a)}{(Y-1)(T_0 + T_{LNA})} \tag{4-50}$$

式(4-50)就是噪声温度法测量天线损耗的原理公式。式中，Y 因子通过测量获得，低噪声放大器噪声温度已知，常温负载的噪声温度通过测量环境温度确定，因此只要计算出天线噪声温度 T_a，就可确定天线损耗。

由天线理论可知，只要知道包围天线的环境噪声温度模型，利用下式可计算出天线的噪声温度：

$$T_a = \frac{\int_0^{2\pi} \int_0^{\pi} T_B(\theta, \phi) P(\theta, \phi) \sin\theta \, \mathrm{d}\theta \, \mathrm{d}\phi}{\int_0^{2\pi} \int_0^{\pi} P(\theta, \phi) \sin\theta \, \mathrm{d}\theta \, \mathrm{d}\phi} \tag{4-51}$$

式中：

$T_B(\theta, \phi)$——天线周围环境噪声的温度分布函数；

$P(\theta, \phi)$——天线的功率方向图函数。

对于宽波束天线，天线不仅接收天空噪声，地面噪声对天线噪声的贡献也很大，因此计算天线的噪声温度变得很复杂。在实际工程测量中，为了屏蔽地面噪声的影响，将待测天线置于金属反射器内，金属反射器屏蔽地面噪声的影响，让天线仅接收天空噪声温度，这样测量也变得简单可行。图 4-26 为利用改进的 Y 因子法测量线天线损耗的原理框图。

改进的噪声温度法测量线天线损耗的方法是：按照图 4-26 将低噪声放大器依次接常温负载和待测天线，用频谱分析仪测量系统输出的噪声功率之比，再利用下式计算待测天线的损耗：

$$IL_{ant} = \frac{Y(T_0 - T_{SKY})}{(Y-1)(T_0 + T_{LNA})} \tag{4-52}$$

式中，T_{SKY} 为天顶方向的天空噪声温度。天空噪声温度由下式计算：

$$T_{SKY} = \frac{T_{gal} + T_{CMB}}{L_{atm}} + \left(1 - \frac{1}{L_{atm}}\right) T_{atm} \tag{4-53}$$

$$T_{gal} = 20 \times \left(\frac{0.408}{f}\right)^{2.75} \tag{4-54}$$

$$T_{atm} = 1.12(273 + t) - 50 \tag{4-55}$$

式中：

T_{gal}——银河系辐射噪声温度，单位为 K；

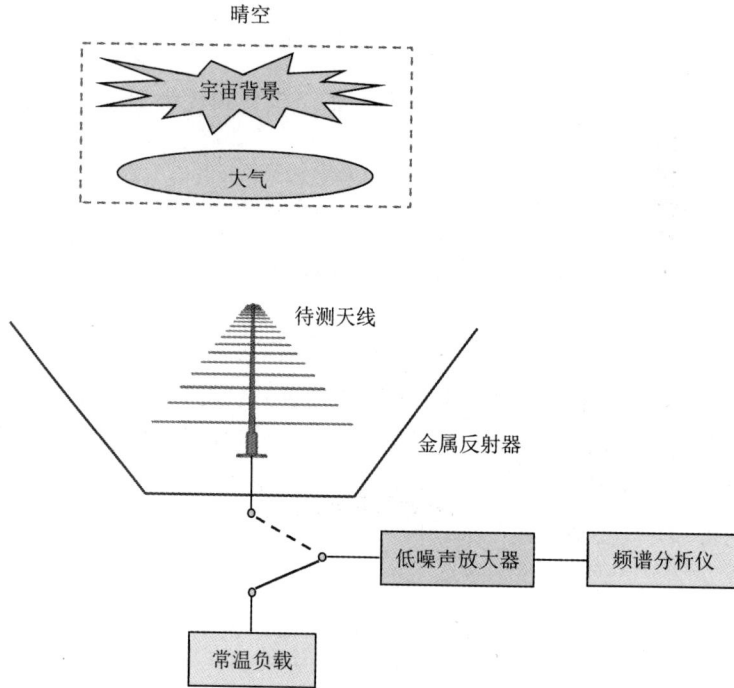

图 4-26 改进的 Y 因子法测量线天线损耗的原理框图

T_{CMB}——宇宙背景辐射噪声温度，$T_{CMB}=2.73$ K；

L_{atm}——天顶方向的大气吸收衰减；

T_{atm}——大气温度，单位为 K；

f——测量频率，单位为 GHz；

t——地面待测天线的环境温度，单位为℃。

图 4-27 给出了 100 MHz～10 GHz 标准大气在天顶方向的大气衰减曲线，其中 100 MHz 频率以下天顶方向的大气衰减可忽略不计。

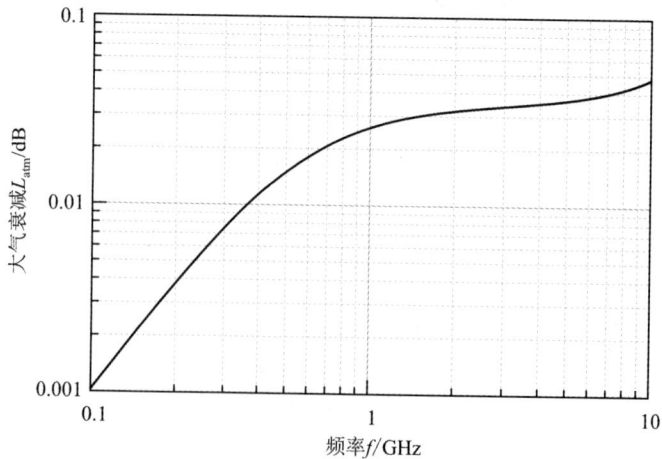

图 4-27 100 MHz～10 GHz 标准大气天顶方向的大气衰减

4.4.2　工程测量实例探讨

之所以叫工程测量实例探讨，是因为在 VHF/UHF 频段电磁干扰很严重，寻找没有电磁干扰的净空场地是很困难的。

这里以 UHF 频段对数周期天线为例，其工作频段为 0.8～2 GHz。测量所用仪器为 4957F 微波综合测试仪（具有频谱分析仪和矢量网络分析仪的测试能力），低噪声放大器为 L 波段低噪声放大器。表 4-2 为 L 波段低噪声放大器的噪声温度，测量时环境噪声温度 $T_0 = 287$ K，测量时间为 2021 年 3 月 24 日。

表 4-2　L 波段低噪声放大器的噪声温度

频率/GHz	1.1	1.2	1.3	1.4	1.5	1.6
噪声温度/K	63	50	50	52	57	61

图 4-28 为现场测量对数周期天线损耗的实际装置图，图 4-28(a) 中低噪声放大器输入端接常温负载，图 4-28(b) 中低噪声放大器与待测天线连接，待测天线指向晴空天顶方向。

(a) 低噪声放大器与常温负载连接　　(b) 低噪声放大器与待测天线连接

图 4-28　现场测量对数周期天线损耗的实际装置图

图 4-29 为测量噪声功率随频率变化的曲线。其中，随频率变化近似为直线的噪声功率为低噪声放大器接常温负载的噪声功率（简称低噪接负载的噪声功率），有干扰信号的曲线为低噪声放大器接待测天线时测量的晴空天顶方向的噪声功率曲线（简称低噪接天线的噪声功率）。

由图 4-29 测量结果可看出：该装置的测量频率在 1～1.6 GHz 范围内（由低噪声放大

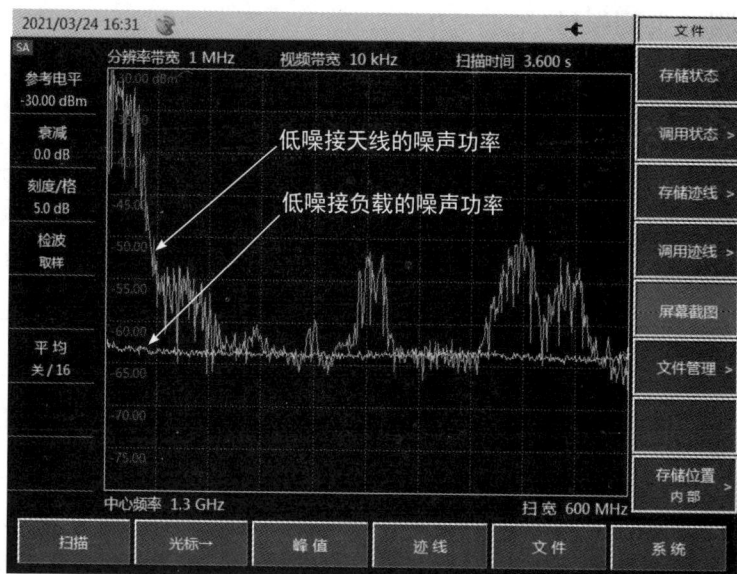

图 4-29　对数周期天线现场测量的噪声功率曲线

器工作频段决定），存在严重的电磁干扰信号，使待测对数周期天线指向晴空天顶方向时，其测量曲线的底噪与低噪声放大器接常温负载的噪声功率相当，也就是测量的 Y 因子接近 1，由式（4-50）可得对数周期天线的损耗趋于无穷大，而对数周期天线的损耗是有限的，这和实际情况是相矛盾的。

　　这个实验的目的在于告诉我们，利用晴空噪声测量线天线损耗时，应先对测量试环境的电磁污染进行评估、测试和分析，以确保环境电磁干扰对测量不构成威胁。对于 VHF/UHF 频段，因电视、广播、移动通信的影响，大部分测试场地存在着严重的电磁干扰，很难利用噪声温度法进行线天线损耗的测量，除非寻找到干净的无电磁干扰的测试场地。

4.5　比较 Y 因子法

4.5.1　测量方法

　　比较 Y 因子法测量线天线损耗的方法是：通过测量标准天线的 Y 因子和待测天线的 Y 因子计算待测天线损耗。图 4-30 为利用比较 Y 因子法测量线天线损耗的原理框图。

　　图 4-30 中的常温负载是由微波吸波材料组成的小微波暗室箱，当天线置于微波暗室箱时，该微波暗室以常温形成扩展热目标，天线在整个空间都能看到这个热目标；把天顶方向的晴空作为冷负载，当天线指向晴空时，由于线天线为宽波束天线，天线除接收天空噪声温度外，天线旁瓣和后瓣还会接收环境噪声和地面噪声。因此，通过制造一个金属反射器，将偏离宽旁瓣方向图反射到天空中，并屏蔽地面噪声的影响，确保天线仅接收天空噪声温度。如果待测天线具有高增益、窄波束方向图，则该影响并不重要。

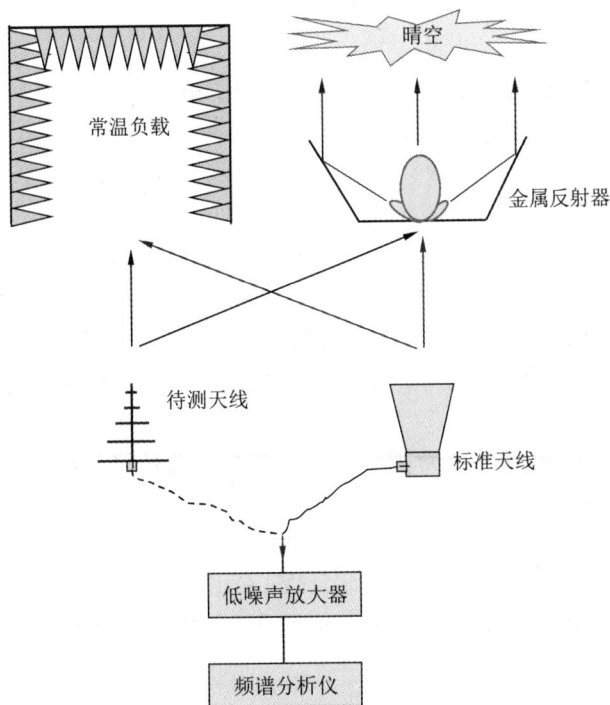

图 4-30　比较 Y 因子法测量线天线损耗的原理框图

首先，当标准天线置于常温负载内时，用频谱分析仪测量出系统输出的噪声功率，用 N_{hot} 表示；然后，将标准天线置于金属反射器内，并指向晴空天顶方向，同理用频谱分析仪测量出系统输出的噪声功率，用 N_{sky} 表示。由 Y 因子定义可得

$$Y_D = \frac{N_{hot}}{N_{sky}} = \frac{T_0 + T_{LNA}}{T_{S\text{-}ant} + T_{LNA}} \tag{4-56}$$

$$T_{S\text{-}ant} = \frac{T_{SKY}}{IL_{S\text{-}ant}} + \left(1 - \frac{1}{IL_{S\text{-}ant}}\right) T_0 \tag{4-57}$$

式中：

Y_D——测量的定标 Y 因子；

T_0——热负载的噪声温度，单位为 K；

T_{LNA}——低噪声放大器的噪声温度，单位为 K；

$T_{S\text{-}ant}$——标准天线指向晴空天顶方向的噪声温度，单位为 K；

T_{SKY}——天空噪声温度，单位为 K；

$IL_{S\text{-}ant}$——标准天线的损耗。

完成定标 Y 因子测量后，将标准天线的低噪声放大器拆下，与待测天线连接。将待测天线依次置于微波暗室箱内和金属反射器内，同理用频谱分析仪测量出 Y 因子，则

$$Y_M = \frac{T_0 + T_{LNA}}{T_{ant} + T_{LNA}} \tag{4-58}$$

$$T_{ant} = \frac{T_{SKY}}{IL_{ant}} + \left(1 - \frac{1}{IL_{ant}}\right) T_0 \tag{4-59}$$

式中：

Y_M——测量 Y 因子；

T_{ant}——待测天线指向晴空天顶方向的噪声温度，单位为 K；

IL_{ant}——待测天线的损耗。

联立式(4-56)、式(4-57)、式(4-58)和式(4-59)可求得待测天线损耗：

$$IL_{ant} = IL_{S\text{-}ant} \frac{Y_M(Y_D - 1)}{Y_D(Y_M - 1)} \tag{4-60}$$

式(4-60)就是比较 Y 因子法测量天线损耗的原理公式。由该公式可知：只要测量出定标 Y 因子 Y_D 和测量 Y 因子 Y_M，就可计算天线损耗，无需知道常温负载噪声温度、天空噪声温度和低噪声放大器的噪声温度，但是环境温度的变化和低噪声放大器的稳定性会影响测量精度。

在实际工程测量中，标准天线常用标准增益喇叭，其欧姆损耗很小，可忽略不计，即 $IL_{S\text{-}ant} \approx 1$，则式(4-60)可简化为

$$IL_{ant} \approx \frac{Y_M(Y_D - 1)}{Y_D(Y_M - 1)} \tag{4-61}$$

众所周知，频谱分析仪通常默认工作于对数模式，即测量的 Y 因子以分贝值表示，则待测天线损耗为

$$IL_{ant} \approx 10 \times \lg \left[\frac{10^{Y_M/10} (10^{Y_D/10} - 1)}{10^{Y_D/10} (10^{Y_M/10} - 1)} \right] \tag{4-62}$$

4.5.2   改进的比较 Y 因子法

由 4.5.1 节可知，比较 Y 因子法测量天线损耗是很复杂的。一是测量系统复杂，主要是建立一个小微波暗室箱作为热负载；二是操作比较复杂，当天线尺寸较大时，微波暗室箱较大，天线安置在暗室内不易操作；三是测量的复杂性，待测天线和标准天线均需要置于微波暗室箱进行测量。假设天线损耗为 IL_{ant}，微波暗室热负载的噪声温度为 T_{hot}，则等效到低噪声放大器输入端口的噪声温度为

$$T_e = \frac{T_{hot}}{IL_{ant}} + \left(1 - \frac{1}{IL_{ant}}\right) T_0 \tag{4-63}$$

由式(4-63)可知，微波暗室箱若工作在环境温度下，即 $T_{hot} = T_0$，则式(4-63)的等效噪声温度等于环境噪声温度。这样可以利用一个常温负载直接与低噪声放大器连接，其测量的噪声功率作为参考噪声功率，可以大大简化测量程序。图 4-31 为利用改进的比较 Y 因子法测量天线损耗的原理框图。

改进的比较 Y 因子法测量天线损耗的方法是：首先，按照图 4-31 所示原理框图建立测量系统，将低噪声放大器输入端接常温负载，用频谱分析仪测量系统的输出噪声功率，该噪声功率称为定标噪声功率；然后，去掉常温负载，将低噪声放大器与标准天线连接，并将其置于金属反射器内，用频谱分析仪测量标准天线的系统输出噪声功率，由定标噪声功率和标准天线系统噪声功率确定定标 Y 因子，用 Y_D 表示；最后，去掉标准天线，将低噪声放大器与待测天线连接，并置于金属反射器内，用频谱分析仪测量待测天线系统输出的噪声功率，由定标噪声功率和待测天线系统输出噪声功率确定测量 Y 因子，用 Y_M 表示，则

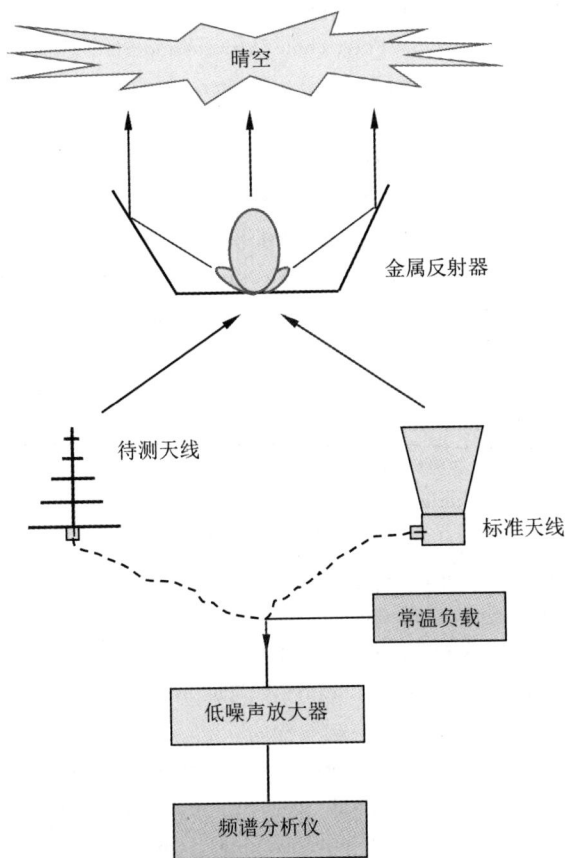

图 4 - 31　改进的比较 Y 因子法测量天线损耗的原理框图

用分贝值表示的待测天线损耗为

$$\mathrm{IL}_{\mathrm{ant}} \approx 10 \times \lg\left[\frac{10^{Y_{\mathrm{M}}/10}(10^{Y_{\mathrm{D}}/10}-1)}{10^{Y_{\mathrm{D}}/10}(10^{Y_{\mathrm{M}}/10}-1)}\right] \tag{4-64}$$

显然，利用改进的比较 Y 因子法测量线天线损耗简单多了，而且该方法也是天线损耗测量的一种精确方法，可消除或减少共同测量误差。

参 考 文 献

[1]　AGAHI D，DOMINO W. Efficiency measurements of portable-handset antennas using the wheeler cap[J]. Applied Microwave & Wireless，2000，12(6)：34/36/38/40/42.

[2]　SCHANTZ H G. Measurement of UWB antenna efficiency［C］// IEEE VTS 53rd Vehicular Technology Conference，Spring 2001. Proceedings. Rhodes，Greece，2001，2：1189 - 1191.

[3]　SARRAZIN F，PFLAUM S，DELAVEAUD C. Radiation efficiency measurement of a balanced miniature IFA-inspired circular antenna using a differential Wheeler cap setup［C］//2016 International Workshop on Antenna Technology（iWAT），February 29-March 2，2016. Cocoa Beach，Florida，USA，2016：64 - 67.

［4］ HUYNH M C. Wideband compact antennas for wireless communication applications ［D］. Commonwealth of Virginia：Virginia Polytechnic Institute and State University，2004.

［5］ le FUR G，LEMOINE C，BESNIER P，et al. Comparison of efficiency measurements for narrow band antennas using UWB Wheeler Cap and Reverberation Chamber ［C］//2009 3rd European Conference on Antennas and Propagation. Berlin，Germany，2009：2682 - 2686.

［6］ RODRIGUZE V. On selecting the most suitable range for antenna measurements in the VHF-UHF range［EB/OL］.［2023 - 09 - 12］. https://www. nsi-mi. com/images/Technical_Papers/2018/On-Selecting-the-Most-Suitable-Range-for-Antenna-Measurements-in-the-VHF-UHF-Range. pdf.

［7］ IEEE recommended practice for near-field antenna measurements：IEEE Standard 1720 - 2012［S］. Institute of Electrical and Electronics Engineers，2012.

［8］ 秦顺友. 太赫兹反射面天线测试方法综述［J］. 无线电工程，2018，48(12)：1013 - 1020.

［9］ le FUR G，CANO-FACILA F，SACCARDI F，et al. Improvement of antenna measurement results at low frequencies by using post-processing techniques［C］// The 8th European Conference on Antennas and Propagation. Hague，Netherlands，2014：1680 - 1684.

［10］ le FUR G，CANo-FACILA F，DUCHESNE L，et al. Investigations on probe phase center impact in antenna measurement results uncertainty for spherical near-field systems［C］//2015 9th European Conference on Antennas and Propagation. Lisbon，Portugal，2015：1 - 4.

［11］ WITVLIET B A，van MAANEN E，BENTUM M J，et al. Novel method to measure the gain of UHF directional antennas using distance scan［C］//The 8th European Conference on Antennas and Propagation. Hague，Netherlands，2014：396 - 400.

［12］ 张凤林. 宽波束天线噪声温度的计算［J］. 遥测遥控，2004，25(5)：14 - 17，21.

［13］ BOLLI P，PERINI F，MONTEBUGNOLI S，et al. Basic element for square kilometer array training (BEST)：evaluation of the antenna noise temperature［J］. IEEE Antennas & Propagation Magazine，2008，50(2)：58 - 65.

［14］ POZAR D M，KAUFMAN B. Comparison of three methods for the measurement of printed antenna efficiency［J］. IEEE Transactions on Antennas and Propagation，1988，36(1)：136 - 139.

［15］ ASHKENAZY J，LEVINE E，TREVES D. Radiometric measurement of antenna efficiency［J］. Electronics Letters，1965，21(3)：111 - 112.

［16］ FERNANDEZ J. A noise temperature measurement system using a cryogenic attenuator［EB/OL］.［2023 - 09 - 12］. http://arxiv. org/pdf/2009. 03010. pdf.

第 5 章

反射面天线损耗测量技术

5.1 概　述

反射面天线因高增益、低旁瓣和低噪声等特性，被广泛应用于卫星通信、雷达、遥控遥测、深空探测和射电天文等领域。常用的反射面天线有前馈抛物面天线、卡塞格伦双反射面天线、格里高利双反射面天线、环焦天线、单偏置反射面天线和双偏置反射面天线，如图5-1所示。

(a) 前馈抛物面天线　　(b) 卡塞格伦双反射面天线　　(c) 格里高利双反射面天线

(d) 环焦天线　　(e) 单偏置反射面天线　　(f) 双偏置反射面天线

图 5-1　常见的反射面天线

在大型反射面天线设计中，为了减小大口径天线的风荷和重量，主反射面常采用线栅（网状）或圆孔（凿孔）反射面面板。图 5-2(a)为线栅结构的主反射面，图 5-2(b)为圆孔和实面板结构的主反射面。

(a) 线栅结构的主反射面　　　　　　　(b) 圆孔和实面板结构的主反射面

图 5-2　大型反射面天线

损耗是反射面天线的重要性能指标之一，也是反射面天线辐射能力的度量指标。如在卫星通信测控站系统中，为了精确测量天线增益，测量天线损耗是很重要的；在深空探测和射电天文等低噪声应用系统中，精确测量天线损耗噪声对系统噪声温度的贡献也是非常重要的。

反射面天线损耗通常包括天线馈源网络损耗、主副反射面的欧姆损耗以及圆孔或线栅反射面的漏失损耗等。本章首先介绍圆孔或线栅型反射面漏失损耗的计算与测量；然后给出面板反射损耗测量、频率选择副反射面损耗测量的具体方法；最后介绍反射面天线损耗的测量方法。

5.2　圆孔或线栅反射面漏失损耗的测量

5.2.1　圆孔或线栅反射面漏失损耗的计算

1. 圆孔反射面漏失损耗的计算

圆孔反射面的漏失损耗也称为传输损耗。图 5-3 为圆孔金属面板的二维几何图形。图 5-3(a)为圆孔三角形排列示意图（$a=b$ 时为等腰三角形排列，$b=a\times\sin60°$ 时为等边三角形排列）；图 5-3(b)为圆孔正方形排列示意图。

当 $a,b,d\ll\lambda_0$，且电磁波垂直入射时，用分贝值表示的漏失损耗用下式近似计算：

$$(T_{\mathrm{dB}})_\perp=10\times\lg\left[1+\left(\frac{3ab\lambda_0}{2\pi d^3\cos\theta_\mathrm{i}}\right)^2\right]+\frac{32t}{d}\sqrt{1-\left(\frac{1.706d}{\lambda_0}\right)^2}\,,\quad \theta_\mathrm{i}\leqslant60° \quad (5-1)$$

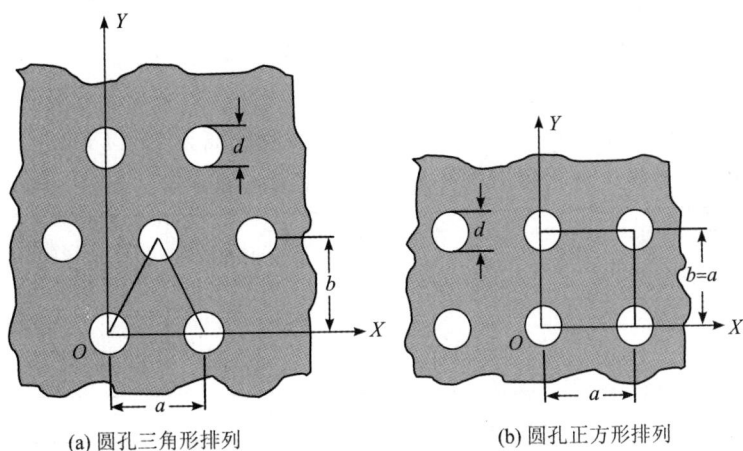

(a) 圆孔三角形排列　　　　　　　(b) 圆孔正方形排列

图 5-3　圆孔金属面板的二维几何图形

当 a, b, $d \ll \lambda_0$，且电磁波水平入射时，用分贝值表示的漏失损耗用下式近似计算：

$$(T_{\mathrm{dB}})_\parallel = 10 \times \lg\left[1 + \left(\frac{3ab\lambda_0\cos\theta_i}{2\pi d^3}\right)^2\right] + \frac{32t}{d}\sqrt{1 - \left(\frac{1.706d}{\lambda_0}\right)^2}, \quad \theta_i \leqslant 40° \quad (5-2)$$

式中：

$(T_{\mathrm{dB}})_\perp$——电磁波垂直入射时的漏失损耗，单位为 dB；

$(T_{\mathrm{dB}})_\parallel$——电磁波水平入射时的漏失损耗，单位为 dB；

a, b——圆孔间距，单位为 mm；

d——圆孔直径，单位为 mm；

t——反射器面板厚度，单位为 mm；

λ_0——工作波长，单位为 mm；

θ_i——电磁波的入射角，单位为(°)。

由式(5-1)和式(5-2)中圆孔金属面板微波漏失损耗的计算可知：在电磁波入射角一定的情况下，圆孔金属面板的漏失损耗与天线面板厚度成正比，与圆孔直径成反比，与空间距离尺寸成正比。利用这些关系，依据漏失损耗的具体要求，可以合理设计金属面板圆孔尺寸和空间分布。在实际工程设计中，还应注意下面两个问题：

(1) 当金属面板的圆孔阵排列为三角形，电磁波入射角一定，圆孔直径和面板厚度相同的情况下，圆孔为等腰三角形排列($a=b$)的漏失损耗优于等边三角形排列($b=a \times \sin 60°$)的传输损耗；圆孔等腰三角形排列的漏失损耗与正方形圆孔排列的漏失损耗相等。

(2) 电磁波入射角一定，圆孔直径和面板厚度相同的情况下，空间距离尺寸越大，漏失损耗越大。在高频设计时，由于波长较小，圆孔直径太小不易加工制造，可以适当增大圆孔直径，选择较大的空间距离，来获得较大漏失损耗。

这里以 120 米天线方案论证为例，说明圆孔主反射面的设计方法。以天线最高工作频率 6 GHz(工作波长为 50 mm)为例，天线面板厚度选择为 1 mm，分析计算了不同圆孔直径和间距时天线漏失损耗和漏失效率，计算结果如表 5-1 和表 5-2 所示。计算结果表明：在天线面板厚度为 1 mm 的情况下，随着圆孔直径的减小，漏失损耗逐渐变小；在圆孔直径一定的情况下，空间距离越大，漏失损耗越小；电磁波入射角从 0°变化到 30°时，漏失损耗变化约 1 dB；对于垂直极化波入射，30°入射角的传输损耗优于 0°入射角的漏失损耗；对于水平极化波入射，0°入射角的漏失损耗优于 30°入射角的漏失损耗。分析计算结果表明：当天线工作频率为 6 GHz，面板厚度为 1 mm 时，要使天线漏失效率小于或等于 1%（漏失损耗优于 20 dB），圆孔直径应设计为 $\lambda_0/7$，即 7.14 mm，空间距离为 10.14 mm。

表 5-1　垂直极化波入射时圆孔反射面漏失损耗的计算结果（$\lambda_0 = 50$ mm）

电磁波入射角度/(°)	面板厚度/mm	圆孔直径	空间距离 $a=b$	漏失损耗/dB	漏失效率/%	天线效率/%
0	1	$\lambda_0/4$	$2+\lambda_0/4$	11.13	7.72	92.28
			$3+\lambda_0/4$	12.15	6.10	93.90
		$\lambda_0/5$	$2+\lambda_0/5$	14.09	3.90	96.10
			$3+\lambda_0/5$	15.38	2.90	97.10
		$\lambda_0/6$	$2+\lambda_0/6$	16.78	2.10	97.90
			$3+\lambda_0/6$	18.32	1.47	98.53
		$\lambda_0/7$	$2+\lambda_0/7$	19.26	1.19	98.81
			$3+\lambda_0/7$	21.01	0.79	99.21
30	1	$\lambda_0/4$	$2+\lambda_0/4$	12.23	5.98	94.02
			$3+\lambda_0/4$	13.28	4.69	95.31
		$\lambda_0/5$	$2+\lambda_0/5$	15.25	2.99	97.01
			$3+\lambda_0/5$	16.57	2.20	97.80
		$\lambda_0/6$	$2+\lambda_0/6$	17.97	1.59	98.41
			$3+\lambda_0/6$	19.53	1.12	98.88
		$\lambda_0/7$	$2+\lambda_0/7$	20.47	0.90	99.10
			$3+\lambda_0/7$	22.24	0.60	99.40

表 5-2　水平极化波入射射时圆孔反射面漏失损耗的计算结果（$\lambda_0 = 50$ mm）

电磁波入射角度/(°)	面板厚度/mm	圆孔直径	空间距离 $a=b$	漏失损耗/dB	漏失效率/%	天线效率/%
0	1	$\lambda_0/4$	$2+\lambda_0/4$	11.13	7.72	92.28
			$3+\lambda_0/4$	12.15	6.10	93.90
		$\lambda_0/5$	$2+\lambda_0/5$	14.09	3.90	96.10
			$3+\lambda_0/5$	15.38	2.90	97.10
		$\lambda_0/6$	$2+\lambda_0/6$	16.78	2.10	97.90
			$3+\lambda_0/6$	18.32	1.47	98.53
		$\lambda_0/7$	$2+\lambda_0/7$	19.26	1.19	98.81
			$3+\lambda_0/7$	21.01	0.79	99.21

续表

电磁波入射角度/(°)	面板厚度/mm	圆孔直径	空间距离 $a=b$	漏失损耗/dB	漏失效率/%	天线效率/%
30	1	$\lambda_0/4$	$2+\lambda_0/4$	10.06	9.86	90.14
			$3+\lambda_0/4$	11.05	7.86	92.14
		$\lambda_0/5$	$2+\lambda_0/5$	12.95	5.07	94.93
			$3+\lambda_0/5$	14.22	3.79	96.21
		$\lambda_0/6$	$2+\lambda_0/6$	15.6	2.75	97.25
			$3+\lambda_0/6$	17.12	1.94	98.06
		$\lambda_0/7$	$2+\lambda_0/7$	18.05	1.57	97.43
			$3+\lambda_0/7$	19.79	1.05	98.95

2. 线栅反射面漏失损耗的计算

图 5-4 为线栅反射面漏失损耗计算的几何图形和参数。

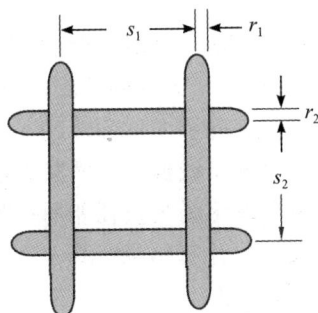

图 5-4　线栅反射面传输损耗计算的几何图形和参数

一般来说，线栅每个单元的开口都是矩形而不是正方形。当线栅反射面的入射电磁波为垂直极化时，用分贝值表示的漏失损耗为

$$(T_{\mathrm{dB}})_{\perp}=20\times\lg\left(\frac{\lambda_0}{2s_1v_1}\right)+20\times\lg\left(\frac{1}{\cos\theta_i}\right),\quad\theta_i\leqslant40° \tag{5-3}$$

$$v_1=\ln\left[\frac{1}{1-\exp\left(-\dfrac{2\pi r_1}{s_1}\right)}\right]$$

式中：

$(T_{\mathrm{dB}})_{\perp}$——电磁波垂直极化入射时的漏失损耗，单位为 dB；

r_1——垂直方向导线的半径，单位为 mm；

s_1——垂直方向平行线的间距，单位为 mm；

λ_0——工作波长，单位为 mm；

θ_i——电磁波的入射角，单位为(°)。

当线栅反射面的入射电磁波为水平极化时，用分贝值表示的漏失损耗为

$$(T_{dB})_\parallel = 20 \times \lg\left(\frac{\lambda_0}{2s_2 v_2}\right) - 20 \times \lg\left(\frac{1}{\cos\theta_i}\right), \quad \theta_i \leqslant 40° \tag{5-4}$$

$$v_2 = \ln\left[\frac{1}{1 - \exp\left(-\dfrac{2\pi r_2}{s_2}\right)}\right]$$

式中：

$(T_{dB})_\parallel$——电磁波水平极化入射时的传输损耗，单位为 dB；

r_2——水平方向导线的半径，单位为 mm；

s_2——水平方向平行线的间距，单位为 mm；

λ_0——工作波长，单位为 mm；

θ_i——电磁波的入射角，单位为(°)。

由式(5-3)和式(5-4)中线栅反射面漏失损耗的计算可知：在电磁波入射角一定的情况下，线栅反射面的漏失损耗与线栅垂直方向或水平方向的线间距成反比，与导线直径成正比。利用这些关系，依据漏失损耗的具体要求，可以合理设计线栅的结构尺寸。在实际工程设计中，为了加工方便，可使水平方向和垂直方向导线的半径相同，线间距相等，即 $r_1 = r_2$，$s_1 = s_2$。

下面以 120 米天线方案设计论证为例，说明线栅结构的主反射面设计方法。当天线最高工作频率为 6 GHz(工作波长为 50 mm)，天线部分反射面采用线栅结构时，选择 $r_1 = r_2$，$s_1 = s_2$，分析计算了不同线间距、导线直径和入射角情况下线栅结构的漏失损耗。

图 5-5 给出了电磁波入射角为 0°时，线栅反射面漏失损耗的计算结果，可以发现，电磁波入射角为 0°时，垂直极化和水平极化漏失损耗相等；图 5-6 给出了电磁波入射角为 30°时，垂直极化线栅反射面漏失损耗的计算结果；图 5-7 给出了电磁波入射角为 30°时，水平极化线栅反射面漏失损耗的计算结果。

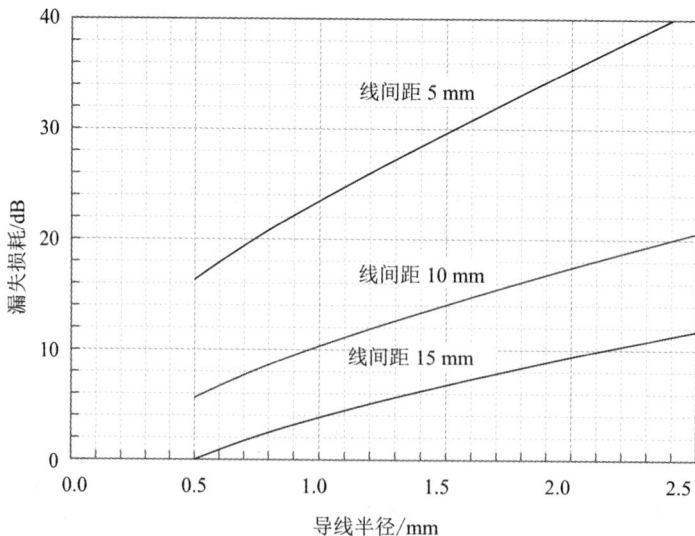

图 5-5　线栅反射面漏失损耗与导线半径的关系($\theta_i = 0°$，$r_1 = r_2$，$s_1 = s_2$)

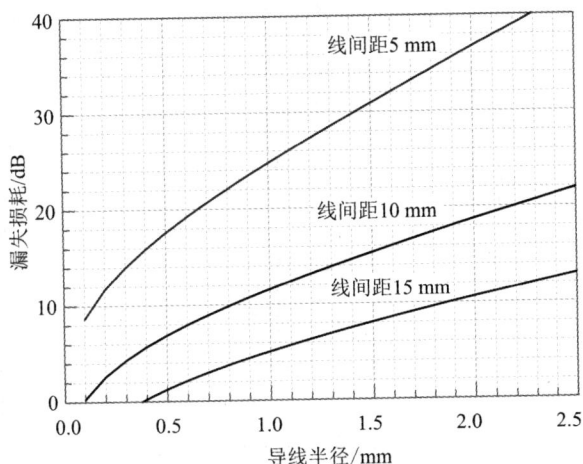

图 5-6　垂直极化线栅反射面漏失损耗与导线半径的关系($\theta_i = 30°$，$r_1 = r_2$，$s_1 = s_2$)

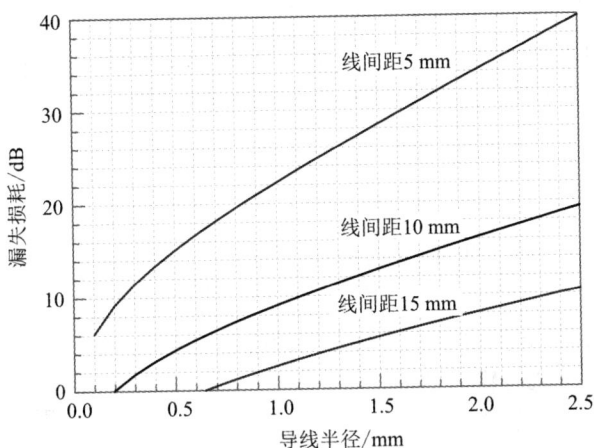

图 5-7　水平极化线栅反射面漏失损耗与导线半径的关系($\theta_i = 30°$，$r_1 = r_2$，$s_1 = s_2$)

计算结果表明：在空间间距一定的情况下，随着导线半径的增大，漏失损耗逐渐增大；在导线直径一定的情况下，随着线间距的增大，漏失损耗逐渐变小；在电磁波入射角为 0° 时，垂直极化漏失损耗与水平极化漏失损耗相等；随着入射角的增大，垂直极化传输系数逐渐变好，水平极化传输系数则不断变坏；当入射角从 0° 变化到 30° 时，漏失损耗变化了约 1.25 dB。

分析结果表明：当天线工作频率为 6 GHz，工作方式为双线极化(垂直极化与水平极化)，电磁波入射角在 0°～30° 范围内，且要求天线反射面漏失效率小于或等于 4%(漏失损耗优于 14 dB)时，设计线栅结构的导线半径为 0.75 mm，导线间距为 6.5 mm。

5.2.2　圆孔或线栅反射面样品漏失损耗的测量

图 5-8 为利用矢量网络分析仪测量圆孔或线栅反射面样品漏失损耗的原理框图。其中，发射喇叭天线和接收喇叭天线之间的距离满足天线远场测试距离条件。待测件微波吸波屏中间的空间尺寸对喇叭天线的张角大于或等于喇叭天线的半功率波束宽度，以确保喇叭天线发射功率主要从微波吸波屏中间传输。待测件四周均有微波吸波材料覆盖，地面铺设

微波吸波材料，以减少边缘绕射和地面反射对圆孔或线栅反射面样品漏失损耗测量的影响。

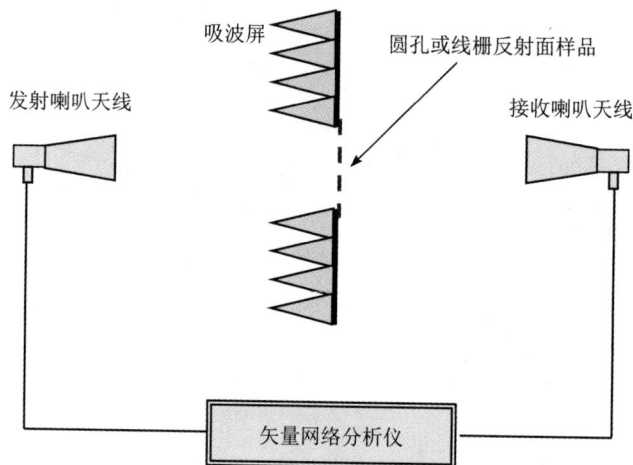

图 5-8　圆孔或线栅反射面样品漏失损耗测量的原理框图

根据图 5-8 所示的原理框图可知，在不安装圆孔或线栅天线反射面样品时，发射喇叭天线和接收喇叭天线之间的信号传输满足功率传输方程，即

$$P_R = \left(\frac{\lambda}{4\pi R}\right)^2 P_T G_T G_R \qquad (5-5)$$

式中：

P_R——接收喇叭天线接收的信号功率；

λ——工作波长；

R——发射喇叭天线和接收喇叭天线之间的距离；

P_T——发射喇叭天线的输入功率；

G_T——发射喇叭天线的增益；

G_R——接收喇叭天线的增益。

利用矢量网络分析仪测量时，可将系统等效为两端口网络，通过测量网络的散射参数 S_{21}，得到其与发射功率和接收功率之间关系：

$$S_{21} = \sqrt{\frac{P_R}{P_T}} = \frac{\lambda}{4\pi R}\sqrt{G_T G_R} \qquad (5-6)$$

在微波吸波屏中间安装圆孔或线栅反射面样品，保持测量状态和参数设置不变，同理可测量系统的散射参数 S'_{21}：

$$S'_{21} = \frac{\lambda}{4\pi R}\sqrt{\frac{G_T G_R}{T_{loss}}} \qquad (5-7)$$

式中，T_{loss} 为圆孔或线栅反射面样品的漏失损耗。

联立式(5-6)和式(5-7)可求得待测圆孔或线栅反射面样品的漏失损耗：

$$T_{loss} = 20 \times \lg \frac{S_{21}}{S'_{21}} \qquad (5-8)$$

式(5-8)就是利用矢量网络分析仪测量圆孔或线栅反射面样品漏失损耗的原理公式，具体的测量方法是：首先，在没有安装待测圆孔或线栅反射面样品的情况下，按图 5-8 建立测量系统；然后，使发射喇叭天线和接收喇叭天线对准，且二者之间的距离满足远场测试距离条件，设置矢量网络分析仪的状态参数，对系统进行定标，并存储定标状态；最后，按图 5-8 安装待测圆孔或线栅反射面样品，并保持矢量网络分析仪的状态参数不变，则矢量网络分析仪可直接测量出漏失损耗（矢量网络分析仪在没有安装待测件时进行定标，故矢量网络分析仪测量的损耗为负值）。

5.2.3　工程测量实例

图 5-9 为某工程应用设计的铝合金圆孔反射面样品。

图 5-9　铝合金圆孔反射面样品

设计的铝合金圆孔反射面样品参数如下：

工作频率：$f = 9\,\mathrm{GHz}$

圆孔直径：$d = 6\,\mathrm{mm} = 0.18\lambda_0$

圆孔空间距离：$a = b = 9\,\mathrm{mm} = 0.27\lambda_0$

铝合金面板厚度：$t = 1.5\,\mathrm{mm}$

圆孔排列方式：等腰三角形

图 5-10 为在微波暗室测量圆孔反射面样品漏失损耗的实际装置图，图 5-11 给出了

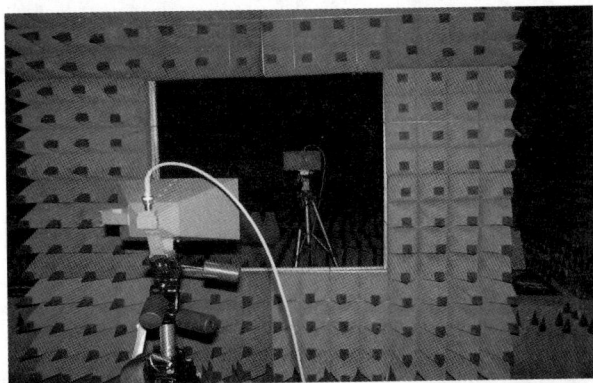

图 5-10　铝合金圆孔反射面样品漏失损耗测量的实际装置图

铝合金圆孔反射面样品漏失损耗的测量结果。测量结果表明：在误差允许的范围内，铝合金圆孔反射面样品漏失损耗测量结果和理论计算结果的吻合度很好，测量结果的起伏主要是由测量环境的多重反射引起的。

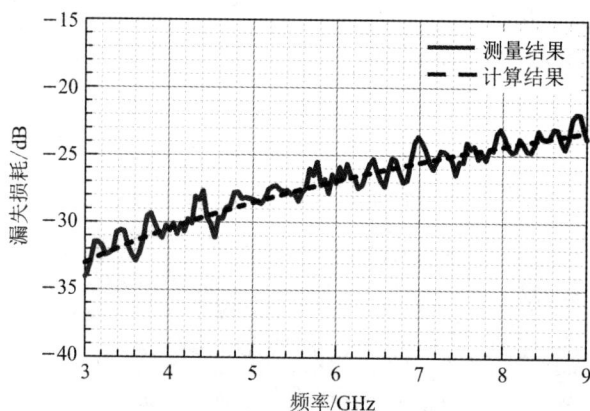

图 5-11   铝合金圆孔反射面样品漏失损耗的测量结果和计算结果

5.3   面板反射损耗的测量

5.3.1   金属反射面的反射损耗计算

图 5-12 为天线金属表面的电磁波传播示意图。

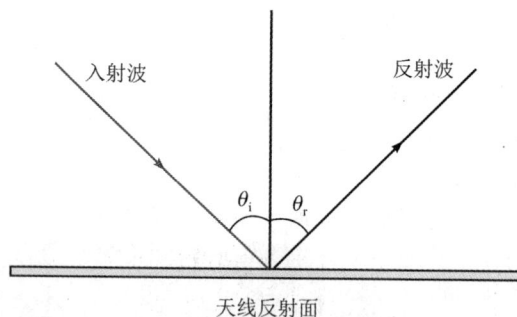

图 5-12   天线金属表面的电磁波传播示意图

由电磁波的传播理论可知，电磁波在金属导体界面的反射系数为

$$\varGamma_{\parallel} = \frac{\sqrt{\varepsilon_r - \sin^2\theta_i} - \varepsilon_r\cos\theta_i}{\sqrt{\varepsilon_r - \sin^2\theta_i} + \varepsilon_r\cos\theta_i} \tag{5-9}$$

$$\varGamma_{\perp} = \frac{\cos\theta_i - \sqrt{\varepsilon_r - \sin^2\theta_i}}{\cos\theta_i + \sqrt{\varepsilon_r - \sin^2\theta_i}} \tag{5-10}$$

式中：

$\varGamma_{\parallel}$——水平极化波的反射系数；

$\Gamma_\perp$——垂直极化波的反射系数；

θ_i——电磁波的入射角；

ε_r——相对复介电常数。

对于金属表面，其表面电阻 R_s 和相对复介电常数 ε_r 可用下式计算：

$$R_s = \sqrt{\frac{\omega\mu_0}{2\sigma}} = 20\pi\sqrt{\frac{f}{\sigma}} \tag{5-11}$$

$$\varepsilon_r = 1 - j\frac{\sigma}{\omega\varepsilon_0} = 1 - j\frac{1}{2}\left(\frac{\eta_0}{R_s}\right)^2 \tag{5-12}$$

式中：

f——频率，单位为 GHz；

ω——角频率；

σ——金属的电导率；

η_0——自由空间波阻抗。

对于金属良导体，其电导率趋于无穷大，表面阻抗趋于零，$\sigma/\omega\varepsilon_0 \gg 1$，可以利用如下近似公式：

$$\sqrt{\varepsilon_r} \approx \sqrt{-j\frac{\sigma}{\omega\varepsilon_0}} = \frac{\eta_0}{2R_s}(1-j) \tag{5-13}$$

$$\sqrt{\varepsilon_r - \sin^2\theta_i} \approx \sqrt{\varepsilon_r} \tag{5-14}$$

将式(5-13)、式(5-14)代入式(5-9)和式(5-10)，化简可得反射面天线表面的反射系数为

$$\Gamma_\parallel = \frac{(R_s - \eta_0\cos\theta_i) + jR_s}{(R_s + \eta_0\cos\theta_i) + jR_s} \tag{5-15}$$

$$\Gamma_\perp = \frac{(R_s\cos\theta_i - \eta_0) + jR_s\cos\theta_i}{(R_s\cos\theta_i + \eta_0) + jR_s\cos\theta_i} \tag{5-16}$$

由于 $(\eta_0/R_s)^2 \gg 2$，则式(5-15)和式(5-16)中反射系数的模值近似为

$$|\Gamma_\parallel| = \sqrt{1 - \frac{4R_s}{\eta_0\cos\theta_i}} \tag{5-17}$$

$$|\Gamma_\perp| = \sqrt{1 - \frac{4R_s\cos\theta_i}{\eta_0}} \tag{5-18}$$

假定反射面天线表面的反射系数为 Γ，电磁波的入射功率为 P_{in}，则反射面天线表面的反射波功率 P_{ref} 为

$$P_{ref} = |\Gamma|^2 P_{in} \tag{5-19}$$

由损耗定义可得反射面天线表面的反射损耗 L_{ref} 为

$$L_{ref} = \frac{P_{in}}{P_{ref}} = \frac{1}{|\Gamma|^2} \tag{5-20}$$

将式(5-17)和式(5-18)分别代入式(5-20)可得水平极化波和垂直极化波入射的反射面的反射损耗：

$$L_{ref\parallel} = \frac{\eta_0\cos\theta_i}{\eta_0\cos\theta_i - 4R_s} \tag{5-21}$$

$$L_{\text{ref}\perp} = \frac{\eta_0}{\eta_0 - 4R_s\cos\theta_i} \tag{5-22}$$

当反射面天线入射电磁波为圆极化时，金属反射面的反射损耗为

$$L_{\text{ref-cp}} = \frac{1}{2}(L_{\text{ref}\parallel} + L_{\text{ref}\perp}) \tag{5-23}$$

式(5-21)、式(5-22)和式(5-23)计算的是单反射面天线的反射损耗，双反射面天线的反射损耗是单反射面天线的两倍。

表5-3为常用金属材料的电导率。图5-13给出了电磁波垂直入射时，不同金属表面的反射损耗。计算结果表明：在相同频率条件下，金属的电导率越大，金属表面的反射损耗越小。例如，表5-3中银的电导率最好，相同频率下其反射损耗也最小，故矩形波导内表面通常镀银，以确保波导传输线具有良好的损耗特性。

表5-3　常用金属材料的电导率

金属材料	电导率/(S·m^{-1})
银	6.17×10^7
铜	5.81×10^7
金	4.10×10^7
铝	3.82×10^7
2A12 铝合金	2.30×10^7

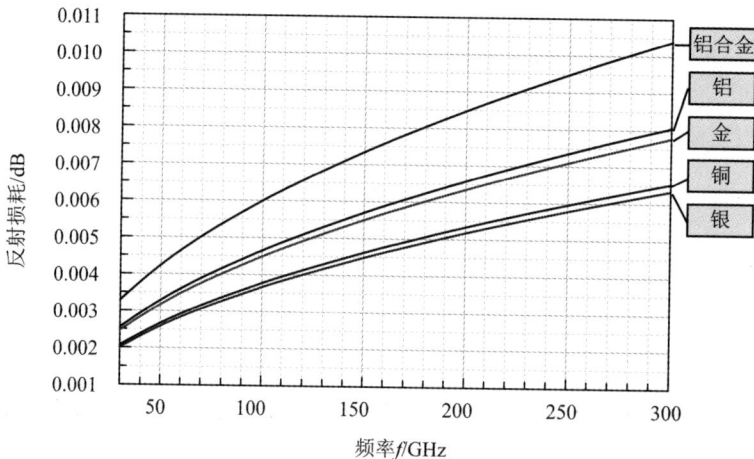

图5-13　常用金属反射面反射损耗的计算结果(电磁波垂直入射)

实际工程应用中，反射面天线的面板常用的材料是2A12铝合金，其表面电导率为2.30×10^7S/m。图5-14给出了水平极化毫米波入射时2A12铝合金反射面的反射损耗理论计算结果；图5-15给出了垂直极化毫米波入射时2A12铝合金反射面的反射损耗理论计算结果。

理论计算结果表明：铝合金反射面的反射损耗是很小的，工程应用中通常忽略不计，可以利用铝合金反射面作为标准样板，对涂层反射面、碳纤维反射面损耗进行比对测量。

对于高精度应用系统和太赫兹频段系统应该考虑反射损耗对系统性能的影响。上述方法计算反射面反射损耗时，没有考虑反射面面板的底漆和面漆的影响。考虑涂层的计算是比较复杂的，通常采用测量的方法，获得反射面天线面板的反射损耗。计算结果还表明：随着电磁波入射角的增大，水平极化波反射损耗逐渐增大，而垂直极化波反射损耗逐渐减小；电磁波垂直入射时，水平极化波的反射损耗等于垂直极化波的反射损耗。

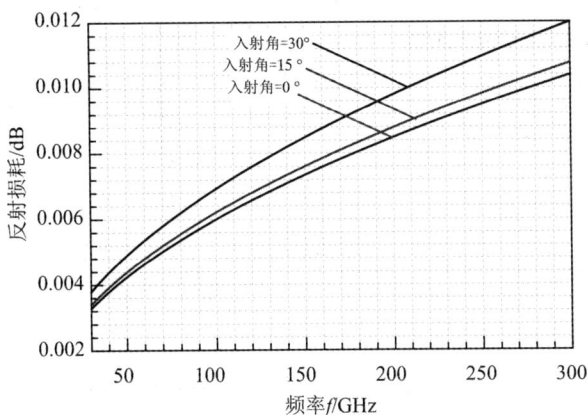

图 5-14　水平极化波入射时铝合金反射面的反射损耗计算结果

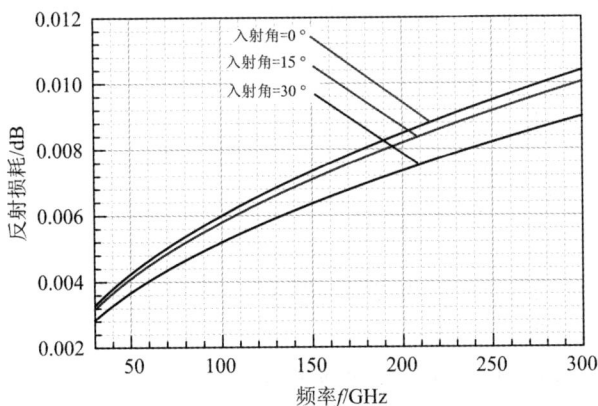

图 5-15　垂直极化波入射时铝合金反射面的反射损耗计算结果

5.3.2　反射面样品的反射损耗测量

1. 功率比法

功率比法测量反射面样品反射损耗的方法是：通过测量标准同尺寸的金属样板（通常为铝合金样板或铝合金样板表面镀银）与反射面样品（通常是铝合金表面涂底漆和面漆）的反射功率之比，确定反射面样品的反射损耗。该方法是反射面样品反射损耗测量的传统方法。图 5-16 为反射面样品反射损耗测量的原理框图。其中，支架为非金属结构，用于安装金属样板或待测反射面样品；发射喇叭和接收喇叭与安装支架的距离满足远场测试距离条件；样品尺寸对喇叭天线的张角大于喇叭天线半功率波束宽度；吸波屏可减少或抑制发射喇叭与接收喇叭之间耦合对测量结果的影响。

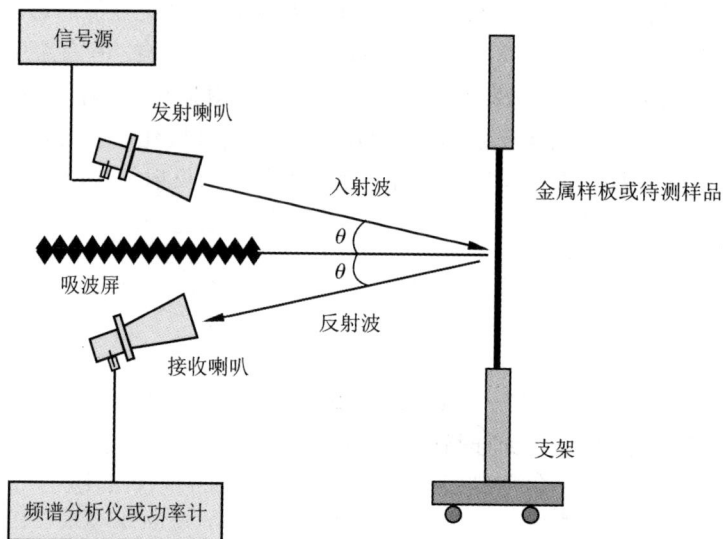

图 5-16　功率比法测量反射面样品反射损耗的原理框图

按照图 5-16 所示的原理框图建立测量系统，支架上安装标准的金属样板，由测量系统的链路计算可得接收喇叭天线接收的信号功率为

$$P_{RS} = P_T G_T \left(\frac{\lambda}{4\pi R_1}\right)^2 \frac{1}{L_{RS}} \left(\frac{\lambda}{4\pi R_2}\right)^2 G_R \qquad (5-24)$$

式中：

P_{RS}——接收喇叭天线的接收信号功率；

P_T——发射喇叭天线的输入功率；

G_T——发射喇叭天线的增益；

λ——工作波长；

R_1——发射喇叭天线与待测样品之间的距离；

L_{RS}——标准金属样板的反射损耗；

R_2——接收喇叭天线与待测样品之间的距离；

G_R——接收喇叭天线的增益。

去掉标准的金属样板，安装待测反射面样品，保持安装位置和系统参数设置不变，同理可得接收喇叭天线接收的信号功率为

$$P_{RX} = P_T G_T \left(\frac{\lambda}{4\pi R_1}\right)^2 \frac{1}{L_{ref}} \left(\frac{\lambda}{4\pi R_2}\right)^2 G_R \qquad (5-25)$$

式中，L_{ref} 为反射面样品的反射损耗。

由式(5-24)和式(5-25)可得待测反射面样品的反射损耗为

$$L_{ref} = L_{RS} \frac{P_{RS}}{P_{RX}} \qquad (5-26)$$

由理论计算可知，对于纯金属样板，其反射损耗 $L_{RS} \approx 1.00$，则式(5-26)可简化为

$$L_{ref} = \frac{P_{RS}}{P_{RX}} \qquad (5-27)$$

式(5-26)就是功率比法测量反射面样品反射损耗的精确公式，式(5-27)为实际工程

测量的近似公式。当测试频率在毫米波以上或者待测样品损耗很小时，不可忽略金属样板的反射损耗。

功率比法测量反射面样品反射损耗的方法是：首先，按照图 5 - 16 所示原理框图建立测量系统；然后，由信号源发射单载波信号，由发射喇叭照射金属样板，经金属样板反射，由接收喇叭天线接收，用频谱分析仪或功率计测量反射信号功率；最后，将金属样板换成待测反射面样品，保持其他条件不变，同理用频谱分析仪或功率计测量反射信号功率，由两次测量的反射功率即可计算待测反射面样品的反射损耗。

众所周知，反射面面板的反射损耗通常很小，频谱分析仪或功率计组成的测量系统，其精度很难满足小反射损耗测量的要求，该方法测量反射面样品的反射损耗不确定性大于损耗本身，因此不能精确测量反射面的反射损耗，但是通过对待测反射面样品与标准金属样板进行比对测试，可评估反射面样品的反射损耗性能。

图 5 - 16 为信号源和频谱分析仪或功率计组成的测量系统，比较复杂。若用矢量网络分析仪组成测量系统，可简化测量程序。图 5 - 17 为基于矢量网络分析仪组成的反射面样品反射损耗测量的原理框图。

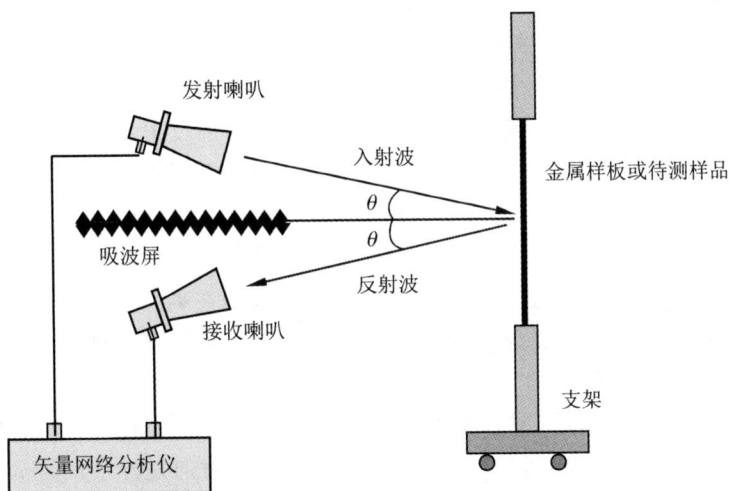

图 5 - 17　用矢量网络分析仪测量反射面样品反射损耗的原理框图

用矢量网络分析仪测量反射面样品反射损耗的方法是：首先，按照图 5 - 17 所示原理框图建立测量系统，支架上安装金属样板，将矢量网络分析仪的射频输出端口接发射喇叭，矢量网络分析仪的输入端口接接收喇叭；然后，按照要求设置矢量网络分析仪的起始频率以及矢量网络分析仪的其他状态参数，选择 S_{21} 测量模式，对矢量网络分析仪进行直通定标；最后，去掉金属样板，安装待测反射面样品，保持系统参数不变，则矢量网络分析仪可直接测量出反射面样品的反射损耗。

如果有波导定向耦合器，利用矢量网络分析仪测量回波损耗的方法，就能确定反射面样品的反射损耗。图 5 - 18 为矢量网络分析仪定向耦合器法测量反射面样品反射损耗的原理框图。

矢量网络分析仪定向耦合器法测量反射面样品反射损耗的方法是：首先，按照图 5 - 18 所示的原理框图建立测量系统；然后，在角锥喇叭前方放置金属样板，合理设置矢量网络分析仪的状态参数,对矢量网络分析仪进行定标;最后,将金属样板换成待测反射面样品,则矢量网络分析仪可直接测量出系统的响应曲线,其结果为待测反射面样品相对金属样板的反射损耗。

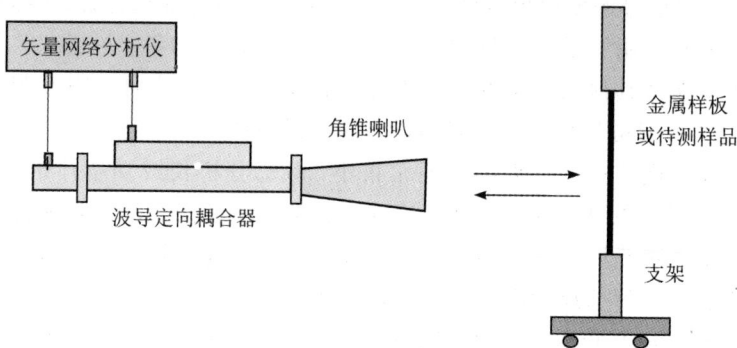

图 5-18　矢量网络分析仪定向耦合器法测量反射面样品反射损耗的原理框图

2. 冷热负载 Y 因子法

冷热负载 Y 因子法测量反射面样品反射损耗的方法是:利用标准增益喇叭,分别观测冷热负载经过标准金属样板和待测反射面样品反射后的噪声注入信号,由频谱分析仪测量出系统输出噪声功率,由测量的噪声功率计算反射面样品的反射损耗;或者说通过测量冷热负载经金属样板反射的噪声功率之比,以及冷热负载经待测样品反射的噪声功率之比,由测量的 Y 因子计算反射面样品的反射损耗。图 5-19 为冷热负载 Y 因子法测量反射面样品反射损耗的原理框图。要求标准金属样板和反射面样品尺寸相同,与水平方向的夹角为 45°,样品在标准增益喇叭口面上的投影面积要大于标准增益喇叭口的面积;金属样板通常采用铝板镀银,且平面光洁度要高;热负载为常温下的微波吸波材料,冷负载为浸泡在液氮或液氦中的微波吸波材料。

从图 5-19 可以看出,通过三个步骤可完成反射面样品的反射损耗测量。按照图 5-19(a)所示的原理框图,建立测试系统,常温负载(热负载)的热辐射通过标准的金属样板反射,对标准增益喇叭注入热噪声信号,则用频谱分析仪测量的系统输出噪声功率 N_{hot} 为

$$N_{hot} = k(T_{amb} + T_{re})BG_{LNA} \tag{5-28}$$

式中:

k——玻尔兹曼常数;

T_{amb}——常温负载的噪声温度;

T_{re}——接收系统的等效噪声温度;

B——测量系统的噪声带宽;

G_{LNA}——低噪声放大器的增益。

将图 5-19(a)中的常温负载换成冷负载,如图 5-19(b)所示。冷负载的热辐射通过标准的金属样板反射(假定金属样板是无耗的),对标准增益喇叭注入冷噪声信号,则用频谱分析仪测量的系统输出噪声功率 $N_{cold\text{-}S}$ 为

$$N_{cold\text{-}S} = k(T_{cold} + T_{re})BG_{LNA} \tag{5-29}$$

式中,T_{cold} 为冷负载的噪声温度。

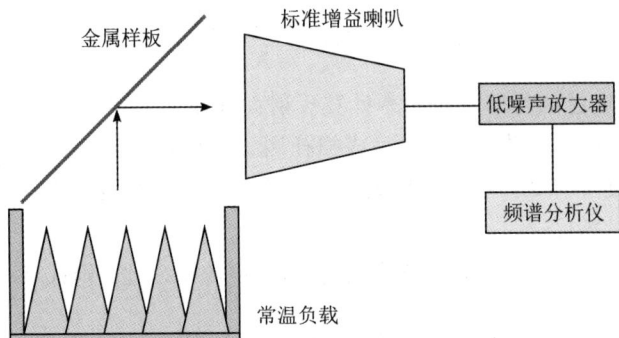

(a) 常温负载与金属样板

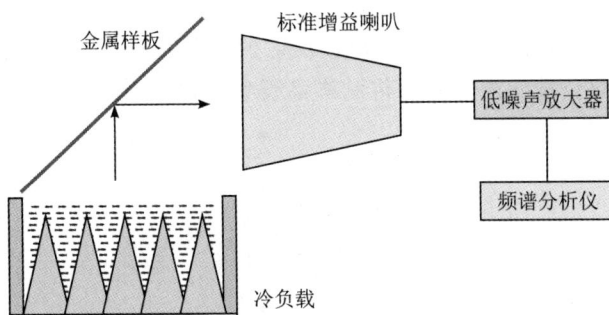

(b) 冷负载与金属样板

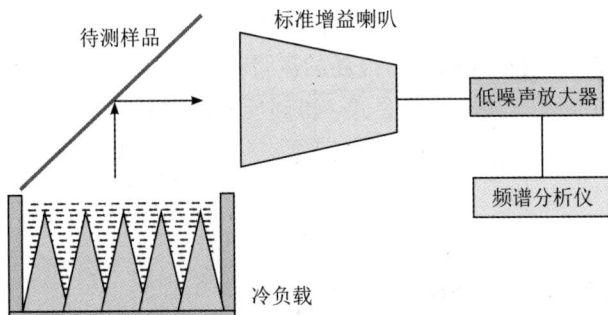

(c) 冷负载与待测样品

图 5-19　冷热负载 Y 因子法测量反射面样品反射损耗的原理框图

　　将图 5-19(b)中标准金属样板换成待测的反射面样品，如图 5-19(c)所示。假设待测样品的反射损耗为 L_{ref}，同理用频谱分析仪测量的系统输出噪声功率 $N_{\text{cold-X}}$ 为

$$N_{\text{cold-X}} = k\left[\frac{T_{\text{cold}}}{L_{\text{ref}}} + \left(1 - \frac{1}{L_{\text{ref}}}\right)T_{\text{amb}} + T_{\text{re}}\right]BG_{\text{LNA}} \tag{5-30}$$

用式(5-28)减去式(5-29)可得

$$N_{\text{hot}} - N_{\text{cold-S}} = kBG_{\text{LNA}}(T_{\text{amb}} - T_{\text{cold}}) \tag{5-31}$$

用式(5-28)减去式(5-30)可得

$$N_{\text{hot}} - N_{\text{cold-X}} = kBG_{\text{LNA}}\left[\frac{1}{L_{\text{ref}}}(T_{\text{amb}} - T_{\text{cold}})\right] \tag{5-32}$$

由式(5-31)和式(5-32)可求得待测样品的反射损耗：

$$L_{\text{ref}} = \frac{N_{\text{hot}} - N_{\text{cold-S}}}{N_{\text{hot}} - N_{\text{cold-X}}} \quad\quad (5-33)$$

式(5-33)就是通过测量的噪声功率计算反射面样品反射损耗的原理公式。由原理公式可知：该方法只用测量噪声功率，即可完成损耗测量，无需知道冷热负载的噪声温度、低噪声放大器的噪声温度等参数，但是冷热负载的温度变化以及低噪声放大器的噪声温度稳定性会影响系统的测量精度。

在实际工程测量中，我们通常用 Y 因子表示噪声功率之比，则式(5-33)可适当变换为

$$L_{\text{ref}} = \frac{\dfrac{N_{\text{hot}}}{N_{\text{cold-X}}}\left(\dfrac{N_{\text{hot}}}{N_{\text{cold-S}}} - 1\right)}{\dfrac{N_{\text{hot}}}{N_{\text{cold-S}}}\left(\dfrac{N_{\text{hot}}}{N_{\text{cold-X}}} - 1\right)} \quad\quad (5-34)$$

我们把热负载噪声功率与标准金属样板反射的冷负载噪声功率之比定义为定标 Y 因子，用 Y_D 表示；把热负载噪声功率与待测样品反射的冷负载噪声功率之比定义为测量 Y 因子，用 Y_M 表示，则

$$\begin{cases} Y_D = \dfrac{N_{\text{hot}}}{N_{\text{cold-S}}} \\[2mm] Y_M = \dfrac{N_{\text{hot}}}{N_{\text{cold-X}}} \end{cases} \quad\quad (5-35)$$

将式(5-35)代入式(5-34)可得

$$L_{\text{ref}} = \frac{Y_M(Y_D - 1)}{Y_D(Y_M - 1)} \quad\quad (5-36)$$

由式(5-36)可知：反射面样品反射损耗的测量误差主要由定标 Y 因子 Y_D 和测量 Y 因子 Y_M 的测量误差确定。依据误差传递公式，得到反射面样品反射损耗的相对误差为

$$\frac{\Delta L_{\text{ref}}}{L_{\text{ref}}} = \frac{-1}{Y_M - 1} \cdot \frac{\Delta Y_M}{Y_M} + \frac{1}{Y_D - 1} \cdot \frac{\Delta Y_D}{Y_D} \quad\quad (5-37)$$

式中：

$\dfrac{\Delta L_{\text{ref}}}{L_{\text{ref}}}$——测量反射面样品反射损耗的相对误差；

$\dfrac{\Delta Y_D}{Y_D}$——定标 Y 因子的相对误差；

$\dfrac{\Delta Y_M}{Y_M}$——测量 Y 因子的相对误差。

由式(5-37)可知，当 $Y \to 1$ dB 时，$1/(Y-1) \to \infty$，其测量误差会急剧增加。在实际工程测量中，冷负载常为液氮冷负载，显然由常温负载和标准冷负载测量的定标 Y 因子通常大于 3.5 dB($Y > 2.24$ dB)，由此产生的测量误差会迅速下降。

例如，$\Delta Y_D = \Delta Y_M = \pm 0.1$ dB，由误差理论可得其相对误差为

$$\begin{cases} \dfrac{\Delta Y_D}{Y_D} = \pm 0.023 \\[2mm] \dfrac{\Delta Y_M}{Y_M} = \pm 0.023 \end{cases}$$

例如，测量 Y 因子为 3.50 dB，定标 Y 因子为 3.65 dB，则由式(5-36)计算得到反射面样品的反射损耗为 0.117 dB，则用分贝值表示的反射面样品反射损耗测量的相对误差为

$$\frac{\Delta L_{ref}}{L_{ref}} = \pm 0.005$$

综上所述，利用冷热负载 Y 因子法测量反射面样品反射损耗具有很高的测量精度，满足工程测量需要。

3. 天空背景噪声 Y 因子法

天空背景噪声 Y 因子法测量反射面样品损耗的方法是：通过测量标准增益喇叭口置常温负载噪声功率与天空背景噪声依次经过标准金属样板、待测反射面样品和微波吸波材料屏的噪声功率之比，由测量的 Y 因子计算反射面样品的反射损耗，该方法也称为三 Y 因子法。图 5-20 为天空背景噪声 Y 因子法测量反射面样品反射损耗的原理框图。图 5-20(a)为系统注入常温负载噪声的定标测量；图 5-20(b)为天空背景噪声经金属样板全反射的噪声注入测量；图 5-20(c)为天空背景噪声经待测样品反射的噪声注入测量；图 5-20(d)为

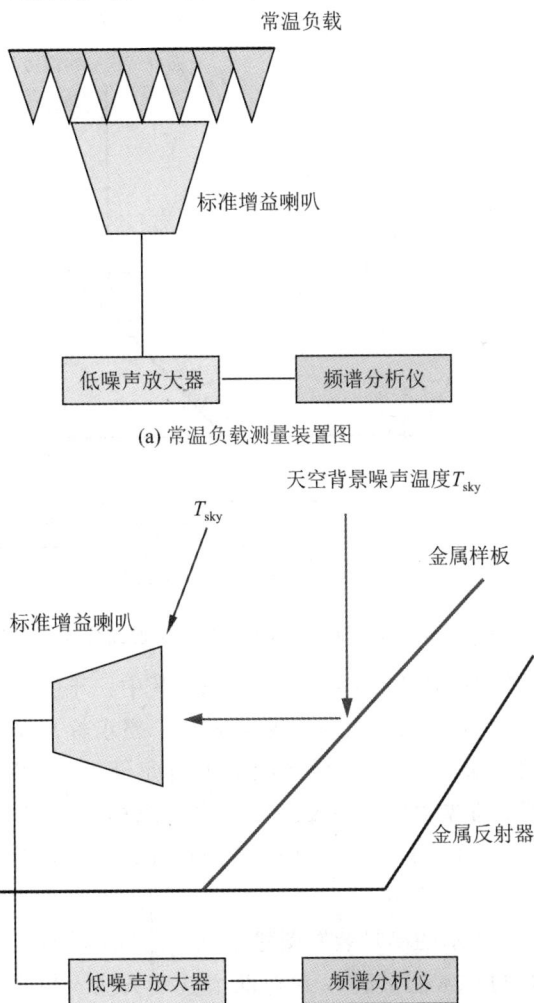

(a) 常温负载测量装置图

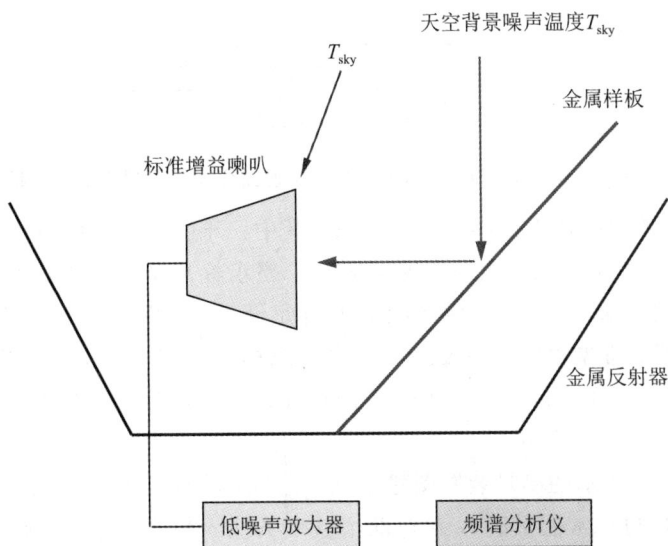

(b) 金属样板测量装置图

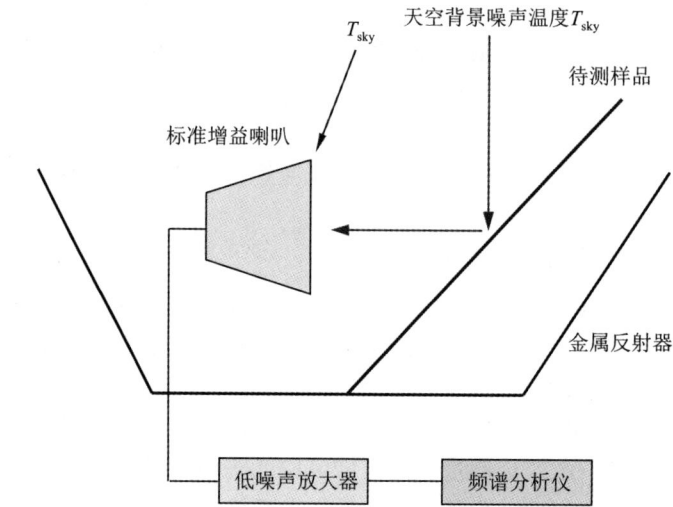

(c) 待测样品测量装置图

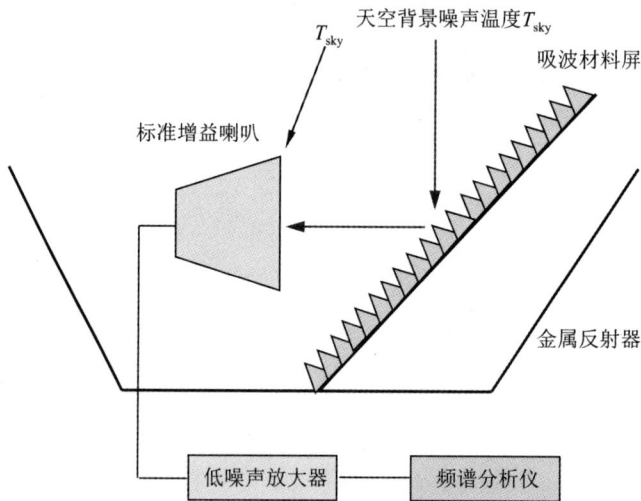

(d) 微波吸波材料测量装置图

图 5-20   天空背景噪声 Y 因子法测量反射面样品反射损耗的原理框图

天空噪声经微波吸波材料反射的噪声注入测量。其中：开口金属反射器可屏蔽地面噪声的贡献，并将标准增益喇叭旁瓣和漏失反射至晴空；要求标准金属样板表面光洁度好，且与水平方向成 45°夹角；金属样板和待测样品的尺寸足够大，确保金属样板或待测样品的波束填充因子接近 1（即标准增益喇叭主要接收来自金属样板或待测样品的发射）；常温负载为微波吸波材料，其尺寸大于标准增益喇叭口面尺寸；标准增益喇叭为角锥喇叭；低噪声放大器要求高增益且稳定性好。

按照图 5-20(a)所示的测量装置图建立测量系统，将标准增益喇叭指向天顶方向，口面置微波吸波材料（也称常温负载），对标准增益喇叭注入热噪声信号，则用频谱分析仪测量的系统输出噪声功率 N_{hot} 为

$$N_{hot} = k(T_0 + T_{re}) BG_{LNA} \qquad (5-38)$$

式中：

k——玻尔兹曼常数；

T_0——常温负载的噪声温度；

T_{re}——接收系统的等效噪声温度；

B——测量系统的噪声带宽；

G_{LNA}——低噪声放大器的增益。

按照如图 5-20(b)所示的测量装置图建立测量系统，将标准增益喇叭水平置入金属反射器中，喇叭口前置 45°金属样板(假定金属样板是无耗的)，天空背景噪声通过标准的金属样板反射，对标准增益喇叭注入噪声信号，则用频谱分析仪测量的系统输出噪声功率 $N_{sky\text{-}S}$ 为

$$N_{sky\text{-}S} = k(T_{B1} + T_{re})BG_{LNA} \tag{5-39}$$

式中，T_{B1} 为标准增益喇叭前置金属样板时的注入噪声温度。

由 Y 因子的定义可得

$$Y_S = \frac{N_{hot}}{N_{sky\text{-}S}} = \frac{T_0 + T_{re}}{T_{B1} + T_{re}} \tag{5-40}$$

由式(5-40)可求出 T_{B1}：

$$T_{B1} = \frac{T_0 + T_{re}}{Y_S} - T_{re} \tag{5-41}$$

由图 5-20(b)的原理框图可知，T_{B1} 与天空背景噪声温度的关系为

$$T_{B1} = BFF \times T_{sky} + (1 - BFF)T_{sky} \approx T_{sky} \tag{5-42}$$

式中，BFF 为金属样板的波束填充因子，假设 BFF 接近 1，则喇叭接收的大部分能量是无损耗金属样板反射的天空背景噪声温度。

将图 5-20(b)中标准金属样板换成相同物理尺寸的待测反射面样品，如图 5-20(c)所示，同理用频谱分析仪测量的系统输出噪声功率 $N_{sky\text{-}X}$ 为

$$N_{sky\text{-}X} = k(T_{B2} + T_{re})BG_{LNA} \tag{5-43}$$

式中，T_{B2} 为标准增益喇叭前置待测样品时的注入噪声温度。

由 Y 因子的定义可得

$$Y_X = \frac{N_{hot}}{N_{sky\text{-}X}} = \frac{T_0 + T_{re}}{T_{B2} + T_{re}} \tag{5-44}$$

由式(5-44)可求出 T_{B2}：

$$T_{B2} = \frac{T_0 + T_{re}}{Y_X} - T_{re} \tag{5-45}$$

由图 5-20(c)的原理框图可知，T_{B2} 与天空背景噪声温度的关系为

$$T_{B2} = BFF\left[\frac{T_{sky}}{L_{ref}} + \left(1 - \frac{1}{L_{ref}}\right)T_0\right] + (1 - BFF)T_{sky} \tag{5-46}$$

式中，L_{ref} 为待测样品的反射损耗，T_0 为待测样品的物理温度。

将图 5-20(c)中待测样品换成相同物理尺寸的吸波材料屏，如图 5-20(d)所示，则用频谱分析仪测量的系统输出噪声功率 $N_{sky\text{-}D}$ 为

$$N_{sky\text{-}D} = k(T_{B3} + T_{re})BG_{LNA} \tag{5-47}$$

式中，T_{B3} 为标准增益喇叭前置微波吸波材料屏时的注入噪声温度。

由 Y 因子的定义可得

$$Y_D = \frac{N_{hot}}{N_{sky-D}} = \frac{T_0 + T_{re}}{T_{B3} + T_{re}} \tag{5-48}$$

由式(5-48)可求出 T_{B3}：

$$T_{B3} = \frac{T_0 + T_{re}}{Y_D} - T_{re} \tag{5-49}$$

由图5-20(d)的原理框图可知，T_{B3} 与天空背景噪声温度的关系为

$$T_{B3} = BFF \times T_B + (1 - BFF) T_{sky} \tag{5-50}$$

式中，T_B 为微波吸波材料屏的物理温度，在实际测量中，吸波材料屏的物理温度等于待测样品的物理温度，即 $T_B = T_0$。

用式(5-50)减去式(5-42)，化简可得波束填充因子 BFF 为

$$BFF = \frac{T_{B3} - T_{B1}}{T_0 - T_{B1}} \tag{5-51}$$

由式(5-50)和式(5-46)可求得待测样品的反射损耗 L_{ref}：

$$L_{ref} = \frac{BFF(T_0 - T_{sky})}{T_{B3} - T_{B2}} \tag{5-52}$$

将式(5-51)代入式(5-52)，考虑 $T_{B1} = T_{sky}$ 可得

$$L_{ref} = \frac{T_{B3} - T_{B1}}{T_{B3} - T_{B2}} \tag{5-53}$$

将式(5-41)、式(5-45)和式(5-49)中的 T_{B1}、T_{B2} 和 T_{B3} 代入式(5-53)，化简可得

$$L_{ref} = \frac{Y_X(Y_S - Y_D)}{Y_S(Y_X - Y_D)} \tag{5-54}$$

式(5-54)就是天空背景噪声Y因子法(也称三Y因子法)测量反射面样品反射损耗的原理公式。由式(5-54)可知，只要测量出三个Y因子即可确定反射面样品的反射损耗，无需知道天空背景噪声温度、环境物理温度和低噪声放大器的噪声温度，但是环境温度的变化、低噪声放大器的稳定性均会影响Y因子的测量精度，从而影响反射面样品反射损耗的测量精度。

5.3.3　工程测量实例

前面介绍了反射面样品反射损耗测量的三种方法，即功率比法、冷热负载Y因子法和天空背景噪声Y因子法。功率比法采用信号源和频谱分析仪(或功率计)方案，或矢量网络分析仪方案，是一种常用的传统测量方法，在工程测量中应用广泛，但在小损耗测量中精度不高；而冷热负载Y因子法和天空背景噪声Y因子法可精确测量反射面样品的反射损耗。下面以功率比法为例，介绍其在毫米波反射面样品反射损耗测量中的应用。

图5-21为待测毫米波碳纤维反射面样品及编号，待测样品的尺寸为 $30\ cm \times 30\ cm$。

待测碳纤维反射面样品表面处理方法和表面光洁度如下：

编号2-1样品：碳纤维面板，表面金属化，喷铝，表面光洁度为 $0.0096\ \mu m$。

编号2-2样品：碳纤维面板，表面金属化，喷铝，表面光洁度为 $0.0089\ \mu m$。

编号2-3样品：碳纤维面板，表面金属化，喷铝，表面涂环氧清漆 H01-101H，表面光洁度为 $0.0105\ \mu m$。

图 5-21　待测反射面天线面板样品和编号

编号 2-4 样品：碳纤维面板，表面金属化，喷铝，表面涂锌黄底漆，表面光洁度为 0.0106 μm。

编号 2-5 样品：碳纤维面板，表面金属化，喷铝，表面涂锶黄底漆，表面光洁度为 0.0118 μm。

编号 2-6 样品：碳纤维面板，表面金属化，喷铝，铝表面涂锌黄底漆 S04-60 面漆，表面光洁度为 0.0149 μm。

测试所用标准金属样板为金属铝板，表面光洁度为 0.0092 μm，编号为 1-1，测量频率为 85 GHz、100 GHz 和 110 GHz，测量得到入射角为 22.5° 时垂直极化波金属铝板表面的反射损耗如下：

频率 $f=85$ GHz，反射损耗 $L_{RS}=0.0040$ dB(1.00092)；

频率 $f=100$ GHz，反射损耗 $L_{RS}=0.0043$ dB(1.00100)；

频率 $f=110$ GHz，反射损耗 $L_{RS}=0.0045$ dB(1.00105)；

测量系统由信号源、发射喇叭、接收喇叭和功率计等组成，图 5-22 为搭建的测量系统装置图。

图 5-22　功率比法测量反射面样品反射损耗的装置图

反射面样品反射损耗的测量方法是：首先，按照图 5-22 的装置图建立测量系统，由信号源发射毫米波单载波信号，经波导馈线传输，由发射喇叭发射，通过自由空间传播，由标准金属铝板反射，再经自由空间传播，由接收喇叭接收，用功率计直接测量反射信号的功率，用 P_{RS} 表示；然后，将标准金属铝板换成碳纤维金属化的铝板，保持其他条件不变；最后，用功率计测量反射信号的功率，用 P_{RX} 表示，则测量的碳纤维金属化的样品的反射损耗 L_{ref} 为

$$L_{ref} = L_{RS} \frac{P_{RS}}{P_{RX}} \tag{5-55}$$

式中，L_{RS} 为标准金属铝板的反射损耗。

实际测量时，发射喇叭与待测样品的距离为 210 mm，接收喇叭与金属样板的距离为 230 mm，两个喇叭的夹角约 45°，测量系统周围金属反射点用毫米波吸波材料覆盖。图 5-23 为碳纤维反射面样品反射损耗的实际测量装置。

图 5-23   碳纤维反射面样品反射损耗的实际测量装置

表 5-4、表 5-5 和表 5-6 分别给出了频率为 85 GHz、100 GHz 和 110 GHz 时碳纤维反射面样品的反射损耗测量结果。其中，计算结果为负值的情况实际上是不存在，因为采用功率计测量功率的精度无法满足这种小损耗测量，通过比对测量可评估碳纤维反射面样品的反射损耗。图 5-24 为不同频率点碳纤维反射面样品反射损耗的测量结果。测量数据表明：编号 2-1 和编号 2-2 的样品在 85 GHz、100 GHz 和 110 GHz 测量的一致性较好，编号 2-6 的样品波动最大；编号 2-1 的样品反射损耗最大，编号 2-3 的样品反射损耗最好。

表 5-4   碳纤维反射面样品 85 GHz 反射损耗的测量结果

编号	测量的反射功率/μW			平均值/μW	反射损耗/dB
	1	2	3		
1-1	19.08	18.86	18.92	18.95	—
2-1	18.78	18.65	18.66	18.70	0.0617
2-2	18.93	18.74	18.78	18.82	0.0339
2-3	19.05	18.85	18.85	18.92	0.0109
2-4	18.97	18.83	18.88	18.89	0.0178
2-5	18.96	18.89	18.84	18.90	0.0155
2-6	19.10	19.01	18.88	18.96	−0.0067

表 5 - 5　碳纤维反射面样品 100 GHz 反射损耗的测量结果

编号	测量的反射功率/μW			平均值/μW	反射损耗/dB
	1	2	3		
1 - 1	39.99	39.91	39.79	39.90	—
2 - 1	39.65	39.25	39.24	39.38	0.0612
2 - 2	39.87	39.66	39.32	39.62	0.0349
2 - 3	40.16	40.24	40.34	40.25	−0.0336
2 - 4	39.48	39.4	39.53	39.47	0.0514
2 - 5	40.53	40.44	40.54	40.50	−0.0605
2 - 6	40.48	40.54	40.57	40.53	−0.0637

表 5 - 6　碳纤维反射面样品 110 GHz 反射损耗的测量结果

编号	测量的反射功率/μW			平均值/μW	反射损耗/dB
	1	2	3		
1 - 1	11.78	11.8	11.65	11.74	—
2 - 1	11.62	11.62	11.57	11.60	0.0566
2 - 2	11.74	11.66	11.68	11.69	0.0230
2 - 3	11.83	11.75	11.72	11.77	−0.0066
2 - 4	11.64	11.53	11.67	11.61	0.0529
2 - 5	11.84	11.77	11.81	11.81	−0.0213
2 - 6	12.06	11.99	12.01	12.02	−0.0979

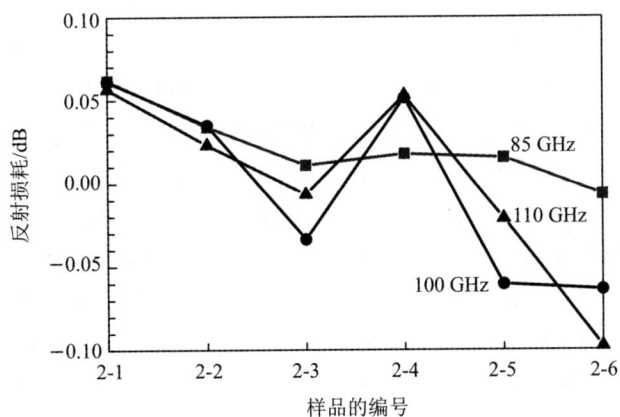

图 5 - 24　不同频率点碳纤维反射面样品反射损耗的测量结果

5.4　频率选择副反射面损耗的测量

5.4.1　频率选择副反射面的工作原理

FSS 是一种由金属贴片或金属孔径结构周期排列的功能性电磁表面，其本质上是一种空间滤波器。通过 FSS 的单元设计，可以使其对某一频段的电磁波呈反射特性，对另一频段的电磁波呈透射特性。根据滤波特性，FSS 可以分为低通、高通、带阻和带通四种类型。因此，将前馈馈源（位于第一焦点）和后馈馈源（位于第二焦点）分别放置于 FSS 副反射面两侧，可以使天线主反射面同时工作于前馈馈源频段和后馈馈源频段，从而实现反射面天线同时工作在双频或多个频段。

下面以 S/X 波段 FSS 副反射面的抛物面天线工作原理为例，说明 FSS 副反射面实现天线多频工作的方法。如图 5-25 所示，抛物面天线的副反射面为 FSS；对于 X 波段馈源来说，FSS 副反射面是完全反射或近似全反射的，FSS 副反射面可与金属副反射面相比拟；对于 S 波段馈源，FSS 副反射面是全透射或近似全透射的。这样就能通过频率选择副反射面，使抛物面天线工作于双频段。

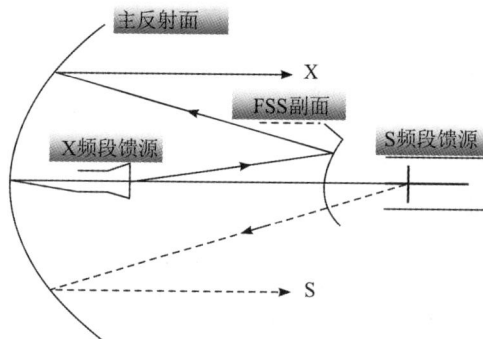

图 5-25　S/X 频段频率选择副反射面的工作原理

S/X 频段抛物面天线的工作原理是：X 频段馈源喇叭发射电磁波信号至 FSS 副反射面，由于 FSS 对 X 频段的信号是全反射的，经过 FSS 反射作用，反射波传播方向正好与从抛物面焦点发出的电磁波传播方向一致，再经过抛物面天线主反射面反射，沿抛物面的轴向平行方向发射。而 FSS 对于 S 频段馈源的信号是全透射的，S 频段的信号到达 FSS 时全部透射出来，并沿着原来的路径传播。当处于抛物面焦点的 S 频段馈源发出的信号透过 FSS 并射向天线主反射面时，在主反射面处信号发生反向传播，沿与轴向平行的方向发射，达到双频信号共用一部抛物面天线的目的，实现反射面天线的频率复用，大大提高了抛物面天线的利用率。

5.4.2　频率选择副反射面损耗的测量

1. 传输损耗测量

图 5 - 26 为用频谱分析仪测量频率选择副反射面传输损耗的原理框图。

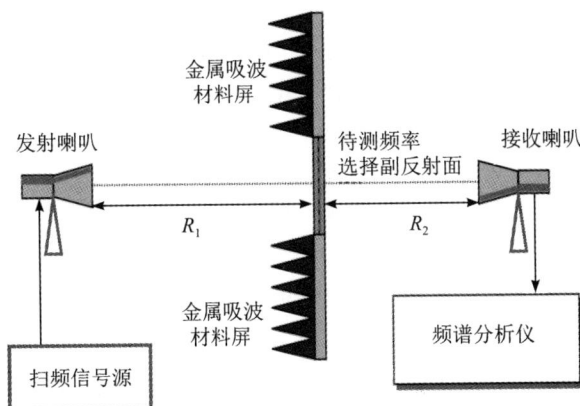

图 5 - 26　用频谱分析仪测量频率选择副反射面传输损耗的原理框图

图 5 - 26 中，R_1 为发射喇叭到频率选择副反射面的距离，R_2 为接收喇叭到频率选择副反射面的距离。发射喇叭和接收喇叭与频率选择副反射面的距离满足远场测试距离条件，即发射喇叭天线和接收喇叭天线与频率选择副反射面的距离 R 满足：

$$\begin{cases} R_1 \geqslant \dfrac{2D_a^2}{\lambda} \\ R_2 \geqslant \dfrac{2D_a^2}{\lambda} \end{cases} \tag{5-56}$$

式中：

D_a——发射喇叭天线或接收喇叭天线的口径；

λ——工作波长。

图 5 - 26 中的安装待测频率选择副反射面的金属吸波材料屏应足够大，以保持收发天线屏蔽，提高系统测量精度。

频率选择副反射面传输损耗常用远场传输法进行测量，可采用微波暗室远场法或自由空间远场法进行测量。频率选择副反射面传输损耗测量的方法是：按照图 5 - 26 所示的原理框图建立测量系统，在没有安装待测频率选择副反射面时，发射喇叭和接收喇叭对准且极化匹配情况下，由功率传输方程可得接收喇叭天线的接收功率为

$$P_{RX} = P_{TX} \frac{G_{TX}G_{RX}}{\left(\dfrac{4\pi R}{\lambda}\right)^2} \tag{5-57}$$

式中：

P_{RX}——接收喇叭天线的接收功率；

P_{TX}——发射喇叭天线的发射功率；

G_{TX}——发射喇叭增益；

G_{RX}——接收喇叭增益；

R——发射喇叭与接收喇叭之间的距离（图 5-26 中为 R_1 与 R_2 之和）；

λ——工作波长。

在金属吸波材料屏中间安装待测频率选择副反射面，保持信号源输出频率和功率不变，同理得到接收喇叭天线的接收功率为

$$P'_{RX} = P_{TX} \frac{G_{TX}G_{RX}}{\left(\dfrac{4\pi R}{\lambda}\right)^2} \frac{1}{TL_{FSS}} \qquad (5-58)$$

式中，TL_{FSS} 为频率选择副反射面的传输损耗。

由式(5-57)和式(5-58)得到频率选择副反射面的传输损耗为

$$TL_{FSS} = \frac{P_{RX}}{P'_{RX}} \qquad (5-59)$$

频谱分析仪一般工作于对数模式，则用分贝值表示的传输损耗为

$$TL_{FSS} = P_{RX} - P'_{RX} \qquad (5-60)$$

在实际工程测量中，可用矢量网络分析仪直接测量频率选择副反射面的传输损耗，其原理如图 5-27 所示。

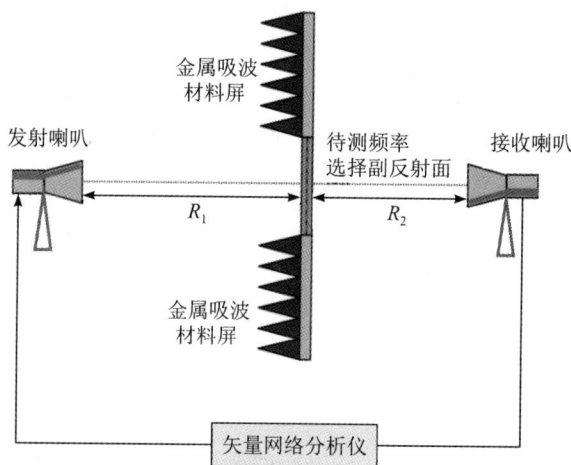

图 5-27　用矢量网络分析仪测量频率选择副反射面传输损耗的原理框图

用矢量网络分析仪测量频率选择副反射面传输损耗的方法是：首先，按照图 5-27 所示的原理框图建立测量系统，在金属吸波材料屏中心不安装频率选择副反射面时，将矢量网络分析仪的射频输出端口接发射喇叭，矢量网络分析仪输入端口接接收喇叭；然后，按照要求设置矢量网络分析仪的起始频率以及其他状态参数，选择传输测量模式，对矢量网络分析仪测量系统进行直通定标；最后，在金属吸波材料屏中心安装频率选择副反射面，保持测量系统参数不变，则矢量网络分析仪可直接测量出频率选择副反射面传输损耗。

2. 反射损耗的测量

频率选择副反射面的反射损耗测量可采用传输法和反射法。传输法测量反射损耗的原理和方法与传输损耗测量方法相同，但测量结果不是传输损耗，而是频率选择副反射面的抑制度，或称为抑制损耗，由测量的抑制损耗可计算反射损耗，二者的关系为

$$\mathrm{RL_{FSS}} = 10 \times \lg(1 + 10^{-L_{\mathrm{res}}/10}) \tag{5-61}$$

式中：

$\mathrm{RL_{FSS}}$——频率选择副反射面的反射损耗，单位为 dB；

L_{res}——频率选择副反射面的抑制损耗，单位为 dB。

例如，测量频率选择副反射面的抑制损耗为 15 dB，表明频率选择副反射面的反射损耗为 0.135 dB。下面简述反射法测量频率选择副反射面反射损耗的方法。

图 5-28 为利用频谱分析仪测量频率选择副反射面反射损耗的原理框图。其中，θ 为电磁波的入射角，发射喇叭和接收喇叭到吸波材料屏的距离相等，且满足远场测试距离条件，金属副反射面和频率选择副反射面的曲面和尺寸相同。

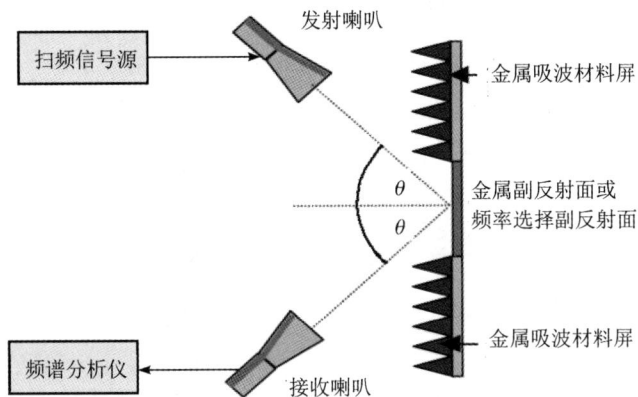

图 5-28　频率选择副反射面反射损耗测量的原理框图

频率选择副反射面反射损耗测量的方法是：按照图 5-28 所示的原理框图建立测量系统，在吸波材料屏中间安装金属副反射面，发射喇叭和接收喇叭对准金属铝板，当入射角相等且极化匹配（忽略金属副反射面损耗的情况下）时，由功率传输方程得到接收喇叭接收的信号功率为

$$P_{\mathrm{RX0}} = P_{\mathrm{TX}} \frac{G_{\mathrm{TX}} G_{\mathrm{RX}}}{\left(\dfrac{4\pi R}{\lambda}\right)^4} \tag{5-62}$$

去掉金属副反射面，安装待测频率选择副反射面，保持信号源输出频率和功率不变，同理得到接收喇叭接收的信号功率 P_{RX} 为

$$P_{\mathrm{RX}} = P_{\mathrm{TX}} \frac{G_{\mathrm{TX}} G_{\mathrm{RX}}}{\left(\dfrac{4\pi R}{\lambda}\right)^4} \frac{1}{\mathrm{RL_{FSS}}} \tag{5-63}$$

式中，$\mathrm{RL_{FSS}}$ 为频率选择副反射面的反射损耗，可表示为

$$\mathrm{RL_{FSS}} = \frac{P_{\mathrm{RX0}}}{P_{\mathrm{RX}}} \tag{5-64}$$

频谱分析仪一般工作于对数模式，则用分贝值表示的反射损耗为

$$\mathrm{RL_{FSS}} = P_{\mathrm{RX0}} - P_{\mathrm{RX}} \tag{5-65}$$

图 5-28 是利用反射法测量频率选择副反射面的反射损耗原理框图，实际上由于副反射面是曲面，测量时应注意入射波和反射波的方向，即发射喇叭指向入射波方向，接收喇

叭指向反射波方向。测量副反射面不同位置的反射损耗时，入射波和反射波方向是不同的，这样安装的发射喇叭和接收喇叭位置也不同，如图 5-29 所示。

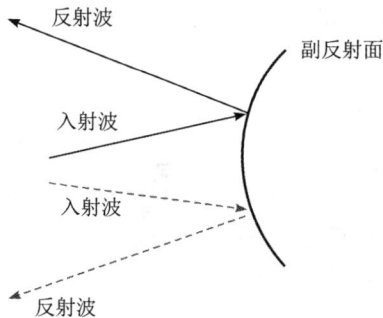

图 5-29 副反射面不同位置的入射波和反射波方向

实际工程测量中，可用矢量网络分析仪直接测量反射损耗，图 5-30 为用矢量网络分析仪测量频率选择副反射面反射损耗的原理框图。

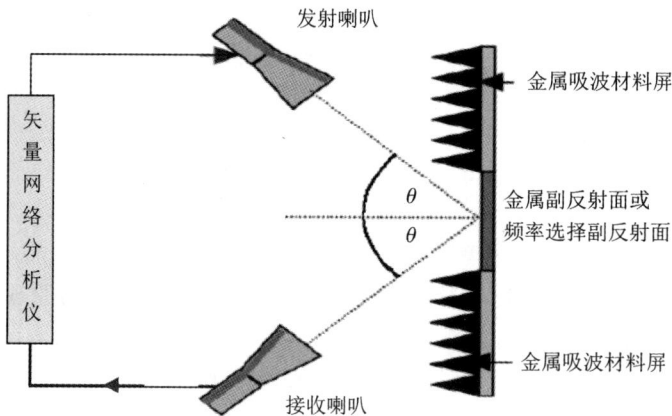

图 5-30 用矢量网络分析仪测量频率选择副反射面反射损耗的原理框图

用矢量网络分析仪测量频率选择副反射面损耗的方法是：首先，按照图 5-30 所示的原理框图建立测量系统，在金属吸波材料屏中心安装金属副反射面，将矢量网络分析仪的射频输出端口接发射喇叭，矢量网络分析仪输入端口接接收喇叭；然后，按照要求设置矢量网络分析仪的起始频率以及其他状态参数，选择传输测量模式，对矢量网络分析仪测量系统进行直通定标；最后，在金属吸波材料屏中心安装频率选择副反射面，保持测量系统参数不变，则矢量网络分析仪可直接测量出频率选择副反射面反射损耗。

5.4.3 工程测量实例

图 5-31 为 S/X 波段 4.2 米抛物面天线及 FSS 副反射面。

已知天线 S 波段的工作频率为 2.2～2.3 GHz，采用前馈馈源；X 波段的工作频率为 7.9～9.0 GHz，采用后馈馈源。抛物面天线副反射面采用十字周期结构的 FSS，频率选择副反射面的传输损耗和反射损耗采用远场传输法进行测量。图 5-32 给出了 FSS 副反射面

图 5 - 31 S/X 波段 4.2 米抛物面天线及 FSS 副反射面

的传输损耗测量结果。图 5 - 33 给出了 X 波段 FSS 副反射面的反射损耗测量结果。测量结果表明：频率选择副反射面传输损耗和反射损耗满足工程设计要求。

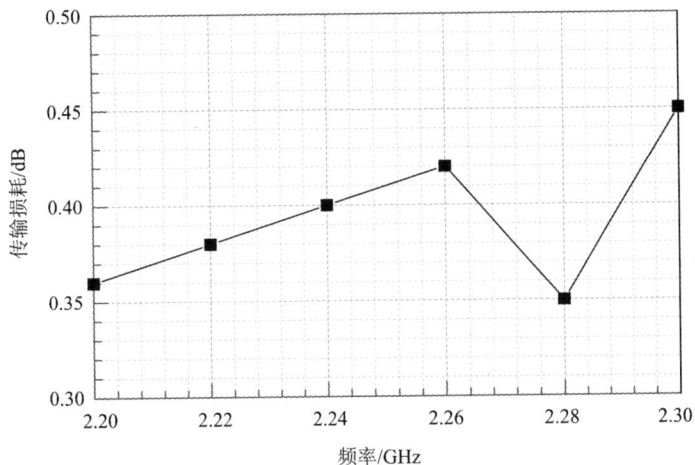

图 5 - 32 FSS 副反射面的传输损耗测量结果

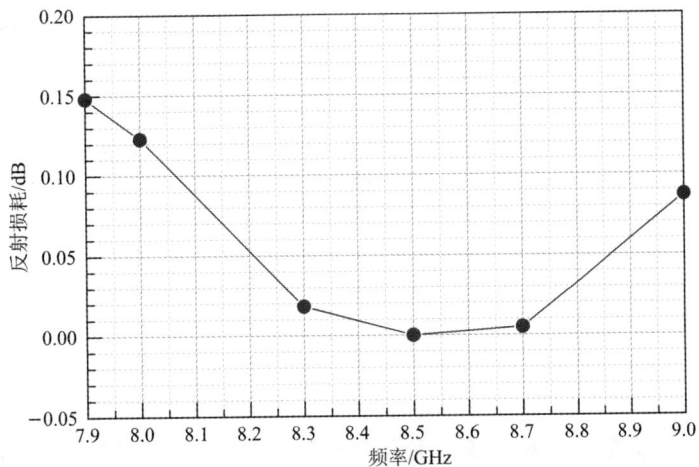

图 5 - 33 FSS 副反射面的反射损耗测量结果

5.5　反射面天线损耗的测量

前面几节介绍了圆孔或线栅反射面漏失损耗测量、反射面样品的反射损耗测量和频率选择副反射面的传输损耗与反射损耗测量，测量目的是指导天线设计，但其测量的损耗是反射面天线总损耗的一部分，因此本节介绍反射面天线损耗的测量方法，这些方法主要包括增益方向性法（包括增益方向图法和增益波束宽度法）、Y 因子法、比较 Y 因子法和天线效率法。

5.5.1　增益方向性法

增益方向性法测量反射面天线损耗的方法是：通过测量天线功率增益 G 和方向性增益 D 确定天线损耗 $\mathrm{IL_{ant}}$，可表示为

$$\mathrm{IL_{ant}} = D - G \tag{5-66}$$

式（5-66）是天线损耗测量的通用原理公式，它适用于任何天线损耗测量。但由于反射面天线的电尺寸通常很大，很难测量天线整个空间的辐射方向图，因此对式（5-66）应进行修正。另外，反射面天线方向性增益可用方向图积分法或波束宽度法确定，因此增益方向性法又可细分为增益方向图法和增益波束宽度法。

1. 增益方向图法

增益方向图法测量反射面天线损耗的方法是：通过测量天线方向图和增益确定天线损耗。

由天线理论可知，若已知天线归一化功率方向图函数为 $P(\theta, \phi)$，则天线方向性增益为

$$D = \frac{4\pi}{\int_0^{2\pi} \int_0^{\pi} P(\theta, \phi) \sin\theta \, \mathrm{d}\theta \, \mathrm{d}\phi} \tag{5-67}$$

由式（5-67）可知，要计算天线方向性增益，需要测量天线整个空间的辐射方向图，但对于反射面天线，测量天线整个空间方向图是很困难的。

对于圆口径对称反射面天线，通常只测量一定角度范围内的方位 AZ 面和俯仰 EL 面（或 E 面和 H 面）方向图。假设测量角度范围为 $\pm\theta_m$，则测量的天线方向性增益为

$$D_m = \sqrt{D_{m\mathrm{AZ}} D_{m\mathrm{EL}}} \tag{5-68}$$

$$D_{m\mathrm{AZ}} = \frac{4}{\int_{-\theta_m}^{\theta_m} |P_{\mathrm{AZ}}(\theta)| \sin|\theta| \, \mathrm{d}\theta} \tag{5-69}$$

$$D_{m\mathrm{EL}} = \frac{4}{\int_{-\theta_m}^{\theta_m} |P_{\mathrm{EL}}(\theta)| \sin|\theta| \, \mathrm{d}\theta} \tag{5-70}$$

显然，在一定角度范围内对天线功率方向图进行积分时，没有考虑天线宽角旁瓣对方向性增益的影响。影响反射面天线宽角旁瓣特性的主要因素有照射漏失、天线遮挡和天线

交叉极化等，因此实际天线方向性增益应考虑这些影响的修正。用增益方向图法确定天线损耗的原理公式为

$$IL_{ant} = D_m - G - \delta_{sector} - \delta_{spillover} - \delta_{strut} - \delta_{cross} - \delta_{mismatch} \qquad (5-71)$$

式中：

δ_{sector} ——实测方向图有限区域引起的增益损失；

$\delta_{spillover}$ ——天线漏失引起的增益损失；

δ_{strut} ——天线支撑遮挡引起的增益损失；

δ_{cross} ——天线轴向交叉极化引起的增益损失；

$\delta_{mismatch}$ ——天线失配引起的增益损失。

实测方向图有限区域引起的增益损失 δ_{sector} 一般由下式进行理论估算：

$$\delta_{sector} = -10 \times \lg \left[1 - \frac{\int_{\theta_m}^{\pi} P(\theta)\sin\theta \mathrm{d}\theta}{\int_{0}^{\pi} P(\theta)\sin\theta \mathrm{d}\theta} \right] \qquad (5-72)$$

理论研究结果表明：当实测方向图的角度范围大于或等于 6 倍半功率波束宽度时，天线方向图有限区域引起的增益损失小于 0.02 dB，故一般工程测量中 δ_{sector} 取 0.02 dB。

漏失主要由馈源喇叭的照射锥销引起，假设天线边缘照射电平为 T_{aper}（单位为 dB），则漏失引起的增益损失为

$$\delta_{spillover} = 10 \times \lg \left[1 + 10^{T_{aper}/10} \right] \qquad (5-73)$$

例如，边缘照射电平为 -15 dB，则天线漏失引起的增益损失为 0.135 dB。

假设反射面天线支撑的遮挡面积为 A_b（双反射面天线不含副反射面遮挡面积，前馈抛物面不含馈源遮挡面积，偏置反射面天线无支撑遮挡），天线口径的物理面积为 A_P，则支撑遮挡引起的增益损失为

$$\delta_{strut} = -10 \times \lg \left(1 - \frac{A_b}{A_P} \right)^2 \qquad (5-74)$$

假设反射面天线的轴向交叉极化隔离度为 XPD，则天线轴向交叉极化引起的增益损失为

$$\delta_{cross} = 10 \times \lg \left[1 + 10^{-XPD/10} \right] \qquad (5-75)$$

对于高性能低副瓣反射面天线，其轴向交叉极化隔离度要求优于 30 dB，则天线轴向交叉极化引起的增益损失约为 0.004 dB。

若天线电压驻波比为 VSWR，则失配引起的增益损失为

$$\delta_{mismatch} = -10 \times \lg \left[\frac{4VSWR}{(VSWR+1)^2} \right] \qquad (5-76)$$

由工程实践可知：高增益、低副瓣反射面天线，天线电压驻波比一般要求优于 1.25，则由失配引起的增益损失为 0.054 dB。

由此可见：只要测量出天线增益和方向图，并考虑各种增益损失因子，利用式（5-71）就可确定天线损耗。

实际工程中，一般天线的电压驻波比和交叉极化隔离度均需要测量，由实际测量值用修正公式可计算增益损失。如果各项增益损失因子无法精确计算，可采用 INTELSAT SSOG 210 给出的经验值进行修正，具体如下：

$$\begin{cases} \delta_{\text{sector}} + \delta_{\text{spillover}} = 0.15 \text{ dB} \\ \delta_{\text{strut}} = 0.05 \text{ dB} \\ \delta_{\text{cross}} = 0.05 \text{ dB} \\ \delta_{\text{mismatch}} = 0.07 \text{ dB} \end{cases}$$

2. 增益波束宽度法

增益波束宽度法测量反射面天线损耗的方法是：通过测量天线方向性增益以及方向图的 3 dB 和 10 dB 波束宽度，确定反射面天线损耗。

由天线理论可知，天线方向性增益和波束宽度的关系为

$$D = \frac{\text{DB}}{\text{HPBW}_E \times \text{HPBW}_H} \tag{5-77}$$

式中：

D——天线的方向性增益；

DB——天线方向性综合波束宽度的积；

HPBW_E——天线 E 面方向图的半功率波束宽度；

HPBW_H——天线 H 面方向图的半功率波束宽度。

对于均匀分布的圆口径天线，若口面半径 $a \gg \lambda$，则其半功率波束宽度为

$$\text{HPBW}_E = \text{HPBW}_H = 1.02 \times \frac{\lambda}{2a} \tag{5-78}$$

$$\text{DB} = \frac{4\pi^2 a^2}{\lambda^2} \text{HPBW}_E \times \text{HPBW}_H \tag{5-79}$$

将式(5-78)、式(5-79)代入式(5-77)，可得

$$D = \frac{33709}{\text{HPBW}_E \times \text{HPBW}_H} \tag{5-80}$$

式(5-80)为圆口径天线口面场均匀分布的方向性增益，天线的增益就是天线的方向性增益与参考点至辐射体之间损耗因子的乘积，因此计算天线的增益在某种意义上讲就是计算参考点至辐射体之间的损耗因子。反射面天线接收增益的参考面为天线馈源网络输出端口与低噪声放大器连接的口面，而发射增益的参考面是发射机的输出馈线端口与天线馈源支路的接口处。因此，计算出圆口径天线效率，就可计算天线增益。

对于非均匀分布圆口径天线，HPBW_E 和 HPBW_H 随 D 的减小而增大，因此式(5-80)也可用于非均匀分布的圆口径天线方向性增益计算。

INTELSAT SSOG 210 依据反射面天线技术现状，对国内外反射面天线性能进行综合研究，给出了高增益、低旁瓣地面站天线增益和波束宽度的关系：

$$G = 10 \times \lg\left(\frac{G_3 + G_{10}}{2}\right) - \text{IL}_{\text{ant}} - L_{\text{rms}} \tag{5-81}$$

$$G_3 = \frac{31000}{\text{HPBW}_{3AZ} \times \text{HPBW}_{3EL}} \tag{5-82}$$

$$G_{10} = \frac{91000}{\text{HPBW}_{10AZ} \times \text{HPBW}_{10EL}} \tag{5-83}$$

式中：

HPBW$_{3AZ}$——天线方位方向图的 3 dB 波束宽度，单位为(°)；

HPBW$_{3EL}$——天线俯仰方向图的 3 dB 波束宽度，单位为(°)；

HPBW$_{10AZ}$——天线方位方向图的 10 dB 波束宽度，单位为(°)；

HPBW$_{10EL}$——天线俯仰方向图的 10 dB 波束宽度，单位为(°)；

IL$_{ant}$——天线损耗，单位为 dB；

L$_{rms}$——反射面天线表面公差引起的增益损失，可用下式计算：

$$L_{rms} = 685.81 \left(\frac{\varepsilon}{\lambda} \right)^2 \tag{5-84}$$

ε——反射面天线表面的公差，单位为 cm；

λ——工作波长，单位为 cm。

由式(5-81)、式(5-82)和式(5-83)得到天线损耗为

$$IL_{ant} = 10 \times \lg \left(\frac{15500}{HPBW_{3AZ} \times HPBW_{3EL}} + \frac{45500}{HPBW_{10AZ} \times HPBW_{10EL}} \right) - G - L_{rms}$$

$$\tag{5-85}$$

式(5-85)就是增益波束宽度法测量反射面天线损耗的原理公式。可以发现，只要测量出天线增益、方向图的 3 dB 和 10 dB 波束宽度以及反射面天线的表面公差，就能计算天线的损耗。

3. 反射面天线的方向图测量

天线方向图是用图形的方法表示天线辐射能量在空间的分布。天线方向图是天线的重要性能参数，通过测量天线方向图可以确定天线的半功率波束宽度、天线方向性增益、前后比和天线宽角旁瓣特性等，因此天线方向图测量是天线最重要的、最基本的电参数测量。

天线方向图测量通常有三种方法，即近场测量方法(包括平面近场测量、柱面近场测量和球面近场测量)、远场测量方法(包括常规远场、卫星源法和射电源法等)和紧缩场测量方法。

近场天线测量是用一个特性已知的探头测量天线近场区的幅度和相位分布，通过严格的数学计算确定天线的远场特性。天线近场测量系统常建在微波暗室内，测量环境的温度和湿度可以得到很好的控制，大气的影响相对较小。球面近场测量可以获得天线整个空间的方向图。对于反射面天线，由于天线电尺寸通常很大，特别是大口径反射面天线，不适宜采用近场测量获得天线方向图。

紧缩场是一种在近距离内利用校正单元将馈源喇叭辐射的球面波变为平面波的测试设备。紧缩场所产生的平面波区域称为紧缩场的静区，待测天线安装在紧缩场的静区内。紧缩场可直接对待测天线的方向图、天线增益和交叉极化等远场电性能参数进行测量。紧缩场可建立在微波暗室内，测量方法同传统的远场测量一样简单方便，特别适合中小口径反射面天线测量。

远场测量是天线测量的经典方法，近年来虽然近场测量技术和紧缩场测量技术发展很快，但远场测量仍是天线测量的主要手段，特别是大口径反射面天线，通常需要在安装现场调整后再对天线性能进行测量，卫星源法和射电源法是大型天线测量行之有效的方法。

反射面天线方向图测量可依据天线口径、测量频率、测量条件选择合适的测量方法，下面简单介绍常规室外远场法和卫星源法。

1) 常规室外远场法

图 5-34 为常规远场法(信标塔法)测量天线方向图的原理框图。其中,发射喇叭和待测天线之间的距离 R 应满足远场测试距离条件。一般地,在天线方向图测量系统中,发射喇叭经微波信号源发射一频率和功率稳定的连续单载波信号,根据电磁场理论,其辐射的电磁波可视为均匀平面波:

$$E(t) = E_0 \sin(wt + \phi_0) \qquad (5-86)$$

式中:

E_0——平面波的幅度;

ϕ_0——平面波的初相位;

w——载波的角频率。

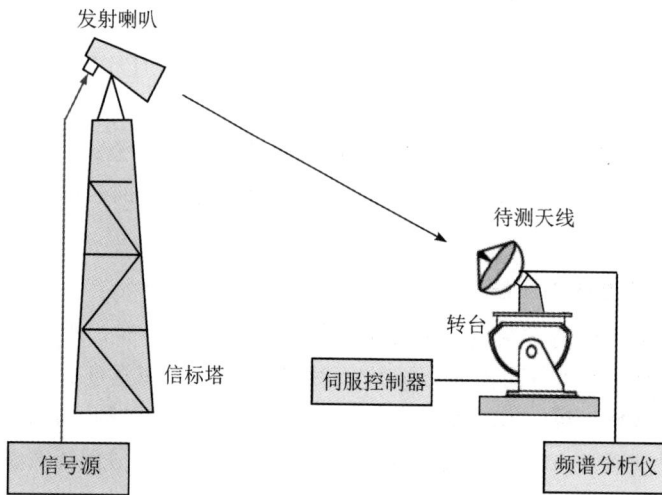

图 5-34 信标塔法测量天线方向图的原理框图

由图 5-34 可知,待测接收天线除接收发射喇叭的平面波外,还接收到了噪声信号。也就是说,当噪声和信号同时出现时,频谱分析仪测量的功率包括信号功率和噪声功率。

根据天线理论可知,待测天线接收到的信号为

$$E'(t) = \sqrt{L_P G(\theta, \phi)}\, E(t) + N(t) \qquad (5-87)$$

式中:

$G(\theta, \phi)$——待测天线在 (θ, ϕ) 方向上的增益;

L_P——自由空间传输损耗和系统传输损耗之和;

$N(t)$——进入频谱分析仪的噪声信号。

式(5-87)就是天线方向图测量的原理公式。天线方向图测量的方法是:按照图 5-34 所示的原理框图建立测量系统,待测天线和发射喇叭对准,且极化匹配,频谱分析仪用作接收机,转动待测天线时,频谱分析仪的 CRT 显示器记录天线方向图的旁瓣随时间的变化曲线,测量曲线就是天线方向图。利用时间与角度对应关系,可分析计算天线方向图的特性,如天线方向图的半功率波束宽度、第一旁瓣电平和旁瓣包络等。

室外远场测量是天线方向图测量的常用方法,但远场法易受测量环境和地面反射的影

响，对于大口径反射面天线，通常很难满足远场测试距离条件。

2) 卫星源法

利用地球同步轨道静止卫星作为信号源测量天线方向图，能满足天线远场测试距离条件，有效抑制地面反射和环境的影响，特别适合大型地面站天线现场测量，但其测量频率受卫星转发器的频段限制。表 5-7 为常用的卫星通信频段。

表 5-7　常用的卫星通信频段

波段名称	频段范围/GHz	
	上行链路频段	下行链路频段
UHF	0.20~0.45	0.20~0.45
L	1.635~1.660	1.538~1.580
S	2.65~2.69	2.50~2.54
C	5.85~6.65	3.40~4.20
X	7.90~8.40	7.25~7.75
Ku	14.00~14.50	10.95~12.75*
Ka	27.5~31.0	17.7~21.2*
EHF	43.5~45.5	19.7~20.7
Q/V	47.2~50.2	37.5~40.5

说明：(1) Ku 波段下行频率可细分为：10.95~11.20 GHz, 11.20~11.70 GHz, 12.25~12.75 GHz；
(2) Ka 波段上下行频率也可细分，如上行频率为 30.0~31.0 GHz，下行频率为 20.2~21.1 GHz。

凡是被卫星通信频段覆盖的地面站反射面天线，均可利用卫星源法测量天线方向图。图 5-35 为利用卫星信标或卫星调制信号测量天线接收方向图的原理框图。

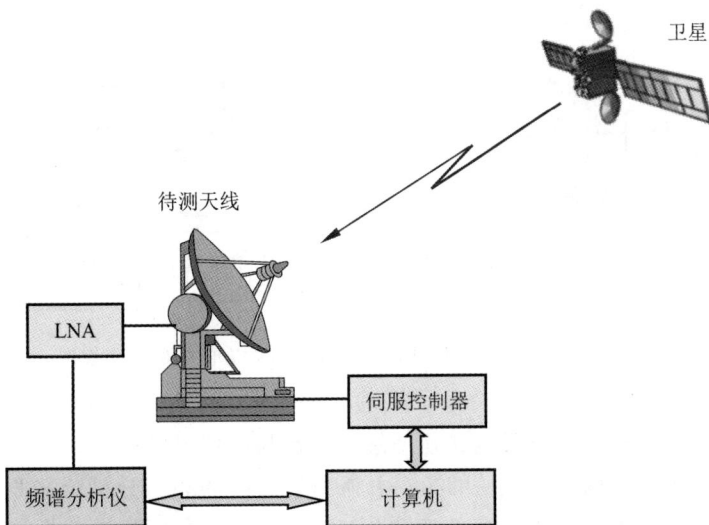

图 5-35　用卫星信标或卫星调制信号测量天线接收方向图的原理框图

设卫星的各向同性辐射功率为 $\mathrm{EIRP_S}$，下行自由空间传播链路的总损耗为 L_{DOWN}，低噪声放大器的增益为 G_{LNA}，待测天线的接收增益为 $G_{\mathrm{R}}(\theta)$（θ 为天线偏离波束中心的角度，θ 等于零表示天线在最大方向上的增益），射频电缆的传输损耗为 L_{RF}，则频谱分析仪测量的 RF 功率 $P_{\mathrm{mea}}(\theta)$ 为

$$P_{\mathrm{mea}}(\theta) = \mathrm{EIRP_S} + 30 - L_{\mathrm{DOWN}} + G_{\mathrm{LNA}} + G_{\mathrm{R}}(\theta) - L_{\mathrm{RF}} \tag{5-88}$$

式(5-88)就是卫星信标法测量地球站天线接收方向图的原理公式。其中，$P_{\mathrm{mea}}(\theta)$ 就是频谱分析仪测量的 RF 功率，显然当待测天线对准卫星，且待测天线极化与卫星极化匹配时，$G_{\mathrm{R}}(\theta)$ 最大，$P_{\mathrm{mea}}(\theta)$ 也最大。当待测天线偏离波束中心转动时，$G_{\mathrm{R}}(\theta)$ 发生变化，频谱分析仪测量的 RF 信号功率也会发生变化，利用频谱分析仪的迹线功能记录天线运动轨迹（测量的待测天线方向图）。通过数据处理可获得天线接收方向图的第一旁瓣电平、波束宽度和旁瓣特性等。

在天线方位方向图测量中，要考虑方位角的修正。由于天线方位方向图中的方位角是空间方位平面指向角，而天线方位角显示器指示的是水平面内的方位角，这两个角度是不一样的，其差值随着天线俯仰角的变化而变化，两者的关系为

$$\mathrm{AZ}' = 2\arcsin\left[\sin(\mathrm{AZ}/2)\cos(\mathrm{EL})\right] \tag{5-89}$$

式中：

　　EL——待测天线对准卫星时的仰角，单位为度(°)；

　　AZ——天线未修正时的方位角，单位为度(°)；

　　AZ'——天线修正时的方位角，单位为度(°)。

图 5-36 为利用卫星源法测量地面站天线发射方向图的原理框图。

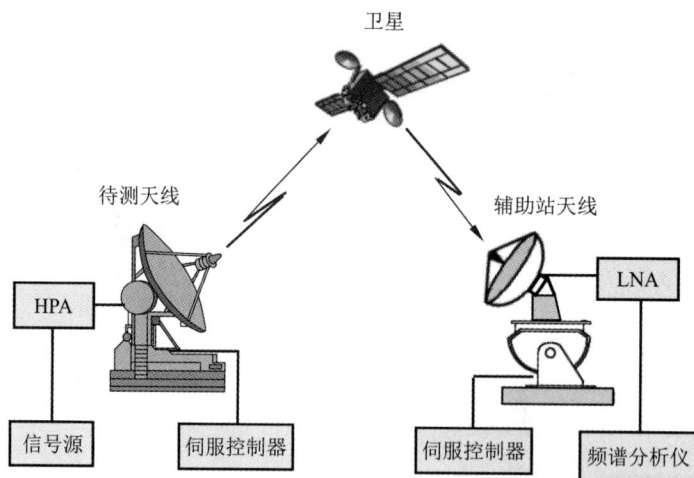

图 5-36　用卫星源法测量地面站天线发射方向图的原理框图

天线发射方向图测量的基本方法是：首先，由待测地面站天线发射一单载波，辅助站天线接收这一单载波信号，待测天线和辅助站天线都与所用卫星对准，且与卫星极化匹配；然后，分别转动待测天线的方位或俯仰角，由辅助站天线的频谱分析仪接收这一单载波信号，天线的增益随天线方位或俯仰角的变化而变化；最后，利用频谱分析仪的迹线功能记录天线的运动轨迹（测量的待测地面站天线发射方向图）。通过数据处理可获得天线方向图

的第一旁瓣电平、波束宽度和宽角旁瓣特性等。

　　设辅助站天线接收的信号功率为 $P(\theta)$，辅助站天线的接收增益为 G_R，低噪声放大器的增益为 G_{LNA}，卫星转发器的总增益为 G_{sate}，下行链路总损耗为 L_{DOWN}，上行链路总损耗为 L_{UP}，待测天线发射增益为 $G_T(\theta)$，待测天线在馈线输入口的发射功率为 P_T，则用分贝值表示的辅助站天线接收信号的功率为

$$P(\theta) = P_T + G_T(\theta) + G_{sate} - L_{UP} - L_{DOWN} + G_R + G_{LNA} \qquad (5-90)$$

式中，等号右边各项在整个测量过程中，除待测天线发射增益 $G_T(\theta)$ 随待测天线方位角或俯仰角 θ 变化而变化外，其余各项均保持不变，因此接收信号功率 $P(\theta)$ 随 θ 变化，频谱分析仪测量的 $P(\theta)$ 变化曲线，即为待测天线的发射功率方向图。注意在天线方位方向图测量中，应考虑方位角的修正。

　　图 5-37 为利用卫星源法测量的 C 波段 13 米地面站天线的发射俯仰近旁瓣方向图。

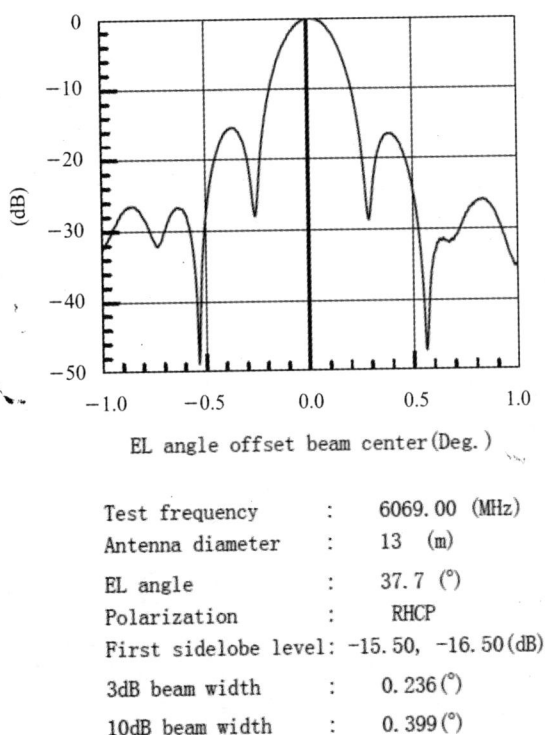

Test frequency	:	6069.00	(MHz)
Antenna diameter	:	13	(m)
EL angle	:	37.7	(°)
Polarization	:	RHCP	
First sidelobe level:		-15.50, -16.50	(dB)
3dB beam width	:	0.236	(°)
10dB beam width	:	0.399	(°)

图 5-37　C 波段 13 米地面站天线的发射俯仰近旁瓣方向图

4. 反射面天线增益测量

　　常用的天线增益测量方法有比较法、射电源法、两相同天线法、三天线法、镜像法、波束宽度法和方向图积分法等，但是对于反射面天线，特别是大型反射面天线增益的现场测量，上述很多方法不合适。另外，波束宽度法和方向图积分法确定天线增益，需要精确测量天线损耗，而反射面天线损耗测量正是利用波束宽度法和方向图积分法测量增益的原理。因此，在反射面天线增益测量中，推荐利用比较法和射电源法。

　　1）比较法

　　比较法测量天线增益的实质是将待测天线增益同标准天线增益进行比较，从而确定待

测天线增益。由天线互易原理可知：待测天线可用作发射天线，也可用作接收天线。

比较法是天线增益测量的传统方法，该方法必须使用已知增益的标准天线，标准天线的增益精度直接影响待测天线增益测量精度。此外：天线结构应简单、便于安装；天线极化应已知，且极化纯度高，即交叉极化隔离度好。

常用的标准天线有角锥喇叭天线和半波振子天线，1 GHz 以下频段常用半波振子天线，1 GHz 以上频段常用角锥喇叭天线。标准增益天线一般工作在线极化模式，在实际工程测量中，遇到待测天线工作在圆极化模式时，应考虑极化损失的修正。

依据不同的测试场，比较法又可细分为远场比较法、近场比较法和紧缩场比较法（紧缩场比较法测量原理同远场比较法相同）。近场比较法测量天线增益是非常复杂的，因此下面主要介绍远场比较法，该方法适合中小口径的反射面天线增益测量，但远场法会受地面反射的影响，实际工程测量中，通常在待测天线口径上下移动标准增益喇叭天线，测量出地面反射的干涉曲线，进而对测量结果进行修正，提高测量精度。

（1）远场比较法。

远场比较法测量反射面天线增益常采用室外斜测试场或高架测试场，信标发射天线常安装在信标塔上，待测天线安装在地面测试转台上，并在待测天线旁边的升降装置上安装标准增益喇叭，待测天线和发射天线之间的距离满足远场测试条件。图 5-38 为远场比较法测量天线增益的原理框图。通过测量待测天线和标准增益喇叭接收的发射天线信号功率，就能确定待测天线增益。

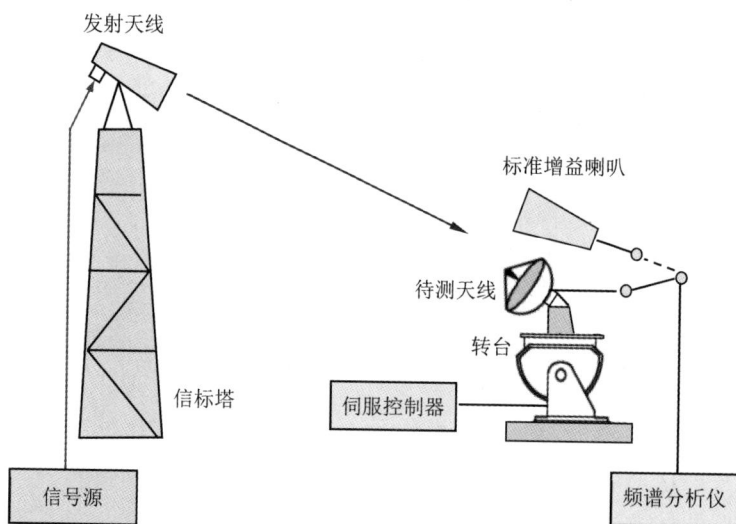

图 5-38 远场比较法测量天线增益的原理框图

当发射天线与待测天线对准且极化匹配时，由功率传输方程可得用频谱分析仪测量的待测天线接收的信号功率为

$$P_{RX} = \frac{P_{TX}}{L_{TX}} G_{TX} \left(\frac{\lambda}{4\pi R}\right)^2 \frac{G_X}{L_{RX}} \tag{5-91}$$

式中：

P_{RX}——频谱分析仪测量的待测天线接收的信号功率；

P_{TX}——信号源的射频输出功率；

L_{TX}——信号源和发射天线之间的射频电缆损耗；

G_{TX}——发射天线增益；

λ——工作波长；

R——发射天线与待测天线之间的距离；

G_X——待测天线的增益；

L_{RX}——待测天线和频谱分析仪之间的射频电缆损耗。

将待测天线的测试射频电缆接到标准增益喇叭上，调整标准增益喇叭指向，使其与发射天线对准，且极化匹配时，用频谱分析仪测量的标准增益喇叭接收的信号功率为

$$P_{RS} = \frac{P_{TX}}{L_{TX}} G_{TX} \left(\frac{\lambda}{4\pi R}\right)^2 \frac{G_S}{L_{RX}} \tag{5-92}$$

式中：

P_{RS}——频谱分析仪测量的标准增益喇叭接收的信号功率；

G_S——标准增益喇叭的增益。

利用式(5-91)和式(5-92)可求得待测天线增益：

$$G_X = G_S \frac{P_{RX}}{P_{RS}} \tag{5-93}$$

式(5-93)可用分贝值表示为

$$G_X = G_S + P_{RX} - P_{RS} \tag{5-94}$$

在实际工程应用中，待测天线通常工作于圆极化模式，若发射天线和标准增益喇叭仍是工作于线极化模式，则应考虑极化损失对待测天线增益测量的影响。通常有两种修正处理方法。

方法一是按照式(5-94)的原理公式，测量出待测天线增益，然后考虑轴比 AR(单位为 dB)的修正，获得待测圆极化天线增益。考虑轴比修正的比较法测量天线增益为

$$G_X = G_S + P_{RX} - P_{RS} + 10 \times \lg\left(1 + 10^{\frac{-AR}{10}}\right) \tag{5-95}$$

方法二是按照式(5-94)的原理公式，分别测量出用分贝值表示的待测天线水平极化增益 $G_{X\parallel}$ 和垂直极化增益 $G_{X\perp}$，利用下式计算待测圆极化天线增益：

$$G_X = 10 \times \lg\left(10^{\frac{G_{X\parallel}}{10}} + 10^{\frac{G_{X\perp}}{10}}\right) \tag{5-96}$$

用室外斜测试场测量天线增益时，由于待测天线架设高度和有限测试距离的限制，地面反射必将对天线增益测量结果产生影响。为了消除地面反射的影响，常将标准增益喇叭天线安装在一个可升降的装置上，使其可在待测天线口面上下移动，测出场地的地面反射干涉曲线，再利用这条曲线对标准增益喇叭接收信号功率进行处理，从而有效减少地面反射的影响。数据处理是将标准增益喇叭沿着待测天线口径上下移动，测量出地面反射的干涉曲线，求出该曲线极大值和极小值的算术平均值，用该值代替比较法测量增益原理公式中 P_{RS}。

(2) 卫星源比较法。

对于大口径反射面天线，室外远场很难满足远场测试距离条件，地面和环境的多重反

射也是不可避免的。利用同步轨道静止卫星，可以满足大口径反射面天线测量的远场距离条件，且能有效减少地面反射和环境的影响。图 5-39 为利用卫星信标（或未调制下行载波）比较法测量地面站天线增益的原理框图。测量所用的低噪声放大器接口与待测天线和标准增益喇叭接口匹配，也就是说低噪声放大器可与待测天线或标准增益喇叭直接连接。

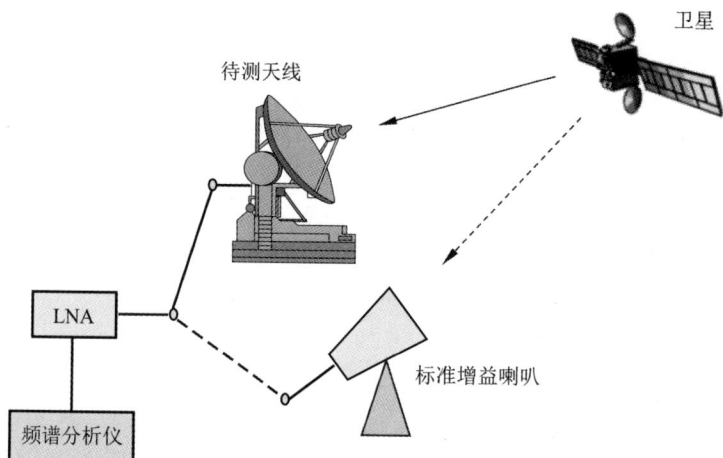

图 5-39　利用卫星信标比较法测量地面站天线增益的原理框图

按照图 5-39 所示的原理框图建立测量系统，低噪声放大器与待测天线连接，转动待测天线的方位或俯仰角，使待测天线与卫星对准，同时调整待测天线极化方式，使其与卫星信标极化匹配，此时用频谱分析仪测量的信号功率为

$$P_{RX} = \text{EIRP}_{\text{sate}} - L_{\text{DOWN}} + G_{RX} + G_{\text{LNA}} - L_{RX} \qquad (5-97)$$

式中：

P_{RX}——频谱分析仪测量的待测天线接收的卫星信标信号功率，单位为 dBm；

$\text{EIRP}_{\text{sate}}$——卫星信标的等效各向同性辐射功率，单位为 dBm；

L_{DOWN}——卫星下行链路总损耗，包括自由空间衰减和大气吸收衰减等，单位为 dB；

G_{RX}——待测地面站天线的接收增益，单位为 dBi；

G_{LNA}——低噪声放大器的增益，单位为 dB；

L_{RX}——低噪声放大器和频谱分析仪之间的射频电缆损耗，单位为 dB。

将待测天线的低噪声放大器接到标准增益喇叭上，调整标准增益喇叭的波束指向，使其与卫星对准，且极化匹配，则用频谱分析仪测量的标准增益喇叭接收的卫星信标信号功率为

$$P_{RS} = \text{EIRP}_{\text{sate}} - L_{\text{DOWN}} + G_S + G_{\text{LNA}} - L_{RX} \qquad (5-98)$$

式中：

P_{RS}——频谱分析仪测量的标准增益喇叭接收的卫星信标信号功率，单位为 dBm；

G_S——标准增益喇叭的增益，单位为 dBi。

联立式（5-97）和式（5-98）可求得待测天线增益：

$$G_{RX} = G_S + P_{RX} - P_{RS} \qquad (5-99)$$

式（5-99）为用卫星信标（或未调制下行载波）测量地面站天线增益的原理公式。在实际

工程应用中，若待测天线为圆极化，卫星也是圆极化，而标准增益喇叭是线极化，则应考虑标准增益喇叭的极化损失。卫星比较法测量天线增益的公式为

$$G_{RX} = G_S + P_{RX} - 10 \times \lg \left(10^{\frac{P_{RS//}}{10}} + 10^{\frac{P_{RS\perp}}{10}} \right) \qquad (5-100)$$

式中：

$P_{RS//}$——标准增益喇叭水平极化接收的卫星信号功率，单位为 dBm；

$P_{RS\perp}$——标准增益喇叭垂直极化接收的卫星信号功率，单位为 dBm。

图 5 - 40 为利用卫星源比较法测量卫星上行频段天线增益的原理框图。

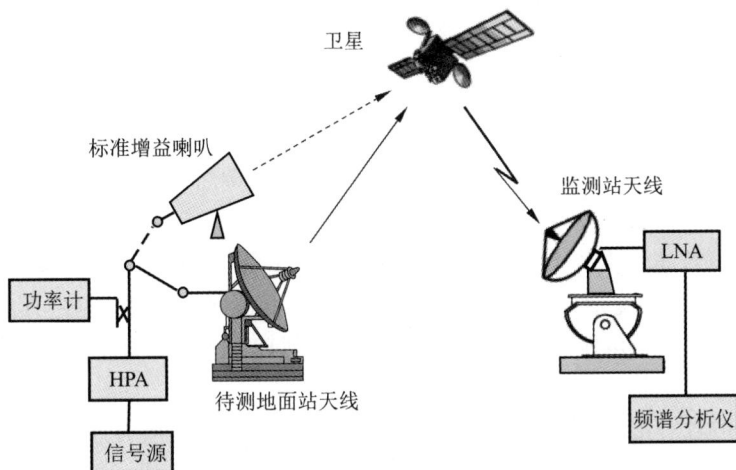

图 5 - 40　利用卫星源比较法测量卫星上行频段天线增益的原理框图

　　卫星源比较法测量卫星上行频段天线增益的方法是：首先按照图 5 - 40 所示原理框图建立测量系统，调整待测地面站天线和监测站天线，使其与卫星对准，且极化匹配；然后，用信号源发射一个单载波信号，用监测站的频谱分析仪观测待测地面站天线发射载波经卫星转发器转发的下行载波信号；最后，调整信号源射频输出，观测频谱分析仪测量的信号功率，确保卫星转发器和高功率放大器工作在线性区，此时频谱分析仪测量的信号功率为 P_0，用功率计测量出 HPA 的耦合输出功率，则待测地面站天线的发射 EIRP 为

$$\text{EIRP}_{TX} = P_{CX} + C + G_{TX} \qquad (5-101)$$

式中：

EIRP_{TX}——待测地面站天线的发射 EIRP，单位为 dBm；

P_{CX}——功率计测量的 HPA 耦合输出功率，单位为 dBm；

C——定向耦合器的耦合系数，单位为 dB；

G_{TX}——待测地面站天线的发射增益，单位为 dBi。

　　将待测地面站天线的高功率放大器与标准增益喇叭连接，调整标准增益喇叭，使其与卫星对准，且极化匹配，保持信号源频率不变，逐渐加大信号源的输出功率，用监测站的频谱分析仪观测信号功率，直到频谱分析仪测量的信号功率等于 P_0，此时标准增益喇叭发射的 EIRP 为

$$\text{EIRP}_{TS} = P_{CS} + C + G_{TS} \qquad (5-102)$$

式中：

　　$EIRP_{TS}$——标准增益喇叭的发射 EIRP，单位为 dBm；

　　P_{CS}——功率计测量的 HPA 耦合输出功率，单位为 dBm；

　　C——定向耦合器的耦合系数，单位为 dB；

　　G_{TS}——标准增益喇叭的发射增益，单位为 dBi。

　　待测地面站天线发射时与标准增益喇叭发射时，监测站测量信号功率相等，则待测地面站天线的发射 EIRP 与标准增益喇叭的发射 EIRP 相等，即

$$EIRP_{TX} = EIRP_{TS} \tag{5-103}$$

　　由式(5-103)求得待测地面站天线的发射增益为

$$G_{TX} = G_{TS} + P_{CS} - P_{CX} \tag{5-104}$$

2）射电源法

（1）用于天线测量的射电源应具备的条件。

众所周知，许多天体，如太阳、月亮、标准离散射电源（仙后座 A、金牛座 A 和天鹅座 A 等）、行星（木星、金星和火星等）、类星体（3C48、3C147、3C273 等）和银河星系（3C84、3C218 和 3C353）等除发射可见光外，还发射不同波长的电磁波，其波长范围为 1 mm～20 m。射电源是理想的宽带信号源，但是用射电源测量大型天线时，还应具备以下条件：

① 必须精确知道射电源在天空的位置。从天线地理位置看，射电源每天沿天空的路径最好能覆盖天线较大的仰角。

② 射电源应具有很小的角尺寸，以便将大型天线的主波束视为点源。满足点源的条件是：射电源的角直径与天线的半功率波束宽度比小于 1/5，用公式表示为

$$\frac{\theta_S}{\theta_{3\,dB}} < \frac{1}{5} \tag{5-105}$$

式中：

　　θ_S——射电源的角直径；

　　$\theta_{3\,dB}$——天线的半功率波束宽度。

③ 在测量频段内，需要精确知道射电源的绝对通量密度及通量密度随时间的变化规律。

④ 射电源应具有尽可能大的通量密度，用中等灵敏度的测量设备能得到较大的动态范围。用现代测量仪器、设备组成的高精度测量系统，在射电源精确测量天线增益中，可测量出大于 0.2 dB 的 Y 因子。

⑤ 精确知道射电源的极化特性。目前天线测量常用射电源，极化是随机的，因此，还应考虑极化特性的修正。

用射电源测量天线增益时，很难找到同时满足上述要求的射电源，但有不少射电源可以满足其中一项或几项要求，依据待测大型天线的实际情况，选择合适的射电源，并进行适当修正，可以完成大型天线的测量任务。例如：在实际工程测量中，有时选择的射电源不满足点源条件，这时需要考虑波束展宽的修正。

（2）用射电源测量天线增益的方法。

图 5-41 为利用射电源测量地面站天线增益的原理框图。

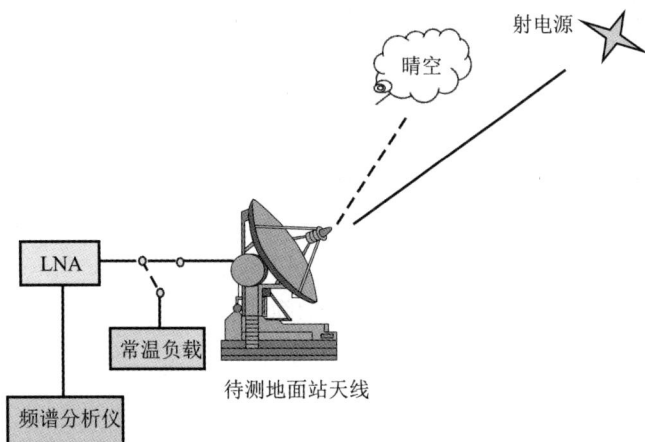

图 5-41 利用射电源测量地面站天线增益的原理框图

当地面站天线对准射电源时，地面站天线接收射电源的噪声功率为

$$P_S = \frac{1}{2} A_e S \frac{1}{K_1 K_2} \qquad (5-106)$$

式中：

A_e——地面站天线接收的有效面积；

S——射电源的通量密度；

K_1——大气衰减修正系数；

K_2——波束展宽修正系数。

式(5-106)中由于射电源的噪声功率信号极化是随机的，故地面站天线系统的极化效率为 1/2。

由天线理论可知，天线有效接收面积与增益的关系为

$$A_e = \frac{\lambda^2}{4\pi} G \qquad (5-107)$$

当地面站天线指向射电源附近的晴空时，系统输出的噪声功率为

$$P_N = kT \qquad (5-108)$$

式中：

k——玻尔兹曼常数；

T——地面站系统的噪声温度。

地面站天线指向射电源时，天线以低噪声放大器输出端为参考点的噪声功率为 $P_S + P_N$（按照噪声理论，来自不同噪声源的噪声功率不相关，故噪声功率可直接相加）。设地面站天线指向射电源时与其在同一仰角指向射电源附近晴空时噪声功率之比为

$$Y = \frac{P_S + P_N}{P_N} = 1 + \frac{P_S}{P_N} \qquad (5-109)$$

将式(5-106)、式(5-107)和式(5-108)代入式(5-109)，化简可得地面站天线增益为

$$G = \frac{8\pi kT}{\lambda^2 S} (Y-1) K_1 K_2 \qquad (5-110)$$

式(5-110)就是利用射电源法测量地面站天线增益的原理公式。由此可见：只要测量出 Y 因子和系统噪声温度 T，即可计算地面站天线增益。

对于常用射电源，如太阳、金牛座、天鹅座和仙后座等，可对式(5-110)进行化简，求得用分贝值表示的简化计算公式。

用太阳源测量地面站天线增益的简化公式为

$$G = 15.86 + (Y-1) + 20 \times \lg f - 10 \times \lg S + K_1 + K_2 + 10 \times \lg T \quad (5-111)$$

式中，S 为太阳的流量，一个太阳流量单位为 10^{-22} W·m^{-2}·Hz^{-1}。

用金牛座 A(Tau A)测量地面站天线增益的简化公式为

$$G = 26.211 + 22.87 \times \lg(f) + (Y-1) + K_1 + K_2 + 10 \times \lg T \quad (5-112)$$

用天鹅座 A(Cyg A)测量地面站天线增益的简化公式为

$$G = 22.161 + 31.98 \times \lg f + (Y-1) + K_1 + K_2 + 10 \times \lg T \quad (5-113)$$

Y 因子的测量方法是：首先，按照图 5-41 所示的原理框图建立测量系统，将低噪声放大器直接与待测地面站天线连接，驱动地面站天线的方位和俯仰，使地面站天线对准射电源；然后，用频谱分析仪测量系统输出的噪声功率，用 N_{star} 表示；最后，将地面站天线方位偏离射电源，天线指向射电源附近的晴空，用频谱分析仪测量系统输出的噪声功率，用 N_{sky} 表示，由两次测量的噪声功率可计算 Y 因子：

$$Y = 10^{\frac{(N_{\text{star}} - N_{\text{sky}})}{10}} \quad (5-114)$$

系统噪声温度 T 的测量：完成 Y 因子测量后，将低噪声放大器输入口接常温负载，用频谱分析仪测量系统输出的噪声功率，用 N_{load} 表示，利用下式计算系统噪声温度：

$$T = \frac{T_0 + T_{\text{LNA}}}{10^{\frac{(N_{\text{load}} - N_{\text{sky}})}{10}}} \quad (5-115)$$

式中：

T_0——常温负载的噪声温度；

T_{LNA}——低噪声放大器的噪声温度。

(3) 射电源法测量天线增益公式中各种参数的计算。

① 常用射电源的通量密度。

a. 太阳源。

太阳是天线测量中最强的射电源，但其流量不稳定，通量密度随太阳黑子活动会发生巨大变化，但是宁静期太阳比较稳定，可用于天线测量。宁静期的太阳黑体温度用下式计算：

$$T_{\text{sun}} = 120000 \times f^{-0.75} \quad (5-116)$$

式中：

T_{sun}——宁静期的太阳黑体温度，单位为 K；

f——频率，单位为 GHz。

例如：当频率为 1 GHz 时，宁静期的太阳黑体温度为 120000 K。太阳极化是随机的，固定极化的地面站天线接收太阳辐射时，应考虑极化损失。

太阳的亮温度在整个圆面上的分布与波长有关。太阳的角直径约为 0.53°，精确的太阳角直径可从世界星历表或中国天文年历中查得。由于地球绕太阳作周年运动，他们之间的距离会发生变化，太阳的角直径一年内在 $0.525°\sim0.542°$ 之间变化。由于太阳的角直径比较大，辐射强度强，故太阳比较适宜 VHF/UHF 频段大型天线增益测量或中小口径天线增益测量。

利用太阳测量天线增益时，必须精确知道太阳的通量密度。由太阳亮温度分布，可用下式计算太阳的通量密度：

$$S_{sun} = \frac{2k}{\lambda^2} \int_{\Omega_S} T_{sun}(\theta, \dot{\phi}) d\Omega_S \qquad (5-117)$$

式中：

k——玻尔兹曼常数；

λ——工作波长；

$T_{sun}(\theta, \phi)$——太阳亮温度分布；

Ω_S——太阳源的立体角。

一般来说，太阳辐射不稳定，利用太阳亮温度分布计算的通量密度会引起天线增益测量误差，特别是在太阳黑子活动年份，误差更大。为了提高测量精度，太阳的通量密度可通过网站获得实时测量数据。例如澳大利亚国家气象局空间天气服务（Australian Government Bureau of Meteorlogy Space Weather Services）网站（www. sws. bom. gov. au/solar/3/4/2）会公布太阳流量实测数据，给出 1415 MHz、2695 MHz、4995 MHz、8800 MHz 和 15400 MHz 五个频率实际测量的太阳通量密度，并给出了 1540 MHz、1707 MHz、2300 MHz、2401 MHz、2790 MHz、5625 MHz、6000 MHz、8000 MHz、8200 MHz、9410 MHz 和 10400 MHz 十一个频率的内插结果，如图 5-42 所示。

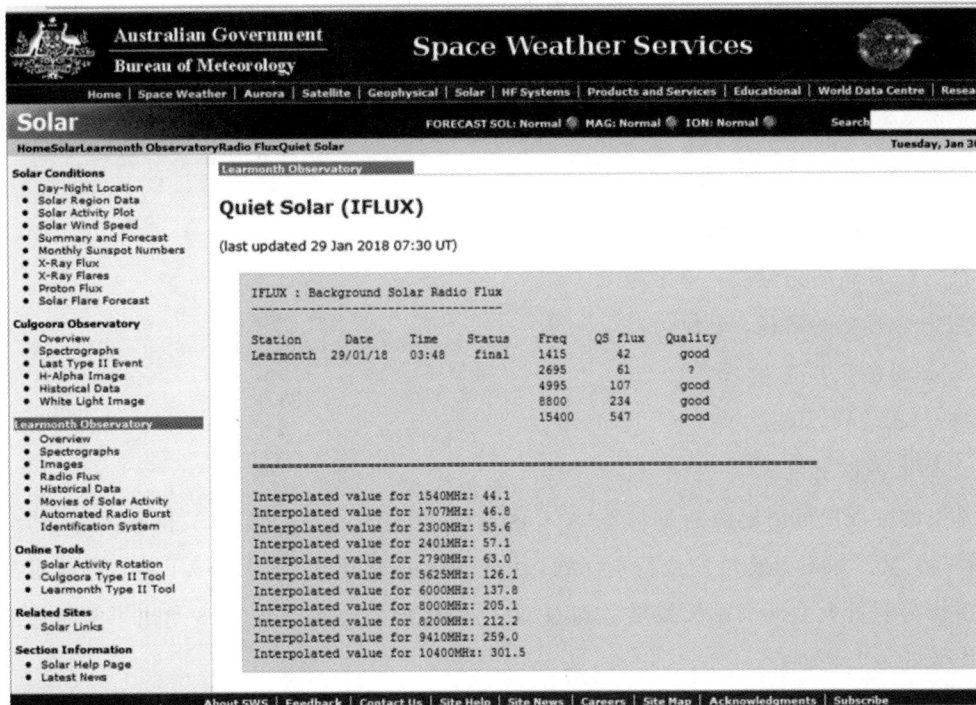

图 5-42　2018 年 1 月 29 日太阳通量密度的测量结果

对于上述给定频率中任意两个相邻频率之间的频率，其通量密度可采用内插方法求得。已知频率 f_1 和 f_2 的通量密度分别为 S_1 和 S_2，则位于 f_1 和 f_2 之间频率 f_x 的通量密度 S_x 为

$$S_x = S_2 \left(\frac{S_1}{S_2} \right)^{N_x} \tag{5-118}$$

$$N_x = \frac{\ln \dfrac{f_x}{f_2}}{\ln \dfrac{f_1}{f_2}} \tag{5-119}$$

b. 月亮源。

月亮是辐射较强的射电源，且比较稳定，但是月亮的角直径在 $0.48° \sim 0.56°$ 之间，比较适合中小口径天线增益的测量。月亮是测量天线增益较为理想的射电源，其通量密度可由下式计算：

$$S_{\text{moon}} = 7.349 f^2 T_b d_{\text{m}}^2 \times 10^{-26} \tag{5-120}$$

$$T_b = T_{b0} \left[1 - \frac{T_{b1}}{T_{b0}} \cos(\omega t - \xi) \right]$$

$$T_{b0} = 207.7 + \frac{24.43}{f}$$

$$T_{b1} = 0.004212 T_{b0} f^{1.224}$$

$$\omega = 12.19°$$

$$\xi = \frac{43.83}{1 + 0.019 f}$$

式中：

　　S_{moon}——月亮的通量密度，单位为 $W/(m^2 \cdot Hz)$；

　　T_b——月亮的亮温度，单位为 K；

　　d_{m}——月亮的角径，单位为（°）；

　　t——月龄，单位为 d；

　　ξ——相位项，单位为（°）。

c. 标准离散射电源

常用的标准离散射电源有仙后座 A(Cas A)、金牛座 A、天鹅座 A 和室女座(Vir A)等，射电天文学家对其特性研究特别仔细，因此国际卫星组织 INTELSAT 将这些标准离散射电源作为测量大型地面站天线增益和 G/T 值的标准射电源。表 5-8 给出了常用标准离散射电源的主要特性。

表 5 - 8　常用离散射电源的主要特性

射电源	历元 2000 年 1 月的赤道坐标		岁差/(°)		角尺寸
	赤经	赤纬	赤经岁差	赤纬岁差	
仙后座 A (3C461)	23 h 23 min 24.7316 s	58°48′58.3452″	0.01127	0.00549	4′×4′
天鹅座 A (3C405)	19 h 59 min 228.35 s	40°44′2.4259″	0.00865	0.00274	1.6′×1′
金牛座 A (3C144)	5 h 24 min 31.442 s	22°0′51.8393″	0.01504	0.00059	3.3′×4′
室女座 A (3 C274)	12 h 30 min 49.3355 s	12°23′28.8896″	0.01265	−0.00052	1′×1.8′

用射电源测量天线电参数时，射电源的通量密度必须精确已知。常用的标准离散射电源的通量密度用下式计算：

$$S_{CasA} = 10^{-26} \times 10^{[5.745-0.770\lg(1000f)]} \qquad (5-121)$$

$$S_{TauA} = 10^{-26} \times 10^{[3.794-0.278\lg(1000f)]} \qquad (5-122)$$

$$S_{CygA} = 10^{-26} \times 10^{[7.256-1.279\lg(1000f)]} \qquad (5-123)$$

$$S_{VirA} = 10^{-26} \times 10^{[6.541-1.289\lg(1000f)]} \qquad (5-124)$$

需要说明的是：仙后座 A 的通量密度每年减少 $1.0\pm0.1\%$，其余射电源通量密度不随时间变化而变化。

d. 行星源。

太阳系中的金星、水星、火星和土星等辐射都是致热辐射，其辐射接近绝对黑体。行星的通量很弱，但却具有很小的角直径，是测量超大口径天线增益比较理想的射电源。表 5 - 9 为行星源的基本特性。

表 5 - 9　行星的角径及平均量温度

行星	角半径/(″)		平均量温度 T_b/K						
	最大	最小	408 MHz	1.4 GHz	2.7 GHz	5 GHz	10 GHz	15 GHz	24 GHz
水星	6.02	4.32	—	400	380	380	370	350	330
金星	31.33	4.95	450	640	700	700	600	530	470
火星	2.95	1.76	700	230	190	190	180	170	170
木星	20.72	14.36	—	2250	770	—	145	145	145
土星	9.15	7.33	700	260	190	160	140	130	130
天王星	1.96	1.77	—	200	180	180	170	150	140
海王星	1.25	1.17	—	—	120	130	140	140	120

由表 5 - 9 可查出行星源的平均亮温度 T_b，由世界星历表或中国天文年历可查出行星源的角尺寸，进而计算行星源立体角 Ω_s，则行星源的通量密度为

$$S = \frac{2kT_b}{\lambda^2}\Omega_s \qquad\qquad (5 - 125)$$

e. 其他射电源。

随着射电天文技术的发展，一些恒星状球体、银河星系等的位置、角尺寸和通量密度等均能精确确定，可用于大型天线增益测量。如 3C48、3C84、3C123 等。

PERLEY R. A. 和 BUTLER B. J. 的研究表明：3C123、3C196、3C286 和 3C295 为稳定射电源，在 1～50 GHz 频率范围内，每世纪的通量密度变化小于 5%，可用作通量密度标准，又因为其角尺寸很小，因此也可用作大电尺寸天线增益测量。表 5 - 10 给出了 3C123、3C196、3C286 和 3C295 射电源历元 2000 年轨道坐标和角尺寸。表 5 - 11 给出了这四个射电源不同频率的通量密度。

表 5 - 10　3C123、3C196、3C286 和 3C295 射电源的主要特性

射电源	历元 2000 年赤道坐标		角尺寸
	赤经	赤纬	
3C123	04 h 37 min 04.4 s	29°40′14.0″	15″
3C286	13 h 31 min 08.3 s	30°30′33.0″	1.5″
3C295	14 h 11 min 20.6 s	52°12′09.0″	5″
3C196	—	—	7″(max)

表 5 - 11　3C123、3C196、3C286 和 3C295 射电源的通量密度

频率/GHz	3C123/Jy	3C196/Jy	3C286/Jy	3C295/Jy
0.3275	145.0	46.8	26.1	60.8
1.015	66.2	20.1	18.4	30.8
1.275	46.6	13.3	13.8	21.5
1.465	47.8	14.1	15.0	22.2
1.865	38.7	11.3	13.2	17.9
2.565	28.9	8.16	10.9	12.8
3.565	21.4	6.22	9.5	9.62
4.535	16.9	4.55	7.68	6.96
4.835	16.0	4.22	7.33	6.45
4.885	15.88	4.189	7.297	6.37
6.135	12.81	3.318	6.49	4.99
6.885	11.20	2.85	5.75	4.21

续表

频率/GHz	3C123/Jy	3C196/Jy	3C286/Jy	3C295/Jy
7.465	11.01	2.79	5.70	4.13
8.435	9.20	2.294	5.059	3.319
8.485	9.10	2.275	5.045	3.295
8.735	8.86	2.202	4.930	3.173
11.06	6.73	1.64	4.053	2.204
12.89	—	1.388	3.662	1.904
14.635	5.34	1.255	3.509	1.694
14.715	5.02	1.206	3.375	1.63
14.915	5.132	1.207	3.399	1.626
14.965	5.092	1.198	3.387	1.617
17.422	4.272	0.988	2.98	1.311
18.23	—	0.932	2.86	1.222
18.485	4.09	0.947	2.925	1.256
18.585	3.934	0.926	2.88	1.221
20.485	3.586	0.82	2.731	1.089
22.46	3.297	0.745	2.505	0.952
22.835	3.334	0.76	2.562	0.967
24.45	2.867	0.657	2.387	0.861
25.836	2.697	0.620	2.181	0.77
26.485	2.716	0.607	2.247	0.779
28.45	2.436	0.568	2.079	0.689
29.735	2.453	0.529	2.011	0.653
36.435	1.841	0.408	1.684	0.484
43.065	—	0.367	1.658	0.442
43.34	1.421	0.342	1.543	0.398
48.35	1.269	0.289	1.449	0.359
48.565	—	0.272	1.465	0.325

利用三次多项式拟合技术，可确定 3C123、3C196、3C286 和 3C295 射电源通量密度与频率的关系：

$$\lg(S) = a_0 + a_1 \lg(f) + a_2 [\lg(f)]^2 + a_3 [\lg(f)]^3 \tag{5-126}$$

式中：

S——射电源的通量密度，单位为 Jy；

a_0、a_1、a_2、a_3——常数；

f——频率，单位为 GHz。

式(5-126)中，对于射电源 3C123、3C196、3C286 和 3C295，多项式系数如表 5-12 所示。

表 5 - 12　多 项 式 系 数

射电源	a_0	a_1	a_2	a_3
3C123	1.8077 ± 0.0036	-0.8018 ± 0.0081	-0.1157 ± 0.0047	0.0
3C196	1.2969 ± 0.0040	-0.8690 ± 0.0114	-0.1788 ± 0.0150	0.0305 ± 0.0063
3C286	1.2515 ± 0.0048	-0.4605 ± 0.0163	-0.1715 ± 0.0208	0.0336 ± 0.0082
3C295	1.4866 ± 0.0036	-0.7871 ± 0.0110	-0.3440 ± 0.0160	0.0749 ± 0.0070

② 大气衰减修正因子 K_1 的计算。

用射电源测量地面站天线增益和 G/T 值时，射电源噪声信号经过大气传播会引起信号衰减，因此应考虑大气衰减对天线参数测量的影响。

大气衰减是频率、天线仰角和大气层参数的函数，随频率的增加而增加，随大气路径天线仰角的增大而减小。假定测量条件为晴朗天空，且大气层被模型化为标准大气层，当天线仰角 EL 在 5°～90°时，大气衰减计算模型用公式表示为

$$K_1 = \frac{\gamma_0 h_0 + \gamma_w h_w}{\sin(EL)} \tag{5-127}$$

式中：

EL——大气路径的天线仰角，单位为(°)；

γ_0——干燥空气与频率相关的衰减因子，单位为 dB/km；

h_0——干燥空气的有效大气路径，单位为 km；

γ_w——水蒸气与频率相关的衰减因子，单位为 dB/km；

h_w——水蒸气的有效大气路径，单位为 km。

精确计算干燥空气的大气衰减因子 γ_0、干燥空气的有效路径 h_0、水蒸气的衰减因子 γ_w 和有效大气路径 h_w 是非常复杂的。ITU-R P.676-9 建议基于逐线计算的曲线拟合方法，给出了频率 1～350 GHz 范围内各种系数的近似估算公式，由此公式计算的标准大气衰减的精度约为±10%，满足一般工程技术应用的需要，详细计算方法和结果参考第 9 章。

③ 波束展宽修正因子 K_2 的计算。

波束展宽修正因子 K_2 与射电源的亮温度分布和天线功率方向图的形状有关，计算公式如下：

$$K_2 = \frac{\iint_\Omega B(\theta, \phi) \mathrm{d}\Omega}{\iint_\Omega B(\theta, \phi) P(\theta, \phi) \mathrm{d}\Omega} \tag{5-128}$$

式中：

  $B(\theta, \phi)$——射电源的亮温度分布；

  $P(\theta, \phi)$——天线的归一化功率方向图。

  当射电源的角直径近似等于或小于天线半功率波束宽度 HPBW 的 1/5 时，K_2 近似等于 1。对于较大的射电源，波束展宽修正因子必须按式(5-128)进行精确计算。当天线的半功率波束宽度与射电源的角直径相当时，波束展宽修正因子可用近似公式计算。下面介绍常用射电源波束展宽修正因子的近似计算。

  a. 太阳源。

  当待测地面站天线的半功率波束宽度大于太阳角直径(约 $0.533°$)时，波束展宽修正因子近似计算公式为

$$K_{2\text{sun}} = \frac{\ln2 \times \left(\frac{0.533}{\text{HPBW}}\right)^2}{1 - \exp\left[-\ln2 \times \left(\frac{0.533}{\text{HPBW}}\right)^2\right]} \tag{5-129}$$

  图 5-43 给出了太阳波束展宽修正因子曲线。计算结果表明：当地面站天线半功率波束宽度为 $2°$，太阳源波束宽度展宽修正因子为 0.11 dB。

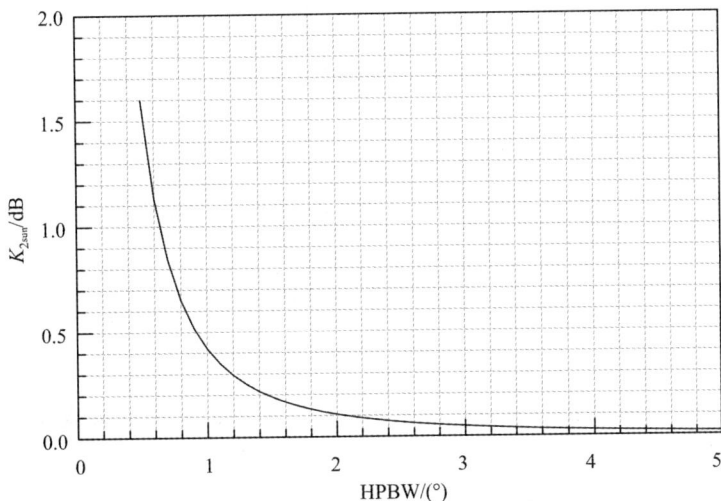

图 5-43 太阳波束展宽修正因子与天线波束宽度的关系曲线

  b. 月亮源。

  当待测地面站天线的半功率波束宽度大于月亮角直径时，波束展宽修正因子近似计算公式为

$$K_{2\text{moon}} = \frac{0.6441 \times \left(\frac{\theta_{\text{moon}}}{\text{HPBW}}\right)^2}{1 - \exp\left[-0.6441 \times \left(\frac{\theta_{\text{moon}}}{\text{HPBW}}\right)^2\right]} \tag{5-130}$$

  式中，θ_{moon} 为月亮源的角直径。月亮的角直径在 $0.48°\sim0.56°$ 之间变化，具体数值可由中国天文年历查得。图 5-44 给出了月亮源的角直径等于 $0.5°$ 时，月亮源波束展宽修正因子的计算曲线。

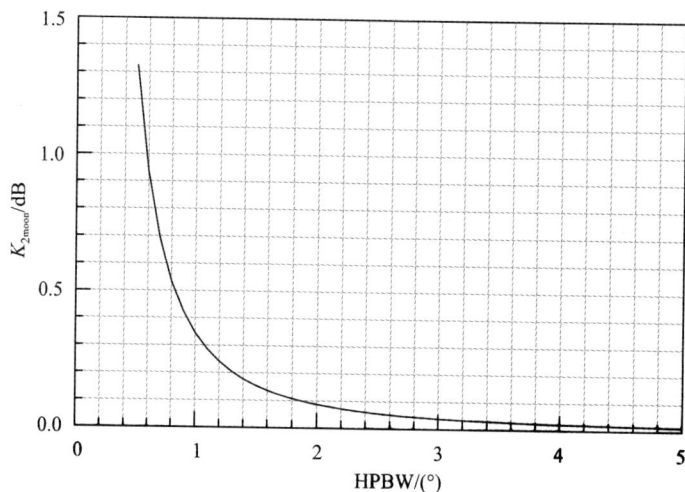

图 5 - 44 　月亮源的波束展宽修正因子曲线

c. 标准离散射电源。

常用的标准离散射电源有仙后座 A、金牛座 A、天鹅座 A 和室女座 A 等，其波束展宽修正因子可用下式计算：

$$K_2 \approx -10 \times \lg\left(\frac{|1 - e^{-x^2}|}{x^2}\right) \tag{5-131}$$

式中：

$$x_{CasA} \approx x_{TauA} \approx x_{VirA} \approx \frac{4.6}{1.2012 \times HPBW \times 60}$$

$$x_{CygA} \approx \frac{2.5}{1.2012 \times HPBW \times 60}$$

$$HPBW = 62 \times \frac{\lambda}{D}$$

图 5 - 45 给出了标准离散射电源的波束展宽修正因子与天线波束宽度的计算曲线，以便实际工程测量应用。

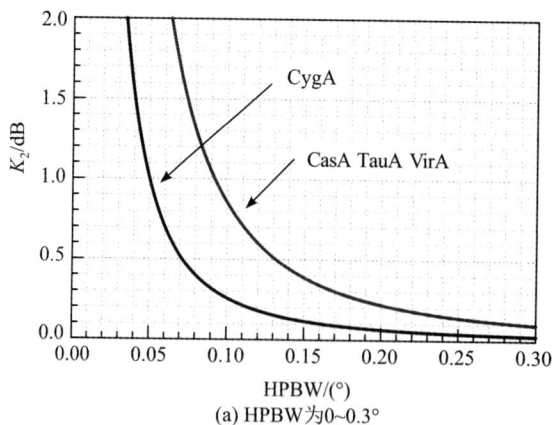

(a) HPBW 为 0～0.3°

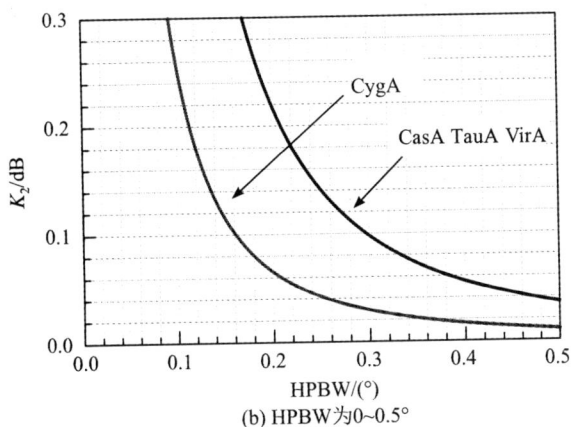

图 5-45　标准离散射电源的波束展宽修正因子曲线

d. 行星源。

常用于天线测量的行星有金星、火星、土星、水星和木星等。当待测地面站天线的半功率波束宽度大于行星角直径时，波束展宽修正因子近似计算公式为

$$K_2 = \frac{4\ln 2 \times \left(\dfrac{\psi}{\text{HPBW}}\right)^2}{1 - \exp\left[-4\ln 2 \times \left(\dfrac{\psi}{\text{HPBW}}\right)^2\right]} \tag{5-132}$$

式中，ψ 为行星的视半径，每天行星的视半径是不一样的，可通过计算得到或从中国天文年历查得。图 5-46 给出了金星视半径为 30″时，金星波束展宽修正因子曲线。

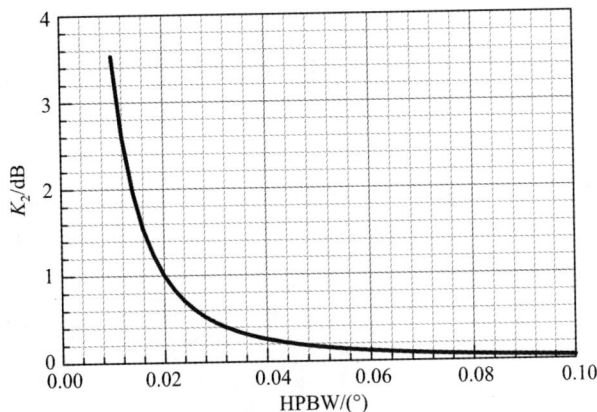

图 5-46　金星视半径为 30″的波束展宽修正因子曲线

④ 反射面天线半功率波束宽度 HPBW 的简单计算。

由前面的分析可知：计算射电源波束展宽修正因子，必须知道反射面天线的半功率波束宽度，通过测量天线辐射方向图确定波束宽度是最好的方法，但在实际工程测量中，一般反射面天线的半功率波束宽度近似计算公式为

$$\text{HPBW} = 62 \times \frac{\lambda}{D} \tag{5-133}$$

式(5-133)是一种波束宽度近似计算公式，没有考虑天线口面场分布函数和照射电平的影响。天线不同口面场分布在不同照射电平情况下，波束宽度计算的系数是不一样的。反射面天线波束宽度的一般公式可表示为

$$\text{HPBW} = \alpha \times \frac{\lambda}{D} \qquad (5-134)$$

式中，α 为波束宽度系数。在反射面天线设计中，常用的口面场分布函数有多项式分布、高斯分布和泰勒分布，可用公式表示为

$$f_{\text{poly}} = B + (1-B)\left[1 - \left(\frac{2r}{d}\right)^2\right]^2 \qquad (5-135)$$

$$f_{\text{Gauss}} = \exp\left[-\left(\sqrt{-\ln B}\,\frac{2r}{d}\right)^2\right] \qquad (5-136)$$

$$f_{\text{Taylor}} = \frac{J_0\left[j\pi\beta\sqrt{1 - \left(\frac{2r}{d}\right)^2}\right]}{J_0(j\pi\beta)} \qquad (5-137)$$

式中，r 是天线口径中心半径方向的值，d 是天线口面直径，B 是天线口面照射锥削($0 \leqslant B \leqslant 1$)，$\beta$ 可由下式求得：

$$J_0(j\pi\beta) = \frac{1}{B} \qquad (5-138)$$

在工程设计中，天线口面照射电平常用分贝值表示，即

$$c = -20 \times \lg(B) \qquad (5-139)$$

由天线理论可知：只要知道天线的口面场分布函数，利用数值计算就可计算天线远场辐射方向图。通过计算不同照射电平下的天线辐射方向图，确定天线半功率波束宽度，再运用多项式拟合技术，确定波束宽度系数的简单计算公式。

下面以多项式口面场分布为例，计算不同照射电平的天线辐射方向图。计算中假设天线的电尺寸为100，分别计算了照射电平为 0 dB、10 dB 和 20 dB 的天线辐射方向图，如图5-47所示。

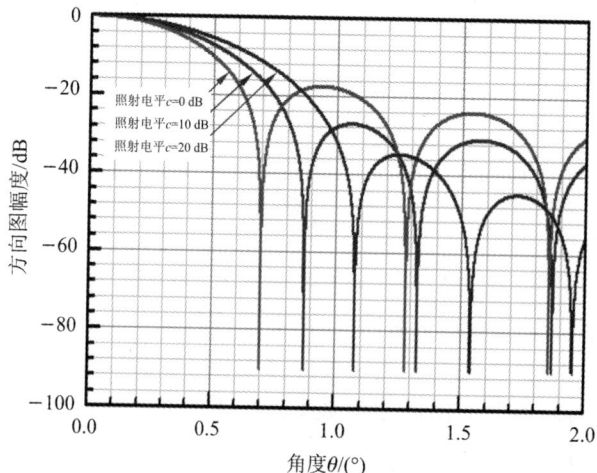

图5-47　不同照射电平圆口径多项式分布的辐射方向图

计算结果表明：圆口径天线口面照射电平越低，天线波束宽度越宽，第一旁瓣越低。通过计算不同照射电平下的辐射方向图，可计算出天线的半功率波束宽度，求出波束宽度系数，再利用多项式拟合方法确定波束宽度系数计算公式：

$$\alpha = 58.862 + 0.53523c + 0.039795c^2 - 0.001575c^3 + 0.00001562c^4 \quad (5-140)$$

式中，c 为用分贝值表示的圆口径反射面天线口面照射电平，$c \leqslant 40$ dB。

当反射面天线口面场分布函数为高斯分布和泰勒分布时，同理可以拟合出波束宽度系数计算公式分别为

$$\alpha_{\text{Gauss}} = 58.862 + 0.5865c + 0.01089c^2 - 0.000094c^3 \quad (5-141)$$

$$\alpha_{\text{Taylor}} = 58.862 + 0.6247c + 0.0048c^2 - 0.000086c^3 \quad (5-142)$$

图 5-48 给出了不同口面场分布时天线口面照射电平与波束宽度系数曲线。

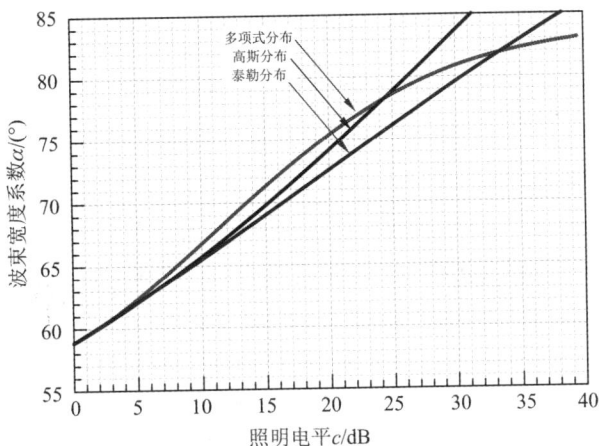

图 5-48　反射面天线照射电平与波束宽度系数的关系

5. 工程测量实例

（1）测量实例一：Ka 频段 6 米单收双偏置球反射面天线损耗测量。

图 5-49 为 Ka 波段 6 米单收双偏置球反射面天线测量现场图。天线工作频段为 18～23 GHz；天线极化方式双圆极化（左旋圆极化和右旋圆极化）；天线表面公差 $\varepsilon \leqslant 0.1$ mm；天线电压驻波比 VSWR$\leqslant$1.3；馈源照射电平为 -20 dB；天线跟踪方式为单脉冲跟踪。

图 5-49　Ka 波段 6 米单收双偏置球反射面天线测量现场的照片

　　Ka 频段 6 米单收双偏置球反射面天线损耗采用增益方向图法测量。天线增益采用卫星信标比较法测量,方向性增益用卫星信标测量天线接收方向图,由测量方向图通过数值计算确定天线的方向性增益。

　　测量所用卫星的轨道位置为东经 132°,卫星信标频率为 19.45 GHz,极化为右旋圆极化,天线对准卫星的仰角为 42.3°。标准天线为 BJ-220 标准增益喇叭,频率为 19.45 GHz 时,标准增益喇叭的增益为 24.42 dBi。测量地点在石家庄张营测试场,测量时间为 2005 年 6 月。

　　图 5-50 为 Ka 波段 6 米单收双偏置球反射面天线接收的卫星信标信号功率,接收的信号功率为 -61.67 dBm;图 5-51 为标准增益喇叭垂直极化时接收的卫星信标信号功率,信号功率为 -100.2 dBm;图 5-52 为标准增益喇叭水平极化时接收的卫星信标信号功率,信号功率为 -99.50 dBm。

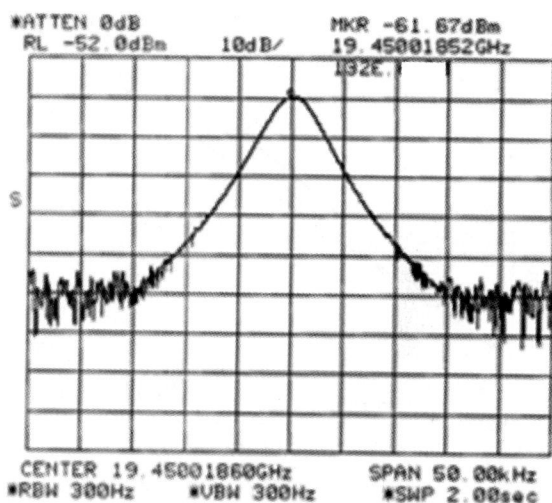

图 5-50　Ka 波段 6 米单收双偏置球反射面天线接收的卫星信标信号功率

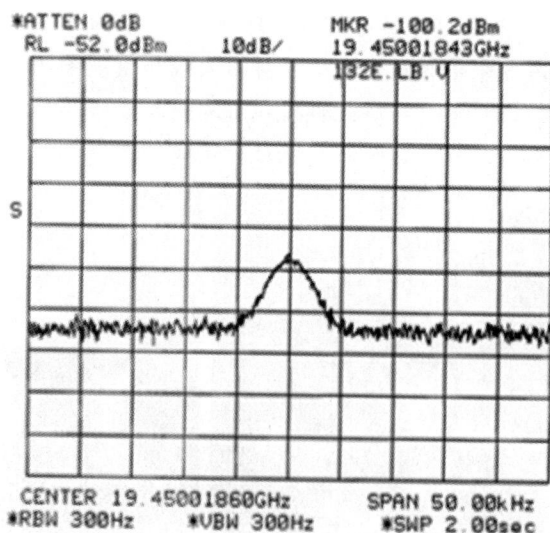

图 5-51　标准增益喇叭垂直极化时接收的卫星信标信号功率

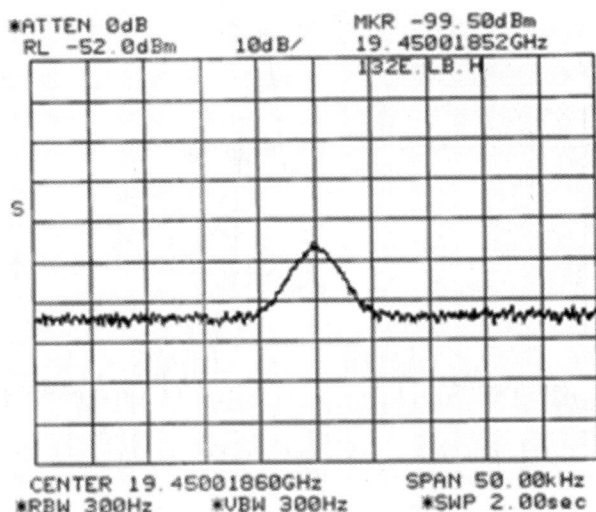

图 5-52　标准增益喇叭水平极化时接收的卫星信标信号功率

由待测天线和标准增益喇叭接收的卫星信标信号功率，得到用卫星信标比较法测量的天线增益为

$$G_{RX} = G_S + P_{RX} - 10 \times \lg\left(10^{P_{RS\parallel}/10} + 10^{P_{RS\perp}/10}\right)$$

$$= \left[24.42 - 61.67 - 10 \times \lg\left(10^{-100.2/10} + 10^{-99.50/10}\right)\right] \text{dBi} = 59.58 \text{ dBi}$$

综上可知，用卫星信标比较法测量的 Ka 段 6 米单收双偏置球反射面天线的增益为59.58 dBi。图 5-53 为利用卫星信标测量的 Ka 频段 6 米单收双偏置球反射面天线方位方向图（测量的角度范围±5°，修正后为±3.698°）；图 5-54 为利用卫星信标测量的 Ka 频段 6 米单收双偏置球反射面天线俯仰方向图（测量的角度范围±5°）。测量所用仪器为 HP8563E 频谱分析仪，满屏扫描时采样的数据点数 $N=600$，天线方位方向图测量采样数据点数 $N=595$，俯仰方向图测量采样的数据点数 $N=522$。

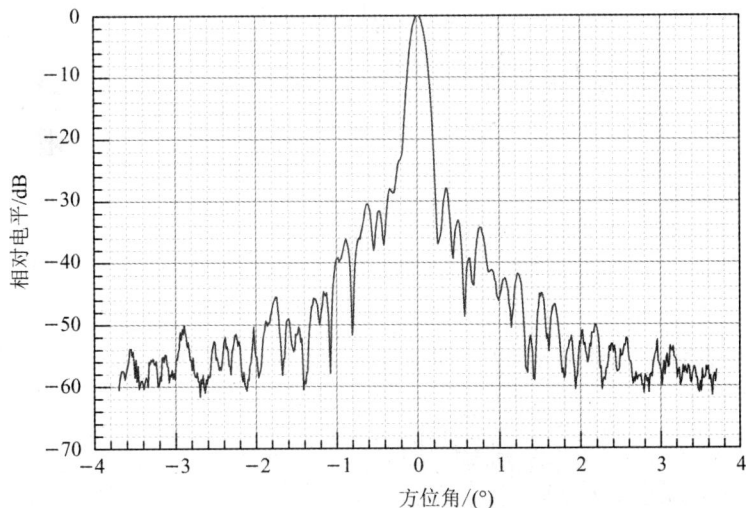

图 5-53　Ka 波段 6 米单收双偏置球反射面天线的方位方向图测量结果

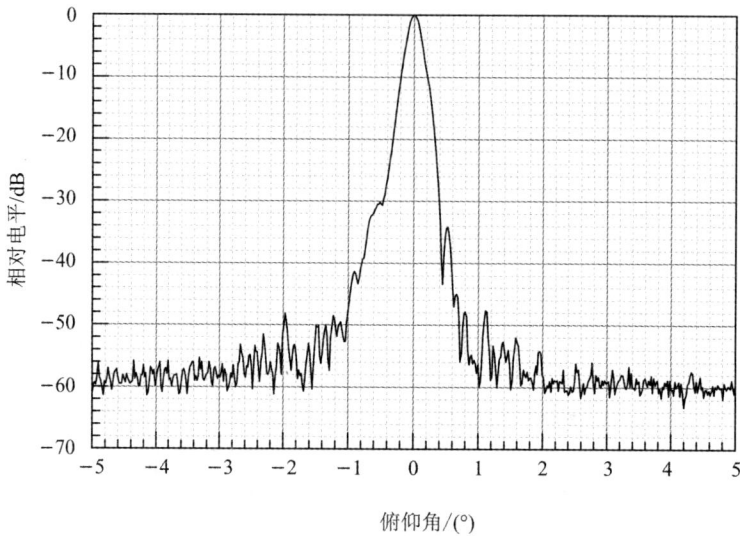

图 5-54   Ka 波段 6 米单收双偏置球反射面天线的俯仰方向图测量结果

天线方位方向图测量的角度范围为 $-3.698° \sim 3.698°$，采样的数据点数 $N = 595$，则采样数据间隔为

$$\Delta\theta_{AZ} = \frac{2 \times 3.698}{595 - 1} \times \frac{\pi}{180}$$

$$\theta_{AZi} = -3.698 \times \frac{\pi}{180} + (i-1)\frac{2 \times 3.698}{595 - 1} \times \frac{\pi}{180}$$

$$D_{mAZ} = 10 \times \lg\left[\frac{4}{\sum\limits_{i}^{594} |P_{AZ}(\theta_{AZi})| \; \sin|\theta_{AZi}| \; \Delta\theta_{AZ}}\right] = 61.79 \text{ dBi}$$

天线俯仰方向图测量的角度范围为 $-5° \sim 5°$，采样的数据点数 $N = 522$，则采样的数据间隔为

$$\Delta\theta_{EL} = \frac{2 \times 5}{522 - 1} \times \frac{\pi}{180}$$

$$\theta_{ELi} = -5 \times \frac{\pi}{180} + (i-1)\frac{2 \times 5}{595 - 1} \times \frac{\pi}{180}$$

$$D_{mEL} = 10 \times \lg\left[\frac{4}{\sum\limits_{i}^{521} |P_{EL}(\theta_{ELi})| \; \sin|\theta_{ELi}| \; \Delta\theta_{EL}}\right] = 59.45 \text{ dBi}$$

测量的天线方位方向性增益和俯仰方向性增益的算术平均值即为待测天线的方向增益：

$$D_m = \frac{D_{mAZ} + D_{mEL}}{2} = \left(\frac{61.79 + 59.45}{2}\right) = 60.62 \text{ dBi}$$

各种修正因子的计算如下：

测量的天线方向图角度范围：方位角±3.698°，俯仰角±5°，远大于 6 倍半功率波束宽度，则实测方向图有限区域引起的增益损失 $\delta_{\text{sector}}=0.02$ dB。

照射锥削电平为－20 dB，则天线漏失引起的增益损失 $\delta_{\text{spillover}}=0.04$ dB。

对偏置反射面天线，支撑遮挡引起的增益损失可忽略不计，即 $\delta_{\text{strut}}=0.0$ dB。

天线轴向交叉极化未测量，则极化引起的增益损失取标称值 $\delta_{\text{cross}}=0.05$ dB。

天线电压驻波比 VSWR≤1.3，则失配引起的增益损失 $\delta_{\text{mismatch}}=0.07$ dB。

由测量的天线增益和方向性增益，计算得到天线损耗为

$$\text{IL}_{\text{ant}}=D_{\text{m}}-G-\delta_{\text{sector}}-\delta_{\text{spillover}}-\delta_{\text{strut}}-\delta_{\text{cross}}-\delta_{\text{mismatch}}$$
$$=(60.62-59.58-0.02-0.04-0.0-0.05-0.07)\ \text{dB}$$
$$=0.86\ \text{dB}$$

由测量结果可知：Ka 波段 6 米单收双偏置球反射面天线的总损耗为 0.86 dB，该损耗包括副反射面反射损耗、主反射面反射损耗和馈源网络的插入损耗。

（2）测量实例二：65 米射电望远镜天线损耗测量。

图 5-55 为 65 米射电望远镜天线现场照片。上海天文台 65 米口径全方位可跟踪射电望远镜，采用修正型卡塞格伦抛物面天线，全部采用高精度实面板，座架为轮轨式，方位/俯仰型。可工作于 L、S、C、X、Ku、K、Ka 和 Q 波段，其中，S/X、X/Ka 为双频观测。该望远镜高达 70 米，质量约 2700 t，反射面精度为 0.3 mm（主动面调整，低频段无主动面调整为 0.6 mm），指向精度为 3″。该望远镜是目前亚洲最大的可转动跟踪射电望远镜。

图 5-55　65 米射电望远镜天线

下面以 C 波段为例，说明用增益波束宽度法测量天线损耗的方法。天线增益采用射电源法测量，天线方向图的波束宽度采用卫星信标法获得。C 波段增益测量时间为 2013 年 4 月 20 日，测量所用的射电源为天鹅座 A，测量频率为 7 GHz。图 5-56 为 2013 年 4 月 20 日天鹅座 A 的运动轨迹。

由《上海 65 米射电望远镜天线系统验收测试报告（L、S/X、C 波段）》可知：在天线最佳工作仰角 49.84°，频率 7 GHz 下，用天鹅座 A 测量的天线总效率为 66.7%，天线增益 $G=71.80$ dBi；用卫星信标测量天线波束宽度时，测量频率为 7.7425 GHz，则在 7.7425 GHz 处的天线增益为 71.80＋20×log(7.7425/7)＝72.68 dBi。

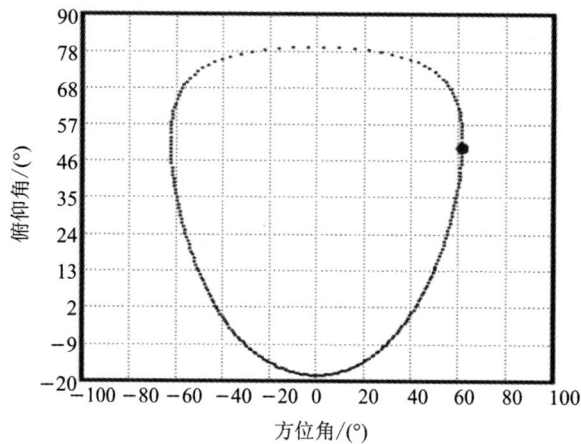

图 5-56　2013 年 4 月 20 日天鹅座 A 的运动轨迹(正北方位 0°)

天线方向图用卫星信标进行测量,信标频率为 7.7425 GHz,信标极化为右旋圆极化,65 米射电望远镜对准卫星的方位角为 195.3°,俯仰角为 52.7°。图 5-57 为 65 米射电望远镜方位方向图的测量结果,图 5-58 为 65 米射电望远镜俯仰方向图的测量结果。

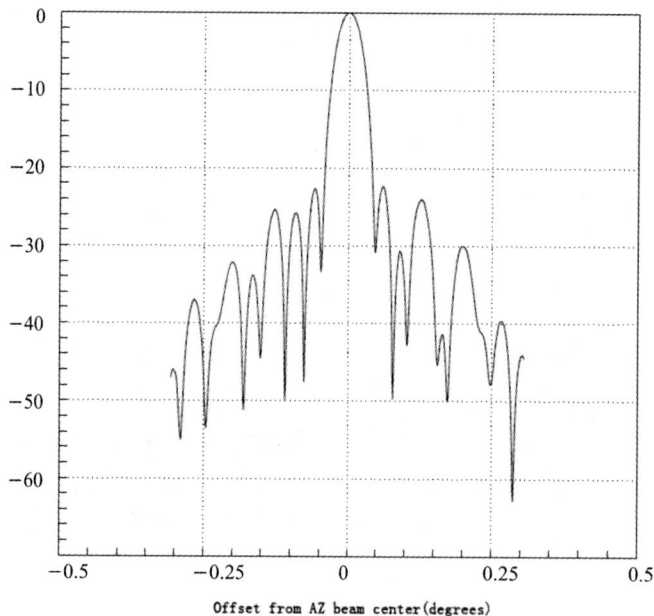

Offset from AZ beam center(degrees)

| 测试频率: 7.7425 GHz | 天线仰角: 52.31 (Deg) |
| HPW(0.5): 0.039 (Deg) | 10dB BW: 0.066 (Deg) |

第一旁瓣电平及角度:

-22.66 (dB)　-0.06 (Deg)　　　　-22.33 (dB)　+0.06 (Deg)

图 5-57　65 米射电望远镜方位方向图的测量结果

由测量的天线方向图,可确定天线 3 dB 和 10 dB 波束宽度:

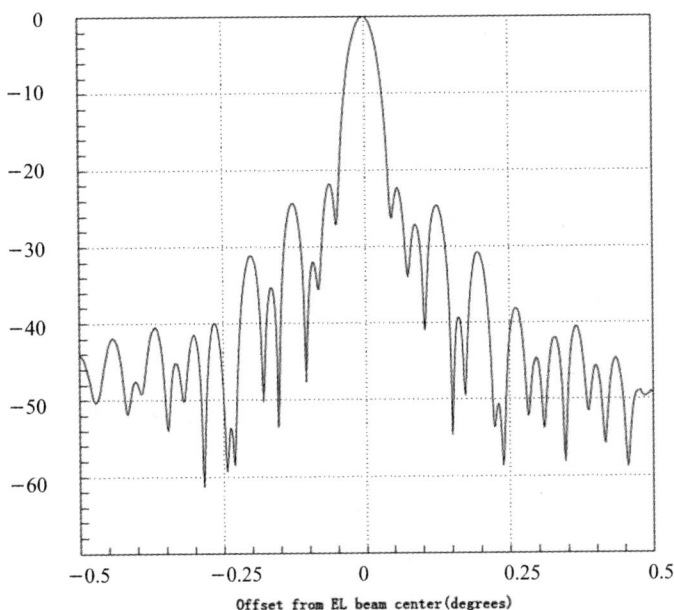

测试频率：7.7425 GHz　　　　天线仰角：52.31（Deg）

HPW(0.5)：0.040（Deg）　　　　10dB BW：0.066（Deg）

第一旁瓣电平及角度：

　　-21.83（dB）　-0.06（Deg）　　　　-22.50（dB）　+0.06（Deg）

图 5-58　65 米射电望远镜俯仰方向图的测量结果

方位波束宽度：$\text{HPBW}_{3AZ} = 0.039°$，$\text{HPBW}_{10AZ} = 0.066°$。

俯仰波束宽度：$\text{HPBW}_{3EL} = 0.040°$，$\text{HPBW}_{10EL} = 0.066°$。

由射电源法测量的天线增益、卫星源法测量的波束宽度以及表面公差测量结果（表面公差测量结果为 0.587 mm），用下式计算天线损耗：

$$
\begin{aligned}
\text{IL}_{ant} &= 10 \times \lg\left(\frac{15500}{\text{HPBW}_{3AZ} \times \text{HPBW}_{3EL}} + \frac{45500}{\text{HPBW}_{10AZ} \times \text{HPBW}_{10EL}}\right) - G - L_{rms} \\
&= \left[10 \times \lg\left(\frac{15500}{0.039 \times 0.040} + \frac{45500}{0.066 \times 0.066}\right) - 72.68 - 0.16\right] \text{dB} \\
&= 0.25 \text{ dB}
\end{aligned}
$$

由此可见：在频率为 7.7425 GHz 时，测量的 65 米射电望远镜天线损耗为 0.25 dB，包括馈源网络损耗、主反射面的反射损耗和副反射面的反射损耗。

5.5.2　Y 因子法

1. 测量方法

Y 因子法测量反射面天线损耗的方法是：利用 Y 因子法，测量天线指向晴空天顶方向的噪声温度，由测量的天线噪声温度计算反射面天线损耗。图 5-59 为 Y 因子法测量反射面天线损耗的原理框图。

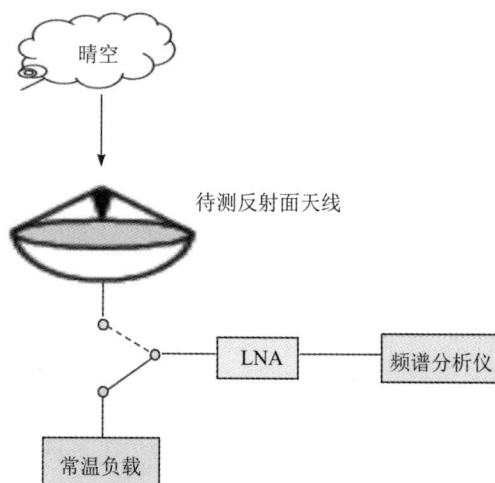

图 5 - 59　Y 因子法测量反射面天线损耗的原理框图

按照图 5 - 59 所示的原理框图建立测量系统。当低噪声放大器输入端直接与常温负载连接时，频谱分析仪测量的系统输出噪声功率 N_{load} 为

$$N_{load} = k(T_0 + T_{LNA})BG_{LNA} \tag{5-143}$$

式中：

T_0——常温负载的噪声温度；

T_{LNA}——低噪声放大器的噪声温度；

B——接收机系统的噪声带宽；

G_{LNA}——低噪声放大器的增益。

卸下常温负载，将低噪声放大器与待测反射面天线直接相连，驱动待测反射面天线，使其指向天顶方向的晴空，同理用频谱分析仪测量的系统输出噪声功率 N_{ant} 为

$$N_{ant} = k(T_{ant} + T_{LNA})BG_{LNA} \tag{5-144}$$

式中，T_{ant} 为天线噪声温度。

由 Y 因子定义可得

$$Y = \frac{N_{load}}{N_{ant}} = \frac{T_0 + T_{LNA}}{T_{ant} + T_{LNA}} \tag{5-145}$$

由式（5 - 145）可求出天线噪声温度：

$$T_{ant} = \frac{T_0 + T_{LNA}}{Y} - T_{LNA} \tag{5-146}$$

众所周知，天线噪声温度由宇宙背景噪声、大气衰减噪声、地面噪声和天线损耗噪声组成，可表示为

$$T_{ant} = \frac{T_{sky} + T_{ground}}{IL_{ant}} + \left(1 - \frac{1}{IL_{ant}}\right)T_0 \tag{5-147}$$

联立式（5 - 146）和式（5 - 147）可得天线损耗：

$$IL_{ant} = \frac{Y(T_{sky} + T_{ground} - T_0)}{(T_0 + T_{LNA})(1 - Y)} \tag{5-148}$$

式(5-148)为天线噪声温度测量反射面天线损耗的原理公式,可以发现,只要测量出 Y 因子,并计算出天空噪声温度和地面噪声温度,就可确定天线损耗。

(1) 天空噪声温度计算:天空噪声温度由宇宙背景噪声和大气衰减噪声组成。

宇宙背景噪声温度由宇宙微波背景噪声($T_{CMB}=2.73$ K)和银河系平均辐射噪声组成,可表示为

$$T_{bc}(f)=2.73+20\times\left(\frac{0.408}{f}\right)^{2.75} \tag{5-149}$$

式中,f 为频率,单位为 GHz。

大气衰减噪声是由大气衰减引起的噪声,其大小随着天线仰角的增大迅速下降,这是因为仰角越高,电波在大气中传播的路径越短。假设大气衰减为 L_{atm},则由此引起的噪声温度 $T_{atmosphere}$ 为

$$T_{atmosphere}=\left(1-\frac{1}{L_{atm}}\right)T_{atm} \tag{5-150}$$

式中,T_{atm} 为大气的平均温度,大气的平均温度可用下式计算:

$$T_{atm}=1.12T_0-50 \tag{5-151}$$

大气衰减可由 ITU-R P.676-7 给出的模型进行计算(详细计算参考第 9 章)。图 5-60 给出了标准大气天顶方向的大气衰减曲线。

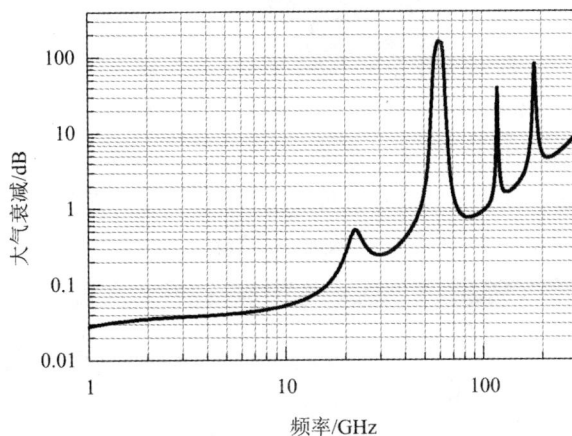

图 5-60　标准大气天顶方向的大气衰减曲线

天空噪声温度为

$$T_{sky}=\frac{T_{bc}(f)}{L_{atm}}+\left(1-\frac{1}{L_{atm}}\right)(1.12T_0-50) \tag{5-152}$$

(2) 地面噪声温度:地面辐射引起的天线噪声温度精确计算是很复杂的。反射面天线通常具有高增益、低旁瓣特性,远旁瓣接收地面辐射噪声则很小,可用经验公式进行估算。当天线仰角 EL>15°时,双反射面天线地面噪声温度的估算公式为

$$T_{ground}=3.0+5\times\left(\frac{90-EL}{90}\right) \tag{5-153}$$

当天线指向天顶方向时,地面噪声温度为 3 K。

在 ITU-R S.733-2 中,关于卫星通信地面站天线地面噪声贡献是这样描述的:地面辐

射产生的噪声，由于天线辐射方向图的旁瓣特性，这种贡献随天线仰角而略有变化，该噪声源的值应为 4 K 到 6 K 的数量级。众所周知，卫星通信地面站天线的工作仰角不可能是 90°，因此在天顶方向，地面辐射产生的噪声温度取 3 K 是合理的，而 7 K 的噪声温度相当于 0.1 dB 的损耗，因此地面噪声温度误差对天线损耗测量的影响是可以忽略的。

2. 工程测量实例

下面以某工程 C/X/Ku 三波段 16 米卫星接收天线 Ku 频段为例，说明 Y 因子法测量天线损耗的方法。Ku 波段的工作频率为 10.70～12.75 GHz。图 5-61 为 C/X/KU 三波段 16 米卫星接收天线。

图 5-61　C/X/Ku 三波段 16 米卫星接收天线

图 5-62 为 C/X/Ku 三波段 16 米卫星接收天线朝天顶方向时测量的 Ku 波段噪声功率曲线，其中，上方曲线为低噪声放大器接常温负载的噪声功率，下方曲线为低噪声放大器接天线的噪声功率。表 5-13 给出了 16 米卫星接收天线 Ku 波段典型频率的损耗测量结果。

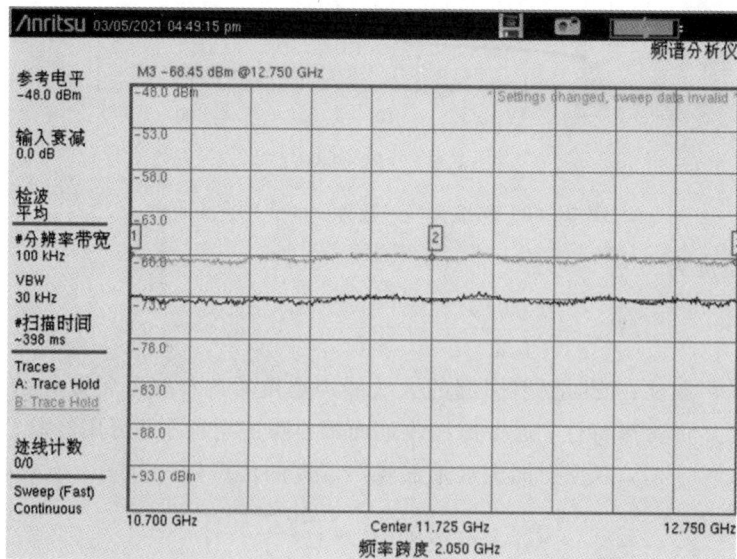

图 5-62　16 米卫星接收天线 Ku 波段噪声功率的测量结果

表 5‑13　16 米卫星接收天线 Ku 波段典型频率的损耗测量结果

f/GHz	T_0/K	$T_{\mathrm{LNA}}/\mathrm{K}$	Y/dB	$T_{\mathrm{sky}}/\mathrm{K}$	$T_{\mathrm{ground}}/\mathrm{K}$	$\mathrm{IL}_{\mathrm{ant}}/\mathrm{dB}$
10.700	295	75	5.03	5.94	3.0	0.50
11.725	295	78	5.15	6.24	3.0	0.43
12.750	295	77	4.78	6.58	3.0	0.61

5.5.3　比较 Y 因子法

比较 Y 因子法测量反射面天线损耗的方法是：通过测量标准增益喇叭的 Y 因子和待测反射面天线的 Y 因子，由测量的 Y 因子计算待测反射面天线损耗。关于比较 Y 因子法测量天线损耗的原理公式在第 3 章的 3.3.4 节和第 4 章 4.5 节均有详细推导过程，故这里只简单描述比较 Y 因子法测量反射面天线损耗的方法。图 5‑63 为比较 Y 因子法测量反射面天线损耗的原理框图。

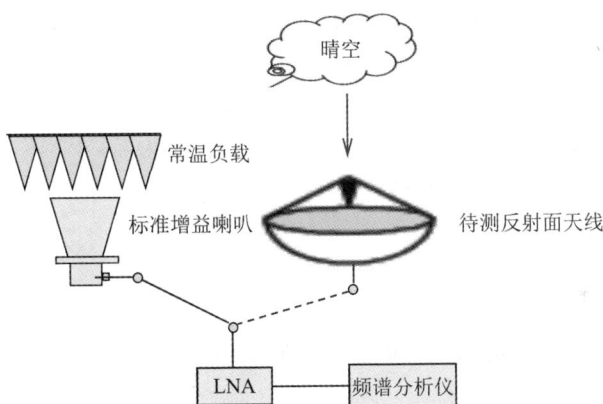

图 5‑63　比较 Y 因子法测量反射面天线损耗的原理框图

比较 Y 因子法测量反射面天线损耗的方法是：首先，按照图 5‑63 所示的原理框图建立测量系统，低噪声放大器直接与标准增益喇叭连接，喇叭口置常温负载（微波吸波材料），用频谱分析仪测量系统输出的归一化噪声功率，用 N_{load}（单位为 dBm/Hz）表示；然后，去掉喇叭口的常温负载，标准增益喇叭指向天顶方向的晴空，同理用频谱分析仪测量系统的归一化噪声功率，用 N_{horn}（单位为 dBm/Hz）表示；最后，将标准增益喇叭的低噪声放大器卸下接到待测反射面天线上，且待测反射面天线指向天顶晴空方向，用频谱分析仪测量系统输出的归一化噪声功率，用 N_{ant}（单位为 dBm/Hz）表示。由测量的归一化噪声功率计算定标 Y 因子和测量 Y 因子：

$$Y_{\mathrm{D}} = 10^{(N_{\mathrm{load}} - N_{\mathrm{horn}})/10} \tag{5-154}$$

$$Y_{\mathrm{M}} = 10^{(N_{\mathrm{load}} - N_{\mathrm{ant}})/10} \tag{5-155}$$

忽略标准增益喇叭损耗的情况下，由测量的 Y 因子利用下式计算反射面天线的损耗：

$$IL_{ant} = \frac{Y_M(Y_D-1)}{Y_D(Y_M-1)} \qquad (5-156)$$

为了提高测量精度，减少地面辐射噪声的影响，对于小口径反射面天线（天线口径小于 3 米），可采用金属屏蔽盒来屏蔽地面噪声的影响。对于大口径反射面天线，金属屏蔽盒不易设计制造，可利用待测反射面天线的主反射面，将标准增益喇叭置于主反射面内进行测量，以减少地面噪声的影响。

5.5.4　天线效率法

1. 测量方法

天线效率法测量反射面天线损耗的方法是：先测量反射面天线的总效率，然后扣除损耗外的效率因子，即可获得反射面天线的损耗。

利用 5.5.1 节的方法完成反射面天线增益测量，由测量的天线增益可计算反射面天线总效率：

$$\eta_\Sigma = \frac{10^{G/10}}{\left(\dfrac{\pi D}{\lambda}\right)^2} \times 100\% \qquad (5-157)$$

式中：

η_Σ——反射面天线的总效率；

G——用分贝值表示的反射面天线增益；

D——反射面天线的口面直径；

λ——天线的工作波长。

由天线理论可知，反射面天线的总效率为

$$\eta_\Sigma = \eta_{rad}\,\eta_{aperture}\,\eta_{spillover}\,\eta_{rms}\,\eta_{cross}\,\eta_{block}\,\eta_{phase}\,\eta_{mismatch} \qquad (5-158)$$

式中：

η_{rad}——天线的辐射效率；

$\eta_{aperture}$——天线的口面利用效率，也称口径锥削效率；

$\eta_{spillover}$——天线的截获效率，也称溢出效率；

η_{rms}——天线表面的公差效率；

η_{cross}——天线的交叉极化效率；

η_{block}——天线口径的遮挡效率；

η_{phase}——天线馈源的相位误差效率；

$\eta_{mismatch}$——天线的阻抗失配效率。

显然，口径天线各种效率因子中，辐射效率与天线损耗有关。天线辐射效率表征了天线耗散损耗，天线辐射效率的倒数即天线的损耗，则口径天线损耗与效率的关系为

$$IL_{ant} = 10 \times lg\left(\frac{\eta_{aperture}\,\eta_{spillover}\,\eta_{rms}\,\eta_{cross}\,\eta_{block}\,\eta_{phase}\,\eta_{mismatch}}{\eta_\Sigma}\right) \qquad (5-159)$$

式(1-159)为天线效率法测量反射面天线损耗的原理公式。只要测量出天线总效率，再依据天线特性计算出反射面天线的口面利用效率、截获效率、表面公差效率、交叉极化效率、遮挡效率、相位误差效率和失配效率，即可确定反射面天线损耗。

（1）口面利用效率的计算：口面利用效率是指由于天线口面场分布函数不均匀引起的增益损耗，由天线口面场分布函数确定。已知天线口面场分布函数为 $E_a(\rho,\phi)$，则天线口面利用效率为

$$\eta_{\text{aperture}} = \frac{1}{\pi a^2} \frac{\left| \int_0^{2\pi} \int_0^a E_a(\rho,\phi)\rho\,\mathrm{d}\rho\,\mathrm{d}\phi \right|^2}{\int_0^{2\pi} \int_0^a |E_a(\rho,\phi)|^2 \rho\,\mathrm{d}\rho\,\mathrm{d}\phi} \tag{5-160}$$

式中，a 为反射面天线的口面半径。

由式（5-160）可知：只要知道天线口面场分布函数，很容易计算天线的口面利用效率。例如高斯分布是反射面天线口面场分布的常用函数形式，高斯分布的口面场分布函数为

$$E_{\text{Gauss}} = \mathrm{e}^{-c\left(\frac{\rho}{a}\right)^2} \tag{5-161}$$

式中，c 是与天线照射电平相关的常数。

将式（5-161）代入式（5-160）进行积分，化简可得高斯分布的反射面天线口面利用效率为

$$\eta_{\text{aperture}} = \frac{2(1-\mathrm{e}^{-c})}{c(1+\mathrm{e}^{-c})} \tag{5-162}$$

当天线口面照射电平分别为 -10 dB、-15 dB 和 -20 dB 时，对应的常数 c 分别为 1.151、1.727 和 2.303。将 c 代入式（5-162）得到天线的口面利用效率为

$$\eta_{\text{aperture}} = \begin{cases} 0.9025, & -10 \text{ dB 锥削} \\ 0.8080, & -15 \text{ dB 锥削} \\ 0.7105, & -20 \text{ dB 锥削} \end{cases}$$

（2）截获效率的计算：截获效率定义为馈源辐射的、被单反射面的主反射器或双反射器的副反射器截获的功率部分。已知馈源的方向图函数为 $F_f(\theta,\phi)$，则天线的截获效率为

$$\eta_{\text{spillover}} = \frac{\int_0^{2\pi} \int_0^{\theta_m} |F_f(\theta,\phi)|^2 \sin\theta\,\mathrm{d}\theta\,\mathrm{d}\phi}{\int_0^{2\pi} \int_0^{\pi} |F_f(\theta,\phi)|^2 \sin\theta\,\mathrm{d}\theta\,\mathrm{d}\phi} \tag{5-163}$$

式中，θ_m 为双反射面天线的副反射器或单反射面天线的主反射器对馈源相位中心的半张角。

如果已知馈源的照射电平为 Taper，则天线截获效率可用下式近似计算：

$$\eta_{\text{spillover}} = 1 - 10^{\text{Taper}/10} \tag{5-164}$$

例如馈源的照射电平为 -16 dB，则截获效率为 97.49%。

（3）表面公差效率的计算：表面公差效率是由反射面表面公差引起的增益损耗。若已知反射面的表面公差为 ε，则表面公差效率为

$$\eta_{\text{rms}} = 10^{-685.81\left(\frac{\varepsilon}{\lambda}\right)^2/10} \tag{5-165}$$

例如：天线表面公差等于 $\lambda/50$，则表面公差效率为 93.88%。

（4）交叉极化效率的计算：交叉极化效率是天线在辐射过程中部分能量以交叉极化方式辐射出去，从而引起增益损失。若已知天线主极化功率方向图为 $P_c(\theta,\phi)$，交叉极化功率方向图为 $P_x(\theta,\phi)$，则天线交叉极化效率为

$$\eta_{\text{cross}} = \frac{\int_0^{2\pi}\int_0^{\pi} P_{\text{c}}(\theta, \phi)\sin\theta\, d\theta\, d\phi}{\int_0^{2\pi}\int_0^{\pi} P_{\text{c}}(\theta, \phi)\sin\theta\, d\theta\, d\phi + \int_0^{2\pi}\int_0^{\pi} P_{\text{x}}(\theta, \phi)\sin\theta\, d\theta\, d\phi} \tag{5-166}$$

若已知天线交叉极化隔离度为 XPD，则交叉极化效率可用下式近似计算：

$$\eta_{\text{cross}} = \frac{1}{1 + 10^{-\text{XPD}/10}} \tag{5-167}$$

例如：天线的交叉极化隔离度为 30 dB，则交叉极化效率为 99.90%。

（5）遮挡效率的计算：遮挡效率是放置在反射面前面的结构（如馈源、副反射器和支撑）阻挡射线射出天线口径，并将功率分散到旁瓣，从而引起的增益损失。遮挡效率可近似利用下式计算：

$$\eta_{\text{block}} = \left(1 - \frac{A_{\text{block}}}{A}\right)^2 \tag{5-168}$$

式中，A_{block} 为遮挡面积，A 为天线口径面积。例如，$A_{\text{block}}/A = 1\%$，则遮挡效率为 98%。

（6）馈源相位误差效率的计算：馈源相位误差效率是由馈源相位误差导致的天线增益损失。若已知初级馈源的口面电场为 E，相位误差为 Φ，则馈源相位误差效率为

$$\eta_{\text{phase}} = \frac{\left|\int_A E\,\mathrm{e}^{\mathrm{j}\Phi}\,\mathrm{d}S\right|^2}{\left|\int_A E\,\mathrm{d}S\right|^2} \tag{5-169}$$

在实际工程设计中，对于单频段馈源喇叭，馈源相位方向图的最大相位误差一般在 $30°$ 以内，馈源相位误差效率约为 98%；对多频馈源，馈源相位方向图的相位误差一般在 $50°$ 以内，馈源相位误差效率约为 97%。

（7）阻抗失配效率的计算：阻抗失配效率是由天线阻抗失配引起的增益损失。若已知天线的电压驻波比为 VSWR，则天线阻抗失配效率为

$$\eta_{\text{mismatch}} = \frac{4\text{VSWR}}{(\text{VSWR} + 1)^2} \tag{5-170}$$

例如：天线的电压驻波比 VSWR = 1.25，则天线阻抗失配效率为 98.8%。

2. 工程测量实例

下面以上海 65 米射电望远镜为例，说明用天线效率法测量天线损耗的方法。

由《上海 65 米射电望远镜天线系统验收测试报告（L、S/X、C 波段）》可知：在天线最佳工作仰角，频率为 7 GHz 时，测量的天线总效率为 66.7%。

上海 65 米射电望远镜天线的口面场分布函数是以改进广义泰勒位移分布函数为基础，通过优化计算，获得一种具有高效率、低旁瓣的整个口面能量均匀分布而外边缘低锥削的口面场分布函数，由此计算出天线口面利用效率为

$$\eta_{\text{aperture}} = 85.90\%$$

上海 65 米射电望远镜天线馈源照射电平为 -16 dB，则天线的截获效率为

$$\eta_{\text{spillover}} = 1 - 10^{\text{Taper}/10} = 1 - 10^{-16/10} = 97.49\%$$

上海 65 米射电望远镜表面公差实测值为 0.587 mm（无主动面调整），则表面公差效

率为

$$\eta_{\text{rms}} = 10^{-685.81\left(\frac{\varepsilon}{\lambda}\right)^2/10} = 10^{-685.81\left(\frac{0.587}{42.857}\right)^2/10} = 97.08\%$$

上海 65 米射电望远镜天线 C 波段馈源网络实测轴比 AR≤0.92 dB，其交叉极化隔离度为 25.52 dB，则交叉极化效率为

$$\eta_{\text{cross}} = \frac{1}{1 + 10^{-\text{XPD}/10}} = \frac{1}{1 + 10^{-25.52/10}} = 99.72\%$$

上海 65 米射电望远镜天线遮挡有副面遮挡和支撑遮挡，依据设计副面和支撑的结构尺寸，理论计算其遮挡效率为

$$\eta_{\text{block}} = 88.0\%$$

上海 65 米射电望远镜天线 C 波段馈源为单频段馈源，相位误差效率约为

$$\eta_{\text{phase}} = 98.0\%$$

上海 65 米射电望远镜天线在 C 波段馈源网络实测电压驻波比 VSWR≤1.162，则阻抗失配效率为

$$\eta_{\text{mismatch}} = \frac{4\text{VSWR}}{(\text{VSWR} + 1)^2} = \frac{4 \times 1.162}{(1.162 + 1)^2} = 99.44\%$$

由测量的天线总效率和其他效率，计算得到 65 米射电望远镜天线损耗为

$$\text{IL}_{\text{ant}} = 10 \times \lg\left(\frac{\eta_{\text{aperture}}\eta_{\text{spillover}}\eta_{\text{rms}}\eta_{\text{cross}}\eta_{\text{block}}\eta_{\text{phase}}\eta_{\text{mismatch}}}{\eta_{\sum}}\right)$$

$$= 10 \times \lg\left(\frac{0.859 \times 0.9749 \times 0.9708 \times 0.9972 \times 0.88 \times 0.98 \times 0.9944}{0.667}\right)$$

$$= 0.18 \text{ dB}$$

由此可见：在频率为 7 GHz 时，用天线效率法测量上海 65 米射电望远镜天线的损耗为 0.18 dB，包括天线馈源网络损耗、主反射器的反射损耗和副反射器的反射损耗。

参 考 文 献

[1] 秦顺友，张文静，杜彪. 圆孔金属板的微波传输损耗的计算与测量[J]. 电子测量与仪器学报，2009，23(S1)：90 - 93.

[2] OTOSHI T Y. A study of microwave leakage through perforated flat plates (short papers)[J]. IEEE Transactions on Microwave Theory and Techniques，1972，20(3)：235 - 236.

[3] OTOSHI T Y. Precision reflectivity loss measurements of perforated-plate mesh materials bya waveguide technique[J]. IEEE Transactions on Instrumentation and Measurement，1972，21(4)：451 - 457.

[4] OTOSHI T Y，YEH C. Noise temperature of a lossy flat-plate reflector for the elliptically polarized wave-case[J]. IEEE Transactions on Microwave Theory and Techniques，2000，48(9)：1588 - 1591.

[5] POZAR D M. 微波工程[M]. 张肇仪，周乐柱，德明，等，译. 北京：电子工业出版社，2006.

[6] 秦顺友，杜彪，张文静. 反射面天线欧姆损耗噪声温度的计算[J]. 中国电子科学研究院学报，2009，4(4)：408 - 411.

[7]　QIN S Y, DU B, ZHANG W J. Calculation of ohm loss efficiency for millimetre wave reflector antennas[C]//Proceedings of the 9th International Symposium on Antennas, Propagation and EM Theory. Guangzhou, China, 2010: 23 – 25.

[8]　秦顺友, 张文静, 杜晓恒, 等. THz频段反射面天线表面电阻引起的噪声温度和增益损失的计算[C]//2013年全国微波毫米波会议论文集. 重庆, 2013: 1399 – 1402.

[9]　SCHROEDER L C, CRAVEY R L, SCHERNER M J, et al. Emissivity measurements in thin metallized membrane reflectors used for microwave radiometer sensors [R]. NASA technical memorandum 110179, 1995.

[10]　AGNEW D L, JONES P A. Large deployable reflector (LDR) system concept and technology definition study. Volume 1: executive summary, analyses and trades, and system concepts: NASA Contractor Report 177413[R]. 1989.

[11]　KEEN K M. Gain-loss measurements on a carbon-fibre composite reflector antenna[J]. Electronics Letters, 1975, 11(11): 234 – 235.

[12]　SKOU N. Measurement of small antenna reflector losses for radiometer calibration budget[J]. IEEE Transactions on Geoscience and Remote Sensing, 1997, 35(4): 967 – 971.

[13]　Earth station verification tests: INTELSAT SSOG 210[S]. 2000.

[14]　KAMEGAI K, TSUBOI M. Measurements of an antenna surface for a millimeter-wave space radio telescope. II. Metal mesh surface for large deployable reflector[J]. Publications of the Astronomical Society of Japan, 2013, 65(1): 21.

[15]　陈辉, 秦顺友. 方向图积分法确定天线增益的截断误差研究[J]. 电子测量与仪器学报, 2004, 18(3): 29 – 32.

[16]　杜晓恒, 秦顺友, 任冀南, 等. 低副瓣气象雷达天线增益测量及误差分析[J]. 无线电通信技术, 2014, 40(5): 51 – 53, 72.

[17]　秦顺友. 口径天线方向性系数和增益的快速估算方法[J]. 电波科学学报, 2002, 17(2): 192 – 196.

[18]　STUTZMAN W L. Estimating directivity and gain of antennas[J]. IEEE Antennas & Propagation Magazine, 1998, 40(4): 7 – 11.

[19]　秦顺友, 陈奇波. 测试场地对大型圆口径天线增益测量影响的研究[J]. 通信学报, 1994, 15(5): 88 – 93.

[20]　DALY P, TITS D. Novel technique for antenna gain measurement in satellite Earth stations[J]. Electronics Letters, 1982, 18(25): 1089 – 1090.

[21]　秦顺友, 耿京朝, 王小强. 用太阳源测量UHF频段50 m天线增益及误差分析[J]. 中国电子科学研究院学报, 2007, 2(6): 623 – 626.

[22]　QIN S Y, WANG X Q. Measurement and error analysis for C-band 15 meter TT&C station antenna G/T using Taurus A [C]//2008 International Conference on Microwave and Millimeter Wave Technology. Nanjing, China, 2008: 649 – 651.

[23]　PERLEY R A, BUTLER B J. An accurate flux density scale from 1 to 50 GHz[EB/OL]. [2023 – 09 – 12]. http://www.arxiv.org/pdf/1211.1300.pdf.

[24]　Attenuation by atmospheric gases: ITU-R P.676 – 9[S]. 2012.

[25]　de VILLIERS D L, LEHMENSIEK R. Rapid calculation of antenna noise temperature in offset Gregorian reflector systems[J]. IEEE Transactions on Antennas and Propagation, 2015, 63(4): 1564 – 1571.

［26］ SLOBIN S D，ANDRES E M. PPM/NAR 8. 4 GHz noise temperature statistics for DSN 64-meter antennas，1982 - 1984［R］. TDA Progress Report 42 - 87，Jet Propulsion Laboratory，Pasadena，Calif，1986.

［27］ Determination of the G/T ratio for earth stations operating in the fixed-satellite service：ITU-R S. 733 - 2［S］. 2000.

［28］ 秦顺友. 一种测量大型双反射面天线损耗的方法：CN114878924A［P］. 2022 - 08 - 09.

［29］ 银秋华，周建寨. 反射面天线增益的快速估算［J］. 无线电通信技术，2013，39(4)：50 - 52.

［30］ 张立军，史振起. 高效率低旁瓣天线口面场分布函数研究［J］. 无线电通信技术，2010，36(4)：36 - 38.

［31］ SOLOVEY A，MITTRA R. Extended source size correction factor in antenna gain measurements ［C］//2008 38th European Microwave Conference. Amsterdam，Netherlands，2008：983 - 986.

第6章

有源相控阵天线损耗测量技术

6.1 概　述

　　有源相控阵天线具有体积小、质量轻，剖面低，易共形，可形成一个或多个波束，可控制波束指向，可实现波束扫描等特点，在各种相控阵雷达、卫星通信有效载荷、动中通卫星通信和5G移动通信等领域的应用日益广泛。最常用的有源相控阵天线为平面有源相控阵天线，如图6-1所示。近年来，随着5G移动通信技术、星载天线技术的发展，柱面、球面等非平面有源相控阵天线也获得了广泛应用，图6-2为常见的非平面有源相控阵天线。

图 6-1　常见的平面有源相控阵天线

图 6-2　常见的非平面有源相控阵天线

无源相控阵天线的发射机或接收机与天线是分离的，其特性测量同常规天线测量方法是一样的。无源相控阵天线损耗可采用传统的增益方向性法、Y 因子法和比较 Y 因子法等进行测量，具体的测量原理和方法可参考第 4 章和第 5 章的相关章节，本章主要介绍有源相控阵天线损耗的测量方法。

有源相控阵天线的发射机和接收机不能与天线辐射单元分开，因此，必须将天线、发射机和接收机作为一个系统整体进行测量。有源相控阵天线不存在互易性，因此其发射特性和接收特性必须单独测量。因有源相控阵天线 T/R 模块与天线集成在一起，传统的天线测量方法很难测量出天线本身的特性，如天线的发射增益和接收增益等，通常用系统的等效各向同性辐射功率(EIRP)表征有源发射相控阵天线的发射能力，用 G/T 值表征有源接收相控阵天线的灵敏度。

图 6-3 为一个典型有源相控阵天线的原理简图。

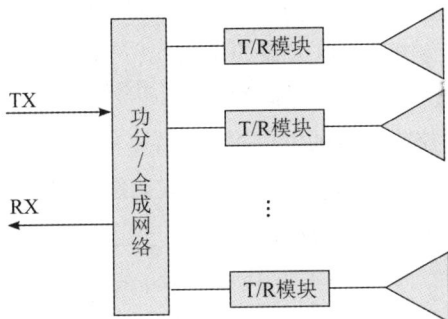

图 6-3　典型有源相控阵天线的原理简图

损耗是天线的重要性能指标之一。由图 6-3 可以看出，有源相控阵天线是一个系统，其损耗也是整个相控阵天线系统的损耗，包括功分/合成网络损耗、馈电网络损耗、馈线损耗、移相器损耗、天线单元欧姆损耗和介质损耗等。为了方便测量，我们把有源相控阵天线损耗分成两部分，一部分为有源相控阵天线发射端口(或接收端口)与 T/R 模块之间的功分合成网络损耗，用 IL_{PDSN} 表示(不包含功分合成网络的功分损耗，如一分二时，功分损耗为 3 dB)；另一部分是 T/R 模块和天线之间的损耗，用 IL_{array} 表示，它包括馈线损耗、馈电网络损耗、天线欧姆损耗和介质损耗等。我们把 IL_{PDSN} 和 IL_{array} 损耗统称为有源相控阵天线的总损耗，把 IL_{array} 称为有源相控阵的天线损耗。本章介绍有源发射相控阵天线总损耗的测量方法、有源接收相控阵天线的总损耗和天线阵列损耗的测量方法。

6.2 有源发射相控阵天线总损耗的测量

6.2.1 总增益方向性法

1. 测量方法

总增益方向性法测量有源发射相控阵天线总损耗的方法是：通过测量有源发射相控阵天线系统的总增益和方向性增益，计算出 T/R 模块高功率放大器的平均增益，从而确定有源发射相控阵天线的总损耗。

如果把有源发射相控阵天线系统等效为一个两端口器件，则天线输入功率和输出功率之间关系为

$$P_{\text{out}} = \frac{P_{\text{in}}}{\text{IL}_{\text{T-PDSN}} N} \frac{D_{\text{T-array}}}{\text{IL}_{\text{T-array}}} \sum_{i=1}^{N} G_{\text{HPA}i} \tag{6-1}$$

式中：

P_{out}——等效两端口网络的输出功率；

P_{in}——等效两端口网络的输入功率；

$\text{IL}_{\text{T-PDSN}}$——功分/合成网络的发射损耗；

N——天线单元的通道数；

$G_{\text{HPA}i}$——第 i 个 T/R 模块功率放大器的增益；

$D_{\text{T-array}}$——有源发射相控阵天线的方向性增益；

$\text{IL}_{\text{T-array}}$——有源发射相控阵天线的发射损耗。

把功分/合成网络的发射损耗 $\text{IL}_{\text{T-PDSN}}$ 和相控阵天线的发射损耗 $\text{IL}_{\text{T-array}}$ 称为有源发射相控阵天线系统的总损耗，用 $\text{IL}_{\text{T-sys}}$ 表示，则

$$\text{IL}_{\text{T-sys}} = \text{IL}_{\text{T-PDSN}} \text{IL}_{\text{T-array}} \tag{6-2}$$

由式(6-1)可得有源发射相控阵天线的总增益 $G_{\text{T}\Sigma}$ 为

$$G_{\text{T}\Sigma} = \frac{P_{\text{out}}}{P_{\text{in}}} = \frac{\sum_{i=1}^{N} G_{\text{HPA}i}}{N} \frac{D_{\text{T-array}}}{\text{IL}_{\text{T-PDSN}} \text{IL}_{\text{T-array}}} = \frac{G_{\text{HPA-av}} D_{\text{T-array}}}{\text{IL}_{\text{T-PDSN}} \text{IL}_{\text{T-array}}} \tag{6-3}$$

式中，$G_{\text{HAP-av}}$ 为有源发射相控阵天线 T/R 模块功率放大器的平均增益。

由式(6-3)可得有源发射相控阵天线总损耗为

$$\text{IL}_{\text{T-sys}} = \text{IL}_{\text{T-PDSN}} \text{IL}_{\text{T-array}} = \frac{G_{\text{HPA-av}} D_{\text{T-array}}}{G_{\text{T}\Sigma}} \tag{6-4}$$

式(6-4)用分贝值可表示为

$$\text{IL}_{\text{T-sys}} = G_{\text{HPA-av}} + D_{\text{T-array}} - G_{\text{T}\Sigma} \tag{6-5}$$

式(6-5)就是有源发射相控阵天线总损耗测量的原理公式。由此可知：只要测量出有

源发射相控阵天线的总增益和方向性增益，并依据各通道 T/R 模块的功率放大器增益计算出平均增益，就可确定有源发射相控阵天线的总损耗。实际工程应用中，各通道 T/R 模块的增益通常相同，则此时各通道 T/R 模块的平均增益等于单个模块的增益。

2．总增益的测量方法

有源发射相控阵天线总增益可采用远场法、近场法和紧缩场法进行测量。近场法测量比较复杂，因此这里主要介绍用远场比较法测量有源发射相控阵天线总增益的方法，其测量原理适用于紧缩场测量。图 6 - 4 为远场比较法测量有源发射相控阵天线总增益的原理框图。

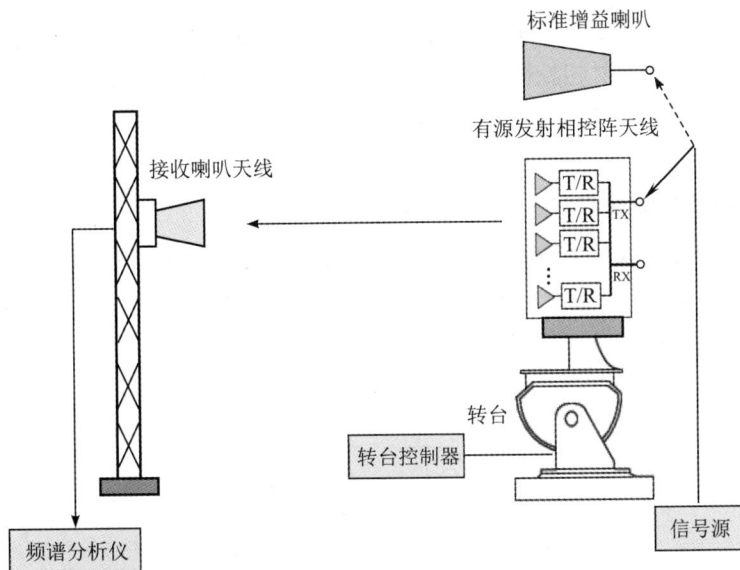

图 6 - 4　远场比较法测量有源发射相控阵天线总增益的原理框图

按照图 6 - 4 所示的原理框图，建立测量系统，待测相控阵天线和接收喇叭天线之间的距离满足远场测试距离条件，调整待测相控阵天线使其与接收喇叭天线对准，且极化匹配，设置合适的信号源输出功率(确保相控阵天线 T/R 模块工作在线性区)，则接收喇叭天线接收的信号功率为

$$P_{\text{R-array}} = P_{\text{in}} G_{\text{T}\Sigma} \left(\frac{\lambda}{4\pi R} \right)^2 G_{\text{horn}} \tag{6-6}$$

式中：

$P_{\text{R-array}}$——相控阵天线发射时，接收喇叭天线接收的信号功率；

P_{in}——相控阵天线的输入功率；

$G_{\text{T}\Sigma}$——发射相控阵天线的总增益；

R——相控阵天线与接收喇叭天线之间的距离；

G_{horn}——接收喇叭天线的增益。

将待测相控阵天线换成标准增益喇叭，调整标准增益喇叭使其与接收喇叭天线对准，且极化匹配，保持信号源输出功率和频率不变，则此时接收喇叭天线接收的信号功率为

$$P_{\text{R-SGH}} = P_{\text{in}} G_{\text{SGH}} \left(\frac{\lambda}{4\pi R} \right)^2 G_{\text{horn}} \tag{6-7}$$

式中：

$P_{\text{R-SGH}}$——标准增益喇叭发射时，接收喇叭天线接收的信号功率；

G_{SGH}——标准增益喇叭天线的增益。

由式(6-6)和式(6-7)可得有源发射相控阵天线的总增益为

$$G_{\text{T}\Sigma} = \frac{P_{\text{R-array}} G_{\text{SGH}}}{P_{\text{R-SGH}}} \tag{6-8}$$

式(6-8)用分贝值可表示为

$$G_{\text{T}\Sigma} = G_{\text{SGH}} + P_{\text{R-array}} - P_{\text{R-SGH}} \tag{6-9}$$

该方法实质上就是经典的比较法，通过对比有源发射相控阵天线增益与标准增益喇叭天线的增益，确定有源发射相控阵天线的总增益。注意在测量过程中，相控阵天线 T/R 模块需工作在线性区，如果待测相控阵天线为圆极化，还应考虑极化损失对总增益测量的影响。

3. 方向性增益的测量方法

有源发射相控阵天线的方向性增益测量方法是：通过对测量天线发射方向图进行数值积分，确定天线的方向性增益，由实测的方位方向图和俯仰方向图，利用下式计算有源发射相控阵天线的方向性增益：

$$D_{\text{T-array}} = \sqrt{D_{\text{T-AZ}} D_{\text{T-EL}}} \tag{6-10}$$

$$D_{\text{T-AZ}} = \frac{4}{\displaystyle\int_{-\pi}^{\pi} | P_{\text{T-AZ}}(\theta) | \sin |\theta| \, d\theta} \tag{6-11}$$

$$D_{\text{T-EL}} = \frac{4}{\displaystyle\int_{-\pi}^{\pi} | P_{\text{T-EL}}(\theta) | \sin |\theta| \, d\theta} \tag{6-12}$$

式中：

$D_{\text{T-array}}$——有源发射相控阵天线的方向性增益；

$D_{\text{T-AZ}}$——有源发射相控阵天线的方位方向性增益；

$P_{\text{T-AZ}}(\theta)$——有源发射相控阵天线方位的归一化功率方向图；

$D_{\text{T-EL}}$——有源发射相控阵天线的俯仰方向性增益；

$P_{\text{T-EL}}(\theta)$——有源发射相控阵天线的俯仰归一化功率方向图。

天线方向图可利用远场法、近场法和紧缩场法进行测量。近场测量可获得相控阵天线整个空间的方向图；远场测量和紧缩场测量通常只测量两个主平面的方向图。这里主要介绍传统的远场法，图6-5为基于频谱分析仪测量有源发射相控阵天线方向图的原理框图。

用频谱分析仪测量有源发射相控阵天线方向图的方法是：首先，按照图6-5所示的原理框图建立测量系统，按照给定的频率和极化，用信号源发射单载波信号，合理设置信号源输出功率(T/R模块工作在线性区)；然后，设置相控阵天线的通道相位，使相控阵天线产生法向波束，调整接收喇叭天线极化，使其与待测相控阵天线极化匹配，驱动待测有源发射相控阵天线的方位和俯仰，使待测有源发射相控阵天线与接收喇叭天线对准，此时频

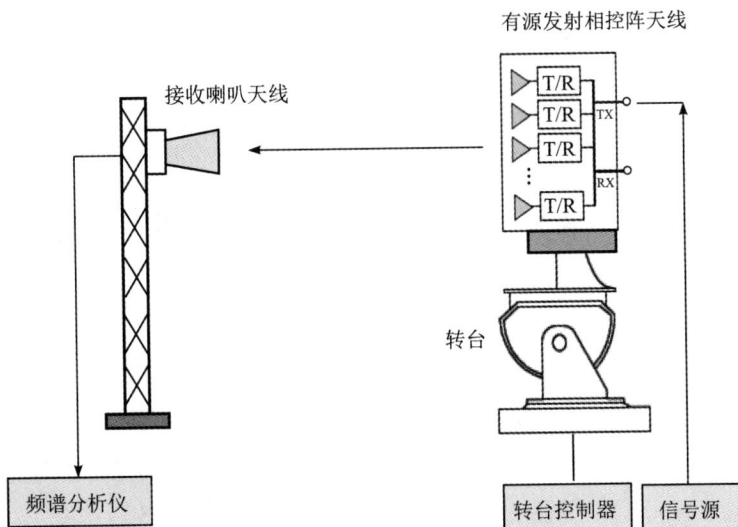

图 6-5　基于频谱分析仪测量有源发射相控阵天线方向图的原理框图

谱分析仪接收的信号功率最大；最后，转动待测有源发射相控阵天线，用频谱分析仪记录接收信号功率的变化，即可获得有源发射相控阵天线的方向图。

图 6-6 为用矢量网络分析仪测量有源发射相控阵天线方向图的原理框图。

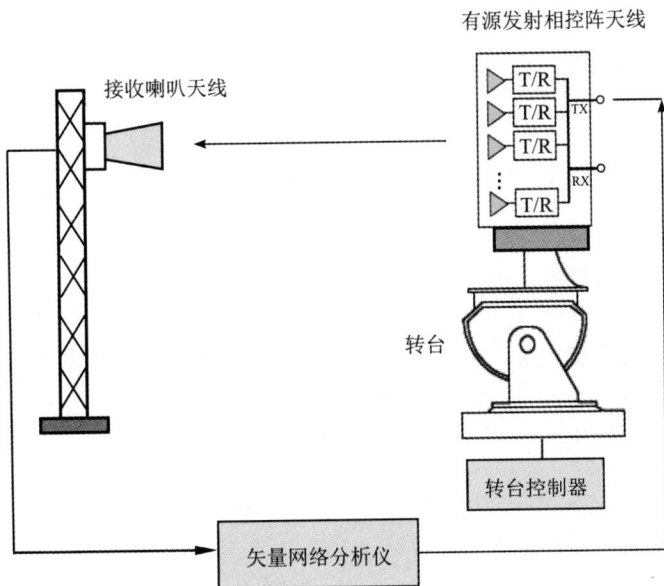

图 6-6　用矢量网络分析仪测量有源发射相控阵天线方向图的原理框图

图 6-7 为紧缩场法测量有源发射相控阵天线方向图的原理框图。待测有源发射相控阵天线安装在紧缩场的静区内，紧缩场法测量天线方向图的方法与常规的远场测量方法一样。

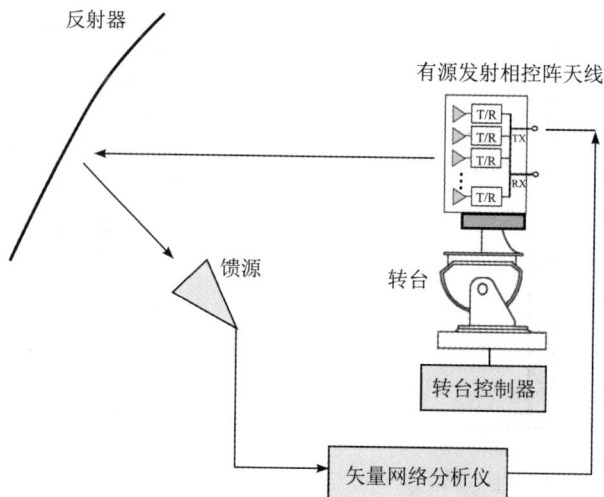

图 6-7　紧缩场法测量有源发射相控阵天线方向图的原理框图

6.2.2　EIRP 方向性法

1. 测量方法

EIRP 即等效各向同性辐射功率，EIRP 方向性法测量有源发射相控阵天线损耗的方法是：通过测量有源发射相控阵天线系统的 EIRP 和方向性增益，计算出 T/R 模块高功率放大器的增益，从而确定有源发射相控阵天线的损耗。

EIRP 等于天线发射功率与天线发射增益的乘积，可表示为

$$\text{EIPR}_{\text{array}} = P_{\text{T}} \times G_{\text{T-array}} \tag{6-13}$$

式中：

$\text{EIRP}_{\text{array}}$——有源发射相控阵天线的等效各向同性辐射功率；

P_{T}——有源发射相控阵天线的发射净功率；

$G_{\text{T-array}}$——有源发射相控阵天线的发射增益。

由有源发射相控阵天线的工作原理可知：射频信号源给有源发射相控阵天线馈电，经功分/合成网络分配成 N 份，给 N 个通道的 T/R 模块激励输入，则天线的输入功率为 N 个通道 T/R 模块功率输出的合成，可表示为

$$P_{\text{T}} = \frac{P_{\text{in}}}{\text{IL}_{\text{T-PDSN}} N} \sum_{i=1}^{N} G_{\text{HPA}i} \tag{6-14}$$

式中，P_{in} 为有源发射相控阵天线的输入功率。

由天线理论可知，有源发射相控阵天线发射增益和方向性增益的关系为

$$G_{\text{T-array}} = \frac{D_{\text{T-array}}}{\text{IL}_{\text{T-array}}} \tag{6-15}$$

将式(6-14)和式(6-15)代入式(6-13)可得

$$\text{IL}_{\text{T-sys}} = \text{IL}_{\text{T-PDSN}} \text{IL}_{\text{T-array}} = \frac{P_{\text{in}} D_{\text{T-array}}}{\text{EIRP}_{\text{array}}} \frac{\displaystyle\sum_{i=1}^{N} G_{\text{HPA}i}}{N} \tag{6-16}$$

式(6-16)可用分贝值表示为

$$\text{IL}_{\text{T-sys}} = P_{\text{in}} + D_{\text{T-array}} + G_{\text{HPA-av}} - \text{EIRP}_{\text{array}} \qquad (6-17)$$

式(6-17)为 EIRP 方向性法测量有源发射相控阵天线损耗的原理公式。通过以下测量和计算可以确定天线损耗：

(1) 有源发射相控阵天线的输入功率测量：可用功率计直接测量，或用已知信号源的功率输出扣除射频电缆的损耗。

(2) 有源发射相控阵天线的 EIRP$_{\text{array}}$ 测量：可采用比较法和链路计算法测量 EIRP，也可采用近场法或紧缩场法进行测量。

(3) 有源发射相控阵天线的方向性增益测量：通过测量有源发射相控阵天线方向图，用数值积分法计算确定有源发射相控阵天线的方向性增益。

(4) T/R 模块平均增益的计算：依据 T/R 模块出厂增益测量数据，计算 T/R 模块的平均增益。

2. 有源发射相控阵天线 EIRP 的测量

测量有源发射相控阵天线 EIRP 的方法如下：

(1) 链路计算法测量 EIRP：图 6-8 为远场链路计算法测量有源发射相控阵天线 EIRP 的原理框图。其中，标准增益喇叭天线的增益精确已知，有源发射相控阵天线与标准增益喇叭之间的距离满足远场测试条件，该距离可用传统方法进行测量。

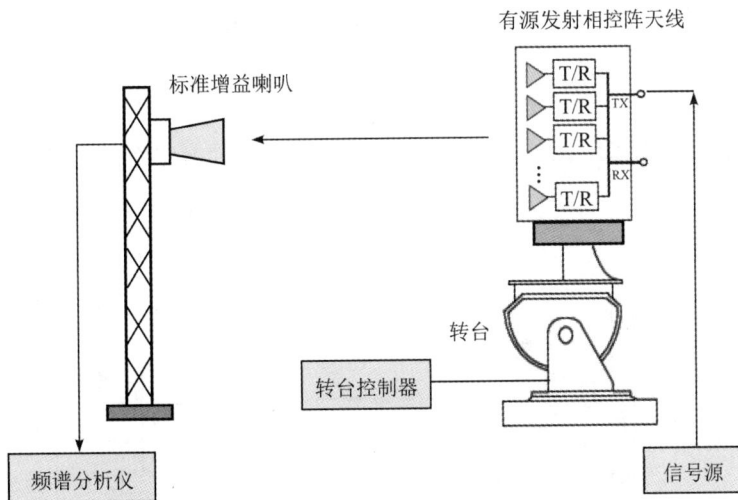

图 6-8　远场链路计算法测量有源发射相控阵天线 EIRP 的原理框图

远场链路计算法测量有源发射相控阵天线 EIRP 的方法是：首先，按照图 6-8 所示的原理框图建立测量系统，信号源发射一小单载波射频信号，设置相控阵天线通道相位，使相控阵天线产生法向波束；然后，调整标准增益喇叭，使其与待测相控阵天线对准且极化匹配，驱动待测有源发射相控阵天线的方位和俯仰，使相控阵天线波束中心对准标准增益喇叭，此时频谱分析仪接收的信号功率最大；最后，调整信号源的输出信号功率，观测频谱分析仪接收信号功率的变化，直到有源发射相控阵天线的发射功率最大，但相控阵天线的 T/R 模块仍工作在线性区，此时频谱分析仪测量的信号功率为 P_{mea}，用分贝值表示的有源发射相控阵天线的 EIRP 为

$$\text{EIRP}_{\text{array}} = P_{\text{mea}} + L_{\text{P}} - G_{\text{SGH}} + L_{\text{RX}} \tag{6-18}$$

$$L_{\text{P}} = 20 \times \lg\left(\frac{4\pi R}{\lambda}\right) \tag{6-19}$$

式中：

L_{P}——自由空间传播损耗，单位为 dB；

G_{SGH}——标准增益喇叭的增益，单位为 dBi；

L_{RX}——标准增益喇叭与频谱分析仪之间的射频电缆损耗，单位为 dB。

若已知信号源的输出功率 P_{out}，信号源与有源发射相控阵天线之间的射频电缆损耗为 L_{TX}，则有源发射相控阵天线的输入功率为

$$P_{\text{in}} = P_{\text{out}} - L_{\text{TX}} \tag{6-20}$$

如果待测有源发射相控阵天线为圆极化，标准增益喇叭为线极化，可通过两种方法对极化损失进行修正。

方法一：按照式（6-18）测量出有源发射相控阵天线的 EIRP，然后考虑轴比 AR（单位为 dB）的修正，获得待测有源发射相控阵天线的 EIRP，则考虑轴比修正的 EIRP 测量公式为

$$\text{EIRP}_{\text{array}} = P_{\text{mea}} + L_{\text{P}} - G_{\text{SGH}} + L_{\text{RX}} + 10 \times \lg\left(1 + 10^{\frac{-\text{AR}}{10}}\right) \tag{6-21}$$

方法二：分别测量出标准增益喇叭为水平极化和垂直极化时，有源发射相控阵天线水平极化 $\text{EIRP}_{\text{array}\parallel}$ 和垂直极化 $\text{EIRP}_{\text{array}\perp}$，则有源相控阵天线的 EIRP 为

$$\text{EIRP}_{\text{array}} = 10 \times \lg\left(10^{\frac{\text{EIRP}_{\text{array}\parallel}}{10}} + 10^{\frac{\text{EIRP}_{\text{array}\perp}}{10}}\right) \tag{6-22}$$

（2）比较法测量 EIRP：图 6-9 为比较法测量有源发射相控阵天线 EIRP 的原理框图。

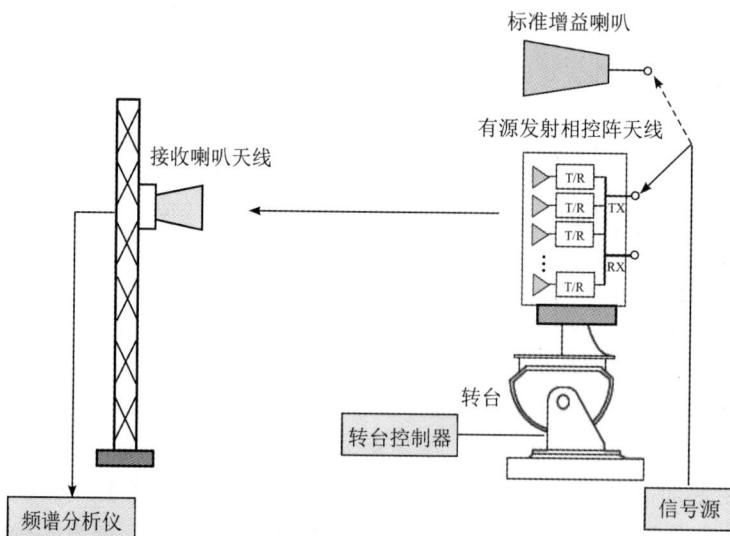

图 6-9　比较法测量有源发射相控阵天线 EIRP 的原理框图

比较法测量有源发射相控阵天线 EIRP 的方法是：按照图 6-9 所示的原理框图建立测量系统，信号源发射一小单载波信号，设置相控阵天线通道相位，使相控阵天线产生法向

波束；然后，调整接收喇叭天线，使其与待测相控阵天线对准且极化匹配，驱动待测有源发射相控阵天线的方位和俯仰，使相控阵天线波束中心对准接收喇叭天线，此时频谱分析仪接收的信号功率最大；最后，调整信号源的输出信号功率，观测频谱分析仪接收信号功率的变化，直到有源发射相控阵天线发射功率最大，且有源发射相控阵天线 T/R 模块仍工作在线性区，此时频谱分析仪测量的信号功率为 P_X。

将待测有源发射相控阵天线换成标准增益喇叭，调整标准增益喇叭，使其与接收喇叭天线对准且极化匹配，保持信号源的输出频率和功率不变，同理用频谱分析仪测量的信号功率为 P_S，则待测有源发射相控阵天线的 EIRP 为

$$\text{EIRP}_{\text{array}} = \text{EIRP}_S + P_X - P_S \tag{6-23}$$

$$\text{EIRP}_S = P_{\text{out}} - L_{\text{TX}} + G_{\text{SGH}} \tag{6-24}$$

式中：

EIRP_S——标准增益喇叭的等效全向辐射功率，单位为 dBm；

P_{out}——信号源的输出功率，单位为 dBm；

L_{TX}——标准增益喇叭和信号源之间的射频电缆损耗，单位为 dB。

6.2.3　工程测量实例

下面以 S 波段圆极化有源发射相控阵天线测量为例，说明 EIRP 方向性法测量有源发射相控阵天线总损耗的方法。天线 EIRP 采用远场链路计算法测量。

图 6-10 为 S 波段圆极化有源发射相控阵天线。天线共有 19 个阵列单元，天线单元采用宽频带的四臂螺旋天线，直径为 25 mm，高度为 75 mm。天线极化方式为圆极化，发射工作频段为 1.98~2.01 GHz。

图 6-10　S 波段圆极化有源发射相控阵天线

已知测量频率为 1.995 GHz，收发天线之间的距离为 6.2 m，标准天线采用 BJ-22 的标准波导探头，其标准增益 6.53 dBi；标准波导探头和频谱分析仪之间的射频电缆损耗为 5.0 dB。

实际测量时，需先确定天线发射最大线性 EIRP 时，信号源的输出功率。确定方法是：信号源输出功率增大或减少 1 dB，观察频谱分析仪测量的信号功率是否线性的增加或减少 1 dB，确定相控阵天线输入功率为 11 dBm 时，相控阵天线工作在最大的线性区，此时频谱分析仪测量的信号功率为 3.36 dBm，相控阵天线 0°角扫描时，测得其轴比为 0.55 dB，则 S 波段圆极化有源发射相控阵天线的 EIRP 为

$$\text{EIRP}_{\text{array}} = P_{\text{mea}} + L_{\text{P}} - G_{\text{SGH}} + L_{\text{RX}} + 10 \times \lg\left(1 + 10^{\frac{-AR}{10}}\right)$$

$$= \left[3.36 + 54.29 - 6.53 + 5 + 10 \times \lg\left(1 + 10^{\frac{-0.5}{10}}\right)\right] \text{dBm}$$

$$= 58.86 \text{ dBm}$$

由理论仿真计算可得 S 波段圆极化有源发射相控阵天线的方向性增益为 15.2 dBi。T/R 模块功率放大器的平均增益为 34 dB，则 S 波段圆极化有源发射相控阵天线的总损耗为

$$\text{IL}_{\text{T-sys}} = P_{\text{in}} + D_{\text{T-array}} + G_{\text{HPA-av}} - \text{EIRP}_{\text{array}}$$

$$= (11 + 15.2 + 34 - 58.86) \text{ dB}$$

$$= 1.34 \text{ dB}$$

6.3　有源接收相控阵天线总损耗的测量

6.3.1　总增益方向性法

1. 测量方法

总增益方向性法测量有源接收相控阵天线损耗的方法是：通过测量有源接收相控阵天线的总增益和方向性增益，计算出 T/R 模块低噪声放大器的平均增益，从而确定有源接收相控阵天线的总损耗。有源接收相控阵天线系统的总损耗可表示为

$$\text{IL}_{\text{R-sys}} = \text{IL}_{\text{R-PDSN}} \text{IL}_{\text{R-array}} = \frac{G_{\text{LNA-av}} D_{\text{R-array}}}{G_{\text{R}\Sigma}} \tag{6-25}$$

式中：

$\text{IL}_{\text{R-sys}}$——有源接收相控阵天线的总损耗；

$\text{IL}_{\text{R-PDSN}}$——功分/合成网络的接收损耗；

$\text{IL}_{\text{R-array}}$——有源接收相控阵天线的损耗

$G_{\text{LNA-av}}$——T/R 模块低噪声放大器的平均增益；

$D_{\text{R-array}}$——有源接收相控阵天线的方向性增益；

$G_{\text{R}\Sigma}$——有源接收相控阵天线的总增益。

式(6-25)可用分贝值表示为

$$\text{IL}_{\text{R-sys}} = G_{\text{LNA-av}} + D_{\text{R-array}} - G_{\text{R}\Sigma} \tag{6-26}$$

式(6-26)就是有源接收相控阵天线总损耗测量的原理公式。由此可知：只要测量出有源接收相控阵天线的总增益和方向性增益，并依据各通道 T/R 模块的低噪声放大器增益计算出平均增益，就可确定有源接收相控阵天线总损耗。在实际工程应用中，有源接收相控阵天线各通道 T/R 模块低噪声放大器的增益通常相等，噪声温度相同，则此时各通道 T/R 模块的低噪声放大器平均增益等于单个 T/R 模块的增益。

2. 总增益的测量方法

有源接收相控阵天线总增益可采用远场法、近场法和紧缩场法进行测量。近场法测量比较复杂，因此这里介绍用常规远场比较法测量有源接收相控阵天线总增益的方法，其测量方

法也适用于紧缩场测量。图 6-11 为远场比较法测量有源接收相控阵天线总增益的原理框图。其中，R 为信标喇叭天线与待测有源接收相控阵天线之间的距离，R 满足远场测试距离条件。

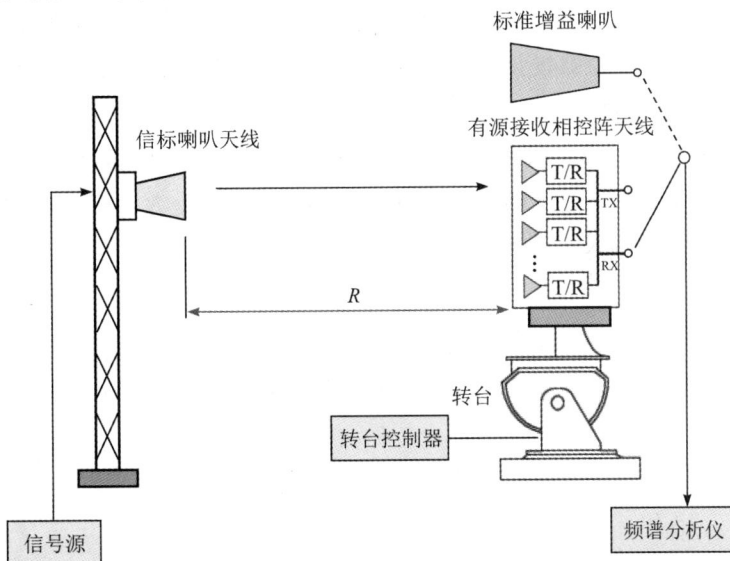

图 6-11　远场比较法测量有源接收相控阵天线总增益的原理框图

按照图 6-11 所示的原理框图建立测量系统，待测有源接收相控阵天线和信标喇叭天线之间的距离满足远场测试距离条件，调整待测有源接收相控阵天线，使其与信标喇叭天线对准且极化匹配，设置合适的信号源输出功率（确保有源接收相控阵天线 T/R 模块工作在线性区），则有源接收相控阵天线接收的信号功率为

$$P_{\text{R-array}} = P_{\text{t}} G_{\text{horn}} \left(\frac{\lambda}{4 \pi R} \right)^2 G_{\text{R}\Sigma} \qquad (6-27)$$

式中：

$P_{\text{R-array}}$——有源接收相控阵天线接收的信号功率；

P_{t}——信标喇叭天线的发射功率；

G_{horn}——信标喇叭天线的发射增益；

$G_{\text{R}\Sigma}$——有源接收相控阵天线的总增益。

将待测有源接收相控阵天线换成标准增益喇叭，调整标准增益喇叭，使其与发射信标喇叭天线对准且极化匹配，保持信号源输出功率和频率不变，则此时标准增益喇叭接收的信号功率为

$$P_{\text{SGH}} = P_{\text{t}} G_{\text{horn}} \left(\frac{\lambda}{4 \pi R} \right)^2 G_{\text{SGH}} \qquad (6-28)$$

式中：

P_{SGH}——标准增益喇叭接收的信号功率；

G_{SGH}——标准增益喇叭的接收增益。

由式（6-27）和式（6-28）可得有源接收相控阵天线的总增益为

$$G_{\text{R}\Sigma} = \frac{P_{\text{R-array}} G_{\text{SGH}}}{P_{\text{SGH}}} \qquad (6-29)$$

式（6-29）可用分贝值表示为

$$G_{R\Sigma} = G_{SGH} + P_{R\text{-array}} - P_{SGH} \tag{6-30}$$

该方法实质上就是经典的比较法，通过对比有源接收相控阵天线与标准增益喇叭，确定有源接收相控阵天线的总增益。注意在测量过程中，相控阵天线 T/R 模块需工作在线性区。如果待测相控阵天线为圆极化，还应考虑极化损失对总增益测量的影响。

3. 方向性增益的测量方法

有源接收相控阵天线方向性增益测量的方法是：通过对测量的有源接收相控阵天线的方向图进行数值积分，确定天线的方向性增益。由实测的方位方向图和俯仰方向图，利用下式计算有源接收相控阵天线的方向性增益：

$$D_{R\text{-array}} = \sqrt{D_{R\text{-AZ}} D_{R\text{-EL}}} \tag{6-31}$$

$$D_{R\text{-AZ}} = \frac{4}{\displaystyle\int_{-\pi}^{\pi} |P_{R\text{-AZ}}(\theta)| \sin|\theta| \, d\theta} \tag{6-32}$$

$$D_{R\text{-EL}} = \frac{4}{\displaystyle\int_{-\pi}^{\pi} |P_{R\text{-EL}}(\theta)| \sin|\theta| \, d\theta} \tag{6-33}$$

式中：

$D_{R\text{-array}}$——有源接收相控阵天线的方向性增益；

$D_{R\text{-AZ}}$——有源接收相控阵天线的方位方向性增益；

$P_{R\text{-AZ}}(\theta)$——有源接收相控阵天线方位的归一化功率方向图；

$D_{R\text{-EL}}$——有源接收相控阵天线的俯仰方向性增益；

$P_{R\text{-EL}}(\theta)$——有源接收相控阵天线的俯仰归一化功率方向图。

有源接收相控阵天线方向图可利用远场法、近场法和紧缩场法进行测量。近场测量可获得相控阵天线整个空间方向图；远场测量和紧缩场测量通常只测量两个主平面的方向图。这里主要介绍传统的远场方法。图 6 - 12 为基于频谱分析仪测量有源接收相控阵天线方向图的原理框图。

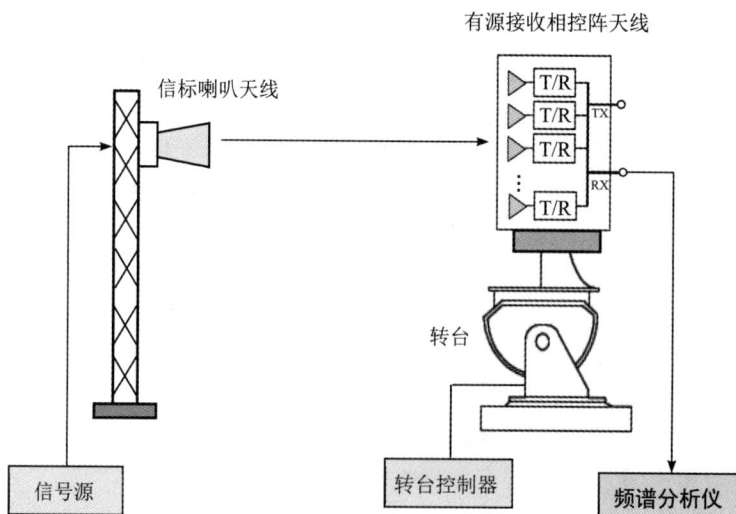

图 6 - 12　基于频谱分析仪测量有源接收相控阵天线方向图的原理框图

用频谱分析仪测量接收有源相控阵天线方向图的方法是：首先，按照图 6 - 12 所示的原理框图建立测量系统,按照给定的频率和极化,用信号源发射单载波信号,合理设置信号源输出功率(T/R 模块工作在线性区);然后,设置相控阵天线通道相位,使相控阵天线产生法向波束,调整信标喇叭天线,使其与待测有源接收相控阵天线对准且极化匹配,驱动待测有源接收相控阵天线的方位和俯仰,使其与信标喇叭天线对准,此时频谱分析仪接收的信号功率最大;最后,转动待测有源接收相控阵天线,用频谱分析仪记录接收信号功率的变化,即可获得有源接收相控阵天线的方向图。由测量的有源接收相控阵天线的方向图,利用数值积分法可计算有源接收相控阵天线的方向性增益。

图 6-13 为用矢量网络分析仪测量有源接收相控阵天线方向图的原理框图。

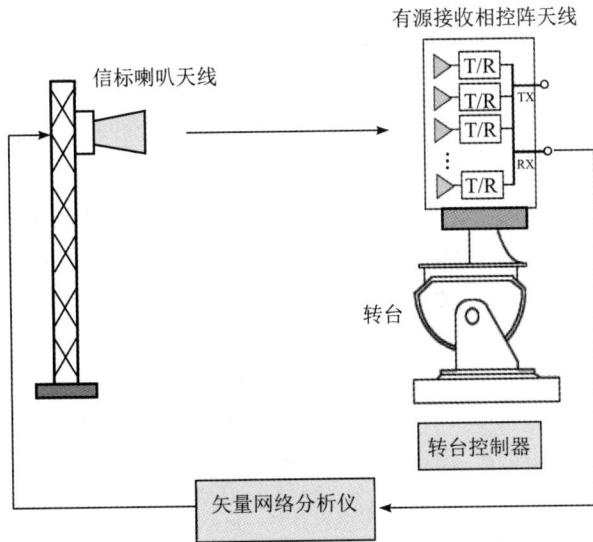

图 6-13　用矢量网络分析仪测量有源接收相控阵天线方向图的原理框图

图 6-14 为紧缩场法测量有源接收相控阵天线方向图的原理框图。待测有源接收相控阵天线安装在紧缩场的静区内,紧缩场法测量天线方向图方法同常规远场测量方法一致。

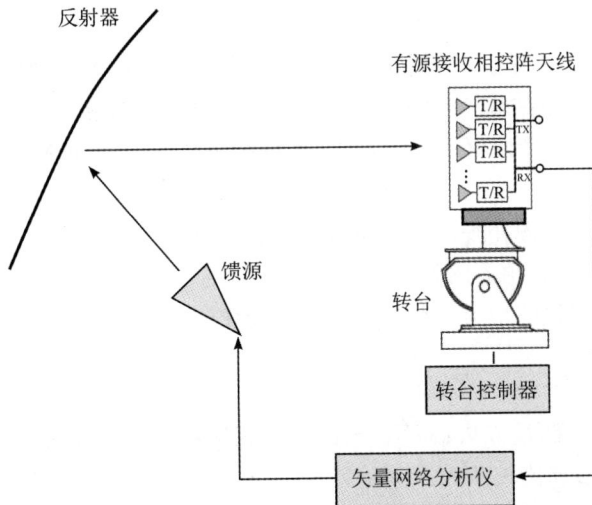

图 6-14　紧缩场法测量有源接收相控阵天线方向图的原理框图

4. T/R 模块低噪声放大器平均增益的计算

假设有源接收相控阵天线共有 N 个通道，每个通道有一个 T/R 模块，则 T/R 模块低噪声放大器的平均增益为

$$G_{\text{LNA-av}} = \frac{\sum\limits_{i=1}^{N} G_{\text{LNA}i}}{N} \tag{6-34}$$

在实际工程应用中，各通道的 T/R 模块均是一样的，即 T/R 模块的低噪声放大器具有相同的增益和噪声系数，则 T/R 模块的低噪声放大器平均增益等于单个 T/R 模块低噪声放大器的增益。

6.3.2　增益方向性法

1. 测量方法

增益方向性法测量有源接收相控阵天线损耗的方法是：通过测量有源接收相控阵天线系统的接收增益和方向性增益，确定有源接收相控阵天线的损耗，可表示为

$$\text{IL}_{\text{R-array}} = D_{\text{R-array}} - G_{\text{R-array}} \tag{6-35}$$

式中：

$\text{IL}_{\text{R-array}}$——有源接收相控阵天线的损耗，该损耗为 T/R 模块与天线单元之间的损耗，不是有源接收相控阵天线总损耗，不包括 T/R 模块与功分/合成网络输出端口之间的损耗；

$D_{\text{R-array}}$——有源接收相控阵天线的方向性增益；

$G_{\text{R-array}}$——有源接收相控阵天线的接收增益。

由式 (6-35) 可知：只要测量出有源接收相控阵天线的方向性增益 $D_{\text{R-array}}$ 和接收增益 $G_{\text{R-array}}$，就可确定有源接收相控阵天线的损耗。

有源接收相控阵天线的方向性增益是通过测量天线的接收方向图确定的，详细的测量方法见本章的 6.3.1 节。

2. 接收增益的测量

天线增益测量方法很多，如两相同天线法、三天线法、比较法、射电源法和波束宽度法等，但是这些测量方法均为无源天线增益测量方法。对于有源相控阵天线，T/R 模块与天线集成在一起组成天线系统，不可分离，因此传统方法无法测量有源相控阵天线的接收增益。

下面介绍一种测量有源相控阵天线接收增益的方法。该方法的基本思想是先直接测量出地面站天线系统的 G/T 值，然后测量出系统噪声温度 T_{sys}，由测量的系统 G/T 值和系统噪声温度计算出天线接收增益，则有源相控阵天线的接收增益可表示为

$$G_{\text{R-array}} = \frac{G}{T} + 10 \times \lg(T_{\text{sys}}) \tag{6-36}$$

（1）G/T 值的直接测量方法：G/T 值也叫地面站系统品质因数，常用的直接测量方法有载噪比法、射电源法和比较法。

下面以远场载噪比法说明有源相控阵天线接收系统 G/T 值的测量方法。

图 6-15 为室外远场载噪比法测量有源相控阵天线 G/T 值的原理框图。

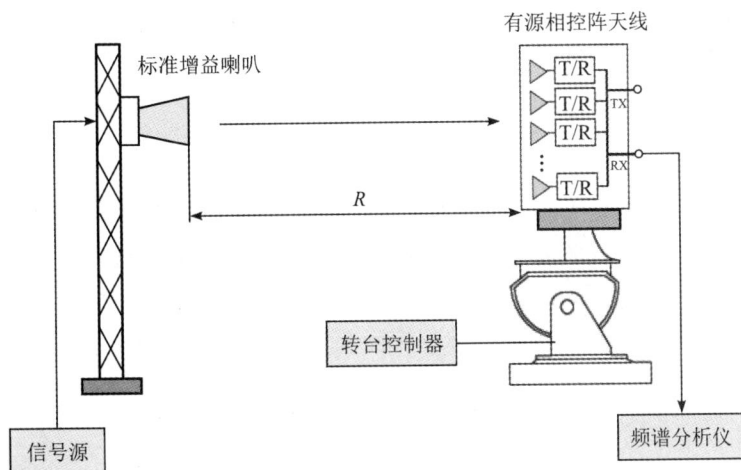

图 6-15　室外远场载噪比法测量相控阵天线 G/T 值的原理框图

图 6-15 中，R 应满足远场测试距离条件。由功率传输方程可得频谱分析仪测量的载波功率 C：

$$C = \frac{P_t G_{SGH} G_{R\text{-array}} G_{net}}{L_P L_{RF}} \tag{6-37}$$

式中：

　　P_t——标准增益喇叭天线的发射功率；

　　G_{SGH}——标准增益喇叭天线的增益；

　　$G_{R\text{-array}}$——有源相控阵天线的接收增益；

　　G_{net}——有源相控阵天线网络的总增益；

　　L_P——自由空间的传播损耗；

　　L_{RF}——相控阵天线与频谱分析仪之间的射频电缆损耗。

将待测有源相控阵天线方位偏移，转到测量的仰角上（该仰角一方面能确保有源相控阵天线接收不到标准增益喇叭的发射信号，另一方面该仰角与系统噪声温度测量的仰角相同），则频谱分析仪测量的系统输出噪声功率 N 为

$$N = \frac{k T_{sys} B G_{net}}{L_{RF}} \tag{6-38}$$

式中：

　　k——玻尔兹曼常数；

　　T_{sys}——有源相控阵天线系统的噪声温度；

　　B——接收机噪声带宽，它等于频谱分析仪分辨率带宽（RBW）的 1.2 倍。

由式（6-37）和式（6-38）可得测量的载噪比 C/N 为

$$\frac{C}{N} = \frac{P_t G_{SGH}}{L_P k B} \frac{G_{R\text{-array}}}{T_{sys}} \tag{6-39}$$

用 G/T 值表示 $G_{R\text{-array}}/T_{sys}$，则用分贝值表示的有源相控阵天线的 G/T 值：

$$\frac{G}{T} = -228.6 + \frac{C}{N} + L_P + B - P_t - G_{SGH} \tag{6-40}$$

式(6-40)就是室外远场载噪比法测量 G/T 值的原理公式，其中，发射功率的单位为 dBW。现代频谱分析仪可直接测量归一化噪声功率 N_0，则 G/T 值与归一化载噪比 C/N_0 的关系为

$$\frac{G}{T} = -228.6 + \frac{C}{N_0} + L_P - P_t - G_{SGH} \qquad (6-41)$$

如果待测天线为圆极化天线，还应考虑极化损失对系统 G/T 值测量的影响。通常分别测量标准增益喇叭天线为水平极化和垂直极化的 G/T 值，水平极化的 G/T 值加上垂直极化 G/T 的真值即为圆极化天线 G/T 值。或者由测量出的待测天线轴比 AR(单位为 dB)，对式(6-41)进行修正，获得圆极化有源相控阵天线 G/T 值，可表示为

$$\frac{G}{T} = -228.6 + \frac{C}{N_0} + L_P - P_t - G_{SGH} + 10 \times \lg\left(1 + 10^{\frac{-AR}{10}}\right) \qquad (6-42)$$

下面给出 S 波段圆极化 19 元阵天线的 G/T 值测量实例，说明室外远场载噪比法测量有源相控阵天线 G/T 值的方法。图 6-16 为实际的测量系统装置图。

图 6-16　室外远场载噪比法测量有源相控阵天线 G/T 值的装置图

已知测量频率为 2.185 GHz，标准增益喇叭的增益为 17.3 dBi，使用 Agilent 8563EC 频谱分析仪，测得信号源的输出功率为 -40 dBm，信号源与标准增益喇叭之间的射频电缆损耗为 2.24 dB，收发天线之间的距离为 6 m，测量的载波功率为 -30.50 dBm。

有源相控阵天线指向天顶方向时，用频谱分析仪测量的系统输出归一化噪声功率为 -136.1 dBm/Hz，则由式(6-41)计算的待测天线 G/T 值为

$$\frac{G}{T} = (-228.6 + 105.6 + 54.79 + 72.24 - 17.3)\ \mathrm{dB/K} = -13.27\ \mathrm{dB/K}$$

有源相控阵天线极化为圆极化，因此应考虑极化损失。测得天线在最大方向的圆极化轴比为 0.6 dB，由式(6-42)计算的极化损失为 2.72 dB，则待测圆极化相控阵天线的 G/T 值为

$$\frac{G}{T} = (-13.27 + 2.72)\ \mathrm{dB/K} = -10.55\ \mathrm{dB/K}$$

该相控阵天线系统 G/T 值的理论预算结果为 -10.19 dB/K，测量结果在误差允许范围内，且同理论估算结果的吻合度很好。

(2) 系统噪声温度测量：有源相控阵天线系统噪声温度可采用射电源法进行测量，常

用的射电源有太阳、月亮、标准离散射电源（仙后座 A、金牛座 A 和天鹅座 A 等）和行星等。用射电源法测量系统噪声温度的方法是：通过测量有源相控阵天线指向射电源和及其附近晴空时的噪声功率之比，由测量的 Y 因子计算有源相控阵天线系统噪声温度。

图 6－17 为用射电源法测量有源相控阵天线系统噪声温度的原理框图。

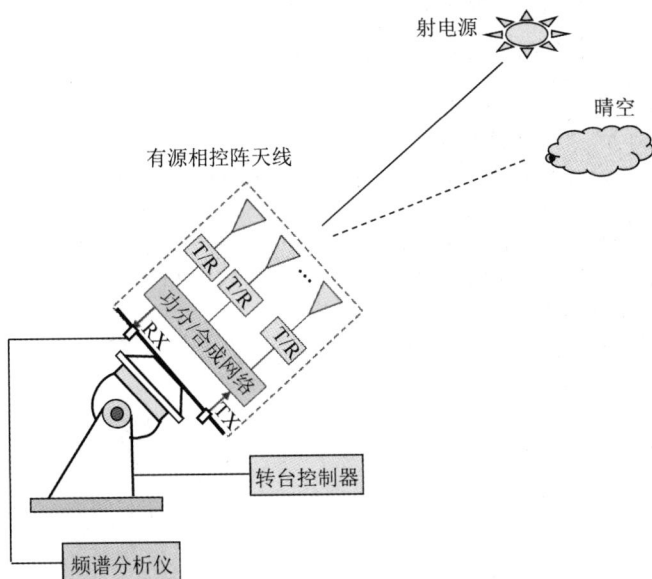

图 6－17　射电源法测量有源相控阵天线系统噪声温度的原理框图

按照图 6－17 所示的原理框图建立测量系统，按照计算的射电源轨道驱动有源相控阵天线的方位和俯仰，使有源相控阵天线的波束方向指向射电源，则频谱分析仪测量的系统输出噪声功率 N_{star} 为

$$N_{star} = k(\Delta T_{star} + T_{sys})BG_e \qquad (6-43)$$

式中：

ΔT_{star}——射电源引起有源相控阵天线系统噪声温度的升高值，单位为 K；

T_{sys}——有源相控阵天线的系统噪声温度，单位为 K；

B——测量系统的噪声带宽，单位为 Hz；

G_e——有源相控阵天线接收机系统的等效增益。

将有源相控阵天线方位偏离射电源方向，指向射电源附近的晴空，则此时频谱分析仪测量的系统输出噪声功率 N_{sky} 为

$$N_{sky} = kT_{sys}BG_e \qquad (6-44)$$

由 Y 因子定义可得

$$Y_{star} = \frac{N_{star}}{N_{sky}} = \frac{\Delta T_{star} + T_{sys}}{T_{sys}} \qquad (6-45)$$

由式（6－45）可求出有源相控阵天线的系统噪声温度：

$$T_{sys} = \frac{\Delta T_{star}}{(Y_{star} - 1)} \qquad (6-46)$$

式中，ΔT_{star} 为有源相控阵天线指向射电源时引起的系统噪声温度增加量，若已知射电源

的通量密度和天线的有效接收面积，则 ΔT_{star} 可用下式计算：

$$\Delta T_{star} = \frac{1}{2} \frac{A_e S}{k} \frac{1}{K_1 K_2} \tag{6-47}$$

式中：

A_e——有源相控阵天线的有效接收面积，单位为 m^2；

S——射电源的通量密度，单位为 $W \cdot m^{-2} \cdot Hz^{-1}$；

K_1——大气吸收衰减因子；

K_2——射电源波束展宽的修正因子。

式(6-47)中由于射电源辐射的噪声功率为随机极化，因此射电源与天线系统的极化效率为 1/2。

由天线理论可知，天线增益 G 与有效面积 A_e 之间的关系为

$$G = \frac{4\pi A_e}{\lambda^2} \tag{6-48}$$

将式(6-48)代入式(6-47)可得

$$\Delta T_{star} = \frac{\lambda^2 G S}{8\pi k} \frac{1}{K_1 K_2} \tag{6-49}$$

由上面的分析可知：只要知道射电源通量密度和天线增益，即可计算射电源引起的天线系统噪声温度升高值。对于有源相控阵天线，天线增益是很难确定或测量的，因此采用式(6-49)计算射电源引起天线系统噪声温度的增加量是很难实现的。如果知道射电源亮温度分布和天线功率方向图函数，则射电源引起的天线系统噪声温度升高值可用下式计算：

$$\Delta T_{star} = \frac{\int_0^{2\pi} \int_0^{\frac{\theta_{star}}{2}} T_{star} P(\theta, \phi) \sin\theta \, \mathrm{d}\theta \, \mathrm{d}\phi}{\int_0^{2\pi} \int_0^{\pi} P(\theta, \phi) \sin\theta \, \mathrm{d}\theta \, \mathrm{d}\phi} \tag{6-50}$$

式中：

θ_{star}——射电源的角直径，单位为（°）；

T_{star}——射电源的亮温度分布，单位为 K；

$P(\theta, \phi)$——天线功率方向图函数。

众所周知，太阳是最强的射电源，宁静期的太阳亮温度可用下式简单计算：

$$T_{sun} = 120000 \times \gamma \times f^{-0.75} \tag{6-51}$$

式中：

T_{sun}——微波频段宁静期太阳的亮温度，单位为 K；

γ——极化系数，太阳极化是随机的，故 $\gamma = 0.5$；

f——频率，单位为 GHz。

由式(6-50)可知：只要知道有源相控阵天线功率方向图，利用式(6-50)的数值积分，很容易计算太阳引起的天线系统噪声温度的增加量。实际工程应用中，常用近似公式进行估算。当天线的半功率波束宽度 HPBW 大于 $0.5°$ 时，太阳引起的噪声温度为

$$\Delta T_{sun} = T_{sun} \left(\frac{0.5}{\text{HPBW}} \right)^2, \quad \text{HPBW} > 0.5° \tag{6-52}$$

当天线的半功率波束宽度 HPBW 小于 $0.5°$ 时，太阳引起的噪声温度为

$$\Delta T_{sun} = T_{sun}, \qquad HPBW < 0.5° \tag{6-53}$$

图 6-18 给出了频率为 1 GHz 时太阳引起天线系统噪声温度的增加量与天线半功率波束宽度的曲线，图 6-19 给出了频率为 10 GHz 时太阳引起天线系统噪声温度的增加量与天线半功率波束宽度的曲线。

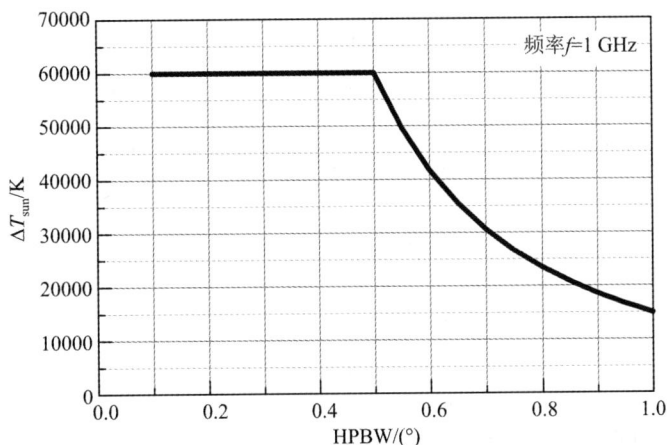

图 6-18　太阳引起天线噪声温度的增加量与半功率波束宽度的关系(f＝1 GHz)

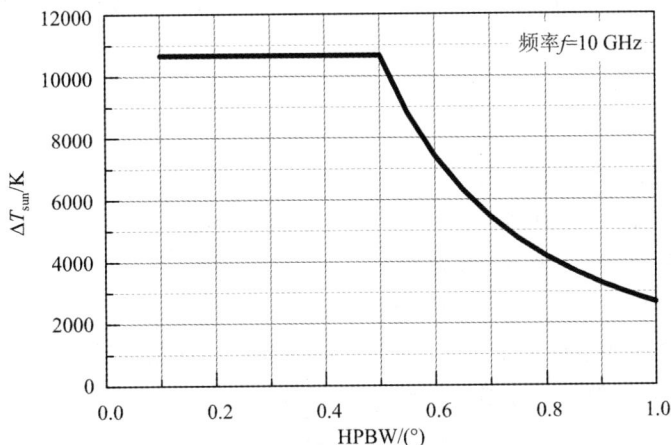

图 6-19　太阳引起天线噪声温度的增加量与半功率波束宽度的关系(f＝10 GHz)

6.3.3　Y 因子法

1. 测量方法

天线噪声温度法也称 Y 因子法，该方法测量有源接收相控阵天线损耗的原理是：利用 Y 因子法测量有源接收相控阵天线的噪声温度，从而确定有源接收相控阵天线损耗。图 6-20 为 Y 因子法测量有源接收相控阵天线损耗的原理框图。

图 6-20 中的金属反射器，可屏蔽地面噪声的影响，提高测量精度。常温负载为微波吸波材料制作的金属反射顶，用于系统定标，可搬移，常温负载搬移后有源接收相控阵天线指向天顶晴空方向。

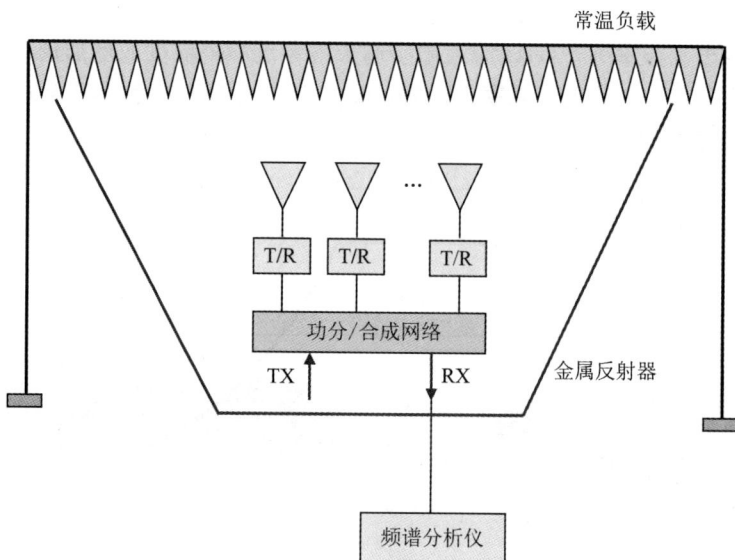

图 6-20　Y 因子法测量有源接收相控阵天线损耗的原理框图

Y 因子法测量有源接收相控阵天线损耗的方法是：按照图 6-20 所示的原理框图建立测量系统，待测有源接收相控阵天线置于金属反射器底部，顶部安置常温负载，则频谱分析仪测量的系统输出噪声功率 N_{load} 为

$$N_{load} = k(T_0 + T_e)BG_e \qquad (6-54)$$

式中：

T_0——常温负载的噪声温度，单位为 K；

T_e——有源相控阵天线接收系统的等效噪声温度，单位为 K；

B——测量系统的噪声带宽，单位为 Hz；

G_e——有源接收相控阵天线系统的等效增益。

移去金属反射器顶部的常温负载，有源接收相控阵天线指向晴空天顶方向接收天空噪声，则此时频谱分析仪测量的系统噪声输出功率 N_{sky} 为

$$N_{sky} = k(T_{array} + T_e)BG_e \qquad (6-55)$$

式中，T_{array} 为有源相控阵天线的噪声温度。

由 Y 因子定义可得

$$Y = \frac{N_{load}}{N_{sky}} = \frac{T_0 + T_e}{T_{array} + T_e} \qquad (6-56)$$

由式(6-56)可求得有源接收相控阵天线的噪声温度：

$$T_{array} = \frac{T_0 + T_e}{Y} - T_e \qquad (6-57)$$

有源接收相控阵天线接收损耗与噪声温度的关系为

$$T_{array} = \frac{T_{sky}}{IL_{array}} + \left(1 - \frac{1}{IL_{array}}\right)T_0 \qquad (6-58)$$

联立式(6-57)和式(6-58)可求出有源接收相控阵天线的接收损耗：

$$IL_{array} = \frac{Y(T_0 - T_{sky})}{(Y-1)(T_0 + T_e)} \tag{6-59}$$

式(6-59)就是 Y 因子法测量有源接收相控阵天线损耗的原理公式。该方法测量的天线损耗为 T/R 模块与天线单元之间的损耗,而不是有源接收相控阵天线的总损耗。

图 6-21 为 2011 年欧洲微波会议 WOESTENBURG B. 等报道的有源接收相控阵噪声特性测量设备。其测量原理为冷热负载 Y 因子法。该设备由金属漏斗(或金属反射器)和可移动的屋顶组成,且移动屋顶下用射频微波吸波材料覆盖,实现热负载测量,如图 6-21(a);移去金属漏斗顶部,相控阵暴露在天空中,利用天空噪声实现冷负载测量,如图 6-21(b)。

(a) 热负载测量   (b) 冷负载测量

图 6-21 有源接收相控阵天线噪声温度测量设备

由式(6-59)可知:要确定有源接收相控阵天线的接收损耗,仅测量相控阵天线指向常温负载和晴空时的 Y 因子是不够的,还需要知道天顶方向的天空噪声温度和有源接收相控阵天线的等效噪声温度。关于天空噪声温度的计算将在第 9 章详细论述,在这里认为天空噪声温度是已知的。

2. 等效噪声温度的测量

图 6-22 为典型的有源接收相控阵天线示意图。

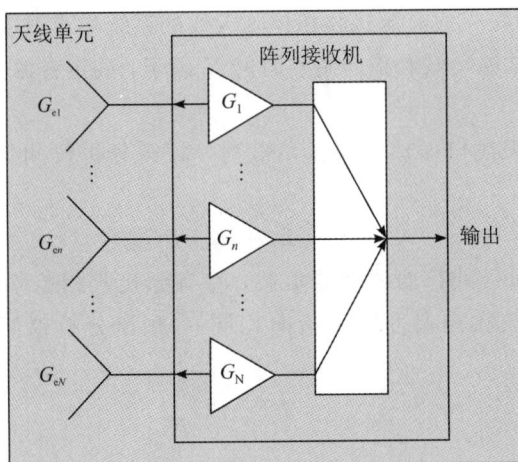

图 6-22 典型的有源接收相控阵天线示意图

图 6-22 中,G_{e1}, …, G_{en}, …, G_{eN} 表示阵列天线单元的增益,G_1, …, G_n, …, G_N

分别表示阵列接收机每个通道的增益。在实际工程应用中，阵列接收机的每个通道特性基本相同，将每个通道等效为一个两端口网络，接收机由 N 个相同的两端口网络组成，每个通道的低噪声放大器增益为 G_{LNA}，噪声温度为 T_{LNA}，则阵列接收机等效两端口网络的增益为

$$G_{rec} = \sum_{n=1}^{N} G_n = \frac{G_{LNA}}{L_{com}} \qquad (6-60)$$

式中：

G_{rec}——阵列接收机等效两端口网络的增益；

G_n——第 n 个通道的增益；

G_{LNA}——通道的低噪声放大器增益；

L_{com}——合成网络的损耗。

阵列接收机等效两端口网络输出的噪声功率 N_{out} 为

$$N_{out} = kT_{LNA}G_{rec}B + kT_0\left(1 - \frac{1}{L_{com}}\right)B \qquad (6-61)$$

式中，B 为接收机的等效噪声带宽。式（6-61）中等号右侧第一项为两端口通道产生的噪声功率，第二项为合成器产生的噪声功率。由式（6-61）可得阵列接收机等效两端口网络的等效噪声温度：

$$T_e = T_{LNA} + \frac{T_0(L_{com}-1)}{G_{LNA}} \qquad (6-62)$$

式（6-62）表示等效两端口网络接收机的级联噪声，它是一个由两端口通道和损耗为 L_{com} 合成器组成的两端口网络。

等效噪声温度的测量：前面讨论的有源接收相控阵天线噪声温度的计算是在各通道特性相同条件下获得的。实际上，有源接收相控阵天线各通道的幅度锥削和相位往往是不同的，使计算有源接收相控阵天线的等效噪声温度变得很复杂。这里介绍一种测量有源接收相控阵天线等效噪声温度的方法。图 6-23 为有源接收相控阵天线等效噪声温度测量的原理框图。首先，用射电源法完成有源接收相控阵天线的系统噪声温度测量；然后，通过测量有源接收相控阵天线置常温负载和指向晴空时的 Y 因子，确定有源接收相控阵天线的等效噪声温度。

当有源接收相控阵天线口面放置常温负载时，频谱分析仪测量的系统输出噪声功率 N_{load} 为

$$N_{load} = k(T_0 + T_e)BG_{rec} \qquad (6-63)$$

去掉有源接收相控阵天线口面的常温负载，将有源接收相控阵天线指向晴空（天线的指向与用射电源测量系统噪声温度时的指向相同），频谱分析仪测量的系统输出噪声功率为

$$N_{sky} = kT_{sys}BG_{rec} \qquad (6-64)$$

由 Y 因子定义可得

$$Y = \frac{T_0 + T_e}{T_{sys}} \qquad (6-65)$$

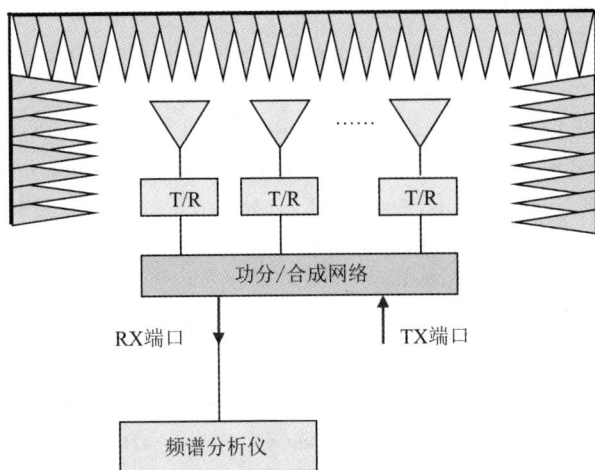

图 6 - 23　有源接收相控阵天线等效噪声温度测量的原理框图

由式(6 - 65)可得有源接收相控阵天线的等效噪声温度为

$$T_e = YT_{sys} - T_0 \qquad\qquad (6-66)$$

式中，T_{sys} 为有源接收相控阵天线的系统噪声温度。

参 考 文 献

[1]　周宇昌. 国外通信卫星有源相控阵天线及发展[J]. 空间电子技术, 1999(2)：8 - 21.

[2]　HANFLING J D, BEDIGIAN O J. Gain measurements for a conformal active phased array[C]// Antennas and Propagation Society Symposium 1991 Digest. London, UK, 1991, 2：1152 - 1155.

[3]　王聚亮, 秦顺友. 有源相控阵天线 EIRP 测量及误差分析[J]. 现代电子技术, 2014, 37(17)：72 - 73, 78.

[4]　邱天, 蔡兴雨. 相控阵天线方向图远场测试方法研究[J]. 火控雷达技术, 2008, 37(2)：47 - 50.

[5]　任冀南, 秦顺友, 陈辉, 等. 有源相控阵天线 G/T 值测量及误差分析[J]. 微波学报, 2014, 30(S1)：277 - 279.

[6]　秦顺友. 地面站系统 G/T 值测试方法综述[J]. 无线电通信技术, 2020, 46(6)：706 - 711.

[7]　WAITD F. Precision measurement of antenna system noise using radio stars[J]. IEEE Transactions on Instrumentation and Measurement, 2007, 32(1)：110 - 116.

[8]　顾墨琳, 林守远. 有源相控阵接收系统的噪声测试[J]. 现代雷达, 2004, 26(3)：54 - 57.

[9]　ZHANG Y, BROWN A K. Noise temperature measurement of finite compact aperture array[C]// 2013 International Conference on Electromagnetics in Advanced Applications (ICEAA). Turin, Italy, 2013：1029 - 1031.

[10]　Impact of interference from the Sun into a geostationar-satellite orbit fixed satellite service link：ITU-R S. 1525[S]. 2002.

[11]　A methodology to evaluate the impact of solar interference on geostationary (GSO) broadcasting-satellite service (BSS) link performance：ITU-R BO. 1506[S]. 2000.

[12]　WONGKEERATIKUL A, NOPPANAKEEPONG S, LEELARUJI N, et al. Threshold effects of

satellite receivers for Sun noise interference in broadcasting satellite television system［EB/OL］. ［2023 - 09 - 12］. http：//citeseerx. ist. psu. edu/viewdoc/download? doi＝10. 1. 1540. 2658＆rep＝rep1＆type＝pdf.

［13］　QIN S Y, GENG J C, WANG X Q. Measurements of 50-meter radio telescope antenna using satellite beacons and solar noise［C］//2008 8th International Symposium on Antennas, Propagation and EM Theory. Kunming, China, 2008：152 - 154.

［14］　LEE J J. *G/T* and noise figure of active array antennas［J］. IEEE Transactions on Antennas and Propagation, 1993, 41(2)：241 - 244.

［15］　陈敏, 郑婷, 黄晨. 多子阵宽带有源相控阵天线噪声系数分析［J］. 火控雷达技术, 2019, 48(1)：79 - 84.

［16］　WALLIS R E, BRUZZI J R, MALOUF P M. Testing of the MESSENGER spacecraft phased-array antenna［J］. IEEE Antennas & Propagation Magazine, 2005, 47(1)：204 - 209.

［17］　WOESTENBURG B. Definition of array receiver gain and noise temperature［R］. Dwingeloo：SKADS Marie Curie Technical Workshop, 2006.

［18］　WOESTENBURG B. Calculation of phased array noise temperature［R］. Dwingeloo：SKADS Marie Curie Technical Workshop, 2007.

［19］　CHIPPENDALEA P, HAYMAN D B, HAY S G. Measuring noise temperatures of phased-array antennas for astronomy at CSIRO［J］. Publications of the Astronomical Society of Australia, 2014, 31：e019.

［20］　秦顺友, 陈辉, 韩国栋, 等. 一种测量有源相控阵天线噪声温度的方法：CN106100759B［P］. 2018 - 05 - 04.

［21］　秦顺友, 石磊, 张文强. 一种测量一体化卫星电视接收站天线增益的方法：CN109164305B［P］. 2021 - 08 - 31.

［22］　WOESTENBURG E E M, BAKKER L, RUITER M, et al. THACO：a test facility for characterizing the noise performance of active antenna arrays［C］//2011 8 th European Radar Conference. Manchester, UK, 2011：389 - 392.

第 7 章

天线罩损耗测量技术

7.1 概　述

　　天线罩是放置在天线上的覆盖物或结构，用于保护天线，使其免受其物理环境的影响。天线罩在电性能上具有良好的电磁波穿透特性，在机械性能上能经受外部恶劣环境的作用。室外天线通常置于露天工作，直接受到自然界中暴风雨、冰雪、沙尘以及太阳辐射等侵袭，致使天线测量精度降低、寿命缩短和工作可靠性变差。使用天线罩的目的是保护天线系统免受风雨、冰雪、沙尘和太阳辐射等的影响，消除风负荷和风力矩，减小转动天线的驱动功率，减轻机械结构重量，减小惯量，提高固有频率。此外，有关设备和人员可在罩内工作，不受外界环境影响，提高设备的使用效率和改善操作人员的工作条件。对于高速飞行的飞行器，天线罩可以解决高温、空气动力负荷和其他负荷给天线带来的影响。因此，天线罩在地面、海上、车辆、飞机和导弹等电子系统中得到了广泛应用。图 7-1 为卫星通信地面站金属空间框架天线罩；图 7-2 为天气雷达夹层球形天线罩；图 7-3 为亚毫米波望远

图 7-1　卫星通信地面站金属空间框架天线罩

图 7-2　天气雷达夹层球形天线罩

镜天线罩；图 7-4 为机载宽带雷达天线罩；图 7-5 为船载雷达/卫星通信天线罩；图 7-6 为移动卫星通信应用的便携式天线罩；图 7-7 为市区微波与卫星通信应用的隐藏式天线罩；图 7-8 为恶劣环境中的卫星通信球形充气天线罩。

图 7-3　亚毫米波望远镜天线罩

图 7-4　机载宽带雷达天线罩

图 7 - 5   船载雷达/卫星通信天线罩

图 7 - 6   移动卫星通信应用的便携式天线罩

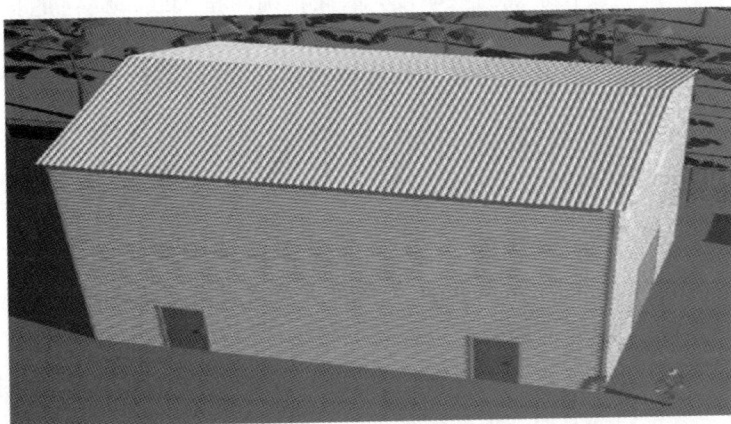

图 7 - 7   市区微波与卫星通信应用的隐藏式天线罩

图 7-8　恶劣环境中的卫星通信球形充气天线罩

常用天线罩类型有夹层天线罩、金属框架天线罩、实心介质天线罩和介质框架天线罩等。随着材料科学技术的发展，一些新型天线罩也获得了广泛应用，如超材料天线罩、频率选择面天线罩和充气天线罩等。常用的天线罩外形有平板形、球形、流线形以及其他曲面形状。

天线罩大多是由复合材料制成的：有的天线罩是由金属框架与复合材料蒙皮组成的复合结构；有的天线罩是由夹层复合材料制成，蒙皮是玻璃纤维增强不饱和树脂，夹芯可以是蜂窝，也可是泡沫材料。玻璃钢透波性能好，常用来制作玻璃钢天线罩。采用低成本高性能的复合材料，特别是纤维增强及立体纤维编制增强复合材料是今后天线罩材料的发展方向。

从理论上讲，天线罩对电磁波应是完全透明的，但由于材料、工艺及结构的限制，这种透明是有限的。天线加罩后，天线罩壳的反射、折射与吸收，加强筋的散射、遮挡，以及天线罩传输特性不均匀性等，会对天线的电性能指标产生一定的影响。如天线罩会引起天线增益降低（天线罩的传输损耗）、波束偏转或瞄准轴误差、天线方向图畸变（如半功率波束宽度展宽、零深恶化和旁瓣电平抬高等）、天线反射系数变化和去极化效应等。

天线罩传输损耗是天线罩最重要的性能指标之一。通常包括天线罩介质损耗、天线罩表面的反射损耗，对于金属框架天线罩还有金属框架遮挡损耗和散射损耗。天线罩的总传输损耗不仅降低了天线的功率增益，其电阻损耗和散射损耗的一部分也会增加天线接收系统的噪声温度，从而影响接收系统的灵敏度，因此精确测量天线罩损耗是非常重要的。本章主要介绍天线罩样品和整体天线罩损耗的测量方法。

7.2　天线罩样品插入损耗的测量

天线罩样品是采用与实际天线罩生产相同的材料、在相同的生产条件下、经一定成型工艺制造的单层介质结构或夹层结构的平板，条件许可的话，也可用实际天线罩板块代替测量样品。天线罩样品的电气性能测量主要为了验证依据材料参数设计的天线罩剖面结构是否符合理论设计，也可通过测量不同特性材料样品，为高性能天线罩设计提供依据。天线罩样品的主要电性能指标有插入损耗、插入相位和反射损耗等，下面主要介绍天线罩样品插入损耗的测量方法，包括自由空间远场法、微波暗室远场法、紧缩场法、矩形波导传输法、透镜喇叭自由空间法、准光学自由空间法和 Y 因子法。

7.2.1 自由空间远场法

图 7-9 为自由空间远场法测量天线罩样品插入损耗的原理框图。测量系统主要由信号源、发射喇叭、天线罩样品、样品安装支架、接收喇叭、射频电缆和频谱分析仪或功率计组成，通常发射喇叭和接收喇叭采用相同的标准增益喇叭。

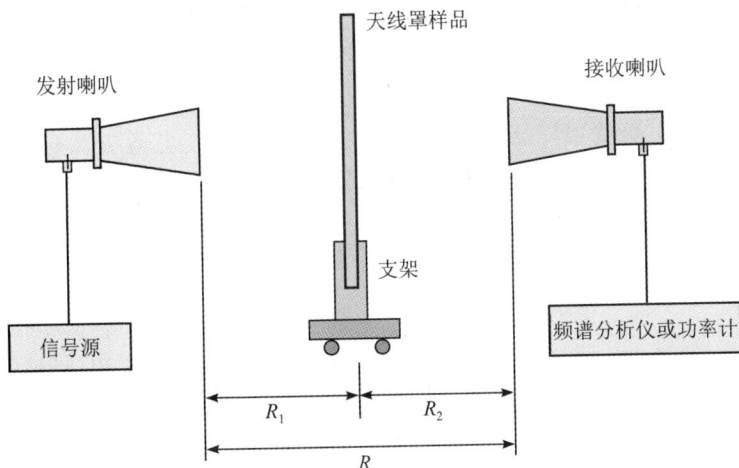

图 7-9　自由空间远场法测量天线罩样品插入损耗的原理框图

图 7-9 中，天线罩样品支架一般安装在发射喇叭和接收喇叭的远场区，R 为发射喇叭和接收喇叭之间的距离，R_1 为发射喇叭和天线罩样品之间的距离，R_2 为接收喇叭和天线罩样品之间的距离。R_1 和 R_2 应满足：

$$\begin{cases} R_1 \geqslant \dfrac{2D_\mathrm{T}^2}{\lambda} \\[2mm] R_2 \geqslant \dfrac{2D_\mathrm{R}^2}{\lambda} \end{cases} \tag{7-1}$$

式中：

　　D_T——发射喇叭的口径；

　　D_R——接收喇叭的口径；

　　λ——工作波长。

在实际工程测量中，发射喇叭和接收喇叭通常采用两个相同的标准增益喇叭，其尺寸和工作频率相同，此时 $D_\mathrm{T}=D_\mathrm{R}=D_\mathrm{a}$，则发射喇叭天线与接收喇叭天线之间的距离 R 为

$$R \geqslant \frac{4D_\mathrm{a}^2}{\lambda} \tag{7-2}$$

自由空间远场法测量天线罩样品插入损耗的方法是：按照图 7-9 所示的原理框图建立测量系统，发射喇叭和接收喇叭等高架设，轴线对准，且极化匹配。发射喇叭和接收喇叭中间无天线罩样品时，由发射喇叭发射单载波信号，经自由空间传播，由接收喇叭接收，此时频谱分析仪或功率计测量的信号功率为 $P_\text{no-sample}$。

在发射喇叭与接收喇叭之间安装天线罩样品，其他条件保持不变，同理用频谱分析仪

或功率计测量的信号功率为 P_{sample}，则天线罩样品的插入损耗为

$$\text{IL}_{\text{sample}} = P_{\text{no-sample}} - P_{\text{sample}} \tag{7-3}$$

式(7-3)是自由空间远场法测量天线罩样品插入损耗的原理公式。在实际工程测量中，为了提高天线罩样品插入损耗的测量精度，对测量场地和天线罩样品的要求如下。

（1）测量场地：测量场地要求地势开阔、平坦，无遮挡物。发射喇叭和接收喇叭与天线罩样品之间的距离要求满足远场测试距离条件。发射喇叭和接收喇叭架设足够高，一般不低于 2 m，有效减少地面反射的影响。场地环境的电磁干扰信号要求低于接收喇叭的接收信号功率至少 20 dB。

（2）天线罩样品：天线罩样品除了在材料、结构和制造工艺等方面应与天线罩实际情况相同外，样品的尺寸应足够大，以减少天线罩样品边缘区域产生的绕射和散射对测量结果的影响。一般情况下，样品尺寸 $L \times L$ 满足如下要求：

$$L \geqslant c\lambda \tag{7-4}$$

式中，c 为常数，一般取近似值为 10～30。天线罩的工作波长 λ 越大，c 的取值越小；工作波长越小，c 的取值越大。例如在国军标 GJB 1598《地面雷达天线罩用玻璃纤维增强塑料蜂窝夹层结构件规范》中给出了几个典型工作波段的天线罩样品尺寸要求：

工作波长在 3 cm 频段，样品尺寸应不小于 1000 mm×1000 mm；

工作波长在 5 cm 频段，样品尺寸应不小于 1500 mm×1500 mm；

工作波长在 10 cm 频段，样品尺寸应不小于 2000 mm×2000 mm。

（3）样品安装支架：为了测量天线罩样品插入损耗的均匀性以及不同入射角的插入损耗，要求天线罩样品安装支架具有可移动或转动的机械结构，主要用来实现以下功能：

① 安装支架结构上有能够将天线罩样品垂直固定的夹具，如果测量的天线罩样品为介质薄膜材料，安装支架应该为框架形式；

② 安装结构能使样品沿垂直于电磁波的接收方向移动，可以测量样品不同位置的插入损耗，即天线罩样品损耗的均匀性（如果安装发射喇叭和接收喇叭的支架可升高或降低，也可通过改变发射喇叭和接收喇叭的高度实现样品插入损耗的均匀性测量）；

③ 安装结构能使样品在 0°～90°范围内转动，以便测量不同入射角情况下天线罩样品的插入损耗。

图 7-9 为基于频谱分析仪或功率计测量天线罩样品插入损耗的原理框图。该系统测量起来比较复杂，随着现代电子测量仪器的发展和应用，矢量网络分析仪在工程测量中获得了广泛应用，用矢量网络分析仪可直接测量出天线罩样品插入损耗的频段特性，简单方便。图 7-10 为基于矢量网络分析仪的自由空间远场法测量天线罩样品插入损耗的原理框图。

基于矢量网络分析仪的自由空间远场法测量天线罩样品插入损耗的方法是：首先，在没有安装天线罩样品的情况下，按图 7-10 所示的原理框图建立测量系统，调整发射喇叭使其和接收喇叭天线对准，且极化匹配，发射喇叭和接收喇叭与待测样品之间的距离满足远场测试距离条件；然后，设置矢量网络分析仪的状态参数，如起始频率、停止频率和测量模式（选择 S_{21} 测量）等，对系统进行直通定标，此时系统测量的散射参数 S_{21} 为零；最后，关闭矢量网络分析仪的射频输出，在发射喇叭和接收喇叭中间安装天线罩样品，打开矢量

网络分析仪的射频输出，并保持矢量网络分析仪的状态参数不变，则矢量网络分析仪可直接测量出系统的散射参数 S_{21}，天线罩样品的插入损耗等于测量的散射参数 S_{21} 的负值。

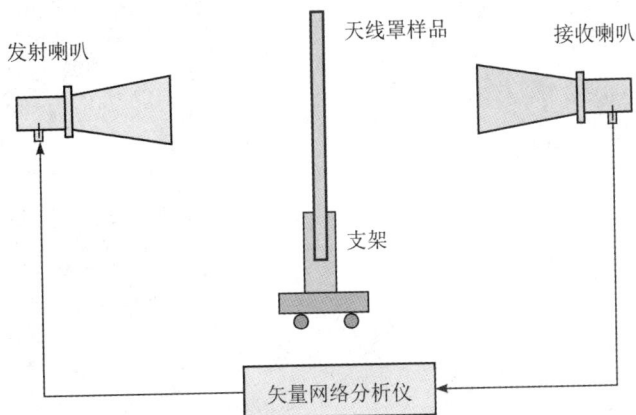

图 7-10　基于矢量网络分析仪的自由空间远场法测量天线罩样品插入损耗的原理框图

7.2.2　微波暗室远场法

图 7-11 为微波暗室远场法测量天线罩样品插入损耗的原理框图，该测量方法与自由空间远场法相同，唯一不同是将室外自由空间环境变为室内微波暗室环境，其显著特点是：微波暗室环境隔离了外界电磁环境的影响，且可以全天候工作；另外，微波暗室环境可抑制反射的影响，是比较理想的测试场。

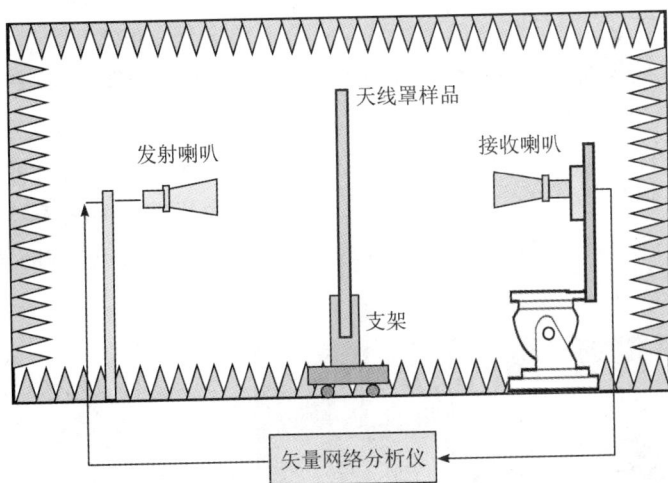

图 7-11　微波暗室远场法测量天线罩样品插入损耗的原理框图

基于矢量网络分析仪在微波暗室测量天线罩样品的插入损耗简单方便，先在没有天线罩样品时对系统进行校准定标，再放置天线罩样品，矢量网络分析仪可直接测量出天线罩样品的插入损耗。

图 7-12 为微波暗室远场法测量实际天线罩板块性能的装置。其中，安装支架为在微波暗室顶部的木质吊架，吊架采用木质材料的目的是减少反射的影响。发射喇叭和接收喇

叭安装在可上下移动的支架上，通过上下移动喇叭可测量天线罩板块不同位置的特性。

图 7 - 12　微波暗室远场法测量天线罩板块性能的装置图

7.2.3　紧缩场法

　　紧缩场是一种在近距离内利用校正单元将馈源喇叭辐射的球面波变为平面波的设备。紧缩场产生的平面波区域称为紧缩场的静区，待测天线安装在紧缩场的静区内。紧缩场可直接对待测天线的方向图、天线增益和交叉极化等远场电性能参数进行测量。紧缩场可建立在微波暗室内，测量方法同传统的远场测量一样简单方便，非常适合微波、毫米波、亚毫米波及太赫兹频段的天线罩测量。在紧缩场的静区内，一般要求紧缩场幅度起伏小于 1 dB，相位起伏小于 $10°$。依据紧缩场采用的校正单元，紧缩场可细分为反射面紧缩场、透镜紧缩场和全息紧缩场。目前常用的紧缩场为反射面紧缩场，反射面紧缩场又可细分为单反射面紧缩场、双反射面紧缩场和三反射面紧缩场。图 7 - 13 为单反射面紧缩场及其原理示意简图；图 7 - 14 为双反射面紧缩场及其原理示意简图；图 7 - 15 为三反射面紧缩场及其原理示意简图。

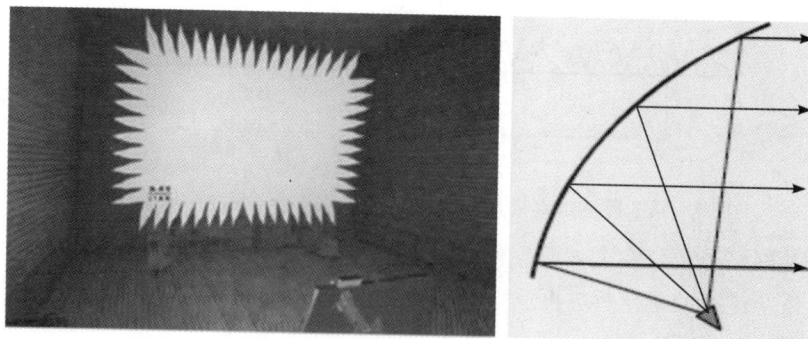

图 7 - 13　单反射面紧缩场及其原理示意简图

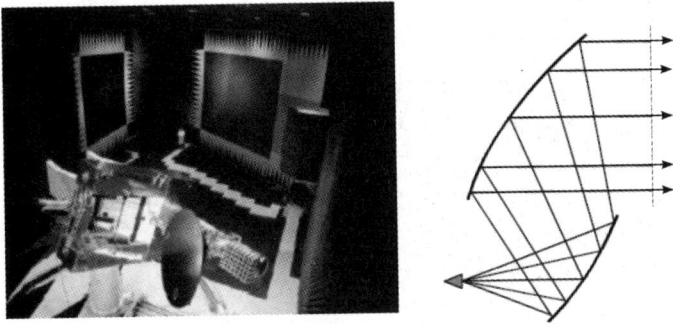

图 7 - 14　双反射面紧缩场及其原理示意简图

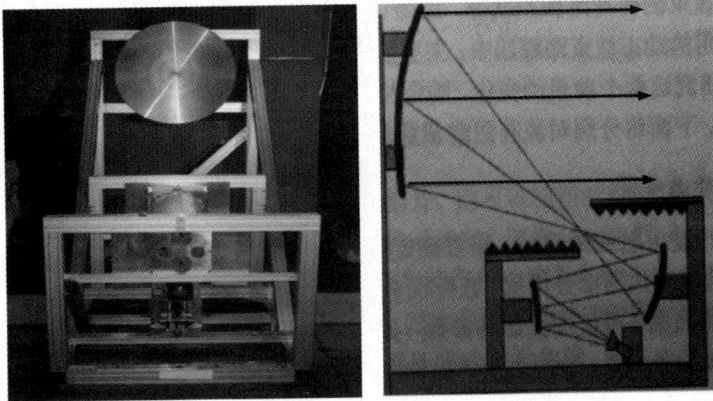

图 7 - 15　三反射面紧缩场及其原理示意简图

　　下面以单反射面紧缩场为例，说明紧缩场法测量天线罩样品插入损耗的方法。图 7 - 16 为在紧缩场测量天线罩样品插入损耗的原理简图。其中，天线罩样品和接收喇叭安装在紧缩场的静区内。

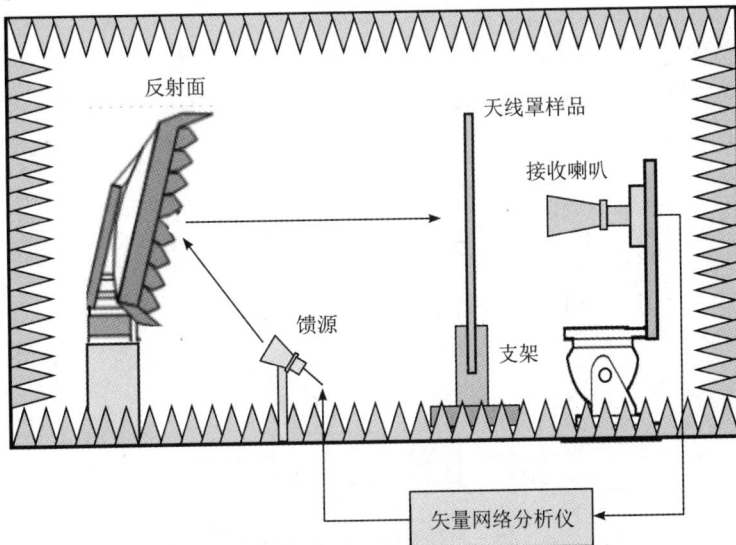

图 7 - 16　紧缩场测量天线罩样品插入损耗的原理简图

紧缩场法测量天线罩样品插入损耗的方法是：首先，在紧缩场静区内没有安装天线罩样品时，对矢量网络分析仪进行直通定标校准；然后，在接收喇叭口前面的紧缩场静区内放置天线罩样品，保持矢量网络分析仪的状态参数不变，用矢量网络分析仪可直接测量出系统的散射参数 S_{21}（用分贝值表示），则天线罩样品的插入损耗为

$$\mathrm{IL_{sample}} = -S_{21} \tag{7-5}$$

7.2.4　矩形波导传输法

1. 测量方法

矩形波导传输法是材料参数（介电常数和损耗角正切）测量的经典方法，也可用于测量天线罩样品的插入损耗。该方法是将天线罩样品制作成矩形波导内截面尺寸的大小，将其置入短的波导支架内，通过传输的方法测量波导支架内有无天线罩样品时接收信号功率，从而确定天线罩样品的插入损耗。图 7 - 17 为矩形波导传输法测量天线罩样品插入损耗的原理框图。其中，矩形波导隔离器用于抑制多重反射对测量结果的影响；波导支架为一节短的带法兰的矩形波导，其长度大于天线罩样品厚度，用于安装天线罩样品。天线罩样品制作材料与实际天线罩相同，其外尺寸与矩形波导的内尺寸相同。

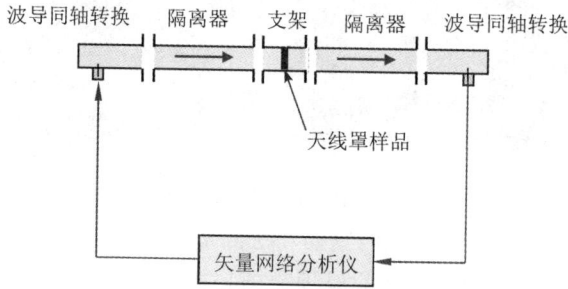

图 7 - 17　矩形波导传输法测量天线罩样品插入损耗的原理框图

矩形波导传输法测量天线罩样品插入损耗的方法是：先按照图 7 - 17 所示的原理框图建立测量系统，在没有安装天线罩样品时，对系统进行直通定标校准。图 7 - 18 为测量系统直通定标的原理框图。

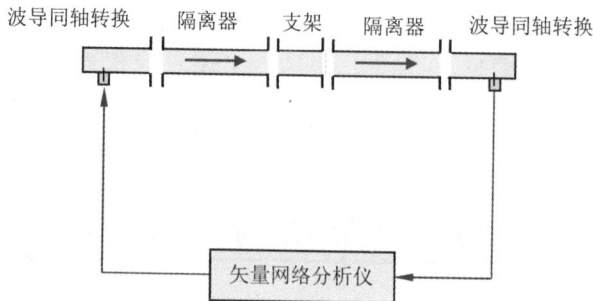

图 7 - 18　测量系统直通定标的原理框图

完成测量系统定标后，在波导支架内置入天线罩样品，如图 7-17 所示，保持系统设置的参数不变，此时矢量网络分析仪可直接测量散射参数 S_{21}（用分贝值表示），则待测天线罩样品的插入损耗为 $-S_{21}$。

矩形波导传输法是一种测量天线罩样品插入损耗的简单方法，但该方法不易测量不同入射角的插入损耗，也很难测量天线罩样品的不均匀性。

表 7-1 给出了常用标准矩形波导的主模工作频率和内尺寸，为选择测试的波导元器件和天线罩样品制作提供参考。

表 7-1　常用标准矩形波导的主模工作频率和内尺寸

矩形波导标准型号		频率范围/GHz	波导内截面尺寸/mm	
国家国标	EIA 标准		宽度 a	高度 b
BJ-3	WR2300	0.32～0.49	584.2	292.1
BJ-4	WR2100	0.35～0.53	533.4	266.7
BJ-5	WR1800	0.41～0.62	457.2	228.6
BJ-6	WR1500	0.49～0.75	381.0	190.5
BJ-8	WR1150	0.64～0.98	292.10	146.05
BJ-9	WR975	0.76～1.15	247.65	123.82
BJ-12	WR770	0.96～1.46	195.58	97.79
BJ-14	WR650	1.13～1.73	165.10	82.55
BJ-18	WR510	1.45～2.20	129.54	64.77
BJ-22	WR430	1.72～2.61	109.22	54.61
BJ-26	WR340	2.17～3.30	86.36	43.18
BJ-32	WR284	2.60～3.95	72.14	34.04
BJ-40	WR229	3.22～4.90	58.17	29.08
BJ-48	WR187	3.94～5.99	47.549	22.149
BJ-58	WR159	4.64～7.05	40.386	20.193
BJ-70	WR137	5.38～8.17	34.849	15.799
BJ-84	WR112	6.57～9.99	28.499	12.624
BJ-100	WR90	8.20～12.50	22.860	10.160
BJ-120	WR75	9.84～15.00	19.050	9.525
BJ-140	WR62	11.90～18.00	15.799	7.899
BJ-180	WR51	14.50～22.00	12.954	6.477
BJ-220	WR42	17.60～26.70	10.668	4.318
BJ-260	WR34	21.70～33.00	8.636	4.318
BJ-320	WR28	26.30～40.00	7.112	3.556
BJ-400	WR22	32.90～50.10	5.690	2.845

2. 工程测量实例

下面介绍 LIEN F. 报道的用矩形波导传输法测量天线罩夹层样品插入损耗的应用实例。图 7-19 为天线罩夹层样品。天线罩样品为夹层材料结构，各层材料特性如表 7-2 所示。图 7-20 为安装天线罩样品的波导支架，波导型号为 BJ-32，波导内截面尺寸为 72.14 mm×34.04 mm。图 7-21 为天线罩夹层样品插入波导支架的装置图。

图 7-19 天线罩夹层样品(已切割成波导内尺寸大小)

表 7-2 天线罩夹层样品的各层材料特性

夹 层	厚度/mm	相对介电常数	损耗角正切
表面涂漆	0.5	2.9	0.01
夹板	0.9	3.8	0.001
夹层	24.0	1.08	0.001
夹板	0.9	3.8	0.001

图 7-20 安装天线罩样品的波导支架

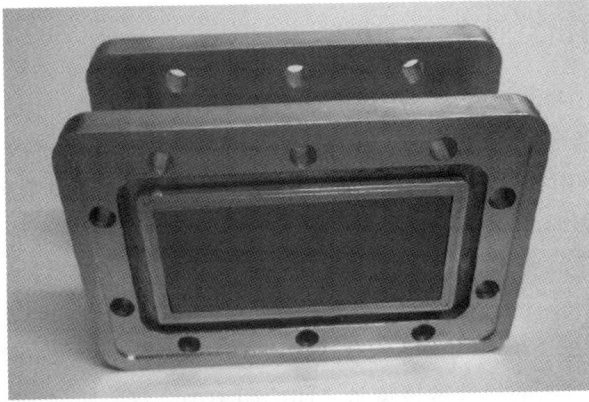

图 7-21　天线罩夹层材料样品插入波导支架内

图 7-22 为基于矢量网络分析仪的矩形波导传输法测量装置图，图 7-23 为天线罩夹层样品的各层散射参数 S_{21} 测量结果，测量散射参数的负值即为天线罩样品各层的插入损耗。

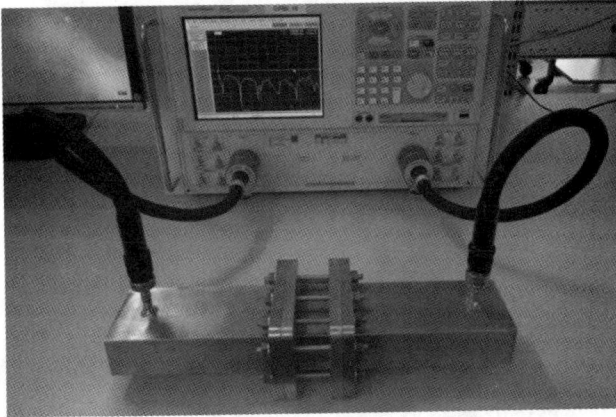

图 7-22　基于矢量网络分析仪的矩形波导传输法测量装置图

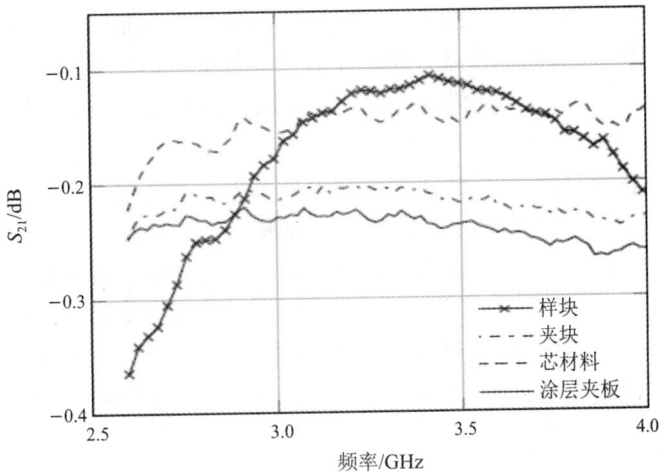

图 7-23　天线罩夹层样品的各层散射参数 S_{21} 测量结果

7.2.5 透镜喇叭自由空间法

用自由空间远场法和微波暗室远场法测量天线罩样品插入损耗时，要求样品位于发射喇叭和接收喇叭的远场区，为了减少样品的边缘绕射对测量结果的影响，要求样品的尺寸非常大，实际工程测量中很难实现。为了克服这种局限性，可采用点聚焦透镜喇叭，不仅能减少样品边缘绕射的影响，还能减小测量距离，提高测量系统的动态范围，同时还能大大缩减天线罩样品的尺寸。

图 7 - 24 为透镜喇叭自由空间法测量天线罩样品的原理框图。测量系统由发射透镜喇叭、接收透镜喇叭、支架和矢量网络分析仪组成。透镜喇叭均为点聚焦透镜喇叭，焦径比一般为 1，这样发射透镜喇叭与接收透镜喇叭之间的距离为 2 倍喇叭口径。天线罩样品安装在发射透镜喇叭和接收透镜喇叭的焦平面上，以减少样品边缘绕射对测量结果的影响。

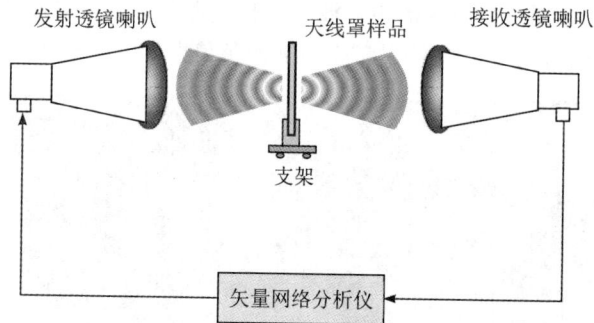

图 7 - 24　透镜喇叭自由空间法测量天线罩样品的原理框图

透镜喇叭自由空间法测量天线罩样品插入损耗的方法是：首先，在没有安装天线罩样品的情况下，按图 7 - 24 所示的原理框图建立测量系统，矢量网络分析仪的射频输出接发射透镜喇叭，矢量网络分析仪的接收机输入与接收透镜喇叭连接；然后，调整发射透镜喇叭，使其与接收喇叭透镜天线对准且极化匹配，设置矢量网络分析仪的状态参数，如起始频率、停止频率和测量模式（选择 S_{21} 测量模式）等，对系统进行直通校准定标，此时系统测量的散射参数 S_{21} 为 0 dB；最后，关闭矢量网络分析仪的射频输出，在发射透镜喇叭和接收透镜喇叭焦平面上安装天线罩样品，打开矢量网络分析仪的射频输出，并保持矢量网络分析仪的状态参数不变，则矢量网络分析仪可直接测量出系统的散射参数 S_{21}，天线罩样品的插入损耗等于测量散射参数 S_{21} 的负值。

图 7 - 25 为透镜喇叭自由空间法测量天线罩样品插入损耗的实际装置图。整个系统可以安装在一张桌面上。由于透镜喇叭天线的点聚焦特性，天线将能量集中在待测天线罩样品放置的地方，这样可大大减小天线罩样品的尺寸；利用矢量网络分析仪测量系统散射参数 S_{21} 的功能，可测量天线罩样品的插入损耗。如果天线罩样品的最小横向尺寸大于焦点处天线波束宽度的 3 倍，则样品的边缘绕射效应可忽略不计。对于不同频段的待测天线罩样品，可用不同频段的透镜喇叭天线。实践证明：透镜喇叭自由空间法可以在 8.2～100 GHz 频率范围内使用。

图 7-25　透镜喇叭自由空间法测量天线罩样品插入损耗的实际装置图

7.2.6　准光学自由空间法

近年来，毫米波和亚毫米波电磁设备和系统在通信、军事、安全、交通、环境、医学、物理、生物等工业和科学领域中的应用迅速增加。电磁设备和系统的工作频段已经向亚毫米波频率范围移动，工作带宽也逐渐变宽。材料参数测量是设计和制造毫米波和亚毫米波电磁设备和系统的先决条件。

自由空间远场法、微波暗室远场法、透镜喇叭自由空间法和矩形波导传输法非常适用于测量 100 GHz 以下频率材料参数的测量，而准光学自由空间法适用于毫米波和亚毫米波材料参数测量。图 7-26 为准光学自由空间法测量天线罩样品插入损耗的原理框图。测量系统由两个椭球聚焦镜(通常由金属铝制成)、两个高斯波纹喇叭、频率倍频器、谐波混频器、支架和一台矢量网络分析仪组成。椭球聚焦镜位于高斯波纹喇叭天线辐射近场区的平行波束区，即椭球聚焦镜离高斯波纹喇叭的距离小于或等于 $0.5D_a^2/\lambda$(D_a 为喇叭的口径，λ 为工作波长)。高斯波纹喇叭为高增益喇叭，用于补偿沿着两个喇叭天线馈电端口之间的信号路径插入损耗。安装天线罩样品的支架位于两个椭球聚焦镜的焦平面上。

准光学自由空间法测量天线罩样品插入损耗的方法是：首先，在没有安装天线罩样品的情况下，按图 7-26 所示的原理框图建立测量系统，矢量网络分析仪的射频输出接频率倍频器，倍频成所需要的毫米波或亚毫米波频率，由发射高斯波纹喇叭发射，通过两个椭球聚焦镜，由接收高斯波纹喇叭接收；然后，通过谐波混频器进行混频，谐波混频器的输出信号接矢量网络分析仪，形成一个信号传输回路，对系统进行校准定标，此时矢量网络分析仪测量系统的散射参数 S_{21} 为 0 dB；最后，关闭矢量网络分析仪的射频输出，在发射高斯波纹喇叭和接收高斯波纹喇叭中间，即两个椭球聚焦镜的焦平面上安装天线罩样品，打开矢量网络分析仪射频输出，并保持测量系统的状态参数不变，则矢量网络分析仪可直接测量出系统的散射参数 S_{21}，天线罩样品的插入损耗等于散射参数 S_{21} 的负值。

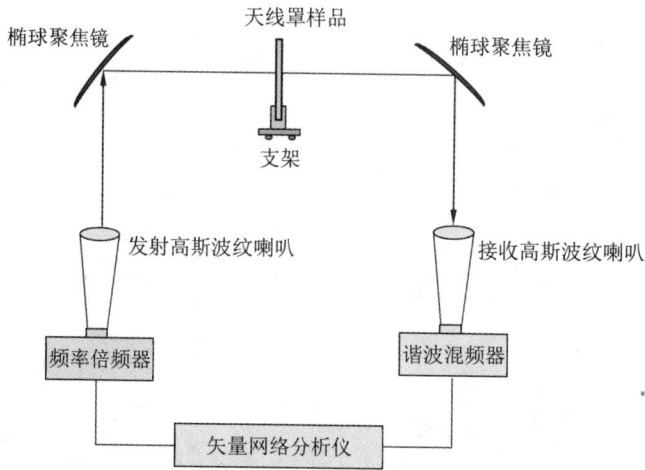

图 7-26　准光学自由空间法测量天线罩样品插入损耗的原理框图

　　图 7-27 为毫米波准光学自由空间法测量天线罩样品的实际装置图。系统工作频率范围为 110～325 GHz，整个系统安装在一个工作台上。该系统由一台 67 GHz 的矢量网络分析仪、D/G/J 频段频率倍频器和谐波混频器（D 波段 110～170 GHz；G 波段 140～220 GHz；J 波段 220～325 GHz）、两个高斯波纹喇叭天线和两个椭球聚焦镜组成。

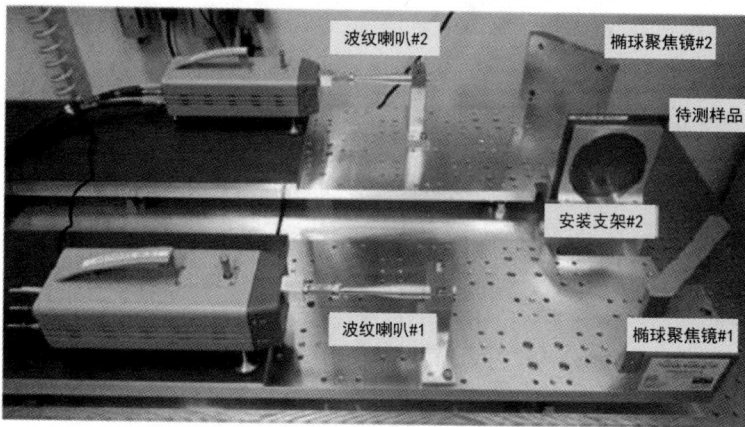

图 7-27　毫米波准光学自由空间法测量天线罩样品的实际装置图

7.2.7　Y 因子法

　　Y 因子法测量天线罩样品插入损耗的基本方法是：采用经典的 Y 因子法，分别测量标准增益喇叭口有无天线罩样品时指向晴空天顶方向的噪声温度，由测量的噪声温度确定天线罩样品的插入损耗。该方法也可用于平面天线罩，如喇叭口密封膜的插入损耗测量等。图 7-28 为 Y 因子法测量天线罩样品插入损耗的原理框图。测量所用的低噪声放大器一般要求具有高增益、低噪声，且其输入接口与标准增益喇叭的输出波导口匹配。其中，微波吸波材料用作常温负载，其尺寸大于标准增益喇叭的口面尺寸。

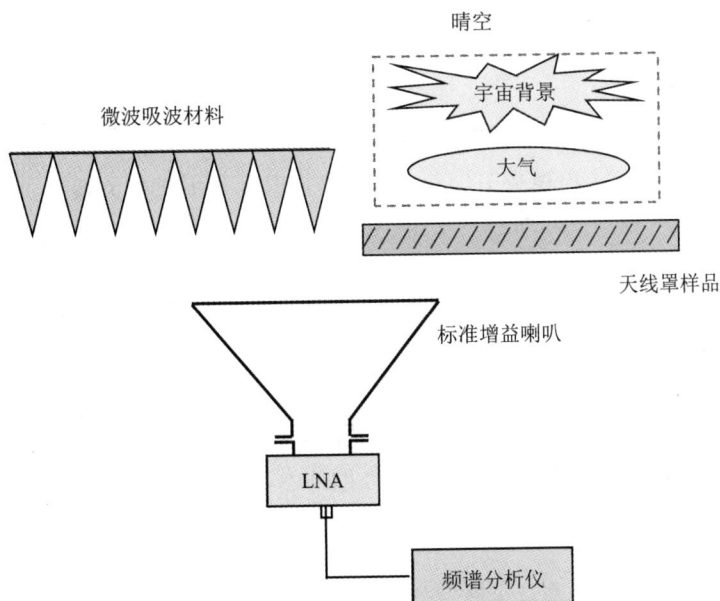

图 7-28　Y 因子法测量天线罩样品插入损耗的原理框图

Y 因子法测量天线罩样品插入损耗的方法是：按照图 7-28 所示的原理框图建立测量系统。在没有天线罩样品情况下，分别测量标准增益喇叭口放置微波吸波材料和指向晴空天顶方向时系统输出的噪声功率之比，由 Y 因子定义可得

$$Y_{\text{n-sample}} = \frac{T_0 + T_{\text{LNA}}}{T_{\text{horn-n}} + T_{\text{LNA}}} \tag{7-6}$$

式中：

T_0——微波吸波材料（常温负载）的噪声温度；

T_{LNA}——低噪声放大器的噪声温度；

$T_{\text{horn-n}}$——标准增益喇叭口无天线罩样品且指向天顶方向时的噪声温度。

由式（7-6）可求得标准增益喇叭天顶方向的噪声温度：

$$T_{\text{horn-n}} = \frac{T_0 + T_{\text{LNA}}}{Y_{\text{n-sample}}} - T_{\text{LNA}} \tag{7-7}$$

假设标准增益喇叭的欧姆损耗为 IL_{horn}，则标准增益喇叭的噪声温度与损耗的关系为

$$T_{\text{horn-n}} = \frac{T_{\text{env}}}{\text{IL}_{\text{horn}}} + \left(1 - \frac{1}{\text{IL}_{\text{horn}}}\right) T_0 \tag{7-8}$$

式中，T_{env} 为标准增益喇叭接收环境的噪声温度（包括天空和地面）。对式（7-8）化简可得

$$\text{IL}_{\text{horn}} = \frac{T_{\text{env}} - T_0}{T_{\text{horn-n}} - T_0} \tag{7-9}$$

完成标准增益喇叭天顶方向噪声温度测量后，分别测量标准增益喇叭口放置微波吸波材料和天线罩样品且指向晴空天顶方向时系统输出的噪声功率之比：

$$Y_{\text{w-sample}} = \frac{T_0 + T_{\text{LNA}}}{T_{\text{horn-w}} + T_{\text{LNA}}} \tag{7-10}$$

式中，$T_{\text{horn-w}}$ 为标准增益喇叭口放置天线罩样品且指向晴空天顶方向时的噪声温度。

由式(7-10)可得

$$T_{\text{horn-w}} = \frac{T_0 + T_{\text{LNA}}}{Y_{\text{w-sample}}} - T_{\text{LNA}} \tag{7-11}$$

假设天线罩样品的插入损耗为 $\text{IL}_{\text{sample}}$，则其噪声温度与损耗的关系为

$$T_{\text{horn-w}} = \frac{1}{\text{IL}_{\text{horn}}} \left[\frac{T_{\text{env}}}{\text{IL}_{\text{sample}}} + \left(1 - \frac{1}{\text{IL}_{\text{sample}}} \right) T_0 \right] + \left(1 - \frac{1}{\text{IL}_{\text{horn}}} \right) T_0 \tag{7-12}$$

对式(7-12)进行化简、整理，可求得标准增益喇叭损耗与天线罩样品插入损耗的乘积：

$$\text{IL}_{\text{sample}} \text{IL}_{\text{horn}} = \frac{T_{\text{env}} - T_0}{T_{\text{horn-w}} - T_0} \tag{7-13}$$

由式(7-9)和式(7-13)可求得天线罩样品的插入损耗：

$$\text{IL}_{\text{sample}} = \frac{T_{\text{horn-n}} - T_0}{T_{\text{horn-w}} - T_0} \tag{7-14}$$

式(7-14)就是 Y 因子法测量天线罩样品插入损耗的原理公式。只要利用 Y 因子法分别测量出标准增益喇叭口有无天线罩样品时标准增益喇叭天顶方向的噪声温度，就可确定天线罩样品的插入损耗。

将式(7-8)和式(7-11)代入式(7-14)，化简、整理可求得天线罩样品的插入损耗：

$$\text{IL}_{\text{sample}} = \frac{Y_{\text{w-sample}} (Y_{\text{n-sample}} - 1)}{Y_{\text{n-sample}} (Y_{\text{w-sample}} - 1)} \tag{7-15}$$

由式(7-15)可知：只要测量出标准增益喇叭口有无天线罩样品的 Y 因子，就可计算天线罩样品的插入损耗，不需要知道常温负载和低噪声放大器的噪声温度，但是常温负载和低噪声放大器噪声温度的稳定性会影响 Y 因子的测量误差，从而影响天线罩样品插入损耗的测量精度。

7.3 天线罩传输损耗的测量

对整个天线罩(整罩)的性能进行测量是检验天线罩电气性能最直接、最有效的方法，同时可验证天线罩理论设计是否正确。因此，下面介绍整个天线罩的传输损耗测量方法。天线罩的传输损耗通常包括反射损耗、介质损耗，以及空间框架天线罩遮挡损耗和散射损耗等。

整罩测量中，要求天线罩中接收天线为实际工作的真实天线，天线罩和接收天线之间的相对位置关系应与实际使用情况一致。

实际工程应用中，天线在天线罩里是运动的，而天线罩通常是固定的，如飞机天线罩、气象雷达天线罩和卫星通信地面站天线罩等。在测量时，信标天线和接收天线的最大方向是固定的，若测量不同位置的天线罩特性，需要天线罩相对于接收天线运动，这种运动需要安装天线罩的测试转台来完成。天线罩测试转台比一般天线测试系统转台复杂，需要专门设计。图 7-29 为室内远场天线罩测试的三轴转台。

在天线罩的实际工程测量中，专门建立天线罩测试转台是很复杂的，且非常昂贵，特别是大型天线罩，如无特殊要求，通常不会建立专门的天线罩测试转台。对于可吊装的天线罩，可通过吊装时转动天线罩以实现不同位置的天线罩特性测量；对于小型动中通天线罩，可通过人工转动天线罩或通过天线本身伺服结构改变天线罩与天线的相对位置，将动中通天线系统整体安装在天线测试转台上，实现天线罩不同位置的特性测量。

图 7 - 29　室内远场天线罩测试的三轴转台

7.3.1　功率比法

功率比法是天线罩传输损耗测量的最经典方法，其基本思想是：分别测量天线戴罩和不戴罩情况下待测天线接收的信号功率，计算二者的差值，即可确定天线罩的传输损耗。该方法非常适合可搬移或可吊装的天线罩传输损耗测量。因为天线戴罩和不戴罩的时间间隔较短，可保证天线罩传输损耗的测量精度。按照天线测量方法，功率比法又可细分为远场功率比法、近场功率比法和紧缩场功率比法。

1. 远场功率比法

图 7 - 30 为室外远场功率比法测量天线罩传输损耗的原理框图。

室外远场功率比法要求测试场地要空旷、无遮挡，且信标塔足够高，对待测天线的仰角通常要求大于 3 倍的天线半功率波束宽度，以有效抑制地面反射的影响；测试场地的电磁干扰信号功率低于待测天线接收信号功率 20 dB 以上。发射喇叭和待测天线之间的距离要满足远场测试距离条件，即测试距离 R 满足：

$$R \geqslant \frac{2D_a^2}{\lambda} \tag{7-16}$$

式中，D_a 为待测天线的口径，λ 为工作波长。

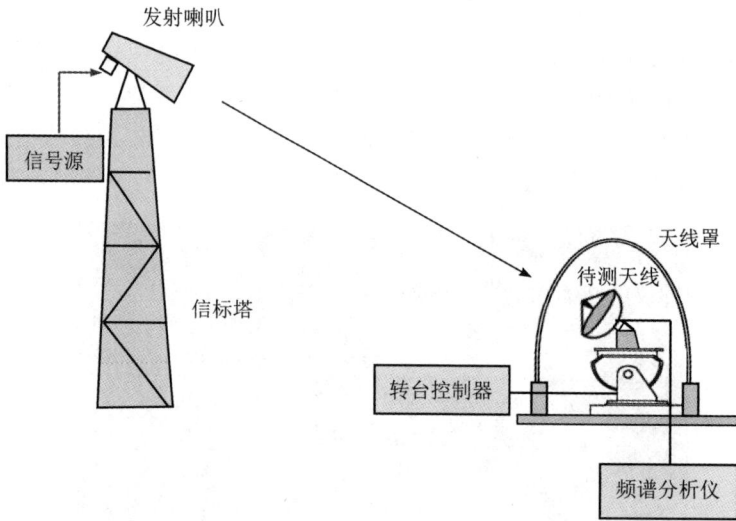

图 7-30   室外远场功率比法测量天线罩传输损耗的原理框图

室外远场功率比法测量天线罩传输损耗的方法是：首先，按照图 7-30 所示的原理框图建立测量系统，在待测天线不戴罩的情况下，按照要求设置系统参数，信号源发射单载波信号，待测天线接收此信号功率；然后，调整发射喇叭，使其与待测天线对准且极化匹配，此时频谱分析仪接收的信号功率最大；最后，用频谱分析仪的码刻功能测量接收信号功率，用 $P_{\text{n-radome}}$ 表示，单位为 dBm，可表示为

$$P_{\text{n-radome}} = P_t - L_{\text{TX}} + G_{\text{horn}} - L_P + G_R - L_{\text{RX}} \tag{7-17}$$

式中：

P_t——信号源的输出功率，单位为 dBm；

L_{TX}——信号源与发射喇叭之间的射频电缆损耗，单位为 dB；

G_{horn}——发射喇叭的功率增益，单位为 dBi；

L_P——自由空间传播损耗，单位为 dB；

G_R——待测天线的接收增益，单位为 dBi；

L_{RX}——待测天线与频谱分析仪之间的射频电缆损耗，单位为 dB。

关闭信号源射频输出开关，吊装天线罩，完成天线罩安装后，打开信号源射频输出开关，保证信号源输出功率和频率不变，微调待测天线的方位和俯仰，使待测天线与发射喇叭对准，同理用频谱分析仪的码刻功能测量待测天线戴罩时的接收信号功率，用 P_{radome} 表示，单位为 dBm，可表示为

$$P_{\text{radome}} = P_t - L_{\text{TX}} + G_{\text{horn}} - L_P - \text{TL}_{\text{radome}} + G_R - L_{\text{RX}} \tag{7-18}$$

式中，$\text{TL}_{\text{radome}}$ 为天线罩的传输损耗。

由式(7-17)和式(7-18)可得天线罩传输损耗 $\text{TL}_{\text{radome}}$ 为

$$\text{TL}_{\text{radome}} = P_{\text{n-radome}} - P_{\text{radome}} \tag{7-19}$$

式(7-19)就是远场功率比法测量天线罩传输损耗的原理公式，其物理意义是：在远场条件下，用分贝值表示天线在不戴罩和戴罩情况下接收信号功率的差，即待测天线罩的传输损耗。

（1）微波暗室远场功率比法：微波暗室为天线罩传输损耗测量提供了良好的电磁环境，

但受微波暗室尺寸的限制,微波暗室远场功率比法通常用于小型天线罩传输损耗测量,如导航天线罩、机载天线罩和弹载天线罩等。图 7 - 31 为微波暗室远场功率比法测量天线罩传输损耗的原理框图,其测量方法与室外远场功率比法相同,但微波暗室环境隔离了室外电磁环境的影响,可以全天候工作;另外,微波暗室环境可抑制反射的影响,是比较理性的测量场所。基于矢量网络分析仪在微波暗室远场测量天线罩的传输损耗非常简单方便,首先,在天线不戴罩情况下,调整发射喇叭,使其与待测天线对准,且极化匹配,用矢量网络分析仪对系统进行定标测量,此时测量的系统散射参数 S_{21} 为 0 dB(定标曲线);然后,安装天线罩,保持矢量网络分析仪的状态参数不变,重新对准收发天线,则用矢量网络分析仪可直接测量出系统的散射参数 S_{21},散射参数 S_{21} 的负值即为待测天线罩的传输损耗。

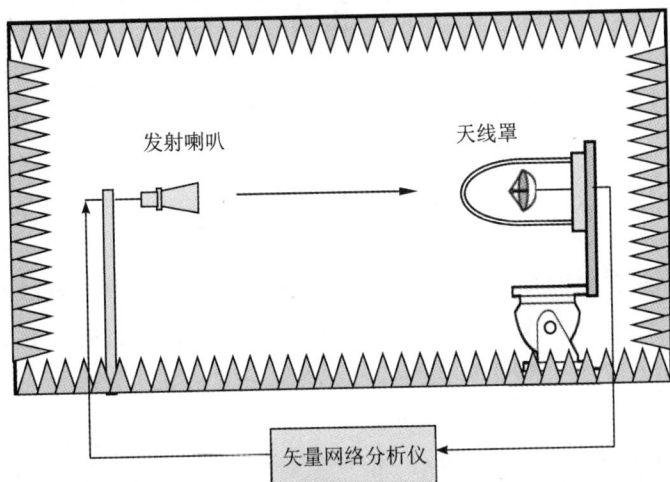

图 7 - 31 微波暗室远场法测量天线罩传输损耗的原理框图

(2)卫星源远场功率比法:卫星源远场功率比法非常适合卫星通信地面站天线罩传输损耗的测量。图 7 - 32 为利用卫星信标测量地面站天线罩传输损耗的原理框图。通过测量地面站天线戴罩和不戴罩情况下天线对准卫星所接收的信标信号功率,就能确定天线罩传输损耗。

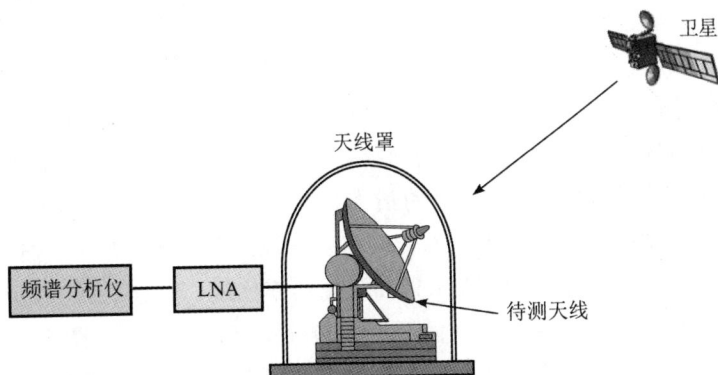

图 7 - 32 用卫星信标测量地面站天线罩传输损耗的原理框图

2. 近场功率比法

近场测量首先用一个特性已知的探头，在离开待测天线几个波长（近场区）的某一表面进行扫描，测量天线在该表面各离散点上的近场幅度和相位分布；然后基于严格的模式展开理论，确定天线的场特性；最后经近场-远场变换理论，由计算机编程进行变换以及误差校准处理，得到待测天线的远场特性。图 7-33 为近场测量的原理示意图。

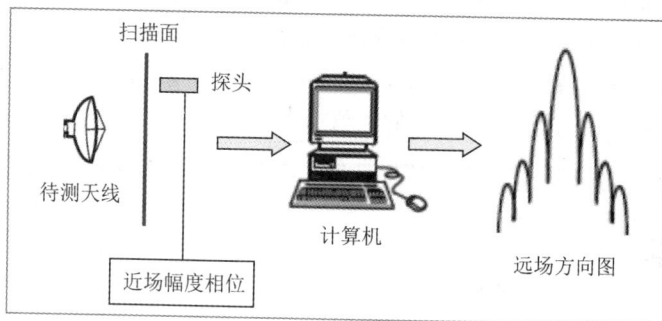

图 7-33　近场测量的原理示意图

近场测量依据扫描面的几何形状，可分为平面近场（PNF）、柱面近场（CNF）和球面近场（SNF）。每一种近场测量都需将平动及转动的组合变为在理想曲面上的扫描。图 7-34 为近场探头扫描面的原理示意图。

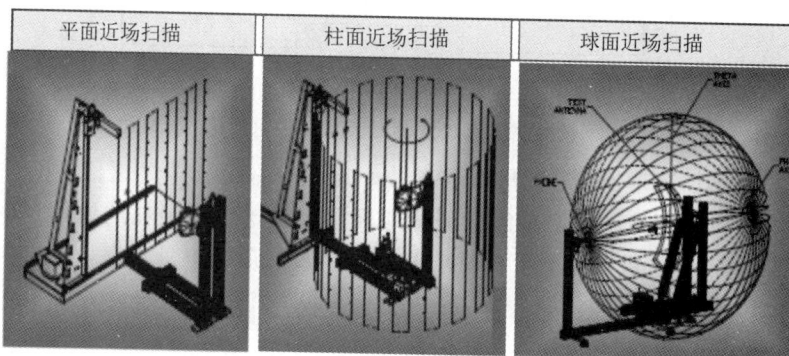

图 7-34　近场探头扫描面的原理示意图

近场功率比法测量天线罩传输损耗的方法同天线近场测量方法类似，需要两次近场扫描测量，一次是天线不戴罩情况下的近场扫描，一次是天线戴罩情况下的近场扫描，分别求出两次近场扫描变换到远场辐射功率的最大值，二者的差值即为待测天线罩的传输损耗。图 7-35 为近场功率比法测量天线罩传输损耗的原理示意图。其中，扫描面若是平面，表示平面近场功率比法；若是柱面，表示柱面近场功率比法；若是球面，表示球面近场功率比法。图 7-36 为平面近场功率比法测量天线罩传输损耗的流程图。图 7-37 为近场功率比法测量天线罩传输损耗的流程图。图 7-38 为球面近场法测量天线罩传输损耗的实际装置图。

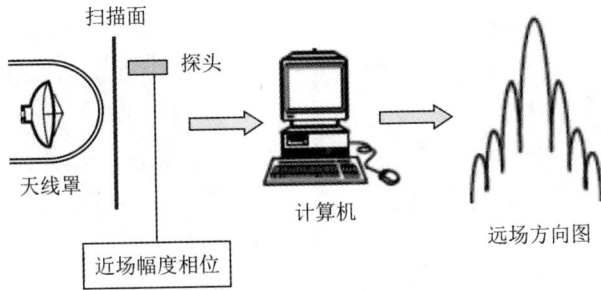

图 7-35　近场功率比法测量天线罩传输损耗的原理框图

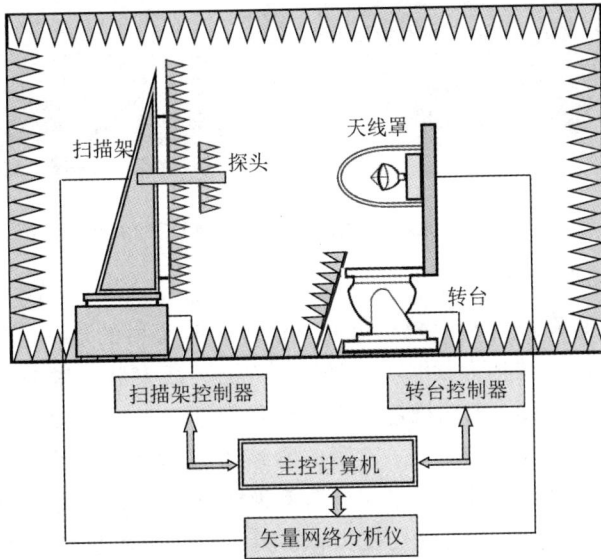

图 7-36　平面近场功率比法测量天线罩传输损耗的原理框图

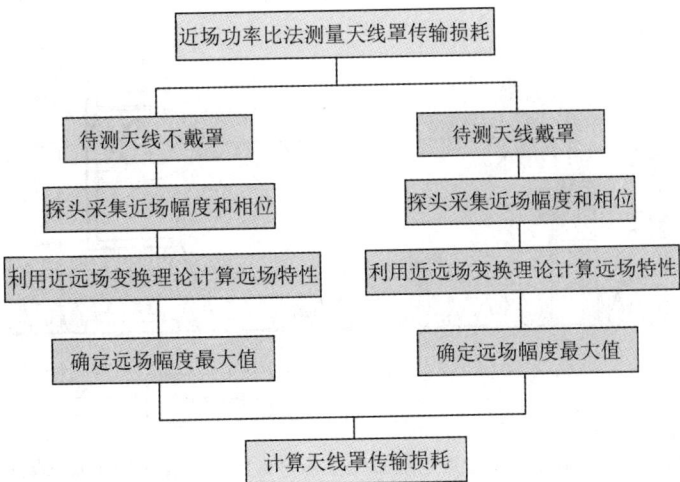

图 7-37　近场功率比法测量天线罩传输损耗的流程图

图 7 - 38   球面近场法测量天线罩传输损耗的实际装置图

3. 紧缩场功率比法

紧缩场是一种在近距离内利用校正单元将馈源喇叭辐射的球面波变为平面波的设备。紧缩场所产生的平面波区域称为紧缩场的静区,待测天线安装在紧缩场的静区内。紧缩场可直接对待测天线的方向图、天线增益和交叉极化等远场电性能参数进行测量,其测量方法和程序同传统的远场测量方法一样。常用的紧缩场有单反射面紧缩场、双反射面紧缩场和三反射面紧缩场。下面以单反射面紧缩场为例说明紧缩场功率比法测量天线罩传输损耗的方法,其他形式的紧缩场测量方法与之类似。图 7 - 39 为单反射面紧缩场功率比法测量天线罩传输损耗的原理框图。

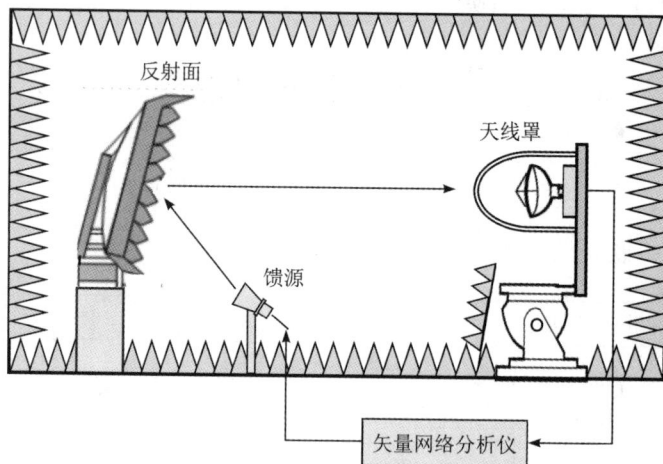

图 7 - 39   单反射面紧缩场功率比法测量天线罩传输损耗的原理框图

紧缩场功率比法测量天线罩传输损耗的方法是:首先,按照图 7 - 39 所示的原理框图建立测量系统,在紧缩场的静区内安装待测天线,不安装天线罩,用矢量网络分析仪对系统进行定标校准,此时矢量网络分析仪测量的系统散射参数 S_{21} 为 0 dB(定标曲线);然后,

安装天线罩，保持矢量网络分析仪状态参数不变，可直接测量出用分贝值表示的系统散射
参数 S_{21}，则天线罩的传输损耗为

$$\mathrm{TL}_{radome} = -S_{21} \qquad (7-20)$$

紧缩场测量天线罩传输损耗时受紧缩场的静区尺寸限制，天线罩的尺寸应小于紧缩场
的静区尺寸。紧缩场非常适合类似于机载天线罩的电性能测量。图 7-40 为紧缩场天线罩
测量系统的天线罩测试转台。

图 7-40　紧缩场天线罩测量系统的天线罩测试转台

7.3.2　功率增益法

对于大型固定天线罩、无法吊装或不易吊装的大型天线罩，从理论上讲，用传统功率
比法测量天线罩的传输损耗是可行的，但测量周期长、误差大，无法保证天线罩传输损耗
的测量精度。主要原因是大型天线罩安装需要一定周期，无法保证天线戴罩和不戴罩的情
况下，具有相同的气候条件和信号传输条件等，且系统的稳定性也会影响测量精度。因此，
下面介绍功率增益法测量大型天线罩传输损耗的方法，其基本思想是分别测量天线戴罩和
不戴罩情况下的功率增益，从而确定天线罩的传输损耗。

天线增益的测量方法很多，如链路计算法、三天线法、两相同天线法、比较法、射电源
法和方向图积分法等，下面以比较法和射电源法为例，介绍功率增益法测量天线罩传输损
耗的方法。

1. 比较法

比较法是天线增益测量的经典方法，比较法测量天线罩传输损耗的基本思想是：用比
较法分别测量天线戴罩和不戴罩条件下的功率增益，从而确定大型天线罩的传输损耗，可
表示为

$$\mathrm{TL}_{radome} = G_{n\text{-}radome} - G_{radome} \qquad (7-21)$$

式中：

$G_{\text{n-radome}}$——天线不戴罩时的功率增益；

G_{radome}——天线戴罩时的功率增益。

比较法测量天线增益时可细分为远场比较法（室外远场比较法、室内远场比较法和卫星源场比较法）、近场比较法和紧缩场比较法。

室外远场比较法测量大型天线罩时很难满足远场测试距离条件，地面和障碍物的多重反射也会影响测量精度；室内远场比较法、近场比较法和紧缩场比较法适合小型天线罩传输损耗测量，无法满足大型天线罩传输损耗测量。下面主要介绍基于卫星源场比较法测量大型天线罩传输损耗的方法，其显著特点是满足大型天线测量的远场测试距离条件，可有效抑制地面反射的影响，缺点是测量频段受卫星频段的限制。

图 7-41 为卫星源场比较法测量卫星下行频段天线罩传输损耗的原理框图。待测天线接收卫星下行信号为卫星信标，或是由辅助卫星通信地面站发射的单载波信号，再由接收卫星转发器转发的下行信号。标准增益喇叭为高增益角锥喇叭，其增益精确已知，对于 Ku 频段以上的标准增益喇叭，要求其增益约 25 dBi，Ku 频段以下可采用 20 dBi 标准增益喇叭。低噪声放大器和频谱分析仪之间的射频电缆要求采用低损耗稳幅稳相电缆，以确保测量稳定性。测量天气条件为晴天。

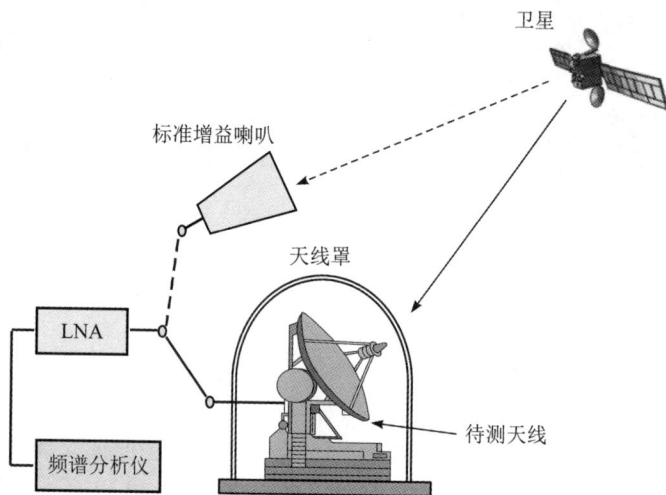

图 7-41　卫星源场比较法测量卫星下行频段天线罩传输损耗的原理框图

卫星源场比较法测量卫星下行频段天线罩传输损耗的方法是：首先，按照图 7-41 所示的原理框图建立测量系统，在待测天线不戴罩的情况下，利用卫星源场比较法测量待测天线的接收增益 $G_{\text{n-radome}}$；然后，安装天线罩，同样采用卫星源场比较法测量天线戴罩情况下的功率增益 G_{radome}；最后，由测量的天线戴罩和不戴罩的功率增益计算天线罩的传输损耗。

图 7-42 为卫星源场比较法测量卫星上行频段天线罩传输损耗的原理框图。卫星源场比较法测量卫星上行频段天线罩传输损耗的方法是：利用卫星源场比较法分别测量天线戴罩和不戴罩情况下待测天线的发射增益，从而确定天线罩的传输损耗。

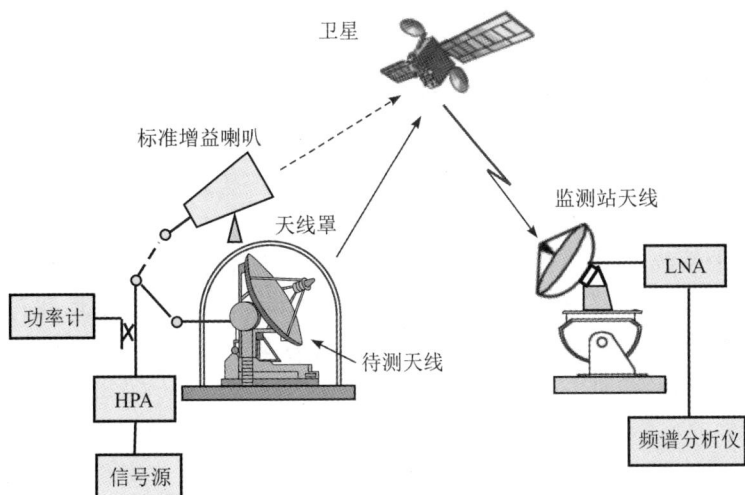

图 7-42　卫星源场比较法测量卫星上行频段天线罩传输损耗的原理框图

2. 射电源法

射电源法测量天线罩传输损耗的基本原理是：利用射电源分别测量天线不戴罩和戴罩情况下的功率增益，从而确定天线罩的传输损耗。图 7-43 为利用射电源法测量天线罩传输损耗的原理框图。

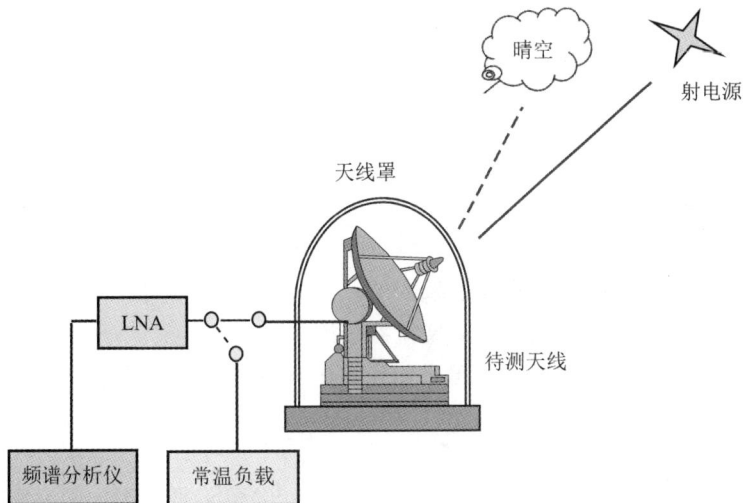

图 7-43　射电源法测量天线罩传输损耗的原理框图

在待测地面站天线不戴罩的情况下，使地面站天线对准射电源，用频谱分析仪测量天线指向射电源及其附近晴空时的噪声功率之比，利用下式计算待测地面站天线增益：

$$G_{\text{n-radome}} = \frac{8\pi k T_{\text{sys-n}}}{\lambda^2 S_{\text{star-n}}} (Y_{\text{star-n}} - 1) K_{\text{1-n}} K_{\text{2-n}} \qquad (7-22)$$

式中：

k——玻尔兹曼常数；

$T_{\text{sys-n}}$——天线不戴罩情况下的系统噪声温度；

λ——工作波长；

$S_{\text{star-n}}$——天线不戴罩时射电源的通量密度；

$Y_{\text{star-n}}$——天线不戴罩时指向射电源及其附近晴空时的噪声功率之比；

$K_{1\text{-n}}$——天线不戴罩时的大气吸收衰减因子；

$K_{2\text{-n}}$——天线不戴罩时射电源的波束展宽修正因子。

式(7-22)中系统噪声温度可采用经典的 Y 因子法进行测量。完成待测天线指向射电源及其附近晴空的噪声功率之比测量后，将低噪声放大器切换至常温负载，测量低噪声放大器接常温负载的噪声功率与待测天线指向晴空时的噪声功率之比，由此可确定天线不戴罩时的系统噪声温度：

$$T_{\text{sys-n}} = \frac{T_0 + T_{\text{LNA}}}{Y_{\text{load-n}}} \tag{7-23}$$

式中：

T_0——常温负载的噪声温度，单位为 K；

T_{LNA}——低噪声放大器的噪声温度，单位为 K；

$Y_{\text{load-n}}$——LNA 接常温负载和待测天线指向晴空时的噪声功率之比。

安装天线罩，将低噪声放大器与待测天线连接，使地面站天线对准射电源，用频谱分析仪测量天线指向射电源及其附近晴空时的噪声功率之比，利用下式计算待测地面站天线增益：

$$G_{\text{radome}} = \frac{8\pi k T_{\text{sys-w}}}{\lambda^2 S_{\text{star-w}}} (Y_{\text{star-w}} - 1) K_{1\text{-w}} K_{2\text{-w}} \tag{7-24}$$

式中：

$T_{\text{sys-w}}$——天线戴罩情况下的系统噪声温度；

$S_{\text{star-w}}$——天线戴罩时射电源的通量密度，单位为 $W \cdot m^{-2} \cdot Hz^{-1}$；

$Y_{\text{star-w}}$——天线戴罩时指向射电源与晴空时的噪声功率之比；

$K_{1\text{-w}}$——天线戴罩时的大气吸收衰减因子；

$K_{2\text{-w}}$——天线戴罩时射电源的波束展宽修正因子。

天线戴罩时的系统噪声温度同样可采用经典的 Y 因子方法测得：

$$T_{\text{sys-w}} = \frac{T_0 + T_{\text{LNA}}}{Y_{\text{load-w}}} \tag{7-25}$$

联立式(7-22)、式(7-23)、式(7-24)和式(7-25)可求得用射电源法测量天线罩传输损耗的原理公式：

$$\text{TL}_{\text{radome}} = \frac{G_{\text{n-radome}}}{G_{\text{radome}}} = \frac{Y_{\text{load-w}}(Y_{\text{star-n}} - 1)}{Y_{\text{load-n}}(Y_{\text{star-w}} - 1)} \frac{S_{\text{star-w}}}{S_{\text{star-n}}} \frac{K_{1\text{-n}}}{K_{1\text{-w}}} \frac{K_{2\text{-n}}}{K_{2\text{-w}}} \tag{7-26}$$

由式(7-26)可知：天线罩传输损耗测量原理公式由四项乘积组成，第一项为测量的 Y 因子；第二项为天线戴罩和不戴罩时的射电源通量密度之比；第三项为天线不戴罩与戴罩时的大气衰减之比；第四项为天线不戴罩与戴罩时的波束展宽修正因子之比。

大家知道，大型天线罩安装有一定的周期，因此天线戴罩和不戴罩时的测量时间和测量天气条件不同。下面分析式(7-26)中非测量项的计算。

$S_{\text{star-w}}/S_{\text{star-n}}$ 项：该项为天线戴罩和不戴罩时射电源通量密度之比。在天线测量的可用射电源中，仙后座 A 的通量密度是随时间变化的；另外，太阳通量密度波动较大，每天的测量值均不同。因此，除了太阳和仙后座 A 外，其他射电源可忽略射电源通量密度随时间变化的影响。

$K_{\text{1-n}}/K_{\text{1-w}}$ 项：该项为天线不戴罩和戴罩时的大气衰减之比。大气衰减是大气压力、温度和湿度的函数，因此天线戴罩和不戴罩时的大气气候条件很难保持一致，测量中应考虑大气衰减的不同修正。

$K_{\text{2-n}}/K_{\text{2-w}}$ 项：该项为天线不戴罩和戴罩时的波束展宽修正因子之比。在测量中，选择的射电源如果满足点源条件，可以忽略波束展宽修正因子的影响；否则，天线戴罩时会引起天线波束宽度展宽，应考虑天线不戴罩时和戴罩时波束展宽修正因子的影响。

如果利用射电源法测量可搬移或可吊装的天线罩传输损耗，天线戴罩和不戴罩的时间间隔很短，可认为天线戴罩和不戴罩时的射电源通量密度、大气衰减不变，忽略波束展宽修正因子的影响，则射电源法测量天线罩传输损耗的简化公式为

$$\text{TL}_{\text{radome}} = \frac{Y_{\text{load-w}}(Y_{\text{star-n}} - 1)}{Y_{\text{load-n}}(Y_{\text{star-w}} - 1)} \tag{7-27}$$

由式(7-27)可知：只要测量出天线戴罩和不戴罩时指向射电源的 Y 因子和接常温负载的 Y 因子，即可计算天线罩的传输损耗，这种方法也被称为 Y 因子法。

7.3.3　工程测量实例

前面介绍天线罩传输损耗测量的两种方法，即功率比法和功率增益法。下面以 Ku 波段 0.9 米动中通卫星通信天线罩为例，说明自由空间远场功率比法测量天线罩传输损耗的方法。

图 7-44 为 Ku 频段 0.9 米天线罩设计模型，天线罩直径为 1350 mm，高度为 490 mm，罩壁形式为夹层结构，上、下蒙皮采用介电常数相对较大、结构比较致密的玻璃纤维复合材料，芯材采用介电常数相对较小、密度较低的 Nomex 蜂窝，通过热压罐成型工艺制备。天线罩发射频段为 14.0～14.5 GHz，接收频段为 12.25～12.75 GHz，要求天线罩传输损耗小于或等于 0.25 dB。

图 7-44　Ku 频段 0.9 米天线罩设计模型

图 7-45 为天线罩与天线的位置关系示意图。从图中可看出天线在天线罩中的俯仰-方位运动情况，从而知道电磁波入射方向。电磁波入射方向不同，则天线罩的插入损耗也不同。通过转动天线罩方位、抬高天线座架(改变天线甲板角)，实现天线罩不同方向的传输损耗均匀性测量。图 7-46 为实测天线及天线罩实物。

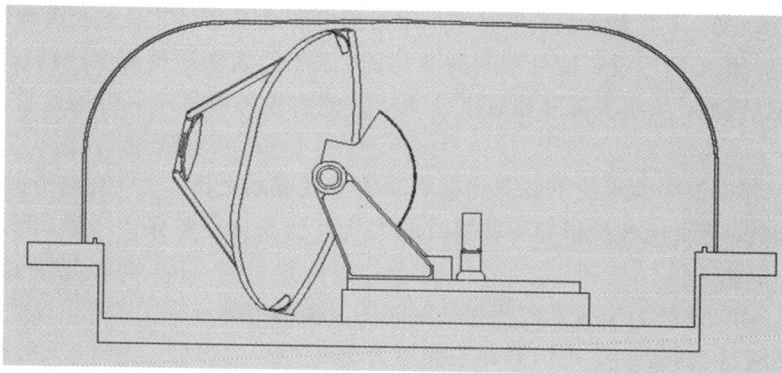

图 7-45　天线罩与天线的位置关系示意图

图 7-46　Ku 波段 0.9 米动中通天线及天线罩实物（天线罩未喷漆）

　　图 7-47 给出了接收频段中心频率为 12.50 GHz，方位角 AZ 每隔 30°，俯仰角 EL 分别为 25°、45°和 70°的天线罩传输损耗的均匀性测量结果。图 7-48 给出了发射频率为 14.25 GHz 天线罩传输损耗的均匀性测量结果。测量结果表明：在设计的工作频段内，测量的天线罩在 25°甲板角内插入损耗小于或等于 0.27 dB，且插入损耗随甲板角的减小而增大，在误差允许范围内，与理论预算的吻合度很好。

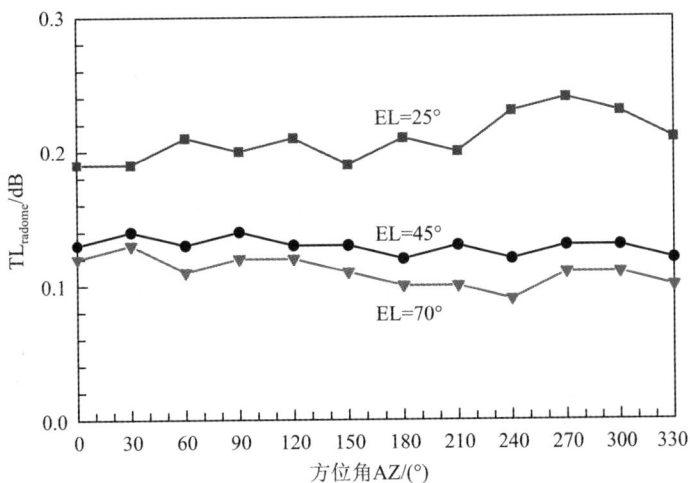

图 7-47 接收频率为 12.5 GHz 时天线罩传输损耗的均匀性测量结果

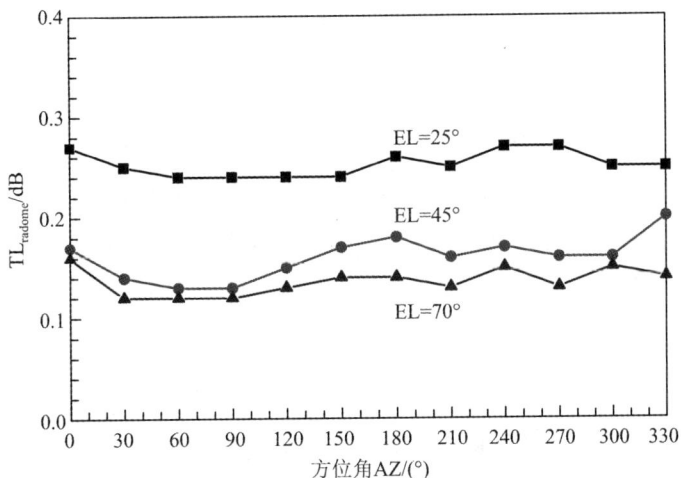

图 7-48 发射频率为 14.25 GHz 时天线罩传输损耗的均匀性测量结果

为了提高测量精度,测量过程中应保持天线罩方位均匀转动,以避免震动对测量结果的影响;天线座架后端抬高(改变甲板角)后,应重新对准待测天线增益最大方向;此外,每个位置的接收功率取值不应小于 5 次,再取平均值。

7.4　介质天线罩传输损耗的评估测量

天线罩传输损耗测量时,天线罩内的天线必须是实际工作的真实天线,但在天线罩研制过程中,天线罩和天线往往不是同一厂家制造,或天线和天线罩研制生产周期不同。如果需要提前对天线罩传输损耗的测量。可以在天线罩内安装标准增益喇叭,实现对天线罩传输损耗进行测量,这种测量称为评估测量,也称为标准增益喇叭法,其测量结果可对天线罩传输损耗进行的评估测量。该方法不适合框架天线罩或含骨架天线罩传输损耗的评估测量，适合整体的介质天线罩和夹层介质天线罩传输损耗的评估测量。

7.4.1　测量方法

标准增益喇叭法评估测量介质天线罩传输损耗的方法是：利用矢量网络分析仪测量标准增益喇叭戴罩和不戴罩时收发标准喇叭之间的散射参数，从而确定介质天线罩的传输损耗。图 7-49 为标准增益喇叭法测量介质天线罩传输损耗的原理框图。其中，发射标准增益喇叭和接收标准增益喇叭之间的距离 R 应满足远场测试距离条件。标准增益喇叭安装高度位于天线罩中心。

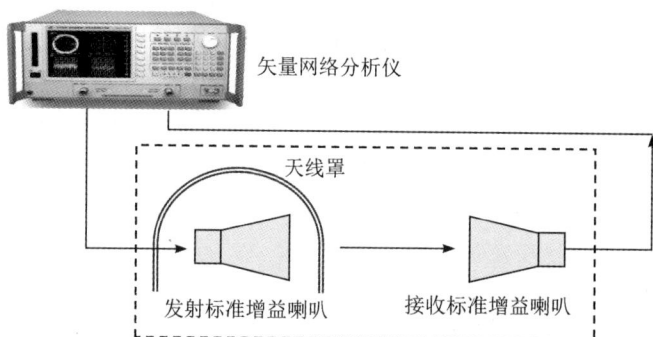

图 7-49　标准增益喇叭法测量介质天线罩传输损耗的原理框图

在发射标准增益喇叭不戴罩的情况下，发射标准增益喇叭与接收标准增益喇叭之间的信号传输满足功率传输方程，即

$$\frac{P_{\text{R-n}}}{P_{\text{T}}} = G_{\text{T}} G_{\text{R}} \left(\frac{\lambda}{4\pi R} \right)^2 \qquad (7-28)$$

式中：

$P_{\text{R-n}}$——不戴罩情况下，接收标准增益喇叭的接收信号功率；

P_{T}——发射标准增益喇叭的发射功率；

G_{T}——发射标准增益喇叭的增益；

G_{R}——接收标准增益喇叭的增益。

利用矢量网络分析仪测量时，矢量网络分析仪测量的是散射参数 S_{21}，则散射参数与功率之间的关系为

$$S_{21\text{-n}} = \sqrt{\frac{P_{\text{R-n}}}{P_{\text{T}}}} = \frac{\lambda}{4\pi R} \sqrt{G_{\text{T}} G_{\text{R}}} \qquad (7-29)$$

式中，$S_{21\text{-n}}$ 为发射标准增益喇叭不戴罩时矢量网络分析仪测量的 S_{21}。

发射标准增益喇叭戴罩情况下，天线罩的传输损耗为 $\text{TL}_{\text{radome}}$，保持矢量网络分析仪输出功率和频率等状态参数不变，测量的散射参数 S_{21} 为

$$S_{21\text{-w}} = \sqrt{\frac{P_{\text{R-w}}}{P_{\text{T}}}} = \frac{\lambda}{4\pi R} \sqrt{\frac{G_{\text{T}} G_{\text{R}}}{\text{TL}_{\text{radome}}}} \qquad (7-30)$$

式中，$S_{21\text{-w}}$ 为发射标准增益喇叭戴罩时矢量网络分析仪测量的 S_{21}；$P_{\text{R-w}}$ 为发射标准增益喇叭戴罩时接收标准增益喇叭接收的信号功率。

联立式(7-29)和式(7-30)，可求得用分贝值表示的天线罩传输损耗：

$$TL_{radome} = 20 \times \lg \frac{S_{21-n}}{S_{21-w}} \qquad (7-31)$$

式(7-31)就是利用矢量网络分析仪测量天线罩传输损耗的原理公式。实际工程测量中，在发射标准增益喇叭不戴罩的情况下，通常利用矢量网络分析仪对系统进行定标校准测量，此时矢量网络分析仪测量的散射参数为 0 dB，式(7-31)可变为

$$TL_{radome} = -20 \times \lg S_{21-w} \qquad (7-32)$$

7.4.2　工程测量实例

下面给出了某工程应用的 X 波段 7.2 米介质天线罩传输损耗的测量结果。图 7-50 为待测的 X 波段 7.2 米介质天线罩，图 7-51 为 X 波段 7.2 米天线罩传输损耗测量结果。测量所用的发射标准增益喇叭和接收标准增益喇叭均为 BJ-84 标准增益喇叭。天线罩传输损耗测量结果表明：在 7.75~8.5 GHz 工作频段内，测量的介质天线罩传输损耗小于或等于 0.523 dB，满足工程设计要求。图 7-51 测量曲线的波动主要是发射标准增益喇叭和接收标准增益喇叭失配及天线罩和发射喇叭之间的多重反射引起的。

图 7-50　X 波段 7.2 米介质天线罩

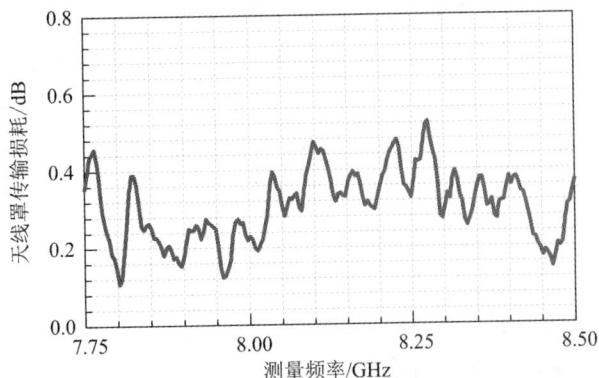

图 7-51　X 波段 7.2 米介质天线罩传输损耗的测量结果

7.5　天线罩电阻损耗的测量

人们经常将天线罩总传输损耗（由电介质引起的损耗加上由金属空间框架引起的损耗）视为 290 K 下的电阻衰减器，这与对大气损耗的处理方法非常相似，但事实并非如此。因为天线罩总传输损耗同时具有电阻损耗和散射损耗分量，即天线罩总传输损耗并非都是电阻损耗。如金属空间框架天线罩的遮挡损耗不会产生天线噪声，天线罩外表面反射损耗会导致天线增益降低，但不会给系统噪声温度增加热噪声。天线系统主波束增益因天线罩总传输损耗会直接降低，但是天线系统的噪声温度增加量仅包含天线罩的电阻损耗和由金属空间框架散射和反射散射一定量的天空和地面噪声。因此，把引起天线噪声温度增加的损耗统称为天线罩的电阻损耗，它是天线罩总传输损耗的一部分。下面介绍天线罩电阻损耗的测量方法。

7.5.1　天线噪声温度法

天线噪声温度法，也叫 Y 因子法。该方法测量天线罩电阻损耗的方法是：利用经典的 Y 因子法分别测量天线戴罩和不戴罩情况下天线的噪声温度，进而确定天线罩的电阻损耗。图 7‑52 为天线噪声温度法测量天线罩电阻损耗的原理框图。

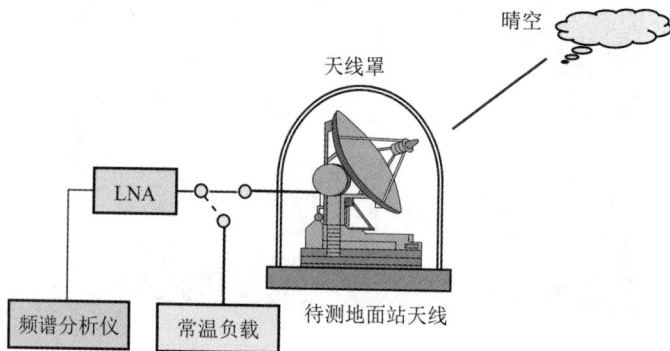

图 7‑52　天线噪声温度法测量天线罩电阻损耗的原理框图

按照图 7‑52 所示的原理框图建立测量系统，低噪声放大器与待测地面站天线连接，在天线不戴罩的情况下，利用地面站天线伺服控制器，将天线方位和俯仰转动至某一位置，天线波束方向指向晴空方向，且无障碍物遮挡，记录此时天线方位角和俯仰角，用频谱分析仪测量的系统输出噪声功率 N_{ant} 为

$$N_{ant} = k(T_{ant\text{-}n} + T_{LNA})G_{LNA}B \qquad (7\text{-}33)$$

式中：

$T_{ant\text{-}n}$——待测地面站天线不戴罩时的天线噪声温度；

T_{LNA}——低噪声放大器的噪声温度；

G_{LNA}——低噪声放大器的增益；

B——测量系统的噪声带宽。

将低噪声放大器连接常温负载，则频谱分析仪测量的系统输出噪声功率 N_{load} 为

$$N_{\text{load}} = k\left(T_0 + T_{\text{LNA}}\right) G_{\text{LNA}} B \tag{7-34}$$

由 Y 因子定义可得

$$Y_{\text{n-radome}} = \frac{N_{\text{load}}}{N_{\text{ant}}} = \frac{T_0 + T_{\text{LNA}}}{T_{\text{ant-n}} + T_{\text{LNA}}} \tag{7-35}$$

由式(7-35)可导出天线不戴罩时的噪声温度为

$$T_{\text{ant-n}} = \frac{T_0 + T_{\text{LNA}}}{Y_{\text{n-radome}}} - T_{\text{LNA}} \tag{7-36}$$

则天线噪声温度与天线损耗 IL_{ant} 的关系为

$$T_{\text{ant-n}} = \frac{T_{\text{a}}}{\text{IL}_{\text{ant}}} + \left(1 - \frac{1}{\text{IL}_{\text{ant}}}\right) T_0 \tag{7-37}$$

式中，T_{a} 为天线接收环境的噪声温度。对式(7-37)进行化简、整理，可得天线损耗与噪声温度的关系：

$$\text{IL}_{\text{ant}} = \frac{T_0 - T_{\text{a}}}{T_0 - T_{\text{ant-n}}} \tag{7-38}$$

同理，在天线戴罩情况下，将低噪声放大器依次连接常温负载和待测地面站天线，可得测量的 Y 因子为

$$Y_{\text{radome}} = \frac{T_0 + T_{\text{LNA}}}{T_{\text{ant-w}} + T_{\text{LNA}}} \tag{7-39}$$

式中，$T_{\text{ant-w}}$ 为待测地面站天线戴罩时的噪声温度。

由式(7-39)可导出天线在戴罩时，测量的天线噪声温度：

$$T_{\text{ant-w}} = \frac{T_0 + T_{\text{LNA}}}{Y_{\text{radome}}} - T_{\text{LNA}} \tag{7-40}$$

假设天线罩的电阻损耗为 $\text{RL}_{\text{radome}}$，则天线噪声温度与电阻损耗的关系为

$$T_{\text{ant-w}} = \frac{1}{\text{IL}_{\text{ant}}} \left[\frac{T_{\text{a}}}{\text{RL}_{\text{radome}}} + \left(1 - \frac{1}{\text{RL}_{\text{radome}}}\right) T_0 \right] + \left(1 - \frac{1}{\text{IL}_{\text{ant}}}\right) T_0 \tag{7-41}$$

对式(7-41)进行化简、整理，可求得天线损耗与天线罩电阻损耗的乘积：

$$\text{RL}_{\text{radome}} \text{IL}_{\text{ant}} = \frac{T_0 - T_{\text{a}}}{T_0 - T_{\text{ant-w}}} \tag{7-42}$$

由式(7-38)和式(7-42)可求得天线罩的功率损耗：

$$\text{RL}_{\text{radome}} = \frac{T_0 - T_{\text{ant-n}}}{T_0 - T_{\text{ant-w}}} \tag{7-43}$$

将式(7-36)和式(7-40)代入式(7-43)，可求出用分贝值表示的待测地面站天线罩的电阻损耗：

$$\text{RL}_{\text{radome}} = 10 \times \lg \left[\frac{Y_{\text{radome}} \left(Y_{\text{n-radome}} - 1\right)}{Y_{\text{n-radome}} \left(Y_{\text{radome}} - 1\right)} \right] \tag{7-44}$$

式(7-44)就是利用天线噪声温度法测量天线罩电阻损耗的原理公式。由式(7-44)可知：只要测量出天线戴罩和不戴罩情况下的 Y 因子，就可计算天线罩的电阻损耗，而不需要知道环境温度和低噪放大器的噪声温度；另外，只要待测地面站天线指向不同的方位和俯仰，就可测量不同方向上天线戴罩和不戴罩情况下的 Y 因子，从而确定天线罩不同位置

的电阻损耗。注意该方法测量的结果不是天线罩的总传输损耗，是天线罩引起地面站天线系统噪声温度增加的电阻损耗。

最后说明的是：该方法虽然叫天线噪声温度法，但不需要测量出天线噪声温度，因此也适用有源天线罩电阻损耗的测量。有源天线罩电阻损耗测量中，低噪声放大器与天线集成在一起，常温负载不能与低噪声放大器连接，此时需要用微波吸波材料作常温负载，同时需要将其置于天线口面进行系统定标测量。

7.5.2　系统噪声温度法

系统噪声温度法测量天线罩电阻损耗的方法是：利用 Y 因子法分别测量天线戴罩和不戴罩情况下的系统噪声温度，从而确定天线罩的电阻损耗。图 7 - 53 为地面站天线系统噪声温度分析计算的原理图。其中，T_a 为地面站天线外部噪声温度，T_{ant-n} 为天线不戴罩时的噪声温度，T_e 为接收系统的等效噪声温度，T_{ant-w} 为天线戴罩时的噪声温度。

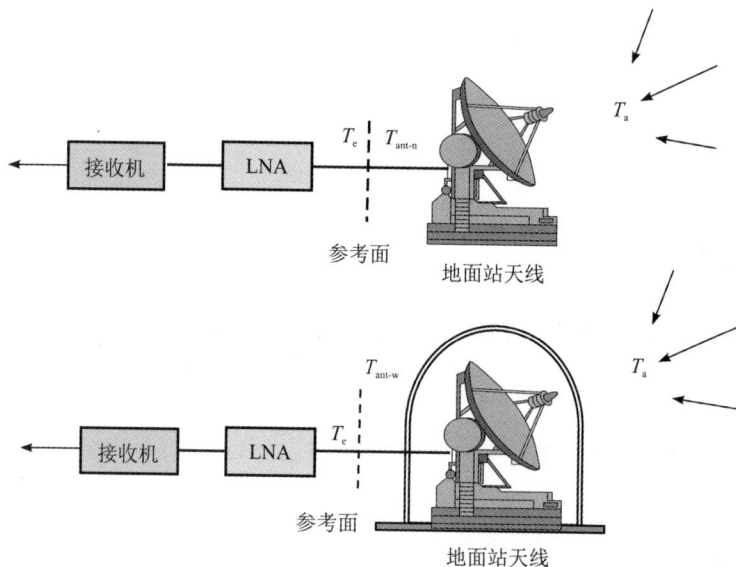

图 7 - 53　地面站天线系统噪声温度分析计算的原理图

由图 7 - 53 可知，地面站天线不戴罩情况下，系统噪声温度 T_{sys-n} 为

$$T_{sys-n} = T_{ant-n} + T_e \qquad (7-45)$$

天线噪声温度与天线损耗 IL_{ant} 的关系为

$$T_{ant-n} = \frac{T_a}{IL_{ant}} + \left(1 - \frac{1}{IL_{ant}}\right) T_0 \qquad (7-46)$$

将式(7-46)代入式(7-45)可得天线损耗与系统噪声温度的关系为

$$IL_{ant} = \frac{T_a - T_0}{T_{sys-n} - (T_0 + T_e)} \qquad (7-47)$$

由图 7 - 53 可知，地面站天线戴罩情况下，系统噪声温度 T_{sys-w} 为

$$T_{sys-w} = T_{ant-w} + T_e \qquad (7-48)$$

天线噪声温度与天线罩功率损耗 PL_{radome} 的关系为

$$T_{ant-w} = \frac{1}{IL_{ant}}\left[\frac{T_a}{RL_{radome}} + \left(1 - \frac{1}{RL_{radome}}\right) T_0\right] + \left(1 - \frac{1}{IL_{ant}}\right) T_0 \qquad (7-49)$$

将式(7-49)式代入式(7-48)可得

$$\text{RL}_{\text{radome}}\text{IL}_{\text{ant}} = \frac{T_a - T_0}{T_{\text{sys-w}} - (T_0 + T_e)} \tag{7-50}$$

由式(7-50)和式(7-47)可得天线罩的功率损耗为

$$\text{RL}_{\text{radome}} = \frac{T_{\text{sys-n}} - (T_0 + T_e)}{T_{\text{sys-w}} - (T_0 + T_e)} \tag{7-51}$$

由 Y 因子定义可知，在地面站天线不戴罩情况下，天线口面置常温负载和指向晴空时系统的输出噪声功率之比为

$$Y_{\text{n-radome}} = \frac{T_0 + T_e}{T_{\text{sys-n}}} \tag{7-52}$$

在地面站天线戴罩情况下，天线口面置常温负载和指向晴空时系统的输出噪声功率之比为

$$Y_{\text{radome}} = \frac{T_0 + T_e}{T_{\text{sys-w}}} \tag{7-53}$$

将式(7-53)和式(7-52)代入式(7-51)，化简可得

$$\text{RL}_{\text{radome}} = \frac{Y_{\text{radome}}(Y_{\text{n-radome}} - 1)}{Y_{\text{n-radome}}(Y_{\text{radome}} - 1)} \tag{7-54}$$

从式(7-54)可知：系统噪声温度法和天线噪声温度法测量天线罩电阻损耗的原理公式是一样的，原因是系统噪声温度等于天线噪声温度与接收机等效噪声温度之和。

7.5.3 工程测量实例

下面以 Ku 波段 0.9 米动中通卫星通信天线罩测量为例，说明 Y 因子法测量天线罩电阻损耗的方法。天线罩直径为 1350 mm，高度为 490 mm，罩壁形式为夹层结构，上、下蒙皮采用介电常数相对较大、结构比较致密的玻璃纤维复合材料，芯材采用介电常数相对较小、密度较低的 Nomex 蜂窝，通过热压罐成型工艺制备。天线罩工作的发射频率为 14.0～14.5 GHz，接收频率为 12.25～12.75 GHz。图 7-54 为 Ku 波段 0.9 米动中通天线和天线罩。

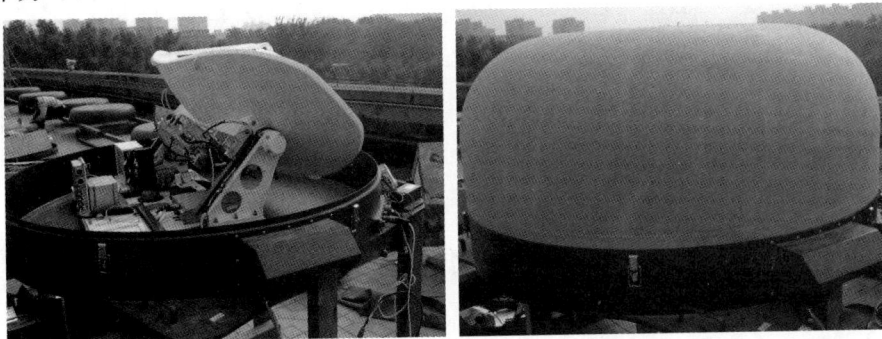

图 7-54 Ku 波段 0.9 米动中通卫星通信天线和天线罩

测量时天线方位角为 180°，俯仰角为 45°。图 7-55 为测量的接收频段 12.25～12.75 GHz 噪声功率曲线。其中，最上方噪声功率曲线为低噪声放大器接常温负载的系统输出噪声功率；中间的噪声功率曲线为低噪放大器与待测地面站天线连接，且天线戴罩时指向晴空的系统输出噪声功率；下方的噪声功率曲线为低噪放大器与待测地面站天线连接，且天线不

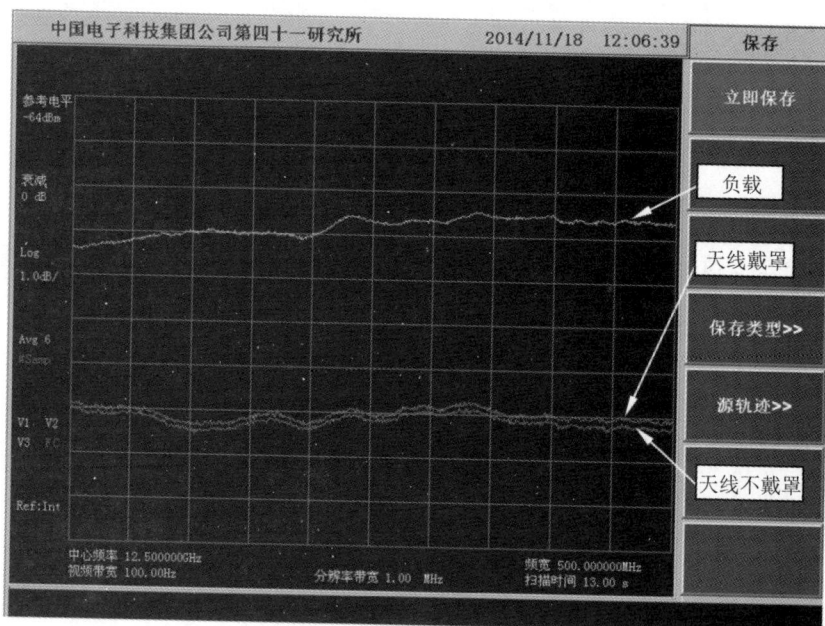

图 7-55　测量的接收频段 12.25～12.75 GHz 噪声功率曲线

戴罩时指向晴空的系统输出噪声功率。表 7-3 为典型频率天线罩电阻损耗的测量结果。由 7.3.3 节的测量结果可知,该天线罩方位角为 180°,俯仰角为 45°,频率为 12.5 GHz 时测量的总传输损耗为 0.12 dB,测量的天线罩电阻损耗为 0.09 dB。

表 7-3　典型频率天线罩电阻损耗的测量结果

频率/GHz	$Y_{n\text{-radome}}$/dB	Y_{radome}/dB	RL_{radome}/dB
12.250	3.59	3.50	0.071
12.375	4.44	4.29	0.087
12.500	4.51	4.35	0.090
12.625	4.60	4.43	0.093
12.750	4.56	4.38	0.100

参 考 文 献

[1] 敖辽辉. 天线罩技术的发展[J]. 电讯技术,2000,40(2):14-15.

[2] 哈玻. 玻璃钢地面雷达天线罩[M]. 哈尔滨:哈尔滨工程大学出版社,2003.

[3] 裴晓园,陈利,李嘉禄,等. 天线罩材料的研究进展[J]. 纺织学报,2016,37(12):153-159.

[4] KOZAKOFFD J. Analysis of radome-enclosed antennas[M]. Boston:Artech House,1997.

[5] SOUMYA V M, NAVANEETHA S, REDDYA N, et al. Design considerations of radomes:a review [J]. International Journal of mechanical engineering and technology,2017,8(3):42-48.

［6］ KOZAKOFFD J，CIANO R. Antenna radome effects on high performance SATCOM antenna system［EB/OL］.［2023－09－12］. http://www. antennasonline. com/conferences/wp-content/uploads/2013/12/Kozakoff_USDigiComm. pdf.

［7］ 国防科学技术工业委员会. 地面雷达天线罩用玻璃纤维增强塑料蜂窝夹层结构件规范：GJB 1598—1993［S］. 北京：中国标准出版社，1995.

［8］ SIU M C L，ANDRADE F O，JUNIOR C B，et al. Radome effects on X-bard horn antenna［C］//2023 IEEE MTT-S Latin America Microwave Conference（LAMC）. San José，Costa Rica，2023：24－27.

［9］ GHODGAONKAR D K，VARADAN V V，VARADAN V K. A free-space method for measurement of dielectric constants and loss tangents at microwave frequencies［J］. IEEE Transactions on Instrumentation and Measurement，1989，38(3)：789－793.

［10］ MATLACZ J，PALMER D. Using offset parabolic reflector antennas for free space material measurement［J］. IEEE Transactions on Instrumentation and Measurement，2000，49(4)：862－866.

［11］ KANG J S，KIM J H，KANG K Y，et al. Free-space material measurement of dielectric plate in millimeter frequency range［C］//2017 International Symposium on Antennas and Propagation，30 October-2 November 2017. Phuket，Thailand，2017：1－2.

［12］ 张明远，宫剑，付靖. 汽车毫米波雷达天线罩材料测试［J］. 数字通信世界，2019(5)：3－4，24.

［13］ AUDONE B，DELOGU A. Radome design and measurements［J］. IEEE Transactions on Instrumentation and Measurement，1988，37(2)：292－295.

［14］ CRAVEY R L，TIEMSIN P I. W-band transmission measurement S and X-band dielectric properties measurements for a radome material sample［R］. NASA technical memorandum 110321，1997.

［15］ FORDHAM J. An introduction to antenna test ranges，measurements and instrumentation［J］. MI-Technologies，Atlanta，2009.

［16］ 工业和信息化部（电子）. 空心金属波导—第2部分：普通矩形波导有关规范：GB11450. 2－1989［S］. 北京：中国标准出版社，1989.

［17］ RUSSO O，COLASANTE A，BELLAVEGLIA G，et al. State-of-the-art materials for Ku and Ka band mobile satellite antenna radomes［EB/OL］.［2023－09－12］. https://artes. esa. int/sites/default/files/05_1210_Russo. pdf.

［18］ 李振兴. 天线罩介质损耗的精确测量［J］. 现代雷达，2002，24(1)：81－83.

［19］ LIEN F. Modelling and test setup for sandwich radomes［EB/OL］.［2023－09－12］. https://core. ac. uk/download/pdf/154667837. pdf.

［20］ HESSD W，LUNA R，MCKENNA J. Electromagnetic radome measurements：a review of automated systems［EB/OL］.［2023－09－12］. https://www. nsi-mi. com/images/Technical_Papers/2006/Electromagnetic% 20Radome% 20Measurements% 20-% 20A% 20Review% 20of% 20Automated% 20Systems. pdf.

［21］ 陈辉，秦顺友. Ku波段0.9 m动中通天线罩插入损耗的均匀性测量［J］. 现代电子技术，2016，39(1)：65－67.

［22］ WIDENBERG B. Advanced compact test range for both radome and antenna measurement［C］//11th European Electromagnetic Structures Conference，September 12－16，2005. Torino，Italy，2005.

［23］ 张三爱. 天线罩电性能远场测试系统的研究与构建［J］. 中国高新技术企业（中旬刊），2013(11)：18－19.

［24］ 尹凯，毕波. W波段天线罩电气性能测试技术研究［J］. 微波学报，2010，26(S1)：215－217.

［25］ 秦顺友，张文静，许德森. 大型天线罩小损耗测量的一种新方法［J］. 电子测量与仪器学报，2005，19(3)：18-21.

［26］ 秦顺友，陈辉，王小强，等. 手动 VSAT 站天线接收增益的诊断测量［J］. 无线电工程，2006，36(9)：42-43，48

［27］ 袁惠仁，彭云楼，薛吟章. 天线参数的射电天文测量［M］. 北京：电子工业出版社，1986.

［28］ 秦顺友，耿京朝，王小强. 用太阳源测量 UHF 频段 50 m 天线增益及误差分析［J］. 中国电子科学研究院学报，2007，2(6)：623-626.

［29］ BAARS J. The measurement of large antennas with cosmic radio sources［J］. IEEE Transactions on Antennas and Propagation，2003，21(4)：461-474.

［30］ EKELMAN E P，ABLER CB. Antenna gain measurements using improved radio star flux density expressions［C］//IEEE Antennas and Propagation Society International Symposium. MD，USA，1996：172-175.

［31］ 张志华，秦顺友. 矢网在大型天线罩传输损耗测量中的应用研究［J］. 河北省科学院学报，2015，32(3)：26-30.

［32］ 秦顺友，武震东，梁赞明，等. 一种测量天线罩任意位置插入损耗的方法：CN102590616B［P］. 2014-10-29.

［33］ 秦顺友. 一种测量大型桁架天线罩传输损耗的方法：CN114047382B［P］. 2023-07-14.

［34］ PURUSHOTHAMANS，MISHRA P K，BANDLAMUDI S K，et al. Challenges in electromagnetic (EM) characterization of radome and its measurement techniques［EB/OL］. ［2023-09-12］. http://www.radarindia.com/Proceedings%20Archive/IRSI-15/15-FP-094.pdf.

第8章

天线噪声温度测量技术

8.1 概　述

天线噪声温度是天线的重要性能指标之一。天线噪声温度由内部噪声和外部噪声组成。图 8-1 为卫星通信地面站天线噪声温度的组成示意图。

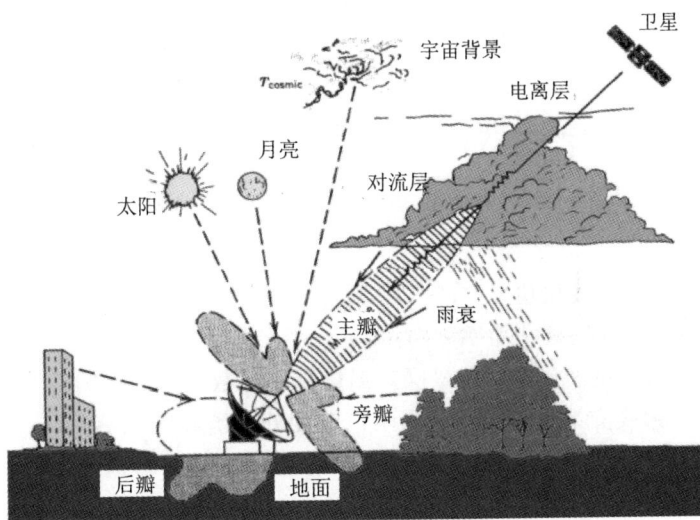

图 8-1　卫星通信地面站天线噪声温度的组成示意图

图 8-1 生动地表征了卫星通信地面站天线噪声温度的组成。其中：外部噪声有天线主波束指向卫星时来自卫星转发器的噪声、来自电离层和对流层等大气层的大气衰减噪声、雨衰噪声、宇宙背景辐射噪声、天线旁瓣接收的月亮源噪声、天线旁瓣接收的太阳源噪声（日凌现象除外，由于地球同步静止卫星与地球保持同步运动，每年春分和秋分期间，太阳位于地球赤道和黄道的交点，卫星处在太阳和地球之间的直线上，这种现象称为日凌现象。此时地面站天线对准卫星的同时也对准了太阳，太阳产生的强辐射噪声直接投射到地面站

接收天线上，使天线接收的微弱卫星信号淹没在太阳噪声信号中，导致卫星地面站天线的接收信号质量恶化甚至中断)、天线旁瓣接收的来自环境建筑物或树木的噪声、天线旁瓣和后瓣接收的来自地面的热辐射噪声；内部噪声是天线热损耗噪声(包括天线馈源网络插入损耗噪声、主反射面和副反射面欧姆损耗产生的热噪声)。

天线噪声特性的好坏直接影响地面站天线接收系统的灵敏度，特别是深空探测或射电天文领域中应用的低噪声接收系统，其影响更加显著。众所周知，表征地面站接收系统灵敏度的重要参数是品质因数，它定义为地面站天线接收增益与系统噪声温度之比，而系统噪声温度等于天线噪声温度加接收机噪声温度。随着低噪声放大器的出现，天线噪声成为影响接收系统灵敏度的关键因素。本章介绍天线噪声温度测量方法，包括无源天线噪声温度测量和有源天线噪声温度测量。

8.2　无源天线噪声温度的测量

8.2.1　方向图积分法

1. 测量方法

方向图积分法确定天线噪声温度的方法是：通过测量天线的功率方向图，依据天线背景噪声温度分布模型，通过数值计算的方法确定天线噪声温度。由天线理论可知，已知天线功率方向图和天线背景噪声温度分布，则天线的噪声温度为

$$T_a = \frac{\int_0^{2\pi}\int_0^{\pi} \left[P_C(\theta,\phi)T_{bc}(\theta,\phi) + P_X(\theta,\phi)T_{bx}(\theta,\phi) \right] \sin\theta \, d\theta \, d\phi}{\int_0^{2\pi}\int_0^{\pi} \left[P_C(\theta,\phi) + P_X(\theta,\phi) \right] \sin\theta \, d\theta \, d\phi} \tag{8-1}$$

式中：

$P_C(\theta,\phi)$——天线主极化功率方向图；

$P_X(\theta,\phi)$——天线交叉极化功率方向图；

$T_{bc}(\theta,\phi)$——天线主极化方向背景噪声温度分布函数；

$T_{bx}(\theta,\phi)$——天线交叉极化方向背景噪声温度分布函数。

在天空区域，$T_{bc}(\theta,\phi)$ 和 $T_{bx}(\theta,\phi)$ 是相同的，但是对于地面区域，$T_{bc}(\theta,\phi)$ 和 $T_{bx}(\theta,\phi)$ 不一定相同，取决于地面反射系数的极化与入射角。

从式(8-1)可以看出：对天线噪声温度的贡献可分为四部分，即主极化天空噪声、交叉极化天空噪声、主极化地面噪声和交叉极化地面噪声。

大家知道，天线交叉极化相对于主极化来说是很小的，由此引起的噪声温度在工程测量中可忽略不计，则式(8-1)可进一步简化为

$$T_a = \frac{\int_0^{2\pi}\int_0^{\pi} P(\theta,\phi)T_b(\theta,\phi)\sin\theta \, d\theta \, d\phi}{\int_0^{2\pi}\int_0^{\pi} P(\theta,\phi)\sin\theta \, d\theta \, d\phi} \tag{8-2}$$

式中：

$P(\theta, \phi)$——天线功率方向图；

$T_b(\theta, \phi)$——天线背景噪声温度分布函数。

对于圆口径对称天线，式(8-2)可进一步简化为

$$T_a = \frac{\int_0^{\pi} P(\theta) T_b(\theta) \sin\theta \, d\theta}{\int_0^{\pi} P(\theta) \sin\theta \, d\theta} \tag{8-3}$$

式(8-3)为天线方向图积分法测量天线噪声温度的实用公式。因为在天线方向图测量中，很难测量天线整个空间的完整方向图(柱面近场和球面近场测量除外)。该噪声温度计算结果为天线外部噪声温度，不包括损耗引起的噪声温度，主要是由天空噪声和地面噪声引起的噪声温度，则式(8-3)可表示为

$$T_a = T_{a\text{-sky}} + T_{a\text{-ground}} \tag{8-4}$$

$$T_{a\text{-sky}} = \frac{\int_0^{\pi/2} P(\theta) T_{sky}(\theta) \sin\theta \, d\theta}{\int_0^{\pi} P(\theta) \sin\theta \, d\theta}, \qquad 0 \leqslant \theta < \frac{\pi}{2} \tag{8-5}$$

$$T_{a\text{-ground}} = \frac{\int_{\pi/2}^{\pi} P(\theta) T_{ground}(\theta) \sin\theta \, d\theta}{\int_0^{\pi} P(\theta) \sin\theta \, d\theta}, \quad \frac{\pi}{2} \leqslant \theta \leqslant \pi \tag{8-6}$$

式中：

$T_{sky}(\theta)$——天空噪声温度分布函数；

$T_{ground}(\theta)$——地面噪声温度分布函数。

由式(8-4)、式(8-5)和式(8-6)可知：只要知道天空和地面噪声温度分布函数，以及测量的天线功率方向图，就可精确计算天线的外部噪声温度。若已知天线损耗为 IL_{ant}，则天线的噪声温度为

$$T_{ant} = \frac{T_a}{IL_{ant}} + \left(1 - \frac{1}{IL_{ant}}\right) T_0 \tag{8-7}$$

由前面的测量原理分析可知，方向图积分法确定天线噪声温度要完成以下四方面的工作：

(1) 天线功率方向图的测量；

(2) 天空噪声温度模型的建立与计算；

(3) 地面噪声温度模型的建立与计算；

(4) 天线损耗测量(可参见前面相关章节)。

利用天线实测功率方向图以及天线背景噪声温度分布模型，可计算待测天线的外部噪声温度，再考虑天线损耗噪声，就可得到天线噪声温度。

2. 天线功率方向图测量

天线功率方向图测量方法有远场测量方法、近场测量方法和紧缩场测量方法。利用方向图积分法确定天线噪声温度需要测量天线整个空间的立体方向图或±180°方向图。依据待测天线类型，可选择合适的方向图测量方法。

(1) 远场测量方法。远场测量方法是天线方向图测量的经典方法，简单、直观、方便，

可直接测量，但很难测量完整的天线空间方向图，通常只测量天线一定角度范围内某一切割面的方向图，如 E 面和 H 面，或方位面和俯仰面。

天线方向图的远场测量方法又可细分为室内远场法、自由空间远场法和卫星源法。图 8-2 为天线方向图远场测量的原理示意图。

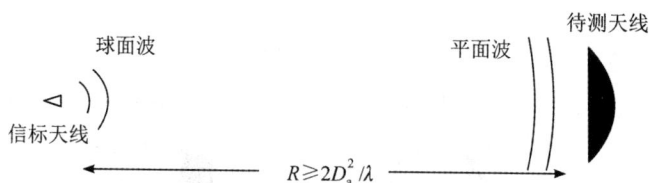

图 8-2　天线方向图远场测量的原理示意图

图 8-2 中，R 为信标天线和待测天线之间的距离，R 应满足天线远场测试距离条件，即

$$R \geqslant \frac{2D_a^2}{\lambda} \tag{8-8}$$

① 室内远场法。微波暗室室内远场具有良好的电磁环境条件，适合波纹喇叭、角锥喇叭和微带天线等小电尺寸天线方向图测量。

② 自由空间远场法。自由空间远场法由测试场信标塔和待测天线测试转台之间的距离确定可测量的天线口径。受待测天线架设高度的限制，地面反射是不可避免的。另外，大型地面站天线很难满足远场测试距离条件。

③ 卫星源法。卫星源法特别适合卫星通信地面站天线方向图测量，其显著优点是满足远场测试距离条件，有效抑制地面反射的影响，但缺点是测量频段受卫星转发器的频段限制。

（2）近场测量方法。近场测量方法就是先测量天线口面的幅度和相位信息，再通过傅氏变换确定天线的远场特性。近场测量可细分为平面近场测量、柱面近场测量和球面近场测量。图 8-3 为近场测量方法的原理简图。

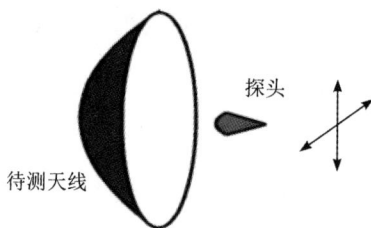

图 8-3　近场测量方法的原理简图

① 平面近场测量。平面近场测量非常适合高频、高增益的定向波束天线方向图测量，受探头扫描区域的限制，平面近场测量无法获得整个空间的方向图。

② 柱面近场测量。柱面近场测量非常适合扇形波束天线方向图测量，如基站天线等，但测量方向图的角度受限。

③ 球面近场测量。球面近场测量适合各种类型天线方向图测量，覆盖角度范围大，可获得整个空间任意角度的立体方向图。

（3）紧缩场测量方法。紧缩场测量方法是采用反射镜或透镜使馈源发射的球面电磁波重新聚焦，转换得到适合天线测量的平面波。紧缩场可分为反射器紧缩场、透镜紧缩场和全息紧缩场。紧缩场测量方法与远场测量方法类似，在可控制的微波暗室环境条件下，直接测量得到天线的远场性能，可测量天线某一切割面的±180°方向图，测量整个空间立体方向图则是比较费时。图 8 - 4 为单反射面紧缩场测量的原理示意图。

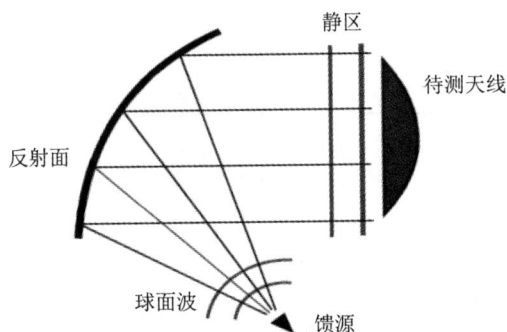

图 8 - 4　单反射面紧缩场测量的原理示意图

3. 大型天线方向图远旁瓣的计算模型

利用方向图积分法确定天线噪声温度，需要测量整个空间的立体方向图或±180°方向图。对于大型地球站天线（如口径在 10 米以上的天线），测量天线±180°的功率方向图是很困难的。因为建立大型近场或紧缩场测量系统非常昂贵，且实现起来比较困难。常采用远场法或卫星源法测量，但很难实现 180°范围内的功率方向图测量，通常只能测量一定角度范围内的功率方向图。那么在计算天线噪声温度时，天线方向图的远旁瓣特性如何处理呢？下面介绍几种常见大型反射面天线方向图远旁瓣的计算模型。

（1）GSO 地球站天线辐射方向图模型。对于高增益、低旁瓣卫星通信地球站天线，为了更好地利用地球同步卫星轨道和射频频谱，国际电信联盟规定了用作对地静止卫星地球站天线辐射方向图的设计目标。由 ITU-R S.580-6 的建议可知，对于大型卫星通信地球站天线，其电尺寸 $D_a/\lambda \geqslant 100$（其中，$D_a$ 为天线口面直径，λ 为工作波长）时，地球站天线方向图 90%旁瓣增益应满足如下包络线：

$$G(\theta) = \begin{cases} 29 - 25\lg(\theta), & 1° \leqslant \theta \leqslant 20° \\ -3.5, & 20° < \theta \leqslant 26.3° \\ 32 - 25\lg(\theta), & 26.3° < \theta \leqslant 48° \\ -10, & 48° < \theta \leqslant 180° \end{cases} \tag{8-9}$$

式中：

　　$G(\theta)$——地球站的天线增益，单位为 dBi；

　　θ——天线偏离主波束的角度，单位为（°）。

对于大型卫星通信地球站天线，其±20°方向图可实测获得。对于 20°～180°的方向图，可采用旁瓣包络模型进行估算。

（2）大孔径空间研究的地球站辐射方向图模型。对于电尺寸 $D_a/\lambda \geqslant 100$ 的空间应用研究的大型地球站天线，如深空探测天线、射电望远镜天线等，在干扰评估计算中，可采用如下天线方向图模型：

$$G(\theta) = \begin{cases} G_0 - 12\left(\dfrac{\theta}{\text{HPBW}}\right)^2, & 0 \leqslant \theta < \theta_1 \\ G_0 - 17, & \theta_1 \leqslant \theta < \theta_2 \\ 32 - 25\lg(\theta), & \theta_2 \leqslant \theta < 48° \\ -10, & 48° \leqslant \theta < 80° \\ -5, & 80° \leqslant \theta < 120° \\ -10, & 120° \leqslant \theta \leqslant 180° \end{cases} \tag{8-10}$$

$$\theta_1 = \sqrt{\frac{17}{12}}\,\text{HPBW}$$

$$\theta_2 = 10^{(49-G_0)/25}$$

式中：

G_0——天线轴向最大增益，单位为 dBi；

HPBW——天线半功率波束宽度，单位为度（°）。

（3）非 GSO 地球站天线辐射方向图模型。对于电尺寸 $D_a/\lambda > 100$ 的非 GSO 地球站天线，天线方向图模型如下：

$$G(\theta) = \begin{cases} G_{\max} - 2.5 \times 10^{-3}\left(\dfrac{D_a}{\lambda}\theta\right)^2, & 0 < \theta < \theta_m \\ G_1, & \theta_m \leqslant \theta < \theta_r \\ 29 - 25\lg(\theta), & \theta_r \leqslant \theta < 10° \\ 34 - 30\lg(\theta), & 10° \leqslant \theta < 34.1° \\ -12, & 34.1° \leqslant \theta < 80° \\ -7, & 80° \leqslant \theta < 120° \\ -12, & 120° \leqslant \theta \leqslant 180° \end{cases} \tag{8-11}$$

$$G_{\max} = 20 \times \lg\left(\frac{D_a}{\lambda}\right) + 8.4$$

$$G_1 = -1 + 15 \times \lg\left(\frac{D_a}{\lambda}\right)$$

$$\theta_m = \frac{20\lambda}{D_a}\sqrt{G_{\max} - G_1}$$

$$\theta_r = 15.85\left(\frac{D_a}{\lambda}\right)^{-0.6}$$

4. 天空噪声温度计算模型

天空噪声温度由宇宙背景噪声温度和大气衰减噪声温度组成。宇宙背景噪声温度由宇宙微波背景噪声温度（$T_{bc} = 2.73$ K）和银河系噪声温度组成，可表示为

$$T_{bc}(f) = \left[2.73 + 20 \times \left(\frac{0.408}{f}\right)^{2.75}\right] \text{K} \tag{8-12}$$

式中，f 为频率，单位为 GHz。

大气衰减噪声温度是由大气衰减引起的噪声，其大小随着天线仰角的增大迅速下降，

这是因为仰角越大，电波在大气中传播的路径越短。假设大气衰减为噪声 L_{atm}，则天空噪声温度计算模型为

$$T_{\text{sky}}(\theta) = \frac{T_{\text{bc}}(f)}{L_{\text{atm}}} + \left(1 - \frac{1}{L_{\text{atm}}}\right) T_{\text{atm}} \tag{8-13}$$

式中，T_{atm} 为大气温度，单位 K。

5．地面噪声温度计算模型

图 8-5 为天线接收地面噪声温度的计算模型。

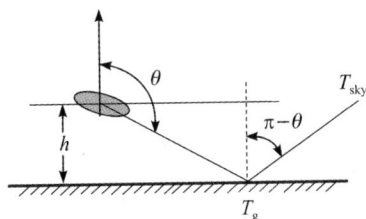

图 8-5　天线接收地面噪声温度的计算模型

一般地，架高为 h 的天线，天线水平方向以下的方向图只吸收地面发射的黑体噪声，而忽略掉大气衰减经地面反射产生的噪声温度。另外，把地面处理为光滑、平直而各向同性的表面，因此地面的辐射和反射是比较重要的，而散射是可以忽略的。其中，辐射表征的是地面黑体噪声，而反射表征的是空中亮温度分布在地面的反射，则地面噪声温度的计算模型为

$$T_{\text{ground}}(\theta) = \left[1 - |\Gamma(\theta)|^2\right] T_{\text{g}} + |\Gamma(\theta)|^2 T_{\text{sky}}(\pi - \theta), \quad \frac{\pi}{2} \leqslant \theta \leqslant \pi \tag{8-14}$$

$$|\Gamma(\theta)| = \frac{|\Gamma_{\parallel}(\theta)| + |\Gamma_{\perp}(\theta)|}{2}, \quad \frac{\pi}{2} \leqslant \theta \leqslant \pi \tag{8-15}$$

$$\Gamma_{\parallel}(\theta) = \frac{\varepsilon_{\text{gr}}\cos(\pi - \theta) - \sqrt{\varepsilon_{\text{gr}} - \sin^2(\pi - \theta)}}{\varepsilon_{\text{gr}}\cos(\pi - \theta) + \sqrt{\varepsilon_{\text{gr}} - \sin^2(\pi - \theta)}}, \quad \frac{\pi}{2} \leqslant \theta \leqslant \pi \tag{8-16}$$

$$\Gamma_{\perp}(\theta) = \frac{\cos(\pi - \theta) - \sqrt{\varepsilon_{\text{gr}} - \sin^2(\pi - \theta)}}{\cos(\pi - \theta) + \sqrt{\varepsilon_{\text{gr}} - \sin^2(\pi - \theta)}}, \quad \frac{\pi}{2} \leqslant \theta \leqslant \pi \tag{8-17}$$

$$\varepsilon_{\text{gr}} = \varepsilon_{\text{r}} - \text{j}\frac{\sigma}{\omega\varepsilon_0} \tag{8-18}$$

式中：

$\Gamma(\theta)$——地面反射系数的平均值；

T_{g}——地面的物理温度；

$\Gamma_{\parallel}(\theta)$——水平极化波的地面反射系数；

$\Gamma_{\perp}(\theta)$——垂直极化波的地面反射系数；

ε_{gr}——地面复相对介电常数；

ε_{r}——地面相对介电常数；

σ——地面的电导率；

ω——角频率。

由前面分析可知：方向图积分法测量天线噪声温度时，需要测量天线功率方向图、建立天空噪声温度和地面噪声温度分布的函数模型，精确计算天线外部噪声温度，再测量出天线损耗，即可计算天线噪声温度。实际上，该方法确定天线噪声温度是非常复杂的。首先，测量天线完整空间方向图是很困难的；其次，精确计算天线背景的噪声温度模型同样复杂。因此在实际工程测量中，利用方向图积分法确定天线噪声温度的方法很少应用，但是天线工程设计中，天线噪声温度论证通常是利用仿真的天线方向图，通过理论计算方法确定天线噪声温度。

8.2.2　Y 因子法

1. 测量方法

Y 因子法是天线噪声温度测量的经典方法，广泛应用于天线噪声温度测量，其基本思想是通过测量出低噪声放大器接常温负载和天线时的噪声功率之比，由测量的 Y 因子计算天线噪声温度。图 8-6 为 Y 因子法测量天线噪声温度的原理框图。

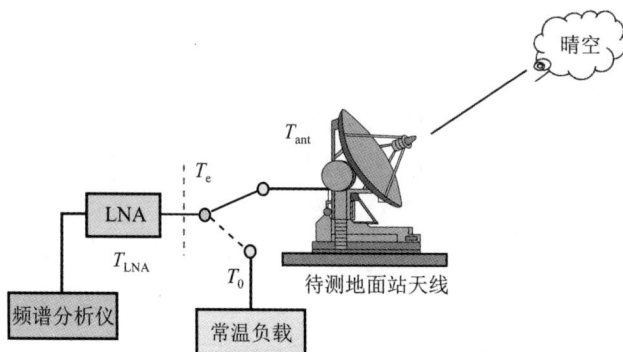

图 8-6　Y 因子法测量天线噪声温度的原理框图

图 8-6 中，T_{ant} 为天线噪声温度（单位为 K）；T_0 为常温负载的噪声温度（单位为 K）；T_{LNA} 为低噪声放大器的噪声温度（单位为 K）；T_e 为接收机的等效噪声温度（单位为 K）。

按照图 8-6 所示的原理框图建立测量系统，低噪声放大器与待测地面站天线连接，转动待测地面站天线至测量要求的仰角上，指向晴空，则频谱分析仪测量的系统输出噪声功率 N_{ant} 为

$$N_{ant} = k(T_{ant} + T_e)BG_{LNA} \qquad (8-19)$$

式中：

k——玻尔兹曼常数；

B——频谱分析仪的噪声带宽，单位为 Hz；

G_{LNA}——低噪声放大器的增益。

将图 8-6 中的开关切向常温负载，常温负载直接与低噪声放大器连接，此时频谱分析仪测量的系统输出噪声功率 N_{load} 为

$$N_{load} = k(T_0 + T_e)BG_{LNA} \qquad (8-20)$$

由 Y 因子定义可得

$$Y = \frac{N_{\text{load}}}{N_{\text{ant}}} = \frac{T_0 + T_e}{T_{\text{ant}} + T_e} \tag{8 - 21}$$

由式(8 - 21)可求出天线噪声温度 T_{ant}：

$$T_{\text{ant}} = \frac{T_0 + T_e}{Y} - T_e \tag{8 - 22}$$

式(8 - 22)就是利用频谱分析仪测量天线噪声温度的原理公式。其中，T_e 为接收系统的等效噪声温度，可用冷热负载 Y 因子法进行校准测量。一般实际工程测量中，使用的低噪声放大器为高增益、低噪声，可忽略后级噪声的贡献，即接收机系统的等效噪声温度 T_e 近似等于低噪声放大器的噪声温度 T_{LNA}，则

$$T_{\text{ant}} \approx \frac{T_0 + T_{\text{LNA}}}{Y} - T_{\text{LNA}} \tag{8 - 23}$$

由 Y 因子法测量天线噪声温度的原理公式可知：天线噪声温度由测量 Y 因子、天线环境噪声温度 T_0 和低噪声放大器的噪声温度 T_{LNA} 确定。Y 因子是通过测量低噪声放大器接常温负载和天线时的噪声功率之比，用温度计测量待测天线的环境温度计算 T_0，低噪声放大器噪声温度 T_{LNA} 在测量前利用冷热负载法进行精确标定，在天线噪声温度测量中 T_{LNA} 为已知量。由此可见，Y 因子法测量天线噪声温度是非常简单方便的。

2. 低噪声放大器后级噪声对天线噪声温度测量的影响

在 Y 因子法测量天线噪声温度中，忽略了低噪声放大器后级噪声的影响，从而影响了天线噪声温度的测量精度。由图 8 - 6 中天线噪声温度测量原理框图可知，接收机系统的等效噪声温度 T_e 为

$$T_e = T_{\text{LNA}} + \frac{(L_{\text{RF}} - 1)\, T_0}{G_{\text{LNA}}} + \frac{L_{\text{RF}}(\text{NF} - 1)\, T_0}{G_{\text{LNA}}} \tag{8 - 24}$$

式中：

L_{RF}——频谱分析仪与低噪声放大器之间的射频电缆损耗；

NF——频谱分析仪的噪声系数。

将式(8 - 24)代入式(8 - 22)可得

$$T_{\text{ant}} = \frac{T_0 + T_{\text{LNA}}}{Y} - T_{\text{LNA}} + \left(\frac{1}{Y} - 1\right) \frac{(L_{\text{RF}} \text{NF} - 1)\, T_0}{G_{\text{LNA}}} \tag{8 - 25}$$

式(8 - 25)就是利用频谱分析仪测量天线噪声温度的精确方程。由式(8 - 25)可知：测量的天线噪声温度与低噪声放大器的后级噪声贡献是相关的。当射频电缆损耗和频谱分析仪噪声系数一定时，低噪声放大器增益越高，后级噪声贡献越小；当低噪声放大器增益一定时，射频电缆损耗越大，后级噪声贡献越大。总之，若忽略后级噪声的影响，测量的天线噪声温度会大于实际噪声温度。

用式(8 - 23)减去式(8 - 25)，可得低噪声放大器后级贡献的噪声温度为

$$\Delta T = \left(1 - \frac{1}{Y}\right) \frac{(L_{\text{RF}} \text{NF} - 1)\, T_0}{G_{\text{LNA}}} \tag{8 - 26}$$

式(8 - 26)表征了低噪放大器的后级噪声贡献，它与射频电缆损耗、低噪声放大器的增益和接收机噪声系数相关。下面详细分析这些参数对天线噪声温度测量的影响。

（1）低噪声放大器增益的影响。图 8-7 为在射频电缆损耗、频谱分析仪噪声系数和测量 Y 因子一定的情况下，低噪声放大器增益对天线噪声温度测量的影响。图 8-7 中，假设测量 Y 因子为 4 dB，环境温度为 290 K，频谱分析仪的噪声系数为 25 dB，给出了射频电缆损耗为 5 dB 和 10 dB 时，低噪声放大器增益对天线噪声温度测量的影响。表 8-1 给出了典型的数据计算结果。

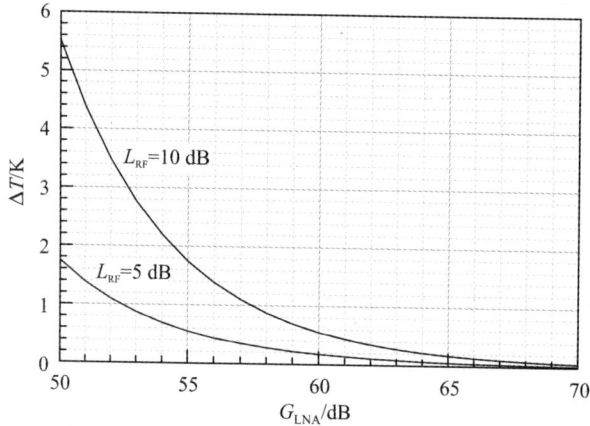

图 8-7　低噪声放大器增益对天线噪声温度测量的影响

表 8-1　低噪声放大器增益对天线噪声温度测量影响的典型结果

G_{LNA}/dB	L_{RF}/dB	$\Delta T/K$
50	5	1.74
	10	5.52
55	5	0.55
	10	1.74
60	5	0.17
	10	0.55
65	5	0.06
	10	0.17

图 8-7 的计算结果表明：在射频电缆损耗、频谱分析仪噪声系数和测量 Y 因子一定的情况下，随着低噪声放大器增益的增加，后级噪声贡献逐渐减小；当低噪声放大器增益等于 65 dB，射频电缆损耗等于 10 dB 时，后级噪声贡献为 0.17 K，对于天线噪声温度工程测量，其影响通常可以忽略不计。

（2）射频电缆损耗的影响。图 8-8 给出了在低噪声放大器增益、频谱分析仪噪声系数和测量 Y 因子一定的情况下，射频电缆损耗对天线噪声温度的影响。图 8-8 中，假设测量 Y 因子为 4 dB，环境温度为 290 K，低噪声放大器增益为 65 dB，频谱分析仪的噪声系数为 25 dB。

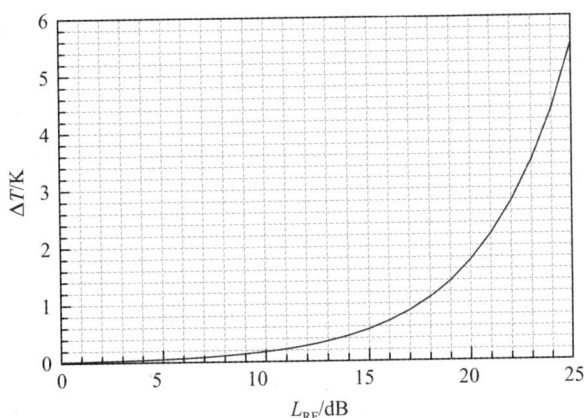

图 8-8　射频电缆损耗对天线噪声温度测量的影响

图 8-8 的计算结果表明：在低噪声放大器增益、频谱分析仪噪声系数和测量 Y 因子一定的情况下，随着射频电缆损耗的增大，后级噪声贡献逐渐增大；当射频电缆损耗小于或等于 5 dB 时，后级噪声对天线噪声温度测量的影响很小，通常可以忽略不计。众所周知，当频率大于 10 GHz 时，射频电缆的损耗很大，应考虑低噪声放大器后级噪声对天线噪声温度测量的影响。

（3）频谱分析仪噪声系数的影响。图 8-9 给出了在低噪声放大器增益、射频电缆损耗和测量 Y 因子一定情况下，频谱分析仪噪声系数对天线噪声温度的影响。图 8-9 中，测量 Y 因子为 4 dB，环境温度为 290 K，低噪声放大器增益为 65 dB，射频电缆损耗为 5 dB。

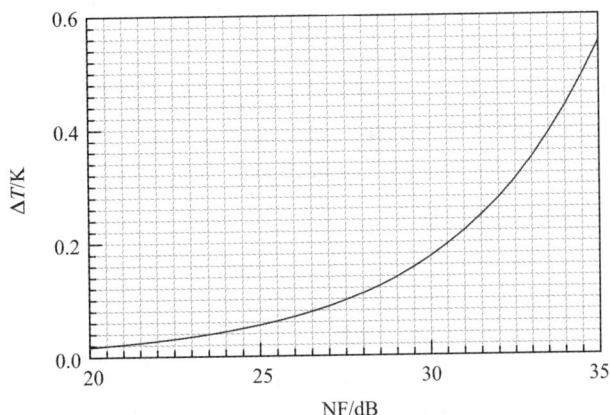

图 8-9　频谱分析仪噪声系数对天线噪声温度测量的影响

图 8-9 的计算结果表明：在低噪声放大器增益、射频电缆损耗和测量 Y 因子一定的情况下，随着频谱分析仪噪声系数的增大，后级噪声贡献逐渐增大。在实际工程测量中，一旦选定频谱分析仪，其噪声系数就是确定的。为了减小频谱分析仪噪声系数的影响，可利用灵敏度高的频谱分析仪进行测量。

（4）测量 Y 因子的影响。图 8-10 给出了在低噪声放大器增益、射频电缆损耗和频谱分析仪噪声系数一定的情况下，不同测量 Y 因子下后级噪声的贡献。图 8-10 中，假设环境温度为 290 K，低噪声放大器增益为 65 dB，射频电缆损耗为 5 dB，频谱分析仪的噪声系数为 25 dB。

图 8-10 的计算结果表明：在低噪声放大器增益、射频电缆损耗和频谱分析仪噪声系数一定的情况下，随着测量 Y 因子的增大，后级噪声贡献逐渐增大；相反，后级噪声贡献则逐渐减小。这给我们一个启示，若选择噪声系数大的低噪声放大器，测量 Y 因子和后级噪声贡献就较小，天线噪声温度测量误差也较小，这与实际工程应用是矛盾的。计算结果还表明：随着 Y 因子的变化，后级噪声贡献变化很小。

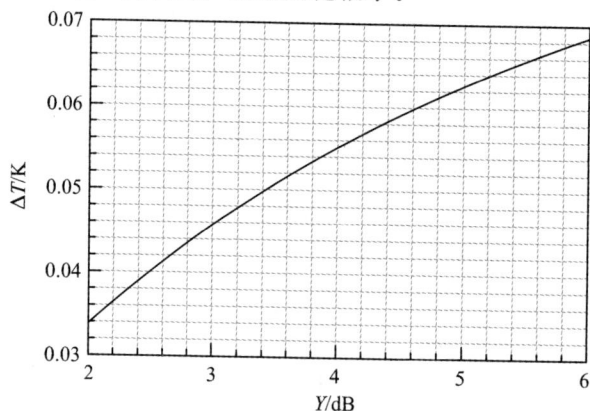

图 8-10   Y 因子对天线噪声温度测量的影响

8.2.3   测量误差分析

前面介绍了天线噪声温度测量的两种方法，即方向图积分法和 Y 因子法。方向图积分法一般用于天线噪声温度的理论预算中，而实际的工程测量常用 Y 因子法，因此下面介绍 Y 因子法测量天线噪声温度的误差分析方法。

由 Y 因子法测量天线噪声温度的原理公式可知，引起天线噪声温度测量误差的因素有常温负载噪声温度误差和低噪声放大器噪声温度误差。

假定常温负载和低噪声放大器的噪声温度误差分别为 ΔT_0 和 ΔT_{LNA}，考虑误差后常温负载和低噪声放大器的噪声温度分别为

$$T_0' = T_0 + \Delta T_0 \tag{8-27}$$

$$T_{LNA}' = T_{LNA} + \Delta T_{LNA} \tag{8-28}$$

将式(8-27)、式(8-28)代入式(8-23)可得

$$T_{ant}' = T_{ant} + \frac{\Delta T_0 + \Delta T_{LNA}}{Y} - \Delta T_{LNA} \tag{8-29}$$

则天线噪声温度测量误差为

$$\Delta T_{ant} = T_{ant}' - T_{ant} \tag{8-30}$$

由式(8-30)可得

$$\Delta T_{ant} = \frac{\Delta T_0}{Y} + \Delta T_{LNA}\left(\frac{1}{Y} - 1\right) \tag{8-31}$$

将 Y 因子方程代入式(8-31)可得

$$\Delta T_{ant} = \frac{\Delta T_0(T_{ant} + T_{LNA}) + \Delta T_{LNA}(T_{ant} - T_0)}{T_0 + T_{LNA}} \tag{8-32}$$

由式(8-32)可知，通常 $T_0 > T_{ant}$：如果 $\Delta T_{LNA} > 0$，$\Delta T_0 < 0$，天线噪声温度误差为最

大负误差；如果 $\Delta T_{\mathrm{LNA}} < 0$，$\Delta T_0 > 0$，天线噪声温度误差为最大正误差。

　　式(8-32)表明：天线噪声温度测量的不确定性是由环境温度误差和低噪声放大器的噪声温度误差引起的。在实际工程测量中，通常测量时间较短，且常温负载匹配性能良好，可认为测量环境温度不变，这样常温负载噪声温度的不确定性可近似忽略不计，从而提高天线噪声温度测量的精度。忽略环境温度的影响，天线噪声温度的测量误差可近似为

$$\Delta T_{\mathrm{ant}} \approx \frac{\Delta T_{\mathrm{LNA}}(T_{\mathrm{ant}} - T_0)}{T_0 + T_{\mathrm{LNA}}} \qquad (8-33)$$

　　根据式(8-32)可研究低噪声放大器噪声温度对天线噪声温度测量不确定性的影响。假设 $T_0 = 290$ K，$T_{\mathrm{ant}} = 50$ K，图 8-11 给出了 $\Delta T_0 = 1$ K，$\Delta T_{\mathrm{LNA}} = \pm 5$ K 时天线噪声温度测量误差与低噪声放大器噪声温度之间的关系；图 8-12 给出了 $\Delta T_0 = -1$ K，$\Delta T_{\mathrm{LNA}} = \pm 5$ K 时天线噪声温度测量误差与低噪声放大器噪声温度之间的关系。

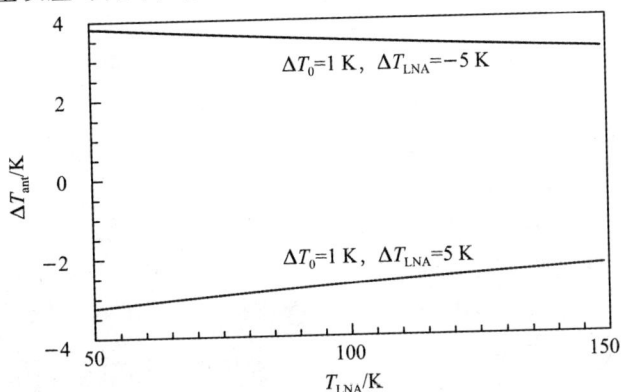

图 8-11　噪声温度测量误差与 LNA 噪声温度的关系($\Delta T_0 = 1$ K)

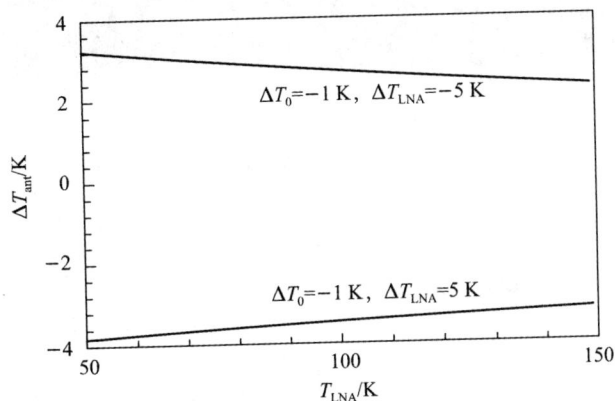

图 8-12　噪声温度测量误差与 LNA 噪声温度的关系($\Delta T_0 = -1$ K)

　　图 8-11 和图 8-12 的分析计算结果表明：随着低噪声放大器噪声温度的增加，天线噪声温度测量的不确定性逐渐减小。因此在天线噪声温度测量中，选择噪声温度大的低噪声放大器，可以改善天线噪声温度的测量精度。

8.2.4　工程测量实例与误差估算

　　天线噪声温度通常采用 Y 因子法进行测量。下面以上海 65 米射电望远镜天线低频段

(L 波段、C 波段和 X 波段)噪声温度测量为例,给出了在天线安装现场用 Y 因子法测量天线低频段噪声温度的测量结果。

图 8-13 为上海 65 米射电望远镜天线。表 8-2 为上海 65 米射电望远镜天线 L 波段、C 波段和 X 波段的噪声温度测量结果。测量仪器为 Agilent 8563EC 频谱分析仪,L 波段和 C 天线噪声温度的测量时间为 2013 年 4 月 20 日至 25 日,X 波段天线噪声温度的测量时间为 2013 年 5 月 13 日至 14 日。测量频率点为每个频段高中低三个点。表 8-3 为常温负载噪声温度误差为 ±0.5 K,低噪声放大器噪声温度误差为 ±3 K,上海 65 米射电望远镜天线低频段噪声温度的测量误差。误差计算结果表明:当常温负载噪声温度误差为 ±0.5 K,低噪声放大器噪声温度误差为 ±3 K 时,上海 65 米射电望远镜天线低频段噪声的温度测量误差小于 ±2.5 K。

图 8-13　上海 65 米射电望远镜天线

表 8-2　上海 65 米射电望远镜天线低频段噪声温度的测量结果(天线仰角 EL=30°)

频段	频率/GHz	T_0/K	T_{LNA}/K	Y/dB	T_{ant}/K
L 波段	1.42	288.5	51.0	6.70	21.58
	1.50	288.5	51.0	6.74	20.92
	1.52	288.5	51.0	6.80	19.93
C 波段	4.50	298.0	68.9	6.04	22.42
	6.00	298.0	71.7	6.03	20.53
	7.00	298.0	76.4	5.81	21.85
X 波段	8.00	296.5	73.0	5.97	20.46
	8.50	296.5	74.0	5.78	23.90
	9.00	296.5	72.0	5.88	23.16

表 8-3　上海 65 米射电望远镜天线低频段噪声温度的测量误差

频段	频率/GHz	$T_0 \pm \Delta T_0$/K	$T_{LNA} \pm \Delta T_{LNA}$/K	T_{ant}/K	ΔT_{ant}/K
L 波段	1.42	288.5±0.5	51.0±3.0	21.58	±2.46
	1.50	288.5±0.5	51.0±3.0	20.92	±2.47
	1.52	288.5±0.5	51.0±3.0	19.93	±2.48
C 波段	4.50	298.0±0.5	68.9±3.0	22.42	±2.38
	6.00	298.0±0.5	71.7±3.0	20.53	±2.38
	7.00	298.0±0.5	76.4±3.0	21.85	±2.34
X 波段	8.00	296.5±0.5	73.0±3.0	20.46	±2.38
	8.50	296.5±0.5	74.0±3.0	23.90	±2.34
	9.00	296.5±0.5	72.0±3.0	23.16	±2.35

8.3　有源天线噪声温度的测量

　　有源天线是指包含有源器件的天线。天线单元和有源器件集成在一起，不可分离。常见的有源天线有一体化卫星电视接收天线、测量型北斗导航天线和有源相控阵天线等。一体化卫星电视接收天线的高频头和馈源是一体的；测量型北斗导航天线的天线单元和低噪声放大器集成在一起的；有源相控阵天线的 T/R 模块和天线单元是集成在一起的。无源天线噪声温度常用 Y 因子法进行测量，即分别测量出低噪声放大器接常温负载和天线时的噪声功率之比，由 Y 因子方程确定天线噪声温度。由于有源天线的天线辐射单元与有源器件集成在一起，传统的 Y 因子法不适用于有源天线噪声温度的测量。因此，这里以有源相控阵天线噪声温度测量为例，介绍有源天线噪声温度测量方法。

8.3.1　方向图积分法

　　方向图积分法测量有源相控阵天线噪声温度的方法是：通过测量天线的功率方向图，依据天线背景噪声温度分布模型，通过数值计算的方法确定天线噪声温度。该方法与无源天线方向图积分法测量天线噪声温度类似，只是无源天线和有源天线功率方向图的测量方法不同，所以这里简单介绍方向图积分法确定有源天线噪声温度的基本公式，详细推导过程可参考 8.2.1 小节。

　　图 8-14 为典型的有源接收相控阵天线示意图。

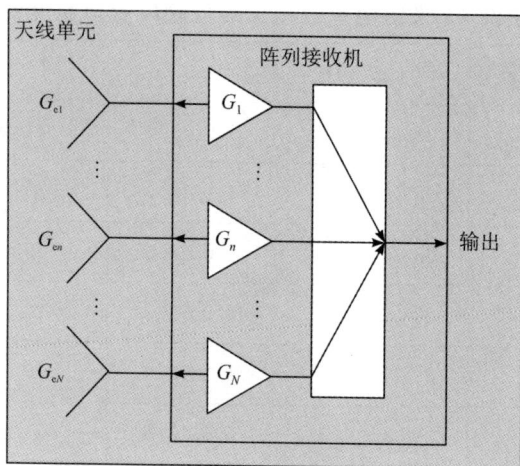

图 8-14   有源接收相控阵天线示意图

图 8-14 中，G_{e1}，…，G_{en}，…，G_{eN} 表示相控阵天线的单元增益，G_1，…，G_n，…，G_N 表示相控阵天线的通道接收机增益。已知相控阵天线空间背景的噪声温度模型，由实测的相控阵天线功率方向图，利用下式可计算相控阵天线接收的外部噪声温度：

$$T_a = \frac{\int_0^{2\pi}\int_0^{\pi} P_{array}(\theta, \phi) T_b(\theta, \phi)\sin\theta \mathrm{d}\theta \mathrm{d}\phi}{\int_0^{2\pi}\int_0^{\pi} P_{array}(\theta, \phi)\sin\theta \mathrm{d}\theta \mathrm{d}\phi} \qquad (8-34)$$

式中：

$P_{array}(\theta, \phi)$——有源相控阵天线的功率方向图函数；

$T_b(\theta, \phi)$——有源相控阵天线的环境亮温度，单位为 K。

由式(8-34)可知：只要测量出有源相控阵天线的功率方向图，建立天线环境噪声温度分布模型，通过简单的数值积分即可计算有源相控阵天线接收的外部噪声温度。

有源相控阵天线除接收外部噪声温度外，天线单元热损耗和单元馈电损耗均会引起天线噪声温度增加。假设有源相控阵天线的损耗为 IL_{array}，则有源相控阵天线的噪声温度为

$$T_{array} = \frac{T_a}{IL_{array}} + \left(1 - \frac{1}{IL_{array}}\right) T_0 \qquad (8-35)$$

式中：

T_{array}——有源相控阵天线的噪声温度；

IL_{array}——有源相控阵天线的损耗；

T_0——有源相控阵天线的环境噪声温度，单位为 K。

由式(8-34)和式(8-35)可知，方向图积分法测量有源相控阵天线的噪声温度需要完成以下工作：

（1）有源相控阵天线接收功率方向图的测量；

（2）有源相控阵天线天空噪声温度模型的计算；

（3）有源相控阵天线地面噪声温度模型的计算；

（4）有源相控阵天线接收损耗的测量。

显然，方向图积分法测量有源相控阵天线的噪声温度是很复杂的，一般在工程测量中很少应用。在理论上，通常采用该方法对有源相控阵天线噪声温度进行仿真计算。

8.3.2　射电源 Y 因子法

1. 测量方法

射电源 Y 因子法测量有源相控阵天线噪声温度的方法是：首先，利用天空辐射亮温度已知的射电源，如太阳、月亮、标准离散射电源（如仙后座 A、金牛座 A 和天鹅座 A 等）和行星等，计算有源相控阵天线指向射电源时，系统噪声温度的增加量，通过测量有源接收相控阵天线指向射电源和及其附近晴空时的噪声功率之比，求出有源相控阵天线系统的噪声温度；然后，将有源相控阵天线指向天空，测量有源相控阵天线口面置常温负载和天线指向晴空时的噪声功率之比，计算有源相控阵天线接收机的等效噪声温度；最后，由测量的系统噪声温度减去接收机等效噪声温度就能得到有源相控阵天线的噪声温度，用公式表示为

$$T_{array} = T_{sys} - T_e \tag{8-36}$$

式中：

T_{sys}——有源相控阵天线系统的噪声温度；

T_e——有源相控阵天线接收机的等效噪声温度。

由式（8-36）可知：只要测量出有源相控阵天线系统噪声温度和接收机的等效噪声温度，即可确定有源相控阵天线的噪声温度。

2. 系统噪声温度测量

有源相控阵天线系统的噪声温度可采用射电源 Y 因子法进行测量。用射电源 Y 因子法测量系统噪声温度的方法是：通过测量有源相控阵天线指向射电源及其附近晴空时的噪声功率之比，由测量 Y 因子计算有源相控阵天线系统的噪声温度。

图 8-15 为射电源 Y 因子法测量有源相控阵天线系统噪声温度的原理框图。

按照图 8-15 所示的原理框图建立有源相控阵天线系统噪声温度测量系统，按照理论计算的射电源轨道位置，驱动有源相控阵天线的方位和俯仰，使有源相控阵天线的主波束方向对准射电源，此时频谱分析仪接收的射电源噪声功率最大，用频谱分析仪的码刻功能测量的系统输出噪声功率 N_{star} 为

$$N_{star} = k(\Delta T_{star} + T_{sys})BG_e \tag{8-37}$$

式中：

k——玻尔兹曼常数；

ΔT_{star}——射电源引起有源相控阵天线噪声温度的增加量，单位为 K；

T_{sys}——有源相控阵天线的系统噪声温度，单位为 K；

B——测量系统的噪声带宽，单位为 Hz；

G_e——有源相控阵系统接收机的等效增益。

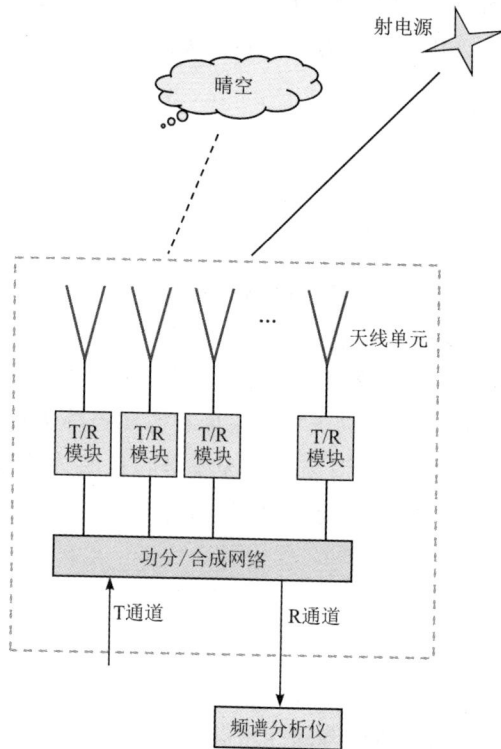

图 8-15   射电源 Y 因子法测量有源相控阵天线系统噪声温度的原理框图

将有源相控阵天线方位偏离射电源方向，指向射电源附近的晴空，此时频谱分析仪测量的系统输出噪声功率 N_{sky} 为

$$N_{sky} = k\left(T_{array} + T_e\right)BG_e = kT_{sys}BG_e \tag{8-38}$$

由 Y 因子定义可得

$$Y_{star} = \frac{N_{star}}{N_{sky}} = \frac{\Delta T_{star} + T_{sys}}{T_{sys}} \tag{8-39}$$

由式(8-39)可求出有源相控阵天线系统噪声温度：

$$T_{sys} = \frac{\Delta T_{star}}{Y_{star} - 1} \tag{8-40}$$

式中，ΔT_{star} 为有源相控阵天线指向射电源时引起的系统噪声温度增加量，若已知射电源的通量密度和天线的有效接收面积，则 ΔT_{star} 可用下式计算：

$$\Delta T_{star} = \frac{1}{2}\frac{A_e S}{k}\frac{1}{K_1 K_2} \tag{8-41}$$

式中：

A_e——有源相控阵天线的有效接收面积，单位为 m^2；

S——射电源的通量密度，单位为 $W \cdot m^{-2} \cdot Hz^{-1}$；

K_1——大气吸收衰减因子；

K_2——射电源波束展宽修正因子。

式(8-41)中由于射电源辐射的噪声功率为随机极化,因此波束与天线系统的极化效率为 $1/2$。

由天线理论可知:天线增益 G 与有效面积 A_e 之间的关系为

$$G = \frac{4\pi A_e}{\lambda^2} \tag{8-42}$$

将式(8-42)代入式(8-41)可得

$$\Delta T_{star} = \frac{\lambda^2 GS}{8\pi k} \times \frac{1}{K_1 K_2} \tag{8-43}$$

由上述分析可知:只要知道射电源通量密度和天线增益,即可计算射电源引起的天线系统噪声温度的增加量。对于有源相控阵天线,天线增益是很难确定或测量的,因此采用式(8-43)计算射电源引起天线系统噪声温度的增加量也是很难实现的。如果知道射电源亮温度分布和天线功率方向图函数,则射电源引起的天线系统噪声温度增加量可用下式计算:

$$\Delta T_{star} = \frac{\int_0^{2\pi} \int_0^{\frac{\theta_{star}}{2}} T_{star} P(\theta,\phi) \sin\theta \mathrm{d}\theta \mathrm{d}\phi}{\int_0^{2\pi} \int_0^{\pi} P(\theta,\phi) \sin\theta \mathrm{d}\theta \mathrm{d}\phi} \tag{8-44}$$

式中:

θ_{star}——射电源的角直径,单位为(°);

T_{star}——射电源的亮温度分布,单位为 K;

$P(\theta,\phi)$——天线功率方向图函数。

众所周知,太阳是最强的射电源,如果采用太阳源测量有源相控阵天线的系统噪声温度,计算太阳引起的系统噪声温度增加量是非常简单方便的。已知宁静期太阳的亮温度分布为

$$T_{sun} = 120000 \times \gamma \times f^{-0.75} \tag{8-45}$$

式中:

T_{sun}——微波频段宁静期太阳的亮温度,单位为 K;

γ——极化系数,太阳极化是随机的,故 $\gamma = 0.5$;

f——频率,单位为 GHz。

由式(8-45)可知:只要知道有源相控阵天线功率方向图,利用式(8-45)的数值积分,很容易计算太阳引起的天线系统噪声温度的增加量。实际工程应用中,常用近似公式进行估算。当天线的半功率波束宽度 HPBW 大于 $0.5°$ 时,太阳引起的噪声温度增加量为

$$\Delta T_{sun} = T_{sun} \left(\frac{0.5}{\mathrm{HPBW}}\right)^2 \tag{8-46}$$

当天线的半功率波束宽度 HPBW 小于 $0.5°$ 时,太阳引起的噪声温度的增加量为

$$\Delta T_{sun} = T_{sun} \tag{8-47}$$

由上述分析可知:利用射电源 Y 因子法测量有源相控阵天线的系统噪声温度,需要计算有源相控阵天线指向射电源时射电源引起的系统噪声温度增加量,这种增加量根据射电源的通量密度以及天线增益等参数可准确计算,但有源相控阵天线的增益是很难测量的。若已知射电源的亮温度分布和有源接收相控阵天线功率方向图,利用数值积分法很容易计

算射电源引起的系统噪声温度的增加量。宁静期太阳亮温度是已知的，且依据有源相控阵天线的半功率波束宽度，可快速估算出太阳引起的天线系统噪声温度的增加量，因此在实际工程测量中，常用太阳源测量有源相控阵系统的噪声温度。

3. 接收机等效噪声温度的测量

在有源相控阵天线系统噪声温度的测量基础上，再利用 Y 因子法测量接收机的等效噪声温度。图 8-16 为有源相控阵天线接收机等效噪声温度测量的原理框图。

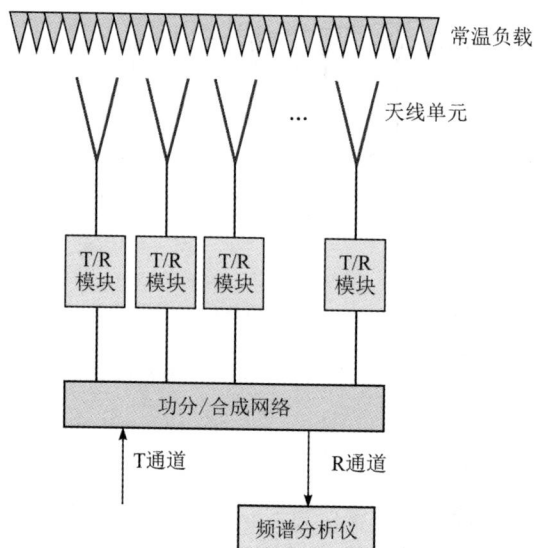

图 8-16　有源相控阵天线接收机等效噪声温度测量的原理框图

完成有源相控阵天线指向射电源及其附近晴空方向时的噪声功率测量后，按照图 8-16 所示的原理框图，将有源相控阵天线指向天顶方向，且有源相控阵天线口面放置微波吸波材料制作的常温负载，此时频谱分析仪测量的系统输出噪声功率为

$$N_{load} = k(T_0 + T_e)BG_e \tag{8-48}$$

式中，T_e 为有源相控阵接收机的等效噪声温度。

去掉有源相控阵天线口面的微波吸波材料，使有源相控阵天线指向晴空，其方位角和俯仰角与测量有源相控阵天线系统噪声时相同，则此时频谱分析仪测量的系统输出噪声功率为

$$N_{sky} = k(T_{array} + T_e)BG_e = kT_{sys}BG_e \tag{8-49}$$

由 Y 因子定义可得

$$Y_{load} = \frac{N_{load}}{N_{sky}} = \frac{T_0 + T_e}{T_{sys}} \tag{8-50}$$

由式(8-50)可得有源相控阵天线接收机的等效噪声温度为

$$T_e = Y_{load}T_{sys} - T_0 \tag{8-51}$$

8.3.3　经典 Y 因子法

经典 Y 因子法测量有源相控阵天线的噪声温度与无源天线噪声温度测量的 Y 因子法

原理是一样的，但前提是有源相控阵天线接收机的等效噪声温度 T_e 已知。由于有源相控阵天线 T/R 模块与天线单元集成在一起，其常温负载采用微波吸波材料顶实现。图 8-17 为有源相控阵天线噪声温度测量的原理框图。

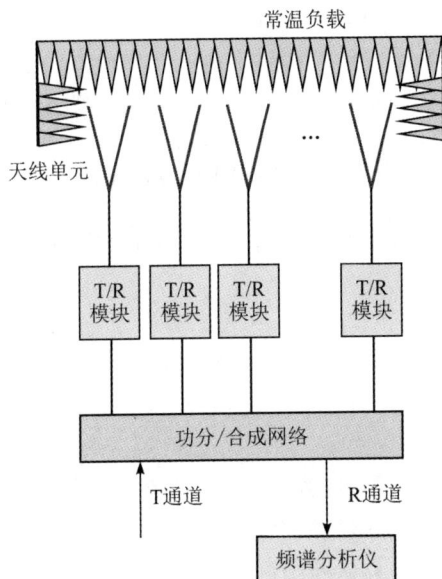

图 8-17　有源相控阵天线噪声温度测量的原理框图

经典 Y 因子法测量有源相控阵天线噪声温度的方法是：按照图 8-17 所示的原理框图建立测量系统，将常温负载置于相控阵天线的口面，则频谱分析仪测量的系统输出噪声功率 N_{load} 为

$$N_{load} = k(T_0 + T_e)BG_e \qquad (8-52)$$

式中：

T_0——常温负载的噪声温度，单位为 K；

T_e——有源相控阵天线接收系统的等效噪声温度，单位为 K；

B——测量系统的噪声带宽，单位为 Hz；

G_e——有源相控阵天线接收系统的等效增益。

移去常温负载，有源相控阵天线指向晴空天顶方向，此时频谱分析仪测量的系统噪声输出功率 N_{sky} 为

$$N_{sky} = k(T_{array} + T_e)BG_e \qquad (8-53)$$

式中，T_{array} 为有源相控阵天线的噪声温度。

由 Y 因子定义可得

$$Y = \frac{N_{load}}{N_{sky}} = \frac{T_0 + T_e}{T_{array} + T_e} \qquad (8-54)$$

由式(8-54)可求得有源相控阵天线的噪声温度为

$$T_{array} = \frac{T_0 + T_e}{Y} - T_e \qquad (8-55)$$

8.3.4　测量误差分析

前面介绍了有源相控阵天线噪声温度的三种测量方法，即方向图积分法、射电源 Y 因子法和经典 Y 因子法。方向图积分法确定天线噪声温度非常复杂，一般用于有源相控阵天线噪声温度理论计算中，而实际工程测量常用射电源 Y 因子法或经典 Y 因子法。经典 Y 因子法测量有源相控阵天线噪声温度误差分析方法与 Y 因子法测量天线噪声温度误差分析方法相似。因此下面介绍射电源 Y 因子法测量有源相控阵天线噪声温度的误差分析。

射电源 Y 因子法测量有源相控阵天线噪声温度的基本思想是：通过测量有源相控阵天线系统噪声温度和接收机系统的等效噪声温度，求出有源相控阵天线噪声温度 T_{array}，可表示为

$$T_{array} = T_{sys} - T_e \tag{8-56}$$

将式(8-40)和式(8-51)代入式(8-56)并化简可得

$$T_{array} = \frac{T_0(Y_{star} - 1) - \Delta T_{star} Y_{load} - 1}{Y_{star} - 1} \tag{8-57}$$

由有源相控阵天线噪声温度测量的原理公式可知：有源相控阵天线噪声温度的测量误差由系统噪声温度测量误差和接收机等效噪声温度测量误差组成，而系统噪声温度测量误差主要由天线接收射电源噪声计算误差引起，有源相控阵天线接收机的等效噪声温度则由系统噪声误差不确定性和常温负载噪声温度不确定性引起。

假设有源相控阵天线指向射电源时，射电源引起天线噪声温度增加量的计算误差为 δT_{star}，常温负载噪声温度误差为 ΔT_0，可表示为

$$\Delta T'_{star} = \Delta T_{star} + \delta T_{star} \tag{8-58}$$

$$T'_0 = T_0 + \Delta T_0 \tag{8-59}$$

将式(8-58)和式(8-59)代入式(8-57)可得

$$T'_{array} = \frac{T'_0(Y_{star} - 1) - \Delta T'_{star}(Y_{load} - 1)}{Y_{star} - 1} \tag{8-60}$$

对式(8-60)化简可得

$$T'_{array} = T_{array} + \frac{\Delta T_0(Y_{star} - 1) - \delta T_{star}(Y_{load} - 1)}{Y_{star} - 1} \tag{8-61}$$

有源相控阵天线噪声温度的测量误差为

$$\Delta T_{array} = T'_{array} - T_{array} = \frac{\Delta T_0(Y_{star} - 1) - \delta T_{star}(Y_{load} - 1)}{(Y_{star} - 1)} \tag{8-62}$$

将式(8-40)和式(8-50)的 Y 因子方程代入式(8-62)可得

$$\Delta T_{array} = \Delta T_0 - (T_0 - T_{ant})\frac{\delta T_{star}}{\Delta T_{star}} \tag{8-63}$$

由式(8-63)可知：常温负载的噪声温度一般大于有源相控阵天线的噪声温度，当常温负载的噪声温度是正误差，而天线接收射电源的噪声温度为负误差时，有源相控阵天线噪声温度测量误差为最大正误差；当常温负载的噪声温度误差是负误差，而天线接收射电源的噪声温度是正误差时，有源相控阵天线噪声温度测量误差为最大负误差。例如：假定常温负载噪声温度为 290 K，其误差为 0.5 K，天线噪声温度为 120 K，天线接收射电源噪声

温度的相对误差为 -1% 时，天线噪声温度测量误差为

$$\Delta T_{\text{array}} = [+0.5 - (290 - 120) \times (-1\%)] \text{ K} = 2.2 \text{ K}$$

　　假定常温负载噪声温度为 290 K，其误差为 -0.5 K，天线噪声温度为 120 K，天线接收太阳噪声温度的相对误差为 1% 时，天线噪声温度测量误差为

$$\Delta T_{\text{array}} = [-0.5 - (290 - 120) \times (1\%)] \text{ K} = -2.2 \text{ K}$$

8.4　天线罩噪声温度的测量

　　天线罩是保护天线的罩子。天线加罩后，由于天线罩壳的反射、折射与吸收，加强筋的散射、遮挡，以及天线罩传输特性不均匀性等，对天线的电性能指标产生一定的影响。天线罩的总传输损耗会降低天线的功率增益，且天线罩的电阻损耗和散射损耗一部分会增加天线的噪声温度，从而影响接收系统的灵敏度。因此，本节介绍天线罩引起的天线噪声温度增加量测量，简称为天线罩的噪声温度测量。

8.4.1　Y 因子法

　　Y 因子法测量天线罩噪声温度的基本思想是：利用传统的 Y 因子技术，分别测量地面站天线戴罩和不戴罩情况下的天线噪声温度，由此计算天线罩的噪声温度。图 8-18 为 Y 因子法测量天线罩噪声温度的原理框图。

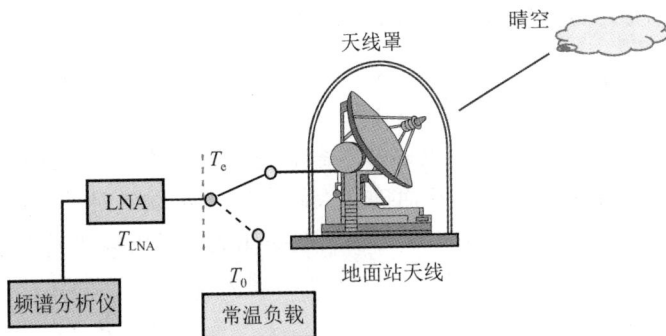

图 8-18　Y 因子法测量天线罩噪声温度的原理框图

　　图 8-18 中，T_0 为常温负载噪声温度（单位为 K）；T_{LNA} 为低噪声放大器噪声温度（单位为 K）；T_e 为接收机的等效噪声温度（单位为 K）。

　　按照图 8-18 所示的原理框图建立测量系统，在不安装天线罩的情况下，地面站天线指向晴空方向，分别测量低噪声放大器依次与常温负载和地面站天线连接的噪声功率之比，可表示为

$$Y_{\text{n}} = \frac{T_0 + T_e}{T_{\text{ant-n}} + T_e} \tag{8-64}$$

式中：

　　Y_{n}——地面站天线不戴罩时测量的 Y 因子；

　　$T_{\text{ant-n}}$——地面站天线不戴罩时测量的天线噪声温度。

由式(8-64)求出天线不戴罩情况下的噪声温度为

$$T_{\text{ant-n}} = \frac{T_0 + T_e}{Y_n} - T_e \qquad (8-65)$$

完成地面站天线不戴罩的噪声温度测量后,安装天线罩,保持地面站天线指向不变,利用 Y 因子法,同理可测量天线戴罩时的噪声温度为

$$T_{\text{ant-w}} = \frac{T_0 + T_e}{Y_w} - T_e \qquad (8-66)$$

式中:

Y_w——地面站天线戴罩时测量的 Y 因子;

$T_{\text{ant-w}}$——地面站天线戴罩时测量的天线噪声温度。

由式(8-65)和式(8-66)可求得天线罩噪声温度 T_{radome} 为

$$T_{\text{radome}} = T_{\text{ant-w}} - T_{\text{ant-n}} = (T_0 + T_e)\frac{(Y_n - Y_w)}{Y_w Y_n} \qquad (8-67)$$

式(8-67)就是 Y 因子法测量天线罩噪声温度的原理公式。该方法是天线罩噪声温度测量的传统方法。在实际工程测量中,采用的低噪声放大器为高增益、低噪声,后级噪声贡献很小,接收机的等效噪声温度 T_e 近似等于低噪声放大器的噪声温度 T_{LNA},则 Y 因子法测量天线罩噪声温度的公式近似为

$$T_{\text{radome}} \approx (T_0 + T_{\text{LNA}})\frac{(Y_n - Y_w)}{Y_w Y_n} \qquad (8-68)$$

由式(8-68)可知:常温负载和低噪声放大器噪声温度已知,只要测量出地面站天线戴罩和不戴罩时的 Y 因子,即可确定天线罩的噪声温度。

8.4.2 远场载噪比法

远场载噪比法测量天线罩噪声温度的基本思想是:远场条件下,分别测量地面站天线戴罩和不戴罩时系统的接收载噪比,从而确定天线戴罩和不戴罩时系统的噪声温度,二者的差值即为天线罩的噪声温度。图 8-19 为远场载噪比法测量天线罩噪声温度的原理框图。

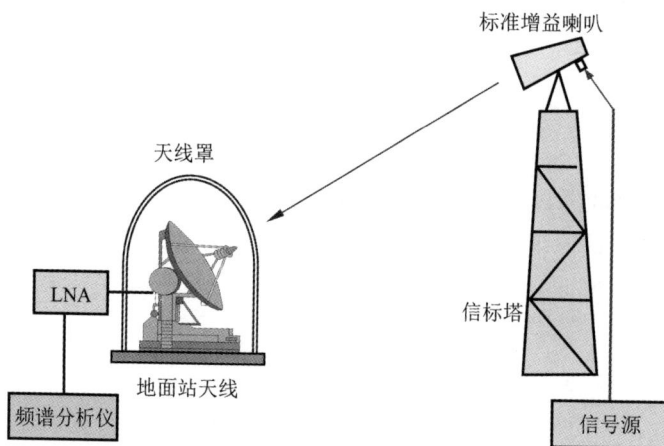

图 8-19 远场载噪比法测量天线罩噪声温度的原理框图

图 8-19 中，地面站天线和标准增益喇叭之间的距离满足远场测试距离条件。在没有安装天线罩的情况下，调整地面站天线的方位和俯仰角，使地面站天线与标准增益喇叭天线对准，且极化匹配，由功率传输方程可得频谱分析仪测量的载波功率为

$$C_n = \frac{P_t G_{SGH} G_{R\text{-}n}}{L_P} \frac{G_{LNA}}{L_{RF}} \tag{8-69}$$

式中：

C_n——地面站天线不戴罩时频谱分析仪测量的载波功率；

P_t——标准增益喇叭的发射功率；

G_{SGH}——标准增益喇叭的增益；

$G_{R\text{-}n}$——地面站天线不戴罩时的天线接收增益；

G_{LNA}——低噪声放大器的增益；

L_P——自由空间的传播损耗；

L_{RF}——地面站天线与频谱分析仪之间的射频电缆损耗。

关闭信号源射频输出，将待测地面站天线方位偏离信标塔，地面站天线指向晴空，则频谱分析仪测量的系统输出归一化噪声功率为

$$N_{0n} = \frac{k T_{sys\text{-}n} G_{LNA}}{L_{RF}} \tag{8-70}$$

式中：

N_{0n}——地面站天线不戴罩时测量的系统归一化噪声功率；

k——玻尔兹曼常数；

$T_{sys\text{-}n}$——地面站天线不戴罩时的系统噪声温度。

由式(8-69)和式(8-70)可得地面站天线不戴罩时测量的归一化载噪比为

$$\frac{C_n}{N_{0n}} = \frac{P_t G_{SGH}}{L_P k} \frac{G_{R\text{-}n}}{T_{sys\text{-}n}} \tag{8-71}$$

由式(8-71)可求得地面站天线不戴罩时的系统噪声温度为

$$T_{sys\text{-}n} = \frac{P_t G_{SGH}}{L_P k} \frac{G_{R\text{-}n} N_{0n}}{C_n} = \frac{P_t G_{SGH} G_{R\text{-}n}}{k L_P} \left(\frac{C_n}{N_{0n}}\right)^{-1} \tag{8-72}$$

在地面站天线不戴罩情况下，先完成地面站系统噪声温度测量，再安装天线罩，同理可确定地面站天线戴罩时的系统噪声温度为

$$T_{sys\text{-}w} = \frac{P_t G_{SGH} G_{R\text{-}w}}{k L_P} \left(\frac{C_w}{N_{0w}}\right)^{-1} \tag{8-73}$$

式中：

$T_{sys\text{-}w}$——地面站天线戴罩时的系统噪声温度；

$G_{R\text{-}w}$——地面站天线戴罩时的天线接收增益；

C_w——地面站天线戴罩时频谱分析仪测量的载波功率；

N_{0w}——地面站天线戴罩时测量的系统归一化噪声功率。

由式(8-72)和式(8-73)可得天线罩的噪声温度为

$$T_{radome} = \frac{P_t G_{SGH}}{k L_P} \left[G_{R\text{-}w} \left(\frac{C_w}{N_{0w}}\right)^{-1} - G_{R\text{-}n} \left(\frac{C_n}{N_{0n}}\right)^{-1} \right] \tag{8-74}$$

式(8-74)为远场载噪比法测量天线罩噪声温度的原理公式。可以发现，该公式不仅需要测量天线戴罩和不戴罩时的系统载噪比，而且需要测量地面站天线戴罩和不戴罩情况下的功率增益，因此该方法测量天线罩的噪声温度是非常复杂的。但该方法不仅适合无源天线罩噪声温度测量，也适合有源相控阵天线罩的噪声温度测量。

从载噪比法测量天线罩噪声温度的原理来看，其基本思想是利用载噪比法测量出天线戴罩和不戴罩时的系统载噪比，再确定天线罩的噪声温度。如果只测量天线戴罩和不戴罩时的系统归一化噪声功率，是否能确定天线罩的噪声温度呢？回答显然是肯定的。下面从式(8-74)着手进行分析。由功率传输方程可知，天线戴罩和不戴罩情况下，功率增益与测量的载波功率的关系为

$$G_{R-n} = \frac{C_n L_P L_{RF}}{P_t G_{SGH} G_{LNA}} \tag{8-75}$$

$$G_{R-w} = \frac{C_w L_P L_{RF}}{P_t G_{SGH} G_{LNA}} \tag{8-76}$$

将式(8-75)和式(8-76)代入式(8-74)可得天线罩的噪声温度为

$$T_{radome} = \frac{L_{RF}}{k G_{LNA}} (N_{0w} - N_{0n}) \tag{8-77}$$

显然，用式(8-77)的方法测量天线罩的噪声温度是非常简单方便的，只需要测量天线戴罩和不戴罩情况下的系统归一化噪声功率，已知低噪声放大器增益和测试电缆的射频损耗，就可计算天线罩的噪声温度。该方法不需要建立图8-19所示的远场测量系统。对于无源天线，低噪声放大器的增益和射频电缆损耗很容易精确标定；对于有源相控阵天线，则需要确定接收通道放大器的等效增益及合成网络的损耗。

8.4.3　射电源 Y 因子法

射电源 Y 因子法测量天线罩噪声温度的基本思想是：利用已校准的射电源，分别测量地面站天线戴罩和不戴罩情况下指向射电源及其附近晴空的 Y 因子，确定地面站天线的系统噪声温度。计算地面站天线戴罩和不戴罩的系统噪声温度差值即可得天线罩的噪声温度。图8-20为射电源 Y 因子法测量天线罩噪声温度的原理框图。

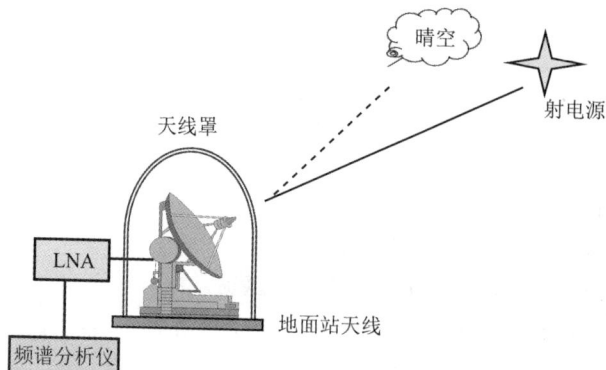

图8-20　射电源 Y 因子法测量天线罩噪声温度的原理框图

在不安装天线罩情况下，测量地面站天线依次指向射电源及其附近晴空的噪声功率之比，则

$$Y_{\text{star-n}} = \frac{\Delta T_{\text{star-n}} + T_{\text{sys-n}}}{T_{\text{sys-n}}} \tag{8-78}$$

式中：

$Y_{\text{star-n}}$——天线不戴罩时指向射电源及其附近晴空的噪声功率之比；

$\Delta T_{\text{star-n}}$——天线不戴罩时射电源引起的系统噪声温度增加量；

$T_{\text{sys-n}}$——天线不戴罩时的系统噪声温度。

由式(8-78)可得天线不戴罩时，地面站天线的系统噪声温度为

$$T_{\text{sys-n}} = \frac{\Delta T_{\text{star-n}}}{Y_{\text{star-n}} - 1} \tag{8-79}$$

利用射电源 Y 因子法完成天线不戴罩时的系统噪声温度测量后，安装天线罩，同理可测量地面站天线戴罩时的系统噪声温度为

$$T_{\text{sys-w}} = \frac{\Delta T_{\text{star-w}}}{Y_{\text{star-w}} - 1} \tag{8-80}$$

式中：

$T_{\text{sys-w}}$——天线戴罩时的系统噪声温度；

$\Delta T_{\text{star-w}}$——天线戴罩时射电源引起的系统噪声温度增加量；

$Y_{\text{star-w}}$——天线戴罩时指向射电源及其附近晴空的噪声功率之比的 Y 因子。

由式(8-79)和式(8-80)可得天线罩噪声温度为

$$T_{\text{radome}} = \frac{\Delta T_{\text{star-w}}}{Y_{\text{star-w}} - 1} - \frac{\Delta T_{\text{star-n}}}{Y_{\text{star-n}} - 1} \tag{8-81}$$

式(8-81)就是射电源 Y 因子法测量天线罩噪声温度的原理公式。只要测量出地面站天线戴罩和不戴罩时指向射电源的 Y 因子，并计算出射电源引起的天线系统噪声温度增加量，即可确定天线罩的噪声温度。在实际工程测量中，可认为射电源引起天线系统噪声温度的增加量在戴罩和不戴罩情况下近似相等。

8.4.4　工程测量实例

前面讨论了地面站天线罩噪声温度的三种测量方法，即 Y 因子法、远场载噪比法和射电源 Y 因子法。Y 因子法是天线罩噪声温度测量常用的方法，下面介绍 Y 因子法在天线罩噪声温度测量中的应用。

以 Ku 波段 0.9 米卫星通信动中通天线为例，说明在接收频段 12.25～12.75 GHz 用 Y 因子法测量天线罩的噪声温度。图 8-21 为 Ku 波段 0.9 米动中通天线不戴罩和戴罩时的实际装置图。

图 8-22 为天线戴罩和不戴罩时测量的噪声功率曲线。最上面的曲线为低噪声放大器接常温负载时测量的系统定标噪声功率。由定标噪声功率和地面站天线不戴罩时的噪声功率可确定天线不戴罩时的 Y 因子，由定标的噪声功率和地面站天线戴罩时的噪声功率可确定天线戴罩时的 Y 因子。由测量 Y 因子、低噪声放大器噪声温度和常温负载的噪声温度，

根据式(8-68)即可计算天线罩噪声温度。典型频率天线罩的噪声温度测量结果如表 8-4 所示。

图 8-21　Ku 波段 0.9 米动中通天线和戴罩时的实际装置图

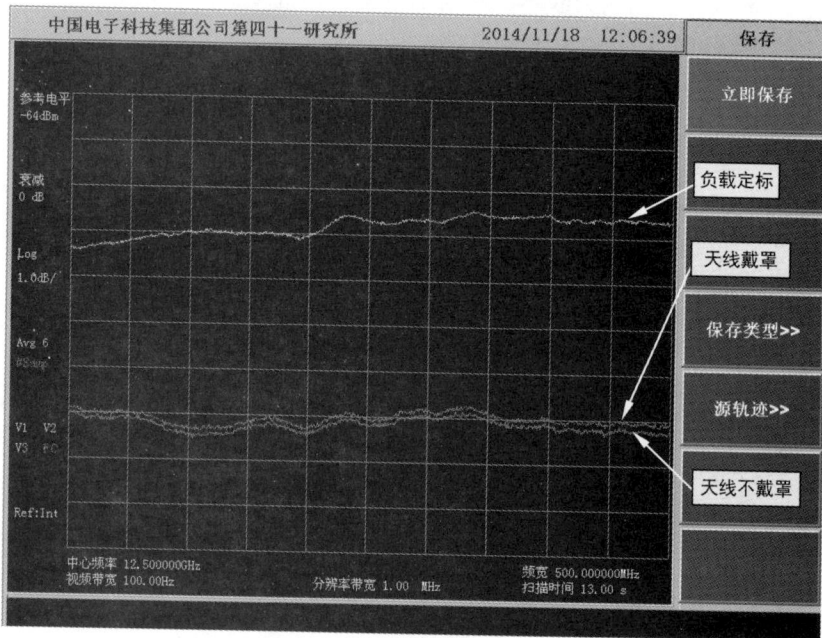

图 8-22　天线戴罩和不戴罩时测量的噪声功率

表 8-4　典型频率天线罩噪声温度的测量结果

频率/GHz	T_{LNA}/K	T_0/K	Y_n/dB	Y_w/dB	T_{radome}/K
12.250	76	286	3.59	3.50	3.32
12.375	76	286	4.44	4.29	4.58
12.500	75	286	4.51	4.35	4.80
12.625	76	286	4.60	4.43	5.01
12.750	77	286	4.56	4.38	5.38

参 考 文 献

[1] 李赞, 樊敏, 李海涛. 太阳噪声对地面站噪声温度影响分析[J]. 飞行器测控学报, 2009, 28(6): 15 - 19.

[2] TENIENTE J, GOMEZ R, MAESTROJUÁN I, et al. Corrugated horn antenna noise temperature characterisation for the NRL Water Vapor Millimeter-Wave Spectrometer project[C]//Proceedings of the 5th European Conference on Antennas and Propagation (EUCAP). Rome, Italy, 2011: 934 - 938.

[3] Impact of interference from the Sun into a geostationar-satellite orbit fixed-satellite service link: ITU-R S. 1525 - 1[S]. 2001.

[4] HO C, SLOBIN S, KANTAK A, et al. Solar brightness temperature and corresponding antenna noise temperature at microwave frequencies: Interplanetary Network Progress Report, vol. 42 - 175 [EB/OL]. California: Jet Propulsion Laboratory, 2008.

[5] 杨可忠. 深空探测天线[M]. 北京: 人民邮电出版社, 2014.

[6] BOLLI P, PERINI F, MONTEBUGNOLI S, et al. Description of a rigorous procedure to evaluate the antenna temperature and its application to BEST-1^1: IRA Technical Report N° 377/05[R/OL]. [2023 - 09 - 12]. http://www. med. ira. inaf. it/BEST/documents/IRA_%20377 - 05. pdf.

[7] Radiation diagrams for use as design objectives for antennas of earth stations operating with geostationary satellites: ITU-R S. 580-6[S]. 2004.

[8] Space research earth station and radio astronomy reference antenna radiation pattern for use in interference calculations, including coordination procedures: ITU-R SA. 509 - 3[S]. 2013.

[9] Reference FSS earth-station radiation patterns for use in interference assessment involving non-GSO satellites in frequency bands between 10. 7 GHz and 30 GHz: ITU-R S. 1428 - 1[S]. 2001.

[10] 高彤鼎, 陈勇. 地球站系统噪声温度的简单测量[J]. 西部广播电视, 2001(6): 43 - 45.

[11] OTOSHI T Y. Determination of the follow-up receiver noise temperature contribution: The telecommunications and mission operations progress report 42 - 143 [R]. Jet Propulsion Laboratory, Pasadena, California, 2000.

[12] 王凯, 陈卯蒸, 李笑飞, 等. Ku 波段接收机噪声温度测试及分析[J]. 电子机械工程, 2018, 34(6): 13 - 16, 21.

[13] 秦顺友, 王聚亮. 一种测量一体化卫星电视高频头噪声系数的方法: CN111835439B[P]. 2021 - 11 - 19.

[14] 王锦清, 虞林峰, 赵融冰, 等. TM65 m 射电望远镜低频段系统噪声温度测试和分析[J]. 天文学报, 2015, 56(1): 63 - 76.

[15] 吴伟伟, 秦顺友. 频谱仪在天线噪声温度测量中的应用[J]. 微波学报, 2014(S1): 312 - 314.

[16] 陈勇, 孙正文, 袁建平, 等. 应用于射电天文的低噪声温度测量方法[J]. 天文研究与技术, 2012, 9(2): 129 - 136.

[17] QIN S Y, ZHANG L J, LI Z S. Uncertainty analysis of antenna noise temperature measurement using-factor method[C]//11th International Symposium on Antennas, Propagation and EM Theory (ISAPE), October 18 - 1, 2016. Guilin, China, 2016: 421 - 423.

[18] IIDA H, SHIMADA Y, KOMIYAMA K. Noise temperature and uncertainty evaluation of a

cryogenic noise source by a sliding short method[J]. IEEE Transactions on Instrumentation and Measurement, 2009, 58(4): 1090 – 1096.

[19] STELZRIED C T, CLAUSS R C, PETTY S M. Deep space network receiving systems' operating noise temperature measurements: NASA Contractor Report 169520[R]. 1982.

[20] 国家军用标准-总装备部. 天线术语: GJB 2436—1995[S]. 北京: 中国标准出版社, 1995.

[21] 李宏, 薛冰, 杨英科. 相控阵天线的测试技术[J]. 中国测试技术, 2003, 29(5): 10 – 12, 14.

[22] 张军, 蔡兴雨. 有源阵列天线的噪声温度[J]. 火控雷达技术, 2008, 37(2): 1 – 5, 64.

[23] CHIPPENDALE A, HAYMAN D, HAY S. Measuring noise temperatures of phased-array antennas for astronomy at CSIRO[J]. Publications of the Astronomical Society of Australia, 2014, 31: e019.

[24] CHIPPENDALE A P, BROWN A J, BERESFORD R J, et al. Measured aperture-array noise temperature of the Mark II phased array feed for ASKAP[C]//2015 International Symposium on Antennas and Propagation (ISAP). Hobart, TAS, Australia, 2015: 1 – 4.

第 9 章

大气衰减与天空噪声温度的计算

9.1 概　述

微波毫米波信号通过大气传播的过程中，会受到降雨、云雾和大气折射等诸多因素的影响。晴朗天气时大气对微波毫米波信号传播造成的衰减，主要是由于大气分子中氧气和水蒸气的吸收作用。大气衰减与频率、天顶角和大气层函数有关。在卫星通信链路、射电天文观测和深空探测链路分析等领域，一方面，大气和天气现象（如云、雾和雨）可通过吸收引起微波衰减，导致接收系统的有效增益降低；另一方面，这些介质向背景辐射噪声，导致系统噪声温度增加，降低了接收系统的灵敏度。图 9-1 为航天器到地面接收机的通用通信链路示意图。

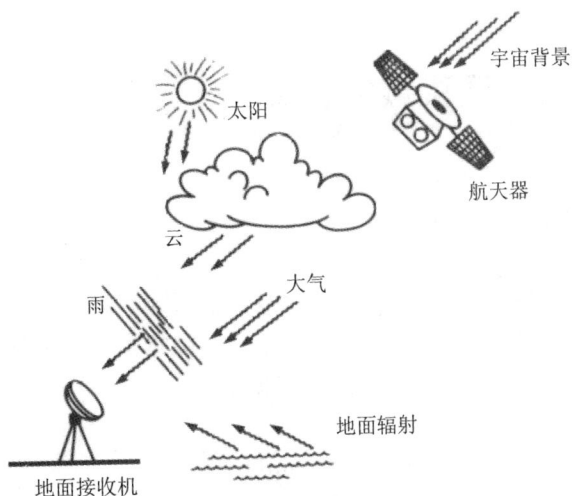

图 9-1　航天器到地面接收机的通用通信链路示意图

对于下行链路，地面接收机不仅接收航天器的发射射频信号，还接收来自噪声源的噪声信号，这些辐射噪声包括宇宙背景噪声(2.73 K)、银河系噪声、大气衰减噪声、云和雨衰减噪声、地球表面辐射噪声（天线旁瓣接收）以及太阳和月亮等的辐射噪声。

在天线损耗和噪声温度测量中，常用天顶方向的天空噪声温度作为标准的冷噪声源。例如：利用天空背景噪声法测量波导器件损耗、馈源网络损耗和天线损耗等参数时，均需要精确计算天顶方向的天空噪声温度。天空噪声温度由宇宙背景噪声、银河系噪声和大气衰减噪声组成。图 9-2 为天线接收天空与大气噪声的示意图。

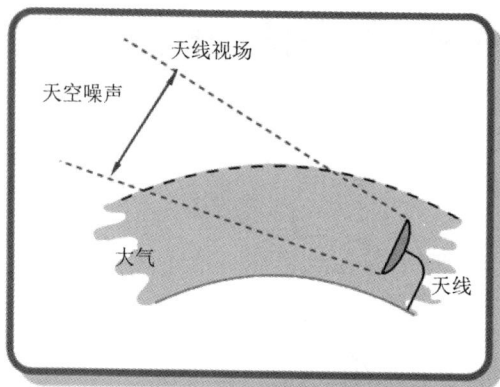

图 9-2   天线接收天空与大气噪声的示意图

图 9-2 中描述的天空噪声，指的是宇宙背景噪声和银河系噪声，以及在天线视场内接收的天空噪声和大气衰减噪声。

本章依据 ITU-R P.676-9 建议，先给出微波毫米波大气衰减的计算模型，计算在标准大气条件时不同仰角下的大气衰减曲线，分析了毫米波大气衰减的传播规律；然后讨论大气压力、大气温度和水蒸气密度对大气衰减的影响；最后给出天空噪声温度的计算公式，分析计算了不同仰角的天空噪声温度以及标准大气条件下晴空天顶方向的天空噪声温度曲线。

9.2   大气衰减的计算

9.2.1   大气衰减的计算模型

大气衰减是频率、天线仰角和大气层的函数，它随频率的增加而增加，随大气路径仰角的增大而减小。假定测量条件为晴朗天空，且大气层被模型化为标准大气层，当仰角在 $5°\sim90°$ 时，用分贝值表示的大气衰减 L_{atm} 计算模型为

$$L_{atm} = \frac{\gamma_0 h_0 + \gamma_w h_w}{\sin(EL)} \qquad (9-1)$$

式中：

EL——大气路径的仰角，单位为（°）；

γ_0——干燥空气与频率相关的衰减因子，单位为 dB/km；

h_0——干燥空气的有效大气路径，单位为 km；

γ_w——水蒸气与频率相关的衰减因子，单位为 dB/km；

h_w——水蒸气的有效大气路径，单位为 km。

精确计算干燥空气的大气衰减因子 γ_0、干燥空气的有效路径 h_0、水蒸气的衰减因子 γ_w 和有效大气路径 h_w 是非常复杂的。ITU-R P.676-9 建议提供了大气气体在地面和倾斜路径上衰减的估算方法，包括两方面内容：一是 $1\sim1000$ GHz 频率范围内的单个吸收谱线求和来估算大气衰减；二是适用于 $1\sim350$ GHz 频率范围内大气衰减的简化近似估算方法。

下面依据 ITU-R P.676-9 建议，介绍频率在 $1\sim350$ GHz 范围内大气衰减的简化近似估算方法。

当 $f \leqslant 54$ GHz 时，干燥空气的衰减系数 γ_0 为

$$\gamma_0 = \left[\frac{7.2 r_t^{2.8}}{f^2 + 0.34 r_p^2 r_t^{1.6}} + \frac{0.62 \xi_3}{(54 - f)^{1.16 \xi_1} + 0.83 \xi_2} \right] \times f^2 r_p^2 \times 10^{-3} \qquad (9-2)$$

当 54 GHz $< f \leqslant 60$ GHz 时，干燥空气的衰减系数 γ_0 为

$$\gamma_0 = \exp\left[\frac{\ln \gamma_{54}}{24}(f-58)(f-60) - \frac{\ln \gamma_{58}}{8}(f-54)(f-60) + \frac{\ln \gamma_{60}}{12}(f-54)(f-58) \right] \tag{9-3}$$

当 60 GHz $< f \leqslant 62$ GHz 时，干燥空气的衰减系数 γ_0 为

$$\gamma_0 = \gamma_{60} + (\gamma_{62} - \gamma_{60}) \frac{f-60}{2} \qquad (9-4)$$

当 62 GHz $< f \leqslant 66$ GHz 时，干燥空气的衰减系数 γ_0 为

$$\gamma_0 = \exp\left[\frac{\ln \gamma_{62}}{8}(f-64)(f-66) - \frac{\ln \gamma_{64}}{4}(f-62)(f-66) + \frac{\ln \gamma_{66}}{8}(f-62)(f-64) \right] \tag{9-5}$$

当 66 GHz $< f \leqslant 120$ GHz 时，干燥空气的衰减系数 γ_0 为

$$\gamma_0 = \left\{ 3.02 \times 10^{-4} r_t^{3.5} + \frac{0.283 r_t^{3.8}}{(f-118.75)^2 + 2.91 r_p^2 r_t^{1.6}} + \right.$$
$$\left. \frac{0.502 \xi_6 [1 - 0.0163 \xi_7 (f-66)]}{(f-66)^{1.4346 \xi_4} + 1.15 \xi_5} \right\} f^2 r_p^2 \times 10^{-3} \qquad (9-6)$$

当 120 GHz $< f \leqslant 350$ GHz 时，干燥空气的衰减系数 γ_0 为

$$\gamma_0 = \left[\frac{3.02 \times 10^{-4}}{1 + 1.9 \times 10^{-5} f^{1.5}} + \frac{0.283 r_t^{0.3}}{(f-118.75)^2 + 2.91 r_p^2 r_t^{1.6}} \right] \times f^2 r_p^2 r_t^{3.5} \times 10^{-3} + \delta$$
$$(9-7)$$

式中：

$$\xi_1 = \varphi(r_p, r_t, 0.0717, -1.8132, 0.0156, -1.6515)$$
$$\xi_2 = \varphi(r_p, r_t, 0.5416, -4.6368, -0.1921, -5.7416)$$
$$\xi_3 = \varphi(r_p, r_t, 0.3414, -6.5851, 0.2130, -8.5854)$$
$$\xi_4 = \varphi(r_p, r_t, -0.0112, 0.0092, -0.1033, -0.0009)$$
$$\xi_5 = \varphi(r_p, r_t, 0.2705, -2.7192, -0.3016, -4.1033)$$
$$\xi_6 = \varphi(r_p, r_t, 0.2445, -5.9191, 0.0422, -8.0719)$$
$$\xi_7 = \varphi(r_p, r_t, -0.1833, 6.5589, -0.2402, 6.131)$$

$$\gamma_{54} = 2.192\varphi(r_p, r_t, 1.8286, -1.9487, 0.4051, -2.8509)$$

$$\gamma_{58} = 12.59\varphi(r_p, r_t, 1.0045, 3.5610, 0.1588, 1.2834)$$

$$\gamma_{60} = 15.0\varphi(r_p, r_t, 0.9003, 4.1335, 0.0427, 1.6088)$$

$$\gamma_{62} = 14.28\varphi(r_p, r_t, 0.9886, 3.4176, 0.1827, 1.3429)$$

$$\gamma_{64} = 6.819\varphi(r_p, r_t, 1.4320, 0.6258, 0.3177, -0.5914)$$

$$\gamma_{66} = 1.908\varphi(r_p, r_t, 2.0717, -4.1404, 0.4910, -4.8718)$$

$$\delta = -0.00306\varphi(r_p, r_t, 3.211, -14.94, 1.583, -16.37)$$

$$\varphi(r_p, r_t, a, b, c, d) = r_p^a r_t^b \exp[c(1-r_p) + d(1-r_t)]$$

$$r_p = \frac{p}{1013}$$

$$r_t = \frac{288}{(273+t)}$$

f —— 频率，单位为 GHz；

p —— 大气压力，单位为 hPa；

t —— 地面温度，单位为 ℃。

水蒸气的衰减系数 γ_w 为

$$\gamma_w = \left\{ \frac{3.98\eta_1 \exp[2.23(1-r_t)]}{(f-22.235)^2 + 9.42\eta_1^2} g(f, 22) + \frac{11.96\eta_1 \exp[0.7(1-r_t)]}{(f-183.31)^2 + 11.14\eta_1^2} + \right.$$

$$\frac{0.081\eta_1 \exp[6.44(1-r_t)]}{(f-321.226)^2 + 6.29\eta_1^2} + \frac{3.66\eta_1 \exp[1.6(1-r_t)]}{(f-325.153)^2 + 9.22\eta_1^2} +$$

$$\frac{25.37\eta_1 \exp[1.09(1-r_t)]}{(f-380)^2} + \frac{17.4\eta_1 \exp[1.46(1-r_t)]}{(f-448)^2} +$$

$$\frac{844.6\eta_1 \exp[0.17(1-r_t)]}{(f-557)^2} g(f, 557) + \frac{290\eta_1 \exp[0.41(1-r_t)]}{(f-752)^2} g(f, 752) +$$

$$\left. \frac{8.3328 \times 10^4 \eta_2 \exp[0.99(1-r_t)]}{(f-1780)^2} g(f, 1780) \right\} \times f^2 r_t^{2.5} \rho \times 10^{-4} \tag{9-8}$$

$$\eta_1 = 0.955 r_p r_t^{0.68} + 0.006\rho$$

$$\eta_2 = 0.735 r_p r_t^{0.5} + 0.0353 r_t^4 \rho$$

$$g(f, f_i) = 1 + \left(\frac{f - f_i}{f + f_i}\right)^2$$

式中，ρ 为水蒸气密度，单位为 g/m³。

干燥空气的有效高度 h_0 为

$$h_0 = \frac{6.1}{1 + 0.17 r_p^{-1.1}} (1 + t_1 + t_2 + t_3) \tag{9-9}$$

$$t_1 = \frac{4.64}{1 + 0.066 r_p^{-2.3}} \exp\left[-\left(\frac{f - 59.7}{2.87 + 12.4\exp(-7.9 r_p)}\right)^2\right]$$

$$t_2 = \frac{0.14\exp(2.12 r_p)}{(f - 118.75)^2 + 0.031\exp(2.2 r_p)}$$

$$t_3 = \frac{-0.0247 + 0.0001 f + 1.61 \times 10^{-6} f^2}{1 - 0.0169 f + 4.1 \times 10^{-5} f^2 + 3.2 \times 10^{-7} f^3} \times \frac{0.0114}{1 + 0.14 r_p^{-2.6}} f$$

当 $f<70\ \text{GHz}$ 时，干燥空气的有效高度受下式限制：

$$h_0 \leqslant 10.7 r_p^{0.3} \tag{9-10}$$

当 $f\leqslant350\ \text{GHz}$ 时，水蒸气的等效高度为

$$h_w = 1.66\left[1 + \frac{1.39\sigma_w}{(f-22.235)^2 + 2.56\sigma_w} + \frac{3.37\sigma_w}{(f-183.31)^2 + 4.69\sigma_w} + \frac{1.58\sigma_w}{(f-325.1)^2 + 2.89\sigma_w}\right] \tag{9-11}$$

$$\sigma_w = \frac{1.013}{1 + \exp[-8.6(r_p - 0.57)]}$$

9.2.2　大气衰减的计算分析

下面以标准大气为例计算大气衰减，分析微波毫米波在大气中的传播规律。已知标准大气的压力为 1013 hPa，水蒸气密度为 7.5 g/m³，地球表面温度为 15℃，图 9-3 给出了频率为 1~300 GHz 标准大气天顶方向的大气衰减曲线。

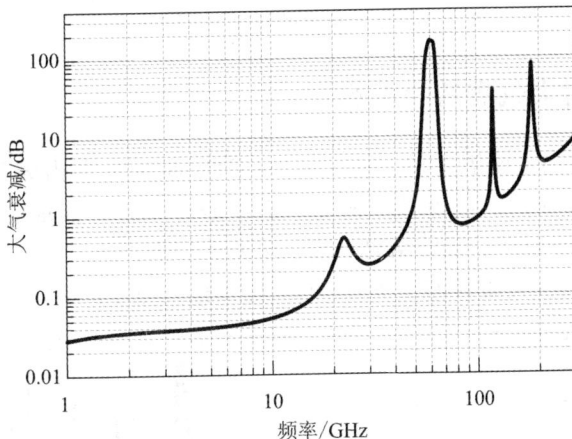

图 9-3　频率为 1~300 GHz 标准大气天顶方向的大气衰减

由图 9-3 所示的计算结果可知：当毫米波在大气中传播时，由于水蒸气和氧分子的吸收作用，不同频率的衰减各不相同，其中，在 29.6 GHz、84.2 GHz、131.1 GHz 和 213.9 GHz 附近衰减较小，称为大气窗口；在 22.4 GHz、59.8 GHz、118.8 GHz 和 183.3 GHz 附近出现极大值，称为衰减峰。当频率为 60 GHz 时，标准大气天顶方向的大气衰减约为 160.8 dB。毫米波卫星通信频段就是依据毫米波大气衰减传播规律进行选择的。如 Ka 波段卫星通信系统地面站系统的上行频率为 29.4~31 GHz；在星际通信时一般使用 60 GHz 波段，因为此频率处大气损耗极大，地面无法对星际通信内容进行侦听。此外，星际通信时由于大气极为稀薄，不会造成信号的衰落，如美国的"战术、战略和中继卫星系统"就是一个例子，该系统由五颗卫星组成，上行频率为 44 GHz，下行频率为 20 GHz，带宽为 2 GHz，星际通信频率为 60 GHz。

图 9-4 给出了仰角分别为 10°、30°和 90°的标准大气衰减曲线。计算结果表明：随着大气传播路径仰角的增大，大气衰减逐渐减小；随着仰角的减小，大气传播衰减逐渐增加，当仰角很小时，大气衰减急剧增加。如在 Ka 波段和 EHF 频段的卫星通信系统中，为了克服

降雨和大气衰减对卫星通信信号质量的影响,地球站天线的工作仰角应选择大一些。另外,在实际工程应用中,只要知道天顶方向的大气衰减,就可以计算任意仰角的大气衰减。

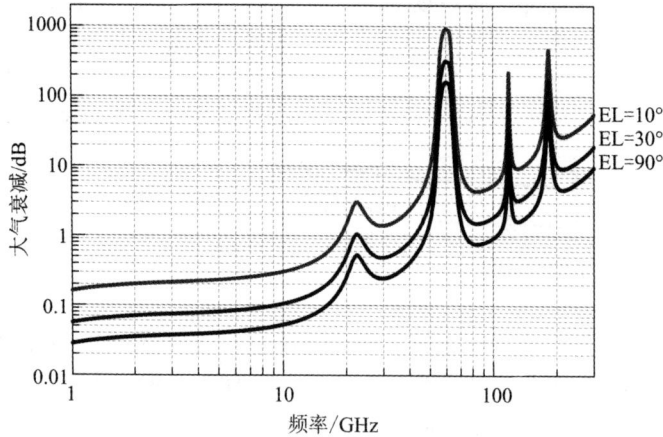

图 9-4 不同仰角的标准大气衰减曲线

9.2.3 大气参数对大气衰减的影响

图 9-5 给出了不同地面温度时,在 1~300 GHz 频率范围内天顶方向的大气衰减曲线,包括大气压力为 1013 hPa,水蒸气密度为 7.5 g/m³,地球表面温度分别 -30℃ 、0℃ 和 30℃ 的大气衰减计算结果。计算结果表明:在大气压力和水蒸气密度不变的情况下,随着地面温度的降低,大气衰减逐渐增大;相反,随着地面温度的升高,大气衰减逐渐减小。

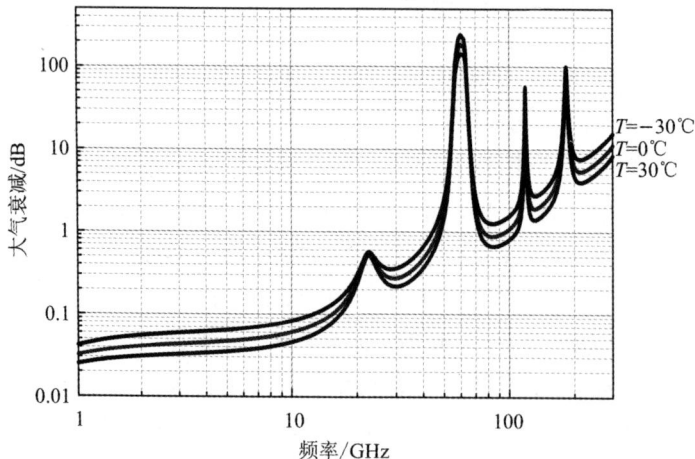

图 9-5 不同地面温度时天顶方向的大气衰减曲线

图 9-6 给出了在 1~300 GHz 频率范围内、不同大气压力下天顶方向的大气衰减计算结果。已知水蒸气密度为 7.5 g/m³,地球表面温度为 15℃,分别计算 0.5 个标准大气压、1 个标准大气压和 1.5 个标准大气压的大气衰减。计算结果表明:在水蒸气密度和地面温度不变的情况下,随着大气压力的降低,大气衰减不断减小;相反,随着大气压力的升高,大气衰减不断增大。

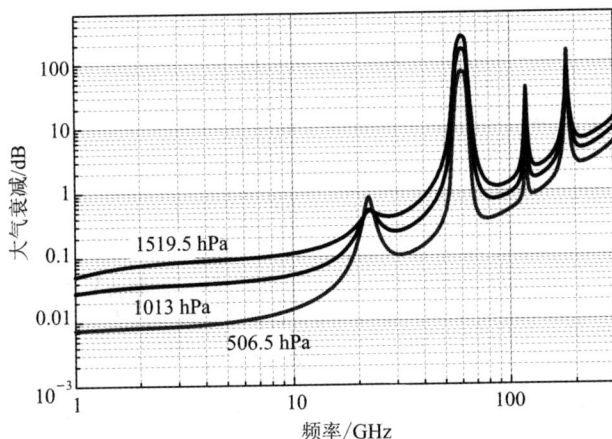

图 9 - 6　不同大气压力下天顶方向的大气衰减曲线

　　图 9 - 7 给出了不同水蒸气密度下天顶方向的大气衰减曲线，包括大气压力为 1013 hPa，地球表面温度为 15 ℃，水蒸气密度分别为 15 g/m³、7.5 g/m³ 和 2.5 g/m³ 时的计算结果。结果表明：在大气压力和地面温度不变的情况下，当频率小于 6 GHz 时，水蒸气密度对大气衰减影响不大，但频率越高，水蒸气密度越小，大气衰减也越小。

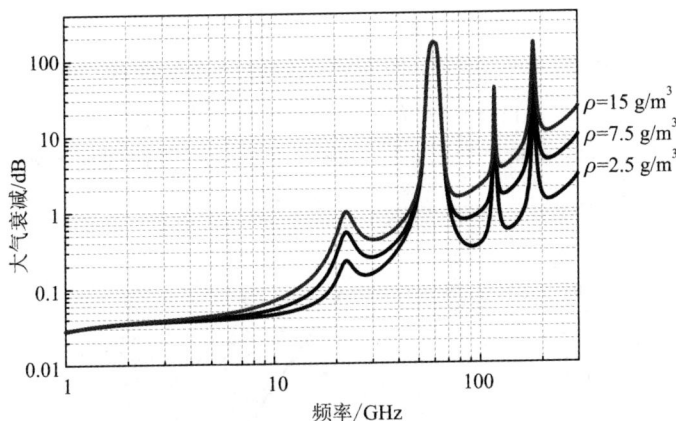

图 9 - 7　不同水蒸气密度下天顶方向的大气衰减曲线

　　综上所述，大气衰减是频率、大气压力、水蒸气密度和大气温度的函数。随着大气压力的降低、水蒸气密度的减小，毫米波大气衰减快速降低。毫米波、亚毫米波望远镜正是根据大气衰减的这种特性，将望远镜观测站的站址选择在空气稀薄、干燥的高原地区。

9.3　天空噪声温度的计算

9.3.1　天空噪声温度的计算模型

　　天空噪声温度由宇宙背景噪声、银河系噪声和大气衰减噪声组成。宇宙背景噪声近似

为一个常数，约为 2.73 K，可表示为

$$T_{CMB} = 2.73 \text{ K} \tag{9-12}$$

银河系噪声与频率、银河系的位置和谱指数有关，可表示为

$$T_{galactic} = T_{g0} \left(\frac{f_0}{f} \right)^\beta \tag{9-13}$$

式中：

T_{g0}——银河系的基础温度，单位为 K；

f——频率，单位为 GHz；

β——银河系的谱指数。

银河系噪声与其位置相关，例如，发射天线指向银河系的中心时基础温度 T_{g0} 为 507 K，指向银河系的极区时基础温度为 18 K。基础温度在 3 K 到 507 K 之间变化。谱指数 β 从银河系中心方向的 2.5 变化到银河面上方一个小区域内的 3.2。此外，谱指数 β 的平均值随频率变化缓慢，因此采用 $\beta = 2.75$ 的平均值。在频率为 0.408 GHz 处，$T_{g0} = 20$ K，对于频率 $f \geqslant 10$ MHz 的天线噪声温度计算，可以获得非常合理的银河系贡献结果，可表示为

$$T_{galactic} = \left[20 \times \left(\frac{0.408}{f} \right)^{2.75} \right] \text{ K} \tag{9-14}$$

图 9-8 给出了频率为 0.1～10 GHz 时银河系的噪声温度曲线。可以看出，当频率 $f = 1.2$ GHz 时，$T_{galactic} = 1.029$ K；当频率 $f = 2.9$ GHz 时，$T_{galactic} = 0.091$ K。在实际工程测量中，当以天空噪声作为标准噪声源时，3 GHz 以上频率可忽略银河系噪声。

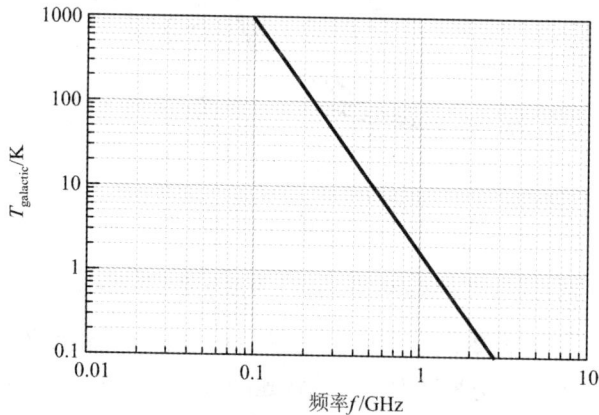

图 9-8　频率为 0.1～10 GHz 的银河系噪声温度曲线

若已知大气衰减为 L_{atm}，则大气衰减引起的噪声温度 T_{atm} 为

$$T_{atm} = \left(1 - \frac{1}{L_{atm}} \right) T_p \tag{9-15}$$

式中，T_p 为大气的物理温度，单位为 K，它与地面温度 t 的关系为

$$T_p = 1.12(273 + t) - 50 \tag{9-16}$$

由式(9-15)可知：当大气衰减趋于无穷大时，大气衰减引起的噪声温度趋于大气的物

理温度；当大气衰减很小时，大气衰减噪声也很小。例如在天顶方向，标准大气在 1 GHz 时的衰减为 0.028 dB，$T_{atm}=0.006T_p$，若地面环境温度为 17℃，则 $T_{atm}=1.65$ K。

上面分析了宇宙背景噪声、银河系噪声和大气衰减噪声的计算方法，则天空噪声温度 T_{sky} 的计算模型为

$$T_{sky}=\frac{T_{CMB}+T_{galactic}}{L_{atm}}+\left(1-\frac{1}{L_{atm}}\right)T_p \tag{9-17}$$

将式(9-12)和式(9-14)代入式(9-17)，化简可得

$$T_{sky}=\frac{T_{CMB}}{L_{atm}}+\frac{20}{L_{atm}}\left(\frac{0.408}{f}\right)^{2.75}+\left(1-\frac{1}{L_{atm}}\right)T_p \tag{9-18}$$

9.3.2 天空噪声温度的计算分析

图 9-9 给出了频率为 1～300 GHz 时标准大气天顶方向的天空噪声温度曲线。计算结果表明：随着频率的升高，大气衰减不断增大，天空噪声温度也逐渐增大。当衰减趋于无穷大时，天空噪声温度趋于大气的环境物理温度。例如，频率等于 60 GHz，天顶方向的大气衰减为 160.8 dB，天顶方向的天空噪声温度约为 272.56 K，此时大气物理温度 $T_p=272.56$ K。

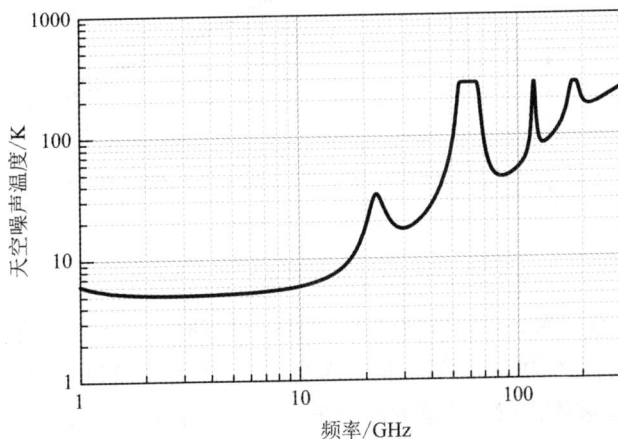

图 9-9 频率 1～300 GHz 标准大气天顶方向的天空噪声温度

图 9-10 给出了频率为 1～45 GHz 时不同仰角下标准大气的天空噪声温度曲线。计算结果表明：随着仰角的增大，大气衰减不断减少，天空噪声温度则逐渐减小。当仰角大于 50°以后，随着仰角的增大，天空噪声温度降低比较缓慢；当仰角小于 30°后再逐渐降低仰角，天空噪声温度升高较快。在频率小于 15 GHz 且仰角大于 50°时，天空噪声温度基本不变。

ITU-R P.676-9 建议给出了 1～350 GHz 大气衰减的近似计算模型，但是并没有指出其模型不适用于 1 GHz 频段，因此依据此模型分析 0.1～1 GHz 以下的天空噪声温度，结果如图 9-11 所示(图中虚线为忽略大气衰减的影响)。

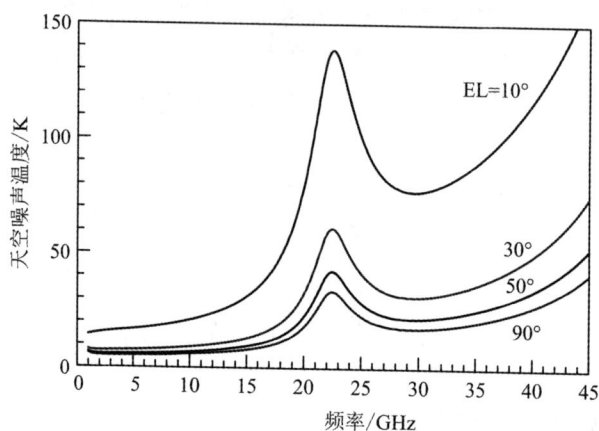

图 9-10　频率为 1～45 GHz 时不同仰角下标准大气的天空噪声温度

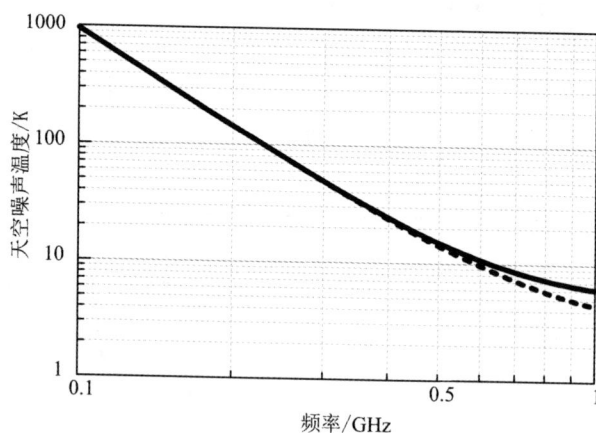

图 9-11　频率为 0.1～1 GHz 时标准大气天顶方向的天空噪声温度

图 9-11 中的计算结果表明：当频率在 1 GHz 以下时，大气衰减对天顶方向的天空噪声温度影响较小。当频率为 0.5 GHz 时，考虑大气衰减时天顶方向的天空噪声温度为 15.11 K；忽略大气衰减噪声时，天顶方向的天空噪声温度为 14.16 K。二者相差小于 1 K，在工程测量中可忽略。由此可见，当频率小于 500 MHz 时可以不考虑大气衰减的影响。

参 考 文 献

[1] 姜忠龙，韩向清，付林. 电磁传播中大气衰减的一种工程计算方法[J]. 雷达与对抗，2009，29(2)：4-6.

[2] 梁冀生. Ka 频段卫星通信地空链路的大气衰减[J]. 无线电通信技术，2006，32(1)：56-58.

[3] 朱智勇，李海涛. 深空测控链路的大气衰减分析[J]. 飞行器测控学报，2009，28(2)：9-12.

[4] HO C, KANTAK A, SLOBIN S, et al. Link analysis of a telecommunication system on earth, in geostationary orbit, and at the moon: atmospheric attenuation and noise temperature effects[EB/OL]. [2023-09-12]. http://ipnpr/progress_report/42-168/168E.pdf.

［5］　FELDHAKE G. Estimating the attenuation due to combined atmospheric effects on modern Earth-space paths[J]. IEEE Antennas & Propagation Magazine，1997，39(4)：26 - 34.

［6］　秦顺友，王小强. 微波毫米波大气衰减和天空噪声温度的计算[J]. 无线电工程，2016，46(5)：1 - 4，59.

［7］　李艳莉. 毫米波通信技术的研究现状和进展[C]//四川省通信学会 2010 年学术年会论文集. 成都，2010：46 - 49.

［8］　王晓海. 毫米波通信技术的发展与应用[J]. 城市建设理论研究(电子版)，2016(13)：1139 - 1139.

［9］　RADFORD S J E. Observing conditions for sub-millimeter astronomy[EB/OL]. [2023 - 09 - 12]. https://arxiv. org/pdf/1107. 5633. pdf.

［10］　CHRISTOPHER P. A new view of millimeter-wave satellite communication [J]. IEEE Antennas & Propagation Magazine，2002，44(2)：59 - 61.

［11］　KANTAK A，SLOBIN S D. Atmosphere attenuation and noise temperature models at DSN antenna locations for 1 - 45 GHz[R]. California：NASA's Jet Propulsion Laboratory，2009.

第 10 章

天线损耗测量的误差分析

10.1 概　述

　　根据测量误差公理可知：任何实验测量结果都具有误差，误差自始至终存在于一切科学实验的过程中。因此天线损耗测量，不可避免地也存在测量误差。为了充分认识测量误差，进而减小或消除测量误差，必须对测量过程进行研究，也就是说，必须研究、估计和判断测量结果是否可靠。本章我们分析天线损耗测量的误差。从馈源网络损耗测量方法、线天线损耗测量方法、反射面天线损耗测量方法和有源相控阵天线损耗测量方法可以看出，不同天线有不同的测量方法或相同测量方法有不同的实验过程，如增益方向性法、Y 因子法和比较 Y 因子法都是天线损耗测量的通用方法，适合任何类型的天线损耗测量，但其应用于不同类型天线损耗测量时，测量误差是不同的。因此，本章以增益方向性法、Y 因子法和比较 Y 因子法测量天线损耗为例，说明天线损耗测量误差的分析方法。

10.2　误差分析

10.2.1　增益方向性法的误差分析

　　增益方向性法测量天线损耗的基本思想是：通过测量天线的功率增益和方向性增益，确定天线损耗。该方法适合任何天线的损耗测量。用分贝值表示的天线损耗为

$$IL_{ant} = 10 \times lg\left(\frac{D}{G}\right) \tag{10-1}$$

式中：

　　IL_{ant}——天线损耗，单位为 dB；

　　D——天线的方向性增益(或称方向性系数)，无量纲；

　　G——天线的功率增益，无量纲。

　　显然，增益方向性法测量天线损耗的误差主要由功率增益测量误差和方向性增益测量误差决定。不同类型的天线采用不同的测量方法和测量系统，其测量精度是不一样的。对式(10-1)进行微分可得

$$\Delta \mathrm{IL}_{\mathrm{ant}} = 4.343\left(\frac{\Delta D}{D} - \frac{\Delta G}{G}\right) \tag{10-2}$$

　　从式(10-2)的误差公式可看出：功率增益和方向性增益测量的公共误差项可以相互抵消，这一点从增益方向性法测量天线损耗的原理公式也是一目了然的。

　　假设功率增益 G 和方向性增益 D 是相互独立的变量，则增益方向性法测量天线损耗的均方根误差为

$$\delta \mathrm{IL}_{\mathrm{ant}} = 4.343\sqrt{\left(\frac{\Delta D}{D}\right)^2 + \left(\frac{\Delta G}{G}\right)^2} \tag{10-3}$$

　　在实际工程测量中，功率增益和方向性增益通常用分贝值表示，因此其测量误差也用分贝值表示。假设用分贝值表示的功率增益和方向性增益的误差分别为 δG 和 δD，由误差理论可得分贝值误差和相对误差的近似关系为

$$\frac{\Delta D}{D} \approx 0.230\delta D \tag{10-4}$$

$$\frac{\Delta G}{G} \approx 0.230\delta G \tag{10-5}$$

　　将式(10-4)和式(10-5)代入式(10-3)，可得增益方向性法测量天线损耗的均方根误差为

$$\delta \mathrm{IL}_{\mathrm{ant}} = \sqrt{(\delta G)^2 + (\delta D)^2} \tag{10-6}$$

　　由此可见：增益方向性法测量天线损耗的误差由天线功率增益测量误差和方向性增益测量误差决定。例如天线功率增益和方向性增益的测量误差均为 0.1 dB，即 $\delta G = \delta D = 0.1$ dB，则由式(10-6)计算出测量的天线损耗均方根误差为 0.141 dB。

　　不同类型的天线(如馈源喇叭、线天线、微带天线、相控阵天线和反射面天线等)采用不同的增益测量方法(三天线法、比较法、两相同天线法、镜像法、链路计算法、射电源法、近场法和紧缩场法等)，则天线功率增益测量误差也不同。表 10-1 给出了紧缩场比较法测量增益误差的估算结果。其中，天线方向性增益是通过测量天线方向图确定的，采用不同的天线方向图测量方法(远场法、近场法和紧缩场法)，天线方向性增益的测量误差也不同。表 10-2 给出了球面近场法测量天线方向性增益的误差估算结果。图 10-1 给出了不同增益和方向性测量误差引起的天线损耗测量的均方根误差。

表 10-1　紧缩场比较法测量天线增益的误差估计

误差源	测量误差/dB		
	最坏	适当	最好
标准增益喇叭的增益误差	0.45	0.25	0.10
天线的对准误差	0.14	0.07	0.04
天线的极化对准误差	0.14	0.07	0.10
待测天线的失配误差	1.10	0.30	0.03

续表

误差源	测量误差/dB		
	最坏	适当	最好
标准增益喇叭的失配误差	0.68	0.16	0.03
待测天线接收机的非线性误差	0.05	0.10	0.05
标准增益喇叭接收机的非线性误差	0.125	0.175	0.125
待测天线信噪比引起的误差	0.009	0.0045	0.022
标准增益喇叭信噪比引起的误差	0.045	0.022	0.011
紧缩场天线口面的锥削误差	0.28	0.14	0.05
远场距离引起的误差	0.0	0.0	0.0
紧缩场天线的交叉极化误差	0.013	0.006	0.05
均方根误差	**1.42**	**0.50**	**0.22**

表 10-2 球面近场法测量天线方向性的误差估计

误差源	测量误差/dB		
	最坏	适当	最好
方向图测量的角度误差	0.20	0.10	0.05
系统接收机的非线性误差	0.05	0.10	0.05
系统动态范围引起的误差	0.009	0.005	0.002
均方根误差	**0.21**	**0.14**	**0.07**

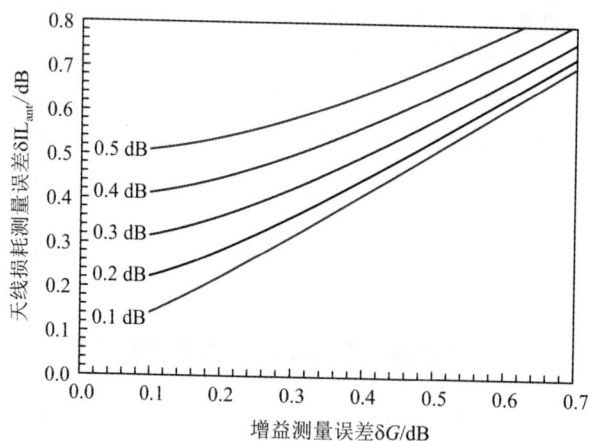

图 10-1 增益方向性法测量天线损耗的均方根误差

从表 10-1 和表 10-2 可以看出：紧缩场比较法测量天线增益的最小误差为 0.22 dB，采用球面近场法测量天线方向性系数的最小误差为 0.07 dB，由此确定天线损耗测量的均方根误差为 0.23 dB，这表明增益方向性法不适合天线小损耗的测量。

10.2.2　Y 因子法的误差分析

Y 因子法测量天线损耗的基本思想是：利用冷热负载，采用经典的 Y 因子法测量天线的噪声温度，由测量的天线噪声温度确定天线的损耗。在实际工程测量中，热负载通常采用常温负载或微波吸波材料代替。常用的冷负载有液氮冷负载或液氦冷负载，也可使用天顶方向的晴空背景噪声作为冷负载。Y 因子法测量天线损耗的通用原理公式为

$$IL_{ant} = \frac{Y(T_0 - T_x)}{(Y-1)(T_0 + T_{LNA})} \qquad (10-7)$$

式中：

Y——测量的 Y 因子，无量纲；

T_0——常温负载的噪声温度，单位为 K；

T_x——冷负载噪声温度，单位为 K（若采用液氮或液氦冷负载，T_x 用 T_{cold} 表示；若用天顶方向的晴空背景噪声作为冷负载，T_x 用 T_{sky} 表示）；

T_{LNA}——低噪声放大器的噪声温度，单位为 K。

由 Y 因子法测量天线损耗的原理方程可知，引起天线损耗测量的误差因素有：Y 因子测量误差、常温负载噪声温度测量误差和低噪声放大器噪声温度的校准误差。由间接测量的误差传递公式可得，天线损耗测量的绝对误差为

$$\Delta IL_{ant} = \frac{\partial IL_{ant}}{\partial Y}\Delta Y + \frac{\partial IL_{ant}}{\partial T_0}\Delta T_0 + \frac{\partial IL_{ant}}{\partial T_x}\Delta T_x + \frac{\partial IL_{ant}}{\partial T_{LNA}}\Delta T_{LNA} \qquad (10-8)$$

对式(10-7)中各参数进行微分，并代入式(10-8)，化简可得

$$\Delta IL_{ant} = IL_{ant}\left[\frac{-\Delta Y}{Y(Y-1)} + \frac{(T_{LNA}+T_x)\Delta T_0}{(T_0+T_{LNA})(T_0-T_x)} - \frac{\Delta T_x}{(T_0-T_x)} - \frac{\Delta T_{LNA}}{(T_0+T_{LNA})}\right]$$
$$(10-9)$$

Y 因子法测量天线损耗的相对误差为

$$\frac{\Delta IL_{ant}}{IL_{ant}} = \frac{-\Delta Y}{Y(Y-1)} + \frac{(T_{LNA}+T_x)\Delta T_0}{(T_0+T_{LNA})(T_0-T_x)} - \frac{\Delta T_x}{(T_0-T_x)} - \frac{\Delta T_{LNA}}{(T_0+T_{LNA})}$$
$$(10-10)$$

由式(10-10)可知，最大相对误差和最小相对误差分别为

$$\left|\frac{\Delta IL_{ant}}{IL_{ant}}\right|_{max} = \frac{|\Delta Y|}{Y(Y-1)} + \frac{(T_{LNA}+T_x)|\Delta T_0|}{(T_0+T_{LNA})(T_0-T_x)} + \frac{|\Delta T_x|}{(T_0-T_x)} + \frac{|\Delta T_{LNA}|}{(T_0+T_{LNA})}$$
$$(10-11)$$

$$\left|\frac{\Delta IL_{ant}}{IL_{ant}}\right|_{min} = \frac{-|\Delta Y|}{Y(Y-1)} - \frac{(T_{LNA}+T_x)|\Delta T_0|}{(T_0+T_{LNA})(T_0-T_x)} - \frac{|\Delta T_x|}{(T_0-T_x)} - \frac{|\Delta T_{LNA}|}{(T_0+T_{LNA})}$$
$$(10-12)$$

用分贝值表示的天线损耗测量误差为

$$\delta IL_{ant} = 10 \times \lg\left(1 + \frac{\Delta IL_{ant}}{IL_{ant}}\right) \qquad (10-13)$$

下面举例说明 Y 因子法测量天线损耗的误差计算方法。已知某 C 频段馈源网络，测量频率为 4 GHz，测量时的环境温度为 290 K，低噪声放大器噪声温度为 60 K，测量的 Y 因

子为 5.5 dB，天顶方向的天空噪声温度为 5.1 K，则测量的馈源网络损耗为

$$\mathrm{IL}_{\mathrm{ant}} = \frac{Y(T_0 - T_x)}{(Y-1)(T_0 + T_{\mathrm{LNA}})} = \frac{10^{0.55}(290 - 5.1)}{(10^{0.55} - 1)(290 + 60)} = 1.133$$

用分贝值表示的天线馈源网络插入损耗为

$$\mathrm{IL}_{\mathrm{ant}} = [10 \times \lg(1.133)]\ \mathrm{dB} = 0.54\ \mathrm{dB}$$

（1）Y 因子测量误差。利用频谱分析仪测量噪声功率，可保证 Y 因子的测量误差为 ± 0.1 dB，则 Y 因子引起的误差项为

$$\frac{|\Delta Y|}{Y(Y-1)} = \frac{|\Delta Y|}{Y} \frac{1}{Y-1} = 0.230 \times 0.1 \times \frac{1}{10^{0.55} - 1} = 0.009$$

（2）常温负载噪声温度引起的测量误差。常温负载噪声温度是通过测量现场环境温度进行计算的，假设环境温度测量误差为 $\pm 0.2\,℃$，常温负载的噪声温度误差为 ± 0.2 K，则常温负载噪声温度引起的天线损耗测量误差项为

$$\frac{(T_{\mathrm{LNA}} + T_x)|\Delta T_0|}{(T_0 + T_{\mathrm{LNA}})(T_0 - T_x)} = \frac{(60 + 5.1) \times 0.2}{(290 + 60)(290 - 5.1)} = 0.00013$$

（3）天空噪声温度引起的测量误差。天空噪声温度通常采用宇宙背景噪声和标准大气衰减进行计算获得，或者通过测量确定。假设 C 波段晴空天顶方向的噪声温度误差为 ± 0.4 K，则天空噪声温度引起的天线损耗测量误差项为

$$\frac{|\Delta T_x|}{T_0 - T_x} = \frac{0.4}{290 - 5.1} = 0.0014$$

（4）低噪声放大器噪声温度引起的测量误差。低噪声放大器的噪声温度通常采用厂家在实验室的校准数据。应用环境的温度变化以及驻波变化，均会影响低噪声放大器的噪声温度。另外，在天线噪声温度测量中，忽略了低噪声放大器后级射频测试电缆损耗噪声和接收机噪声的贡献，从而引起较大的测量误差。假设低噪声放大器的噪声温度误差为 ± 2.0 K，低噪声放大器噪声温度引起的天线损耗测量误差项为

$$\frac{|\Delta T_{\mathrm{LNA}}|}{T_0 + T_{\mathrm{LNA}}} = \frac{2}{290 + 60} = 0.0057$$

天线馈源网络损耗测量的最大相对误差为

$$\left| \frac{\Delta \mathrm{IL}_{\mathrm{ant}}}{\mathrm{IL}_{\mathrm{ant}}} \right|_{\max} = 0.009 + 0.00013 + 0.0014 + 0.0057 = 0.016$$

天线馈源网络损耗测量的最小相对误差为

$$\left| \frac{\Delta \mathrm{IL}_{\mathrm{ant}}}{\mathrm{IL}_{\mathrm{ant}}} \right|_{\min} = -0.009 - 0.00013 - 0.0014 - 0.0057 = -0.016$$

用分贝值表示的天线馈源网络损耗测量的最大和最小误差分别为

$$\delta \mathrm{IL}_{\mathrm{ant}}|_{\max} = [10 \times \lg(1 + 0.016)]\ \mathrm{dB} = +0.069\ \mathrm{dB}$$

$$\delta \mathrm{IL}_{\mathrm{ant}}|_{\min} = [10 \times \lg(1 - 0.016)]\ \mathrm{dB} = -0.07\ \mathrm{dB}$$

误差分析结果表明，利用 Y 因子法测量 C 波段馈源网络损耗的测量误差范围 $-0.07 \sim 0.069$ dB，故 C 波段馈源网络损耗的测量结果可表示为

$$\mathrm{IL}_{\mathrm{ant}} = (0.54 \pm 0.07)\ \mathrm{dB}$$

从 Y 因子法测量天线损耗的误差分析实例可知，Y 因子法可用于天线小损耗测量。

10.2.3　比较 Y 因子法的误差分析

比较 Y 因子法测量天线损耗的基本思想是：通过测量待测天线的 Y 因子与标准增益喇叭天线的 Y 因子，确定天线损耗。忽略标准增益喇叭欧姆损耗的情况下，待测天线损耗为

$$IL_{ant} = \frac{Y_M(Y_D - 1)}{Y_D(Y_M - 1)} \tag{10-14}$$

式中：

Y_M——待测天线的 Y 因子，无量纲；

Y_D——标准增益喇叭的 Y 因子，无量纲。

由比较 Y 因子法测量天线损耗的原理公式可知，利用比较 Y 因子法测量天线损耗不需要知道天空噪声温度、常温负载噪声温度和低噪声放大器噪声温度，但这些噪声温度在测量过程中不稳定或发生变化，会引起 Y 因子的测量误差和天线损耗的测量误差。

利用冷热负载 Y 因子法测量波导馈线损耗、利用天空背景噪声 Y 因子法测量微波网络插入损耗和利用天线噪声温度法测量天线罩功率损耗的原理公式与式（10-14）是完全相同的。其中，Y 因子的含义均是测量两个噪声功率之比，但是 Y 因子的测量对象、测量系统输入条件以及测量方法是不同的，如波导馈线插入损耗测量时，Y_D 为不接待测波导馈线时，系统输入端口分别接常温负载和冷负载时输出的噪声功率之比；Y_M 为接入待测波导馈线，系统输入端口依次接常温负载和冷负载时输出的噪声功率之比。但是不同方法计算待测件插入损耗的公式是相同的，因此其测量误差分析和计算方法是类似的。

由间接测量的误差传递公式可得，比较 Y 因子法测量天线损耗的绝对误差为

$$\Delta IL_{ant} = \frac{\partial IL_{ant}}{\partial Y_M}\Delta Y_M + \frac{\partial IL_{ant}}{\partial Y_D}\Delta Y_D \tag{10-15}$$

对式（10-14）各参数进行微分，并代入式（10-15），化简可得

$$\Delta IL_{ant} = \frac{-(Y_D - 1)}{Y_D(Y_M - 1)^2}\Delta Y_M + \frac{Y_M}{Y_D^2(Y_M - 1)}\Delta Y_D \tag{10-16}$$

比较 Y 因子法测量天线损耗的相对误差为

$$\frac{\Delta IL_{ant}}{IL_{ant}} = \frac{-1}{Y_M - 1}\frac{\Delta Y_M}{Y_M} + \frac{1}{Y_D - 1}\frac{\Delta Y_D}{Y_D} \tag{10-17}$$

由式（10-17）可知，比较 Y 因子法测量天线损耗的最大相对误差和最小相对误差分别为

$$\left|\frac{\Delta IL_{ant}}{IL_{ant}}\right|_{max} = \frac{1}{Y_M - 1}\frac{|\Delta Y_M|}{Y_M} + \frac{1}{Y_D - 1}\frac{|\Delta Y_D|}{Y_D} \tag{10-18}$$

$$\left|\frac{\Delta IL_{ant}}{IL_{ant}}\right|_{min} = \frac{-1}{Y_M - 1}\frac{|\Delta Y_M|}{Y_M} - \frac{1}{Y_D - 1}\frac{|\Delta Y_D|}{Y_D} \tag{10-19}$$

用分贝值表示的天线损耗测量误差为

$$\delta IL_{ant} = 10 \times \lg\left(1 + \frac{\Delta IL_{ant}}{IL_{ant}}\right) \tag{10-20}$$

从分析的误差方程可知：当测量 Y 因子 $Y \to 1$ dB 时，$1/(Y-1) \to \infty$，其测量误差急剧增加；当 $Y > 2$ dB 时，由此产生的测量误差迅速下降。

下面举例说明比较 Y 因子法测量波导馈线插入损耗的误差计算方法。待测波导馈线为 BJ-40 铜波导，长度为 2 m，测量频率为 4 GHz，测量的定标 Y 因子 $Y_D = 3.732$ dB，测量 Y 因子 $Y_M = 3.610$ dB，由式(10-12)计算的波导馈线插入损耗为

$$\mathrm{IL}_{\mathrm{ant}} = \frac{Y_M(Y_D - 1)}{Y_D(Y_M - 1)} = \frac{10^{0.361} \times (10^{0.3732} - 1)}{10^{0.3732} \times (10^{0.361} - 1)} = 1.0214$$

2 m 长 BJ-40 铜波导馈线的插入损耗为 0.092 dB，理论计算结果为 0.0928 dB。Y 因子采用精密测试接收机进行测量，测量精度很高。假设 Y_D 和 Y_M 的测量误差均为 ± 0.05 dB，则 Y_M 引起损耗测量的误差项为

$$\frac{1}{(Y_M - 1)} \frac{|\Delta Y_M|}{Y_M} = \frac{1}{(10^{0.361} - 1)} \times 0.23 \times 0.05 = 0.0089$$

Y_D 引起损耗测量的误差项为

$$\frac{1}{(Y_D - 1)} \frac{|\Delta Y_D|}{Y_D} = \frac{1}{(10^{0.3732} - 1)} \times 0.230 \times 0.005 = 0.0084$$

用分贝值表示测量的最大相对误差为

$$\delta \mathrm{IL}_{\mathrm{ant}} = 10 \times \lg\left(1 + \left|\frac{\Delta \mathrm{IL}_{\mathrm{ant}}}{\mathrm{IL}_{\mathrm{ant}}}\right|_{\max}\right) = [10 \times \lg(1 + 0.0089 + 0.0084)]\ \mathrm{dB} = 0.074\ \mathrm{dB}$$

用分贝值表示测量的最小相对误差为

$$\delta \mathrm{IL}_{\mathrm{ant}} = 10 \times \lg\left(1 + \left|\frac{\Delta \mathrm{IL}_{\mathrm{ant}}}{\mathrm{IL}_{\mathrm{ant}}}\right|_{\min}\right) = [10 \times \lg(1 - 0.0089 - 0.0084)]\ \mathrm{dB} = -0.076\ \mathrm{dB}$$

由此可见：利用冷热负载 Y 因子法测量 2 m 长 BJ-40 铜波导插入损耗的最大误差范围为 $-0.076 \sim +0.074$ dB，实际测量误差比这小得多，因此该方法可测量天线小损耗，且测量方法简单方便，在实际工程测量中值得推广和应用。

参 考 文 献

[1] 周渭，于建国，刘海霞. 测试与计量技术基础[M]. 西安：西安电子科技大学出版社，2004.

[2] BAGGETT M. Practical gain measurements[EB/OL]. [2023-09-12]. https://www.nsi-mi.com/images/Technical_Papers/2011/Practical%20Gain%20Measurements.pdf.

[3] LUDWIG A, HARDY J, NORMAN R. Gain calibration of a horn antenna using pattern integration [R]. JPL Technical Report 32-1527, 1972.

[4] MATTIOLI V, MARZANO F S, PIERDICCA N, et al. Modeling and predicting sk-noise temperature of clear, cloudy, and rainy atmosphere from X- to W-band[J]. IEEE Transactions on Antennas and Propagation, 2013, 61(7): 3859-3868.